Grundlagen
des
Beton- und Eisenbetonbaues

Von

Prof. Dr.-Ing. E. Probst

Mit 211 Textabbildungen

Berlin
Verlag von Julius Springer
1935

ISBN-13:978-3-642-90278-9 e-ISBN-13:978-3-642-92135-3
DOI: 10.1007/978-3-642-92135-3

Softcover reprint of the hardcover 1st edition 1935

Vorwort.

Auf Baustellen und in Laboratorien — überall dort, wo man Beton und Eisenbeton verwendet hat — wurde in den letzten Jahren an der Aufhellung noch ungeklärter Fragen gearbeitet.

Daß es sich hierbei in der Hauptsache um grundlegende Materialfragen handelte, wird denjenigen nicht überraschen, der wie der Verfasser seit der Zeit der Entwicklung der Bauweise die Eigenheiten des Materials als Fundament betrachtet, auf dem sich die konstruktive Gestaltung von Beton- und Eisenbetonbauwerken aufbauen sollte.

Während nunmehr 30 Jahren konnte man feststellen, daß schlechte Erfahrungen, die bekanntlich nur selten der Fachwelt bekanntgegeben werden, in der Regel auf die Verkennung des wesentlichen Anteils des Betonmaterials an der Tragsicherheit eines Bauwerks zurückzuführen sind. Freilich soll man die Materialfragen nicht losgelöst vom Zweck der Konstruktion betrachten; ebensowenig darf man für die Berechnung ein Kräftespiel wie in einem Uhrwerk voraussetzen. Wesentlich ist, daß sich Entwurf, Berechnung und Ausführung den Eigenheiten des Materials anpassen. In diesem Sinne bemüht sich der Verfasser wie bisher, die Ergebnisse der Forschung zur Vereinfachung theoretischer Berechnung und konstruktiver Gestaltung zu verwerten.

Eine Abhandlung über die Grundlagen des Beton- und Eisenbetonbaues soll daher nach Ansicht des Verfassers von dem Bestreben zeugen, die gewonnenen Erkenntnisse aus Forschungsarbeiten mit den nicht immer übereinstimmenden Beobachtungen der Praxis in Einklang zu bringen.

Die Erkenntnisse über die Wirkung der plastischen Formänderungen von Beton, besonders in den ersten Monaten nach der Verarbeitung, und die Ergebnisse der Untersuchungen über den Einfluß von Dauerlasten und häufig wiederholten Belastungen haben gelehrt, daß sich das Spannungsbild in belasteten Querschnitten gegenüber den bisherigen Annahmen mehr oder minder verschiebt. Es ist deshalb wiederholt die Frage aufgetaucht, ob eine Neuordnung der bisher üblichen Berechnungsmethoden notwendig ist.

Nach Ansicht des Verfassers könnten solche Änderungen nur in einer weiteren Vereinfachung und nicht in einer Verfeinerung der Methoden zu suchen sein, um so mehr als die Anpassungsfähigkeit des jungen Betons und die Gütesteigerung mit zunehmenden Alter ausgleichend wirken.

Die Forschungsarbeiten der letzten 2 Jahrzehnte haben zu einer weitgehenden Klärung der Materialeigenheiten geführt. Aus diesem Grunde war es dem Verfasser möglich, gegenüber der 2. Auflage seiner „Vorlesungen über Eisenbeton", Band I, und dem zugehörigen Ergänzungsheft „Beton. Anregungen zur Verbesserung des Materials" auf einen großen Teil älterer Arbeiten zu verzichten. Dabei sind dem Verfasser die Arbeiten im eigenen Institut zustatten gekommen, das er im Jahre 1919 aufzubauen begann und dessen Ausbau und Leitung ihm bis Mitte 1933 vergönnt war. Mehr als es vorher möglich war, konnte er die in der Praxis auftretenden, teilweise ungeklärten Fragen durch systematische Untersuchungen im Laboratorium und am Bauwerk bearbeiten. Dementsprechend sind nur diejenigen älteren Arbeiten als Literaturquellen angegeben, die nicht durch neuere Arbeiten überholt sind.

Von der Wiedergabe amtlicher Bestimmungen und Normen, die in Kalendern und Taschenbüchern zu finden sind, wurde abgesehen.

Der Verfasser hat sich bemüht, das Wissenswerte und Grundlegende nach dem derzeitigen Stand unserer Erkenntnis zusammenzufassen, um damit dem jüngeren Ingenieur einen Leitfaden, dem in der Praxis wirkenden ein Nachschlagebuch zu bieten. Dabei wurde er von seinem früheren Assistenten Dipl.-Ing. Theodor Busch, dem er hierfür bestens dankt, unterstützt.

Der Verlagsbuchhandlung Julius Springer sei Dank für die Ausstattung des Buches ausgesprochen.

Karlsruhe, Weihnachten 1934.

Der Verfasser.

Inhaltsverzeichnis.

Zweiter Abschnitt:

Dritter Abschnitt:

Grundlagen der statischen Berechnung.

Vierter Abschnitt:

Untersuchungen am Bauwerk.

Zeichenerklärung

für die am häufigsten vorkommenden Zeichen und Abkürzungen.

b = Breite des Querschnitts oder der Platte bei T-Balken,
b_0 = Stegbreite bei T-Balken,
δ = gesamte gemessene Längenänderung,
ε_b = federnde, elastische Längenänderung des Betons,
ε_{bd} = Verkürzung,
ε_{bz} = Verlängerung des Betons,
ε_e = Verlängerung der Eiseneinlagen,
ε_l = Längenänderung,
ε_q = Querdehnung, Querkonstruktion,
E_{bd} = Elastizitätsmodul für Beton auf Druck (in kg/cm²), entsprechend ε_{bd} und σ_{bd},
$\alpha = \frac{1}{E} \ldots$ Dehnungskoeffizient,
E_{bz} = Elastizitätsmodul für Beton auf Zug, entsprechend ε_{bz} und σ_{bz},
E_e = Elastizitätsmodul für Eisen (in kg/cm²),
η = bleibende Längenänderung, gemessen,
f_e = Querschnitt der einzelnen Eisen (in cm²),
F_e = Gesamtquerschnitt der Eisen (in cm²) für Zug,
F_e' = Gesamtquerschnitt der Eisen (in cm²) für Druck,
F_{es} = Gesamtquerschnitt der Schrägeisen (in cm²),
F_b = Betonquerschnitt (in cm²), geometrisch,
F_i = rechnungsmäßiger (ideeller) Querschnitt von Eisenbetonquerschnitten,
F_{is} = rechnungsmäßiger (ideeller) Querschnitt umschnürter Säulen,
F_k = Betonquerschnitt des Kerns innerhalb einer Umschnürung (in cm²),
$G = \frac{1}{\beta}$ Schubelastizitätsmodul (in kg/cm²); $\beta = \frac{1}{G}$ Schiebungskoeffizient,
d, d_0 = Querschnittshöhe (in cm),
h = Höhe des nutzbaren Querschnitts (in cm),
x = Abstand der Nullinie vom Druckrande eines Querschnittes (in cm).
z = Abstand der Mittelkräfte von Zug und Druck in einem Querschnitt (in cm),
$m = \frac{\varepsilon_l}{\varepsilon_q}$ Poissonsche Zahl, $n = \frac{E_e}{E_b}$, $n' = \frac{E_{bz}}{E_{bd}}$, $\nu = \frac{E_e}{E_{bz}}$,
$\varphi = \frac{F_e}{bh}$ oder $\frac{F_e}{bd}$ Eisengehalt, bezogen auf den nutzbaren (vollen) Betonquerschnitt in Prozent,
K_{bd} = Biegungsdruckfestigkeit von Beton (kg/cm²),
K_{bz} = Biegungszugfestigkeit von Beton (kg/cm²),
σ_b, σ_{bd} = Druckspannung im Beton (in kg/cm²),
σ_{bz}, σ_z = Zugspannung von Beton (in kg/cm²),
σ_e = Spannung im Eisen (in kg/cm²),
σ_{ed} = Druckspannungen im Eisen,
σ_s, σ_s' = Fließ-, Strauch- oder Streckgrenze der Längseisen,
σ_s' = Streckgrenze der Umschnürungseisen,
τ_0 = Schub- und Scherspannung (in kg/cm²),
W = Würfelfestigkeiten von Beton (in kg/cm²),
W.Z.F. = Wasserzementfaktor (Verhältnis der Wasser- zu Zementmenge in Beton),

Erster Abschnitt.

Grundlegende Materialfragen.

I. Beton.

1. Begriffsbestimmungen; Allgemeines.

Beton entsteht, wenn ein Gemenge, bestehend aus einem Bindemittel, Sand, Kies oder Steinschlag, mit Wasser in einer Mischmaschine oder mit Hand so lange gemischt wird, bis eine homogene, möglichst dichte, einheitlich gefärbte, mehr oder minder breiige Masse entsteht. Die Kittmasse aus dem Bindemittel und dem zugesetzten Wasser muß sämtliche Zuschlagteilchen, selbst die kleinsten, miteinander verkitten, nicht, wie früher angenommen wurde, die Hohlräume ausfüllen. Diese Aufgabe fällt den kleinsten Sandteilchen zu.

Entscheidend für die Eigenschaften des Betons ist neben dem Gehalt an Bindemittel in der Mischung die zur Verarbeitung verwendete Wassermenge, die die Güte der Kittmasse bestimmt. Je größer die im Verhältnis zum Bindemittel zugesetzte Wassermenge ist, desto poröser und schwächer wird die Kittmasse, desto minderwertiger der Beton.

Man unterscheidet nach der Art des verwendeten Bindemittels: Zementbeton, Kalkbeton, Zementtraßbeton usw.

Nach der Menge des zur Herstellung verwendeten Wasserzusatzes:

Erdfeuchter Beton enthält so viel Wasser, daß er sich mit der Hand noch ballen läßt.

Beton mit größeren Wasserzusätzen wird als plastischer, weicher und nasser Beton bezeichnet.

Guß- oder Schüttbeton erhält man dann, wenn ein Überschuß an Anmachwasser verwandt wird.

Man wird ferner zu unterscheiden haben, ob es sich um Bauteile mit oder ohne Eiseneinlagen, und ob es sich um kleinere oder größere Massen Beton handelt.

Bei Eisenbetonbauteilen kann man in der Regel Stampfbeton nicht verwenden, selbst wenn man dies beabsichtigen würde, da eine gute Umhüllung der Eiseneinlagen und Rostsicherheit der Eiseneinlagen nur durch einen plastischen Beton zu erzielen ist. Anders ist es bei der Verwendung kleinerer oder größerer Betonmassen ohne Eiseneinlagen, wo die Möglichkeit zum Stampfen vorhanden ist. Die neueren Erfahrungen haben gezeigt, daß auch hier in den meisten Fällen ein plastischer Beton dem Stampfbeton vorzuziehen ist.

Die volle Ausnutzung der Festigkeiten von Stampfbeton kommt selten in Frage, um so mehr, als man selbst unter den allergünstigsten Verhältnissen nicht mit zuverlässigen Zahlen für bestimmte Mischungen rechnen kann. Außerordentlich lehrreich ist in dieser Beziehung eine Zusammenstellung von Druckversuchen an gestampften Betonwürfeln, welche im Jahre 1912 nach den Normen im Materialprüfungsamt in Groß-Lichterfelde ausgeführt wurden. Hierbei ist zu beachten, daß bei diesen Laboratoriumsversuchen die Auswahl des Materials mit

Abb. 1. Verhalten von Stampfbeton.

größter Sorgfalt erfolgte, daß möglichst gleichmäßiges Material verwandt wurde, daß dieselben geschulten Arbeiter die Probewürfel herstellten und daß der Wasserzusatz gleichmäßig eingehalten wurde. Bei einer Mischung 1 : 3 schwankten die Zahlen für die Druckfestigkeit zwischen 246 und 530 kg/cm², bei einer Mischung 1 : 4 zwischen 188 und 443 kg/cm², bei einer Mischung 1 : 5 zwischen 120 und 392 kg/cm²; bei einer Mischung 1 : 6 war die niedrigste Druckfestigkeit 113 und die höchste 284 kg/cm² usw.

Man sieht an diesen Zahlen, welche Schwankungen der Druckfestigkeiten von Betonproben gleicher Mischung und von nahezu gleichem Wasserzusatz vorkommen können. Man ersieht ferner, daß man auch nicht annähernd mit bestimmten Festwerten für die Druckfestigkeiten von Betonmischungen des gleichen Mischungsverhältnisses rechnen kann.

Eine andere Frage ist, ob es bei Stampfbeton immer möglich sein wird, eine homogene Masse herzustellen. Daß dies selbst bei sorgfältigster Arbeit nicht immer erreichbar ist, geht aus einer Reihe von Beispielen hervor, die in der Praxis bekannt geworden sind.

Abb. 1 gibt ein Beispiel von einem 3 Wochen alten Stampfbetonfundament nach einer Explosionskatastrophe. Der an sich mit aller Sorgfalt hergestellte Beton ist längs der Stampffugen durch Überwindung der Schubfestigkeit zerstört worden, weil er den seitlichen, von Erschütterungen herrührenden Kräften nicht widerstehen konnte.

Die Nachteile von Stampfbeton gegenüber weichem Beton bei Winterarbeit veranschaulicht Abb. 2.

Bei älteren Betonbauwerken, die gesprengt werden mußten, konnte man feststellen, daß die einzelnen Bruchstücke aus Platten von 15 bis 20 cm Stärke bestanden, die den Stampfschichten entsprachen. Die Schichtflächen waren eben, der Zusammenhang der einzelnen Stampfschichten war nur lose. Dagegen war beim Abbruch von Bauwerken aus plastischem

gestampft weich

Abb. 2. Im Winter hergestellter Beton.

Beton keinerlei Abtrennung nach Schichten zu bemerken. Die Stampfschichten sind als Schwächen des Stampfbetons anzusehen, selbst wenn sie in einer Stärke von nur 10 bis 20 cm ausgeführt werden. Wird sehr sorgfältig gestampft, so entsteht an der Trennungsfläche von je 2 Schichten eine glatte Fuge, welche einer Kräftewirkung parallel zu dieser Fuge nur einen geringen Widerstand bieten wird, der um so kleiner werden muß, je stärker die einzelnen Stampfschichten gestampft werden.

Nicht unerwähnt bleibe, daß man bei Stampfbeton nicht nur von der Güte der Stampfarbeit, sondern auch von einer besonders gewissenhaften Aufsicht abhängig ist.

Man wird sich bei der Verwendung von Beton zu fragen haben, ob er große Festigkeit oder große Dichtigkeit oder beides zusammen aufweisen soll. Grundsätzlich wird die Güte des Betons von der Güte des Mörtels und von dem Verkittungsgrad abhängig sein. Je besser die Hohlräume ausgefüllt werden, desto dichter wird der Beton sein.

Im allgemeinen entspricht einer größeren Dichte eine größere Festigkeit. Zweifellos ist das Stampfen des Betons sehr geeignet, die

Dichte des Materials zu erhöhen. Sonach ist einleuchtend, daß Stampfbeton bei sonst gleichen Verhältnissen die größten spezifischen Festigkeiten haben wird. Diese Tatsache hat vielfach die Meinung aufkommen lassen, daß nur durch Stampfen ein Beton von hoher Dichte und Festigkeit erzeugt werden kann. Bei den möglichen Fehlerquellen von Stampfbeton, die auch in Abb. 1 veranschaulicht werden, wird man aber nicht ein homogenes Material erwarten können. Die Stampffugen bleiben gefährliche Stellen auch bei sorgfältigster Herstellung. Gerade von solchen schwachen Stellen hängt aber bei Ingenieurbauten die Güte des Bauwerkes ab. Damit soll aber nicht gesagt werden, daß es nicht auch Fälle geben wird, wo man mit Vorteil den Stampfbeton anwenden kann; z. B. bei Betonblöcken, bei dünnen Platten von großer Ausdehnung, wo die ganze Stärke in einer Schicht gestampft werden kann, bei Betonwerksteinen usw.

An anderer Stelle soll gezeigt werden, daß auch durch andere Mittel als durch Stampfen dichter Beton von hoher Festigkeit hergestellt werden kann, der aber den Vorzug hat, in seinem Gefüge gleichartig zu sein.

Die Sicherheit und gleichzeitig die Wirtschaftlichkeit verlangen, daß bei jeder Baukonstruktion zuerst die Zweckfrage beantwortet wird. Erst der Verwendungszweck ermöglicht die Wahl der geeigneten Zusammensetzung des Betons. Je nachdem man ein Material von hoher Elastizität und Festigkeit oder von großer Dichtigkeit oder beides gleichzeitig verlangt, wird man danach die Richtlinien für die Zusammensetzung, Bereitung und Verarbeitung des Betons zu suchen haben.

Von diesen Gesichtspunkten aus sollen in den folgenden Abschnitten die Eigenschaften und Eignung des für die Betonbereitung notwendigen Materials besprochen werden.

2. Zusammensetzung von Beton; Konsistenz und Wasserzementfaktor.

Die Zusammensetzung von Beton wird zweckmäßig in folgender Form ausgedrückt:

1 Teil Zement : m Teilen Zuschlagsmaterial ($1 : m$) in allen denjenigen Fällen, wo letzteres als Ganzes angeliefert wird. Wo Sand und Kies oder Sand und Schotter getrennt angeliefert werden, bringt man das Mischungsverhältnis dementsprechend zum Ausdruck; man sagt $1 : m : n$, wo m die Anzahl Raum- oder Gewichtsteile Sand (5 bis 7 mm größter Korndurchmesser) und n den Gehalt an gröberem Zuschlag über 5 oder 7 mm angibt.

Die Zusammensetzung von fertigem Beton wird in Kilogramm Zement pro Kubikmeter Beton ausgedrückt. Daraus erkennt man, ob es sich um zementreichen (fetten) oder zementarmen (mageren) Beton handelt. Ein Zusatz von Traß, Kalk oder a. m. wird in der Regel besonders kenntlich gemacht.

Bei der Herstellung und Verarbeitung von Beton haben sich im Laufe der Zeit manche Anschauungen verändert oder geklärt. Auf der einen Seite bleibt die Forderung einer möglichst vollkommenen Verkittung aller feinen und groben Zuschläge durch den Zement. Daraus ergeben sich bestimmte Forderungen für die notwendige Kornabstufung der Zuschlagstoffe. Neben einer möglichst guten Verkittung verlangt man je nach dem Verwendungszweck des Betons außer einer bestimmten Festigkeit auch eine bestimmte Konsistenz (Grad der Verarbeitbarkeit) des Materials. Die Zuschlagstoffe müssen daher auf ihre konsistenzbildenden Eigenschaften hin untersucht werden.

Die zur Verarbeitung von Beton notwendige Wassermenge wurde bis vor wenigen Jahren fast allgemein in Prozenten (nach Gewichts- oder Raumteilen) des trockenen Mischgutes ausgedrückt.

Ein neuer, von den Amerikanern eingeführter Ausdruck ist der Begriff Wasserzementfaktor (W.Z.F.), der das Verhältnis der Zement- zur Wassermenge (Z/W oder auch umgekehrt W/Z) angibt. Man spricht von Wasserzementfaktoren von 0,3 bis 1,4, je nachdem es sich um trocken bis naß verarbeiteten Beton handelt. Aus dieser Angabe ist zu erkennen, welcher Art die aus Zement und Wasser gebildete eigentliche Kittmasse ist, die die Zuschlagselemente miteinander verkittet.

Ausgehend von dem erdfeuchten Beton, der so viel Wasser enthält, daß er sich mit der Hand noch ballen läßt, bis zu dem ganz nassen Beton, der einen Überschuß von Wasser enthält, gibt es je nach dem Verwendungszweck eine ganze Reihe von Zwischenstufen von mehr oder minder dickflüssigem Material. Man bezeichnet den Grad der Verarbeitbarkeit als Konsistenz, die von dem Wasserzusatz, indirekt auch von der Art des Bindemittels und des verwendeten Zuschlagsmaterials abhängig ist. Sie wird nach dem Verwendungszweck und der Verarbeitung des Betons bestimmt.

So braucht das Bindemittel bei feinerer Mahlung oder bei höherer Abbindetemperatur mehr Wasser als bei gröberer Mahlung. Ebenso verlangt sandreiches Zuschlagsmaterial mehr Wasser als grobgekörntes, um eine bestimmte Konsistenz des Betons zu erzielen. Man weiß auch, daß z. B. gebrochenes Material, wie Steinschlag und Splitt, mehr Wasser erfordert als Kies und Sand. Da das Zusammenwirken dieser Faktoren aber sehr verwickelt ist, muß nachdrücklichst vor jeder Schematisierung gewarnt werden, wie dies durch verschiedene Formeln zur Vorausbestimmung der Festigkeit zum Ausdruck kommt, die bald den einen, bald den anderen Faktor unberücksichtigt lassen müssen.

Bedenkt man, daß jedes Gramm Wasser mehr, als für die Verarbeitung des Bindemittels notwendig ist, zu einer Verringerung der Festigkeit des Betons beiträgt, so wird man als obersten Grundsatz für die Herstellung eines guten Betons festhalten müssen, niemals mehr Wasser zuzusetzen, als für einen bestimmten Verwendungszweck unbedingt notwendig ist.

Man beachte ferner, daß zur Herstellung der meisten Betonbauwerke gleichartiges Material bezüglich Dichtigkeit und Festigkeit notwendig

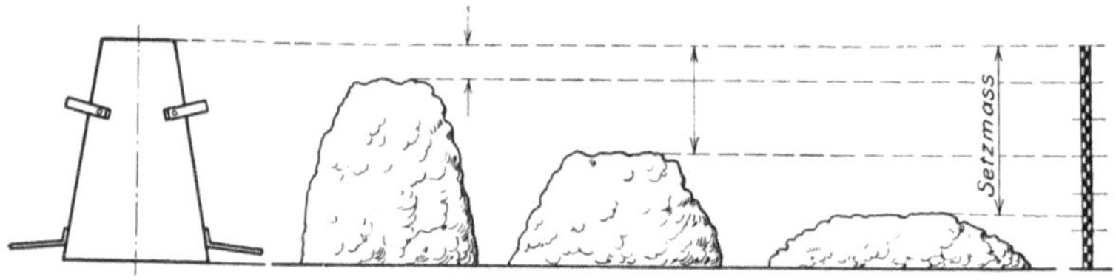

Abb. 3. Setzprobe.

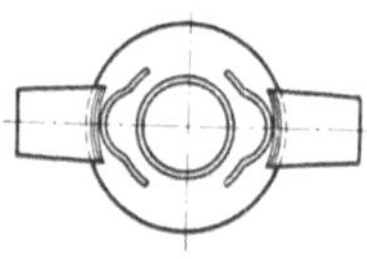

ist. Dies ist nur möglich, wenn die Konsistenz gleichbleibt. Es empfiehlt sich sonach, die Konsistenz nachzuprüfen; hierfür bestehen eine Reihe von Prüfungsmethoden.

In erster Linie zu nennen ist die von Prof. Abrams empfohlene „Slump-" oder „Setzprobe". In eine 2 mm starke Blechschalung von 20 bis 30 cm Höhe von der Form eines abgestumpften Kegels (Abmessungen siehe Abb. 3) wird der Beton unter Einstochern mit einem Rundeisenstab eingefüllt. Nach beendeter Füllung wird die Blechschalung in genau vertikaler Richtung nach oben herausgezogen. Je nach der Konsistenz wird der Betonkuchen mehr oder weniger zusammensinken. Das Setzmaß kann zwischen 0 und 28 (18) cm wechseln und gilt als ein Maßstab für die Konsistenz des Betons.

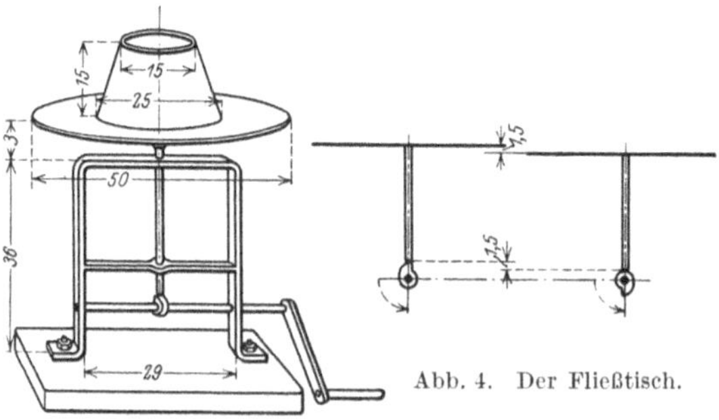

Abb. 4. Der Fließtisch.

Da das Ergebnis der Setzprobe ziemlich stark von Zufälligkeiten beim Einfüllen des Betons wie auch bei der Verteilung der Gesteinskörner abhängig ist, wurde in Nordamerika mit der Fließtischprobe eine andere Art der Konsistenzmessung eingeführt.

Der Fließtisch ist in Abb. 4 dargestellt. Als Einfüllschalung wird ein etwas niedrigerer, abgestumpfter Kegel verwendet. Nach Abheben der Blechschalung wird der Beton mit Hilfe des Fließtisches mehrmals gerüttelt. Die seitliche Kurbel wird 15mal 10 Sek. gedreht, wodurch die den Beton tragende Unterlagsplatte durch eine Nase an der Welle des Hebels jedesmal gehoben wird und sodann 1,5 cm frei fällt. Durch diesen Prozeß wird das Zusammensinken und die Ausbreitung des Betonkuchens herbeigeführt.

Die Konsistenz wird bei dieser Probe nicht aus dem Setzmaß bestimmt. Sie ist das Verhältnis des unteren Kuchendurchmessers nach dem Rüttelprozeß zum unteren Durchmesser der Blechschalung. Dieses Verhältnis mit 100 multipliziert bezeichnet man als die Konsistenzzahl des Betons.

Es ist einleuchtend, daß sowohl hier wie bei der Setzprobe die Konsistenzzahl von der Größe der Blechschalung abhängig ist. Konsistenzzahlen ohne Angabe der Größe der verwendeten Blechform haben daher geringen Wert, es sei denn, daß die Blechschalung normiert ist.

Die vorstehend beschriebenen Konsistenzprüfungen liefern brauchbare Werte bei weichem Beton. Bei trockenem Beton liefert die Setzprobe kein Ergebnis, weil der Kuchen die Form der Blechschalung behält. Beim Fließtisch sind die Ergebnisse an trockenem Beton ebenfalls unbrauchbar, weil der Kuchen auseinanderfällt. Lediglich bei sehr sandreichem Beton, wie er praktisch nicht verwendet werden sollte, liefert der Fließtisch auch an erdfeuchten Massen brauchbare Ergebnisse.

Abb. 5. Rütteltisch.

Der beschränkte Gültigkeitsbereich der Setzprobe und des Fließtisches hat zu anderen Methoden geführt. Von den Konsistenzprüfmethoden wurden in Europa da und dort die Setz- und Fließtischprobe eingeführt.

Die Materialprüfungsanstalt in Stuttgart hat eine Änderung vorgenommen, indem sie einen Kuchen von der hohen Form des „Slump“ auf einem Rütteltisch aus Holz bearbeitet. Der Rütteltisch besteht aus einer mit einem Blech beschlagenen Holzplatte, die mit zwei an einer Kante befindlichen Scharnieren mehrmals gekippt wird (Abb. 5).

Endlich soll noch die gelegentlich angewandte ausgesprochene Baustellenmethode der Eindringungsprobe erwähnt werden, die selbstverständlich auf sehr weiche Mischungen beschränkt bleibt und außerdem mehr als die übrigen Methoden von dem Größtkorn im Zuschlag abhängig ist.

Neben einer im Laboratorium für Vergleichsuntersuchungen wertvollen Grundlage bietet die Konsistenzmessung weiterhin die Möglichkeit einer raschen und einfachen Kontrolle für die Gleichmäßigkeit des Betons auf der Baustelle. Es muß aber darauf hingewiesen werden, daß alle Arten von Konsistenzprüfungen zur Beurteilung der Güte des im Bauwerk zur Verarbeitung kommenden Betons nur mit größter Vorsicht verwendet werden sollten. Es kann z. B. nicht gleichgültig sein, ob man den zu prüfenden Beton beim Auslauf aus der Maschine oder aus der Gießrinne oder der Verarbeitungsstelle entnimmt. Zweckmäßig wird man die Probe aus dem eben verarbeiteten Beton entnehmen müssen.

3. Bindemittel.

a) Selbständige und unselbständige Erhärtung. — Abbinden und Erhärten.

Bei den im Bauwesen zur Verwendung kommenden Bindemitteln unterscheidet man die unselbständig erhärtenden und die selbständig erhärtenden Bindemittel. Erstere erhärten nur unter Mitwirkung der Luft, genauer gesagt, der Kohlensäure der Luft; zu ihnen gehören die Fett- oder Weißkalke, die deshalb auch Luftkalke genannt werden.

Die selbständig erhärtenden Bindemittel (hydraulische Bindemittel) tragen nach Zugabe des Anmachwassers alle zur Erhärtung führenden Eigenschaften in sich und erhärten deshalb auch unter Luftabschluß. Für die Betonbereitung kommen in erster Linie die selbständig erhärtenden, also hydraulischen Bindemittel in Frage.

Die Verkittungs- und Erhärtungsfähigkeit der Mörtel beruht auf einem nur amorphen Körpern zukommenden Zwischenzustand zwischen flüssig und fest, welchen man als kolloidal (leimförmig) bezeichnet. Der Übergang in den starren Zustand wird das Anziehen oder das Abbinden genannt. Erst nach dem Abbinden setzt unter innerer Austrocknung das eigentliche Erhärten ein, das in der ersten Zeit besonders rasch vor sich geht. Mit zunehmender Erhärtung steigt die Festigkeit des Mörtels bzw. Betons.

Das Erhärten ist auf die Karbonisation des aus dem Zement nach dem Abbinden frei werdenden Kalkes durch die Kohlensäure der Luft zurückzuführen. Je tiefer die Luft in den Körper eindringen kann, desto besser wird die Erhärtung. Der freie Kalk (Ätzkalk), der sonst eine weiche, durch Wasser abschwemmbare Verbindung ist, verwandelt sich in eine steinartige, unlösliche Masse von kohlensaurem Kalk, der zum Teil die Poren ausfüllt. Der Erhärtungsvorgang beruht darauf, daß der im Mörtel abgebundene Zement kein chemisch fertiges Gebilde ist. Damit erklärt sich die nie aufhörende Erhärtung des Betons. Diese äußert sich mechanisch in zunehmender Härte und Widerstandsfähigkeit und in einem zunehmenden Einfluß auf die Dichte des Materials.

Je nach der Abbindezeit unterscheidet man Schnellbinder, Normalbinder und Langsambinder:

Schnellbinder sind solche, die schon nach wenigen Minuten mit dem Abbinden beginnen, sie werden deshalb in der Praxis nur in Sonderfällen, z. B. bei Quellenabdichtungen, Verwendung finden können, wobei sie sehr rasch verarbeitet werden müssen, damit sie nicht schon im Anmachgefäß erstarren.

Normalbinder sind solche, deren Abbindebeginn nach 1 bis 3 Stunden erfolgt.

Langsambinder solche, die erst nach einer noch höheren Zeitspanne abzubinden beginnen.

Die gewöhnlichen Handelszemente sind Normal- bis Langsambinder.

Das Abbinden von Zement ist in erster Linie abhängig von der chemischen Zusammensetzung der Zemente. Kieselsäurereiche und kalkarme Zemente binden langsamer ab als kalk- und tonerdereiche Zemente. Der Abbindeprozeß kann durch chemische Zusätze verändert werden, Alkalien, Ätzalkalien, Alaun, Kochsalz beschleunigen das Abbinden. Sulfate, Eisenvitriol, Gips verlängern den Abbindeprozeß. Die Eigenschaft von Gips, den Abbindeprozeß zu verlängern, wird bewußt bei kalkreichen Zementen, wie z. B. bei den hochwertigen Portlandzementen, ausgenutzt. Der Abbindeprozeß wird auch durch den Grad der Mahlfeinheit von Zement beeinflußt. Bei zunehmender Mahlfeinheit wird der Abbindeprozeß beschleunigt. Des weiteren ist der Abbindeprozeß abhängig von der Menge des Anmachwassers und der Temperatur der Mischung. Der Abbindeprozeß verläuft bei steigendem Wasserzusatz langsamer, während er durch steigende Temperatur beschleunigt wird. Bei Frosttemperaturen, die das Wasser in Eis verwandeln, wird der Abbindeprozeß solange unterbrochen, als das Wasser nur in Eisform vorhanden ist. Nach dem Schmelzen des Eises setzt sich der Abbindeprozeß fort. Da allerdings die Eisbildung stets mit einer Volumenvergrößerung des Wassers verbunden ist, lockert der Gefrierprozeß stets die im Abbinden begriffene Zementpaste und beeinträchtigt so ihre Struktur.

b) Verschiedene Bindemittel und ihre Eigenschaften.

Bei den hydraulischen Bindemitteln unterscheidet man die hydraulischen Kalke (Wasserkalke), die Grenzkalke oder zementartigen Bindemittel (Naturzemente, Romanzemente, Puzzolanzemente, Traßzemente, Schlackenzemente) und die eigentlichen Zemente, die Portlandzemente, die Hüttenzemente (Eisenportlandzemente, Hochofenzemente) und die Tonerdezemente.

Die hydraulischen Kalke werden aus tonigen Kalken durch Brennen unterhalb der Sintergrenze und nachheriges Löschen, soweit dieses noch möglich ist, gewonnen.

Die Naturzemente (Romanzement, Dolomitzement) entstehen auf dem gleichen Wege aus besonders günstig zusammengesetzten natürlichen Gesteinen. An die Stelle des Löschens tritt der Mahlprozeß.

Die künstlichen Grenzkalke gewinnt man durch mechanische Vermischung von Kalkhydrat mit Puzzolanerde, Traß oder Hochofenschlacke. Man spricht dann je nach dem Zusatz von Puzzolanzement, Traßzement, Schlackenzement, welch letzterer nicht zu verwechseln ist mit den anders hergestellten und mit anderen Eigenschaften behafteten Hüttenzementen.

Beton, der unter Verwendung der eben genannten hydraulischen Kalke und Grenzkalke hergestellt wird, bezeichnet man als Kalkbeton. Diesem sind wegen der Eigenschaften der betreffenden Bindemittel relativ niedere Festigkeiten und langsames Fortschreiten der Erhärtung zu eigen.

Portlandzemente sind Bindemittel, die aus Kalkmergeln geeigneter Zusammensetzung oder aus künstlichen Mischungen von Ton und kalkhaltigen Naturgesteinen durch Brennen bis zur Sinterung im Schacht- oder Drehofen und darauffolgende Feinmahlung gewonnen werden. Zu beachten ist bei den Zementen das Brennen bis zur Sinterung, im Gegensatz zu dem Brennprozeß bei den hydraulischen Kalken, wo die Temperatur unterhalb der Sintergrenze bleibt.

Nach der Begriffserklärung von Portlandzement in den Normen für die Lieferung und Prüfung von Portlandzement soll ein Portlandzement nicht weniger als 1,7 Gewichtsteile Kalk auf 1 Gewichtsteil Kieselsäure + Tonerde + Eisenoxyd enthalten. Ferner darf nach dieser Begriffserklärung dem Portlandzement zu besonderen Zwecken nicht mehr als 3% Zusätze gegeben werden.

Das spezifische Gewicht von Portlandzement ist verschieden, je nachdem es an geglühtem oder ungeglühtem Zement festgestellt wird; es hält sich etwas über 3,0.

Die auf S. 13 folgende chemische Zusammensetzung qualifiziert ein Bindemittel noch keineswegs als Portlandzement. Es gibt hydraulische Kalke mit ähnlichen Zusammensetzungen, so daß also eine chemische Analyse allein zur Erkennung eines Bindemittels nicht ausreicht. Aus diesem Grunde werden vom Portlandzement noch eine Reihe von physikalisch-mechanischen Eigenschaften verlangt.

Hochwertige Portlandzemente werden aus denselben Rohmaterialien hergestellt wie die gewöhnlichen Portlandzemente; sie sind jedoch sorgfältiger aufbereitet; sie werden beträchtlich feiner gemahlen als die gewöhnlichen Portlandzemente. Hochwertige Portlandzemente werden als Normalbinder hergestellt, d. h. sie binden nicht schneller als gewöhnlicher Portlandzement ab. Nach erfolgtem Abbinden vollzieht sich jedoch die Erhärtung beträchtlich rascher, so daß schon nach 3 bis 5 Tagen Festigkeiten ermittelt werden, die denjenigen des gewöhnlichen Portlandzementes nach etwa 28 Tagen gleichkommen. Wenngleich die Festigkeitszunahmen bei hochwertigen Portlandzementen nach dem siebenten Tage hinter derjenigen des gewöhnlichen Portlandzementes zurückbleiben, so liegen doch die Endfestigkeiten des ersteren stets höher als diejenigen des letzteren.

Hochwertige Portlandzemente bieten mancherlei Vorteile. Sie ermöglichen kürzere Entschalungsfristen und eine Erhöhung der zulässigen Beanspruchungen oder kleinere Querschnittsabmessungen. Zu erwähnen ist, daß die Steigerungen der Zugfestigkeit von hochwertigen Zementen nicht derjenigen der Druckfestigkeit entspricht.

Eine weitere Art hydraulischer Bindemittel sind die gewöhnlichen und hochwertigen Hüttenzemente: der Eisenportlandzement und der Hochofenzement. Bei ihrer Herstellung werden die hydraulischen Eigenschaften abgeschreckter, granulierter Hochofenschlacke zunutze gemacht.

Eisenportlandzement wird durch innige Vermischung von mindestens 70% Portlandzement und höchstens 30% feinstgemahlener granulierter Hochofenschlacke hergestellt. Es ist ausdrücklich zu betonen, daß dieser Schlackenzusatz nicht eine gewöhnliche Streckung des Portlandzementes bedeutet. In physikalisch-mechanischer Hinsicht werden an die Eisenportlandzemente dieselben Anforderungen bezüglich Raumbeständigkeit, Abbinden und Festigkeit gestellt wie für den Portlandzement. Das Gebiet der praktischen Anwendung der Eisenportlandzemente unterscheidet sich von dem der Portlandzemente nicht.

Der Hochofenzement entsteht durch innige Mischung von 15 bis 69% Gewichtsteilen Portlandzement mit entsprechend 85 bis 31% Gewichtsteilen granulierter basischer Hochofenschlacke. Es ergibt sich schon aus der Betrachtung der Herstellung dieses Zementes, daß er zu den kalkarmen und kieselsäurereichen Zementen gehört, weshalb er gegen chemische Angriffe durch Sulfate widerstandsfähiger ist als Portlandzement. Allerdings verzögert er nur die Angriffe, die im Laufe der Zeit auch bei Hochofenzement eintreten. Hochofenzemente können mehr Magnesia und Sulfate enthalten als Portlandzemente, ohne daß sie unbrauchbar werden. Wegen der Kalkarmut und des Kieselsäurereichtums dieser Zemente gehören sie zur Kategorie der Langsambinder. Der Hochofenzement ist in der Farbe heller als der Portlandzement.

Der sog. Erzzement, bei dem die Tonerde durch Oxyde von Eisen, Mangan, Nickel, Kobalt und Chrom ersetzt wird, ist gleichfalls widerstandsfähiger gegen Sulfatangriffe als Portlandzement. Von der Herabsetzung des Tonerdegehaltes wird die Verringerung der Bildung des sog. Kalktonerdesulfates erwartet, dem die Zerstörung von Beton bei Sulfatangriffen zugeschrieben wird.

Der Tonerdezement ist ein ganz anderes Produkt als alle bisher erwähnten Zemente. Die Ausgangsprodukte sind Bauxit, Schiefer, Kalkstein und Schlacke, die nach Vormahlung und inniger Vermischung bis zum Schmelzpunkt (nicht nur bis zur Sinterung) erhitzt werden. Aus diesem Grunde tragen solche Zemente auch Namen wie Schmelzzement (auch Ciment fondu oder, weil der Brand in elektrischen Schmelzöfen erfolgt, auch Ciment electrique). Seine Farbe ist stahlgrau bis blauschwarz. Die Tonerdezemente sind wegen des geringen Kalkgehaltes und wegen ihrer sonstigen Zusammensetzung sulfatbeständig. Der Tonerdezement geht auf eine Erfindung des Franzosen Jules Bied aus dem Jahre 1908 zurück, wird aber erst in neuerer Zeit in größeren Mengen hergestellt und in den Handel gebracht. Er wurde zuerst in Frankreich und in der Schweiz, später auch in Amerika und in Deutschland hergestellt.

Die Tonerdezemente gehören zu den hoch- und höchstwertigen Zementen. Abbindebeginn und Abbindezeit sind normal. Nach beendetem Abbinden erhärten diese Zemente außerordentlich rasch. Der im Vergleich mit Portlandzementen hohe Preis des Tonerdezementes (3- bis 4fach) hat dazu geführt, ihn mit gemahlenem Quarzsand zu strecken. Die Festigkeiten eines solchen gestreckten Zementes sind immer noch recht beträchtlich und halten einen Vergleich mit hochwertigem Portlandzement gut aus.

Zu besonderen Zwecken werden den Zementen noch besondere Zusätze zugegeben. Zu nennen sind hier u. a. der Traß und der Thurament, die bei Wasserbauten verwendet werden.

Traß ist ein hydraulischer Zuschlag, aber kein selbständiger Mörtelbildner; er hat hydraulische Eigenschaften, d. h. er besitzt die Eigenschaft, in Verbindung mit Kalken selbständig zu erhärten. Ähnliche Eigenschaften haben die Puzzolan- und Santorinerden, weshalb sie ebenso wie der Traß zur Herstellung künstlicher hydraulischer Kalke Verwendung finden.

In Deutschland kennt man den rheinischen (manchmal auch bayerischen) Traß. Als Zusatz zum Zement verwendet, hat der Traß infolge seiner freien Kieselsäure die Eigenschaft, den im Zement und Beton beim Erhärtungsprozeß freiwerdenden Kalk zu binden und auf diese Weise die Kalkausblühungen zu verringern. Neben dieser chemischen Wirkung hat der Traß noch die Eigenschaft, den Mörtel bzw. den Beton plastischer und namentlich etwas wasserdichter zu machen. Traßzusätze haben allerdings nur einen Sinn bei kalkreicheren Zementen. Zu den kalkarmen Zementen, wie z. B. dem Hochofenzement, Traß zuzusetzen, ist zwecklos. Ganz unmöglich sind Traßzusätze zu Tonerdezement. Auch bei den übrigen Zementen sollte der Traßzusatz nicht zu hoch bemessen werden. Seine Aufgabe wird der Traß erfüllen, wenn Verhältnisse von Zement zu Traß wie 1 : 0,25 bis 0,5 angewendet werden.

Unter der Bezeichnung Traßportlandzement ist die in der Fabrik hergestellte, gebrauchsfertige Mischung von Portlandzement mit Traß zu verstehen.

Der in Westfalen verwendete Linkkalk ist eine Mischung von Ziegelmehl mit hydraulisch wirksamer Hochofenschlacke.

Der Portlandjurament, eine Mischung von Portlandzement mit Ölschieferasche, wurde in Süddeutschland eine Zeitlang verwendet.

Thurament ist ein in Thüringen hergestellter hydraulischer Zuschlag, der aus der Hochofenschlacke mit gewissen Zusätzen hergestellt wird. Er ist fast ebenso fein gemahlen wie Zement und zeigt mit Kalk oder Portlandzement vermischt Eigenschaften, wie sie bisher nur von Traß angenommen wurden. Günstige Mischungen sind je nach der Zementart und je nach dem Verwendungszweck jeweils zu ermitteln. Z. B. wurde bei dem Bau einer Talsperre in Thüringen das Mischungsverhältnis 0,34 Zement zu 0,66 Thurament gewählt.

c) Die chemische Zusammensetzung der Zemente.

Alle Zemente bestehen in der Hauptsache aus chemischen Verbindungen des Kalkes (CaO), der Kieselsäure (SiO_2), der Tonerde (Al_2O_3) und des Eisenoxyds (Fe_2O_3). Diese 4 Bestandteile sind in jedem Zement enthalten. Dazu kommen ferner geringe Mengen von Magnesia (MgO), Manganoxyd (MnO) und Schwefelsäureanhydrid (SO_3).

Ein Beispiel einer durchschnittlichen Analyse eines Handelsportlandzementes als Beispiel der chemischen Gesamtzusammensetzung eines Zementes zeigt folgendes Bild:

	%		%		%
Glühverlust . . .	2,58	CaO	63,80	MgO	1,63
Unlösliches . . .	0,70	Al_2O_3	6,97	SO_3.	1,78
SiO_2	21,54	Fe_2O_3	2,84	S	0,05

Zum Vergleich seien die Durchschnittsanalysen von einigen gebräuchlichen Zementen angeführt:

	Gewöhnlicher und hochwertiger Portlandzement %	Hochofenzement %	Tonerdezement %
CaO . .	59 —66	48—58	35—40
SiO_2 . .	18 —23	25—30	10—12
Al_2O_3 . .	4,5— 8	10—20	40—45
Fe_2O_3 . .	2,5— 4,5	3— 5	1—20

Die chemische Zusammensetzung der Portlandzemente kommt in dem „hydraulischen Modul" und in dem „Silikatmodul" zum Ausdruck. Unter dem „hydraulischen Modul" versteht man das Verhältnis des Prozentgehaltes an Kalk einerseits zu der Summe der Prozentgehalte an Kieselsäure, Tonerde und Eisenoxyd andererseits; also

$$\frac{\%\,CaO}{\%\,SiO_2 + \%\,Al_2O_3 + \%\,Fe_2O_3}\,.$$

Er bewegt sich bei den Portlandzementen in den Grenzen von 1,70 bis 2,40.

Der „Silikatmodul" ist das Verhältnis der Prozentgehalte an Kieselsäure (SiO_2) zu der Summe der Prozentgehalte an Tonerde (Al_2O_3) und Eisenoxyd (Fe_2O_3). Seine Werte liegen ungefähr in den Grenzen von 1,2 bis 4,0; mithin: $\frac{\% \, SiO_2}{\% \, Al_2O_3 + \% \, Fe_2O_3} = 1{,}2$ bis $4{,}0$.

Die Erfahrung hat gezeigt, daß das Erhärtungsvermögen eines Portlandzementes um so größer ist, je höhere Werte der „hydraulische Modul" aufweist. Die Höchstgrenze für den „hydraulischen Modul" ist 2,4. Portlandzemente, die so viel Kalk (CaO) enthalten, daß ihr „hydraulischer Modul" größer als 2,4 ist, pflegen in der Regel Kalktreiber zu sein.

Der „Silikatmodul" soll nach Möglichkeit in mittleren Grenzen ungefähr zwischen 2,5 und 3,0 liegen. Innerhalb dieser Grenzen haben die Portlandzemente das beste Erhärtungsvermögen.

Aus den Analysenwerten der Zemente ergibt sich, daß der „hydraulische Modul" und der „Silikatmodul" beim Eisenportlandzement, Hochofenzement und Tonerdezement anders sein muß als beim Portlandzement. Der „Silikatmodul" ist beim Eisenportlandzement und beim Hochofenzement größer, beim Tonerdezement kleiner als bei den Portlandzementen.

Alle Zemente lösen sich in verdünnter Salzsäure fast klar mit hell- bis dunkelbrauner Farbe auf. Allmählich scheidet sich beim Stehen eine Gallerte ab. Beim Auflösen soll keinerlei Entwicklung von Gasen bemerkbar sein. Das in Salzsäure „Unlösliche" rührt daher, daß Anteile der Rohstoffe sich aus irgendwelchen Gründen beim Brennprozeß an der Sinterung nicht beteiligten. Dieses nicht gesinterte Rohmaterial hat naturgemäß keinerlei hydraulische Eigenschaften und fällt somit unter den hydraulisch wirksamen Bestandteilen im Zement fort. Das „Unlösliche" muß daher durch sorgfältige Aufbereitung der Rohstoffe und sachgemäße Leitung des Brennprozesses auf ein Minimum eingeschränkt werden. Es beträgt durchschnittlich 0,5 bis 2%.

Alle Zemente enthalten geringe Mengen von Kohlensäure und Wasser, die sie während der Lagerung des Klinkers und des fertigen Zements aus der Luft angenommen haben. Der Gehalt an Wasser und Kohlensäure kommt im „Glühverlust" zum Ausdruck. Dieser gestattet daher gewisse Schlüsse auf die Art der Fabrikation und auf die Verhältnisse, denen der Zement nach Beendigung des Brennprozesses ausgesetzt war. Hoher Glühverlust gilt im allgemeinen als ein Fehler eines Zements, weil dann die Vermutung naheliegt, daß der Klinker nicht tadellos gebrannt wurde (Schwachbrand), oder aber, daß der Zement übermäßig lange und womöglich unter nicht einwandfreien Verhältnissen (z. B. an feuchter Luft) lagerte. Dem Glühverlust ist jedoch keine allzu hohe Bedeutung beizumessen, da auch Zemente mit relativ hohem Glühverlust gutes Erhärtungsvermögen zeigen können.

Zemente mit hohem Kieselsäuregehalt (z. B. Eisenportlandzemente und Hochofenzemente) sind typische Langsambinder und Langsamerhärter. Ihre Festigkeit nimmt verhältnismäßig langsam, aber stetig im Laufe von Jahren zu.

Zemente mit hohem Tonerdegehalt (z. B. Tonerdezement) zeigen ganz allgemein ein schnelleres Abbinden und ein schnelles Erhärten. Ihre Festigkeit steigt sehr schnell an, später nur langsam.

Zemente mit sehr niedrigem Tonerdegehalt (z. B. Erzzement) verhalten sich ähnlich wie kieselsäurereiche Zemente. Sie binden langsam ab.

Der Anwesenheit des Eisenoxyds verdanken die Zemente ihre Färbung. Je höher der Gehalt eines Zementes an Eisenoxyd ist, um so dunkler ist er gefärbt. Daher ist der Erzzement dunkelgrün und der Tonerdezement nahezu schwarz gefärbt.

Ebenso wie das Eisenoxyd wirken geringe Mengen von Magnesia. Sie setzen die Sinterungstemperatur bei der Fabrikation herab. Größere Mengen von Magnesia sollen zum sog. „Magnesiatreiben" führen. Man hat daher nach den deutschen Normen die höchstzulässige Magnesiamenge im Portlandzement auf 5% festgesetzt. Im Gegensatz zu den Portlandzementen sind im Eisenportlandzement und Hochofenzement weit höhere Mengen an Magnesia (8 bis 10%) noch nicht schädlich.

Die Eisenportlandzemente und Hochofenzemente enthalten stets geringe Mengen von Manganoxyd (MnO). Letzteres rührt von der in diesen Zementen enthaltenen Hochofenschlacke her. Kleinere Mengen von Manganoxyd verhalten sich in diesen Zementen indifferent. Größere Mengen hingegen erzeugen Unregelmäßigkeiten im Erhärtungsprozeß dieser Zemente. Deshalb darf der Manganoxydgehalt im Eisenportland- und Hochofenzement nach den deutschen Normen höchstens 5% betragen.

Die Schwefelsäure kommt regelmäßig in allen Zementen in Form von Kalzium-Aluminium-Sulfat oder von Gips vor. Letzterer wird meist zur Regelung der Abbindezeit zu den Portlandzementen hinzugesetzt. Kleine Schwefelsäuremengen machen den Zement langsambindend. Sie erhöhen meist auch die Festigkeit eines Zementes. Größere Schwefelsäuremengen jedoch erzeugen das sog. „Gipstreiben". Die höchstzulässige Schwefelsäuremenge in den Portlandzementen wird daher mit 2,5% Schwefelsäureanhydrid (SO_3) begrenzt.

Man hat gefunden, daß die Gefahr des „Gipstreibens" um so kleiner ist, je ärmer ein Zement an Kalk und Tonerde ist. Hieraus ergibt sich, daß Zemente, wie Eisenportlandzement, Hochofenzement und Erzzement, etwas größere Schwefelsäuremengen enthalten dürfen.

Die Hochofenzemente und Eisenportlandzemente enthalten außer den Verbindungen der Schwefelsäure (Sulfate) noch solche der Schwefelwasserstoffsäure (Sulfide). Diese stammen aus der Hochofenschlacke und dürfen im Eisenportlandzement und Hochofenzement nur in geringen Mengen vorhanden sein.

Im allgemeinen kann man sagen, daß die chemischen Vorgänge beim Abbinde- und Erhärtungsprozeß noch nicht in genügendem Maße geklärt sind. In verschiedenen chemischen Laboratorien wird jedoch an den Problemen gearbeitet.

d) Abbindetemperaturen. Volumenänderungen beim Erhärten.

Beim Abbinden der Zemente tritt eine mehr oder minder große Erwärmung ein. Bei Versuchen in meinem Institut sind bei Tonerdezement Abbindetemperaturen an 1000 g Zement bis 113° C beobachtet worden. Diese beträchtlichen Temperaturerhöhungen sind bei

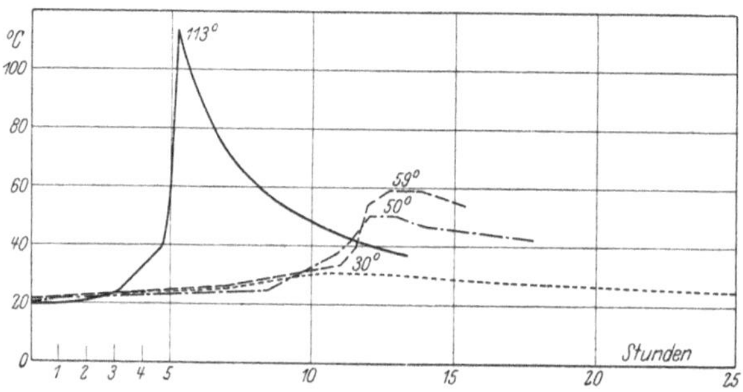

Abb. 6. Abbindetemperaturen.

[······ gewöhnlicher Portlandzement; – · – · – hochwertiger Portlandzement; —— Tonerdezement.]

allen übrigen Zementen nicht im entferntesten erreicht worden. Bei gewöhnlichem Portlandzement sind die Abbindetemperaturerhöhungen ganz selten über 10° C, während bei hochwertigem Portlandzement gelegentlich Temperaturen bis etwa 60° C, also Temperaturerhöhungen von 40 bis 45° C vorkommen (Abb. 6).

Die beim Abbinden jeder Art von Zementen entstehende Abbindetemperatur führt auch in der Verarbeitung zu Beton zu Temperaturzunahmen in der ersten Zeit mit allmählicher Abnahme im Laufe von Monaten und Jahren. Es ist zu beachten, daß diese Erwärmungen beim Abkühlen zu Spannungen führen müssen. Um diese zu verringern und ein allmähliches, nicht zu rasches Erhärten zu erzielen, wurde in den letzten Jahren in verschiedenen Ländern bei Betonmassen und bei Wasserbauten der sog. „Wasserbauzement" verwendet, der sich durch geringere Wasserlöslichkeit und späteren Beginn des Abbindens mit schwächerer Wärmeentwicklung auszeichnen soll. In seiner chemischen Zusammensetzung hat er gegenüber einem bestimmten Gehalt an Tricalciumaluminat und -silicat. Die Höchsttemperaturen beim

Abbinden betrugen höchstens 25 bis 30° C nach 12 bis 14 Stunden, gegenüber 30 bis 35° C bei gewöhnlichem Portlandzement nach 8 bis 10 Stunden.

Die beträchtlichen Abbindetemperaturen bei Tonerdezement machen seine sehr nasse Verarbeitung des daraus hergestellten Mörtels und Betons notwendig.

Sämtliche bis jetzt bekannte Zemente haben die Eigenschaft, beim Abbinden und Erhärten Volumenänderungen durchzumachen. Sie verringern ihr Volumen oder schwinden, wenn der Zement oder Beton an der Luft erhärtet; sie vergrößern ihr Volumen oder schwellen bei Erhärtung unter Wasser und erleiden gemischte Volumenveränderungen (bald Schwinden, bald Schwellen) bei gemischter Lagerung. Die Größe der Volumenveränderungen und ihr Verlauf mit der Zeit ist nicht allein bei den verschiedenen Zementen, sonder auch bei verschiedenen Bränden ein und desselben Zementes verschieden. Sie ist abhängig von der chemischen Zusammensetzung des Zementes. So zeigen z. B. Zemente mit niederem Kalkgehalt größeres, mit größerem Kalkgehalt geringeres Schwinden. Kieselsäure- und Tonerdeanreicherung sollen das Schwinden erhöhen, während Gipszusätze das Schwinden verringern. Es ist allerdings bisher nicht gelungen, diese Erkenntnisse so zu verwerten, daß bewußt und willkürlich Zemente bestimmter Volumenveränderungseigenschaften hergestellt werden könnten.

e) Normenprüfung der Zemente.

Zemente, die einer Reihe von mechanischen Prüfungen nach bestimmten Normen[1] unterworfen werden, nennt man Normenzemente. Hierzu gehört u. a. die Prüfung der Mahlfeinheit. Nach den deutschen Normen aus dem Jahre 1932 soll z. B. Portlandzement so fein gemahlen sein, daß er auf dem Sieb von 900 Maschen/cm² höchstens 2% Rückstand hinterläßt.

Die Bestimmung des Raumgewichtes eines Zements ist wichtig, weil er in der Praxis oft nicht abgewogen, sondern abgemessen wird. Die Kenntnis des spezifischen Gewichts gestattet gewisse Schlüsse auf die Art der Herstellung des Zementes. So hat z. B. ein schlecht gebrannter Zement immer ein niedrigeres spezifisches Gewicht als ein gut und lange gebrannter Zement. Im Gegensatz zu früher nimmt man heute nicht mehr an, daß ein hohes spezifisches Gewicht entsprechend höhere Festigkeiten liefere.

Eine der wichtigsten Normenprüfungen ist die Prüfung der Raumbeständigkeit. Bei der beschleunigten Raumbeständigkeitsprobe stellt man aus 100 g Zement und der hierfür notwendigen Wassermenge

[1] Siehe z. B.: Deutsche Normen für Portlandzement, Eisenportlandzement und Hochofenzement vom 8. V. 1932 mit Einzelheiten.

flache Kuchen her und kocht sie nach 24 Stunden 2 Stunden lang in Wasser. (Diese Probe kann man ohne besondere Einrichtungen auch auf Baustellen machen.) Auf diesem Verfahren beruht die Michaelissche Kochprobe.

Bei der Beurteilung der Kuchen ist zunächst darauf zu achten, daß sie keine Verkrümmungen aufweisen dürfen, was sich durch Anlegen der Kante eines Lineals in verschiedenen Richtungen an die flache Seite der Kuchen leicht ermitteln läßt. Ferner dürfen die Kuchen keine Treibrisse aufweisen, die radial verlaufen und sich gegen den Rand des Kuchens zu erweitern.

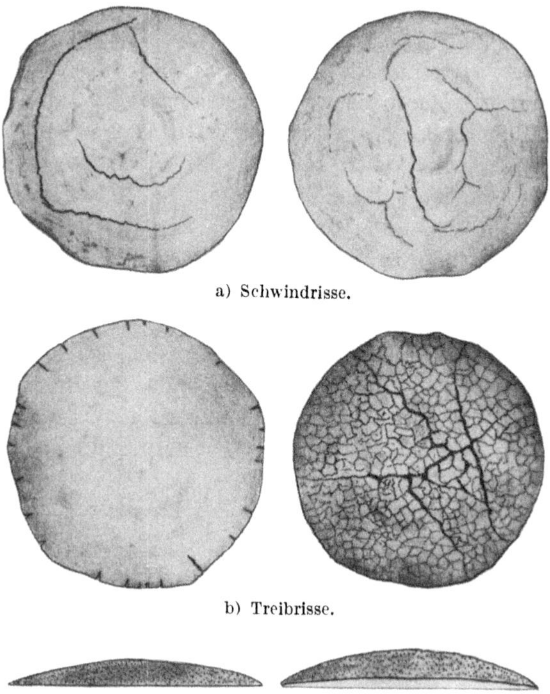

a) Schwindrisse.

b) Treibrisse.

normal c) Schnitt. verkrümmt

Abb. 7.

Ein Zement, der einen zerklüfteten Kuchen ergibt, wird Treiber genannt. Die Ursache der Zerklüftung liegt in falscher chemischer Zusammensetzung des Zements (bei zu hohem Kalkgehalt „Kalktreiber", bei zu hohem Gipszusatz „Gipstreiber") oder in zu schwachem Brand (s. Abb. 7a bis c).

Ferner gehört u. a. die Prüfung der Abbindezeit zu den für die Praxis wichtigen Normenproben. Hierbei ist zu beachten, daß die Abbindezeit durch die Temperatur und die Menge des Anmachwassers sowie die Temperatur der Luft stark beeinflußt wird. Durch Zusatz von unnötig viel Wasser wird die Abbindezeit verlangsamt; ebenso wirkt kaltes Wasser. Trockene und warme Luft hingegen beschleunigt die Abbindezeit.

In den Normen sind neben den Grenzen für die Mahlfeinheit die Abbindezeit und die Festigkeit von Zement, ermittelt an Mörtel des Mischungsverhältnisses 1 : 3, angegeben.

Bei der Beurteilung von Zementen ist darauf zu achten, daß die Methoden der Prüfung nach den Normen in verschiedenen Staaten voneinander abweichen. Die Verschiedenheit der zur Prüfung der Festigkeiten von Mörtel verwendeten Normalsande, die Herstellung und Lagerung der Normenkörper sind bei Vergleichen zu berücksichtigen. Z. B. werden in Deutschland die Normenkörper mit dem Böhmeschen Hammerapparat eingeschlagen, während in der Schweiz und Österreich die Fallramme verwendet wird.

Ferner ist der deutsche Normalsand bedeutend gröber als der Schweizer Normalsand. Auch die Forderungen über Glühverluste, Gehalt an fremden Stoffen und Abbindezeiten sind in den einzelnen Staaten oft beträchtlich verschieden. Während bei der Festigkeitsermittlung in Deutschland, der Schweiz und Österreich die Druckfestigkeiten und die Zugfestigkeiten ermittelt werden, sehen andere Normenvorschriften nur die Ermittlung der Zugfestigkeiten vor. In manchen Staaten werden nicht allein die Festigkeiten an einem Mörtel des Mischungsverhältnisses 1 : 3 in Gewichtsteilen, sondern auch die des reinen Zementes ohne Sandzusatz (z. B. argentinische Normen) ermittelt.

Auch die Mörtelkonsistenz ist bei den Vorschriften der einzelnen Staaten oft recht verschieden. Während wir in Deutschland immer noch den erdfeuchten Mörtel der Normenprüfung zugrunde legen, haben andere Staaten auch die Prüfung von plastischem Mörtel in ihre Vorschriften aufgenommen. Vom Standpunkte des Verbrauchers ist eine Prüfung des Zementes in plastischer Verarbeitung viel zutreffender, weil dann der Zement in demselben Zustand zur Prüfung kommen würde, wie er in der Praxis, namentlich im Eisenbetonbau, in den allermeisten Fällen zur Verwendung kommt.

Bei Bestrebungen, einheitliche internationale Bestimmungen zur Prüfung der Zemente festzulegen, wäre für Mörtelprüfungen in erster Linie die gleiche Kornzusammensetzung der Normalsande zu fordern. Ebenso wäre eine Vereinheitlichung der Konsistenz und der Festigkeitsproben zu erstreben.

Eine Nebeneinanderstellung der Normeneigenschaften von drei Zementarten, wie sie Untersuchungen im Institut des Verfassers entnommen ist, zeigt insbesondere die Unterschiede in den Festigkeiten (folgende Seite).

Andere Tonerdezemente zeigten nach 2 Tagen Wasserlagerung 688, nach 28 Tagen kombinierter Lagerung 870 kg/cm² Druckfestigkeit.

Bei Luftlagerung: nach 28 Tagen eine Druckfestigkeit von 727 kg/cm², eine Zugfestigkeit von 47,8 kg/cm².

Bei Wasserlagerung: nach 28 Tagen eine Druckfestigkeit von 687 kg/cm², eine Zugfestigkeit von 32,7 kg/cm².

Andere hochwertige Portlandzemente gaben nach 3 bzw. 28 Tagen kombinierter Lagerung 576 und 786 kg/cm² Druckfestigkeit; die entsprechenden Zugfestigkeiten waren 37 und 45 kg/cm².

Es ist zu beachten, daß die Festigkeiten im gleichen Alter bei Wasserlagerung immer kleiner sind als bei kombinierter Lagerung.

	Gewöhnlicher Portlandzement	Hochwertiger Portlandzement	Tonerdezement
Siebrückstand:			
900 Maschen	0,8%	0,165%	2,5%
4900 „	13,6%	0,75%	10,0%
Spezifisches Gewicht:			
Angeliefert	3,05	3,05	3,15
Geglüht	—	—	—
Litergewicht:			
Eingesiebt	958 g/l	960 g/l	1046 g/l
Eingerüttelt	1438 „	1490 „	1625 „
Abbindezeit (bei etwa 25% Wasserzusatz):			
Beginn nach	$2^1/_2$ Std.	4 Std. 45 Min.	2 Std. 27 Min.
Ende nach	$8^3/_4$ „	9 „ 15 „	4 „ 54 „
Zugfestigkeit 1 : 3:			
1 Tag komb. Lag.[1]	9,4 kg/cm²	—	34,6 kg/cm²
3 Tage „ „	21,2 „	28,6 kg/cm²	31,4 „
14 „ „ „	39,5 „	44,0 „	39,5 „
28 „ „ „	40,6 „	45,6 „	40,8 „
90 „ „ „	42,9 „	48,6 „	55,2 „
Zugfestigkeit nach den deutschen Normen von 1932:			
3 Tage Wasserlagerung[2]	—	25,0 kg/cm²	
7 „ Wasserlagerung	18,0 kg/cm²	—	
28 „ komb. Lag.	30,0 „	40,0 kg/cm²	
28 „ Wasserlagerung	25,0 „	30,0 „	
Druckfestigkeit 1 : 3:			
1 Tag komb. Lag.	75 kg/cm²	—	434 kg/cm²
3 Tage „ „	190 „	349 kg/cm²	535 „
14 „ „ „	420 „	601 „	665 „
28 „ „ „	477 „	651 „	680 „
90 „ „ „	510 „	677 „	689 „
Druckfestigkeit nach den deutschen Normen von 1932:			
3 Tage Wasserlagerung	—	250 kg/cm²	
7 „ Wasserlagerung	180 kg/cm²	—	
28 „ komb. Lagerung	350 „	500 kg/cm²	
28 „ Wasserlagerung	275 „	400 „	

Außer den hier angegebenen Festigkeitszahlen wurden noch höhere Werte festgestellt. Überhaupt konnte im Laufe der letzten Jahre eine Güteverbesserung der Bindemittel mit zunehmenden Festigkeiten, entsprechend den fabrikatorischen Verbesserungen, festgestellt werden.

[1] Kombinierte Lagerung: 24 Stunden in einem mit Feuchtigkeit gesättigten Raum, 6 Tage unter Wasser von 15 bis 20° C und nachher 21 Tage in Zimmerluft von 15 bis 20° C.

[2] Wasserlagerung: 24 Stunden wie bei kombinierter Lagerung; in der Folgezeit unter Wasser von 15 bis 20° C.

f) Gesichtspunkte bei der Wahl des Bindemittels.

Was von den Bindemitteln gesagt wurde, ist auf das Allernotwendigste beschränkt. Es wäre wünschenswert, wenn diejenigen, die sich mit Beton- oder Eisenbetonbau beschäftigen, mehr als dies in der Praxis üblich ist, ihr Augenmerk auf die Güteprüfung der Bindemittel richten würden. Nur dann wird man in der Lage sein, in gegebenen Fällen die richtige Auswahl zu treffen.

Bei der Verschiedenheit der Bindemittel soll der Verbraucher imstande sein, zu beurteilen, was seinen Zwecken in den einzelnen Fällen am dienlichsten ist. Man wird bei Beton- und Eisenbetonbauten zu unterscheiden haben, ob der Beton an der Luft, im Wasser oder abwechselnd an der Luft und im Wasser erhärtet.

Schnell erhärtende Zemente, die man allgemein „hochwertig" nennt, können in vielen Fällen des Hoch- und Brückenbaues mit großem Vorteil angewendet werden, wenn es sich darum handelt, die Bauzeit abzukürzen, Schalungsmaterial zu sparen oder größere Anfangsspannungen zuzulassen.

Im Wasserbau, insbesondere bei großen Massen, wie Talsperren- und Wehrbauten, wird der fabriksmäßig als hochwertig bezeichnete Portlandzement durch den langsam abbindenden und langsam erhärtenden Zement zu ersetzen sein, der in diesem Falle besser als „hochwertig" zu bezeichnen wäre.

Vor Beginn der Arbeit soll der Verbraucher sich durch entsprechende Prüfung überzeugen, ob es sich um „Treiber" handelt. Unter anderen neigen frische Zemente im allgemeinen zum Treiben, weshalb man sie nicht vor 2 bis 3 Wochen nach ihrer Herstellung verwenden sollte.

Eine während der heißen Jahreszeit beobachtete Erscheinung, daß aus einem an sich normal bindenden ein schnell bindender Zement entsteht, das sog. „Umschlagen" des Zementes, ist bisher noch nicht vollkommen geklärt. Sie macht es aber erforderlich, daß insbesondere im Hochsommer jeder Zement vor der Verarbeitung auf seine Abbindezeit geprüft werden soll.

Bei der Verarbeitung der Zemente darf man nicht übersehen, daß der Wasseranspruch nicht bei allen Zementen gleich ist. Bei Verarbeitung von Tonerdezement besteht wegen der hohen Abbindetemperaturen die Notwendigkeit, mehr Anmachwasser zu verwenden als bei anderen Zementen.

Wo die Möglichkeit chemischer Angriffe auf Beton- und Eisenbetonbauwerke gegeben ist, muß man je nach der Natur des Angriffes entscheiden, welche Bindemittel die geeignetsten sind und die Frage prüfen, ob irgendwelche hydraulischen Zusätze oder besondere konstruktiven Maßnahmen notwendig sind. (Diese Frage soll noch in dem Abschnitt „Chemische Angriffe" besprochen werden.)

Bei größeren Bauwerken sollten Zementproben luftdicht verschlossen für etwa 1 Jahr nach der Verarbeitung aufbewahrt werden, damit man die verwendeten Zemente auch nachträglich auf ihre Güte nachprüfen kann.

Ergänzende Literatur: Dorsch: Chemie der Zemente. Berlin: Julius Springer 1932. — Grün: Der Zement, Herstellung, Eigenschaften und Verwendung. Berlin: Julius Springer 1927. — Kühl u. Knothe: Die Chemie der hydraulischen Bindemittel. Leipzig: S. Hirzel 1915.

4. Das Wasser und seine Prüfung.

Um die aus Zement und Wasser bestehende Kittmasse wirksam zu machen, muß Wasser in entsprechender Menge vorhanden sein. Von der Güte der Kittmasse hängt sowohl die Dichtigkeit wie die Festigkeit des Mörtels bzw. Betons ab.

Das zur Verwendung kommende Anmachwasser soll rein und nicht zu kalt sein. Es darf keine Beimengungen enthalten, die die Erhärtung des Betons irgendwie beeinträchtigen können. Weiches Wasser gibt kleinere Festigkeiten als hartes Wasser. Gebundene Kohlensäure ist nicht ungünstig. Reine Alkalien und Chloride sind nicht nachteilig. Schädlich ist sumpfiges, gashaltiges Wasser mit einem höheren Gehalt an freien Säuren, ebenso Moorwasser.

Bei der Verarbeitung von Tonerdezement dürfen keine salzhaltigen Wasser verwendet werden.

Die Prüfung auf das Vorhandensein von freien Säuren erfolgt meist mit Lackmuspapier. Blaues Lackmuspapier wird durch Säuren rot gefärbt.

Besser wird diese Prüfung mit dem Merckschen Universalindikator ausgeführt. Dieser Indikator zeigt nicht nur an, ob ein Wasser sauer oder alkalisch ist, sondern er gibt darüber hinaus auch den Säure- bzw. Alkalinitätsgrad an. Dieses Verfahren beruht auf der Bestimmung der Wasserstoffionenkonzentration einer Lösung, für die man den Begriff p_H setzt. $p_H = 7$ entspricht einer neutralen Lösung; $p_H = 1$ einer $^1/_{10}$n-Salzsäure, $p_H = 13$ einer $^1/_{10}$n-Kalilauge. Der Indikator zeigt für jeden p_H-Wert eine bestimmte Farbe.

Die Prüfung wird so ausgeführt, daß man zu einigen Kubikzentimetern Wasser einige Tropfen von dem Indikator gibt. Das Wasser wird durch den Indikator gefärbt. Ist die Färbung rot, so ist das Wasser sauer, ist sie grüngelb, neutral, und ist sie blau, alkalisch. An Hand einer dem Indikator beigegebenen Farbskala kann man dann den genauen p_H-Wert und damit den Säure- und Alkalinitätsgrad feststellen.

Die Prüfung auf Sulfate geschieht in der Weise, daß wenige Kubikzentimeter Wasser mit einigen Tropfen verdünnter Salzsäure angesäuert und danach mit einigen Tropfen 10proz. Bariumchloridlösung versetzt werden. Bei Anwesenheit von Sulfaten fällt ein feinkörniger weißer Niederschlag von $BaSO_4$ aus. Nun enthält nahezu jedes Wasser — auch die Leitungswässer der Städte — in geringen Mengen schwefelsaure Bestandteile. Es tritt also auch bei diesen Wässern eine Trübung durch Bariumchlorid ein. Am besten vergleicht man den Niederschlag des zu untersuchenden Wassers mit einem Leitungswasser. Ist der Niederschlag des Wassers stärker, dann ist Vorsicht geboten.

Bei der Prüfung auf Chloride werden einige Kubikzentimeter Wasser mit einigen Tropfen Salpetersäure angesäuert und danach mit einigen Tropfen einer 10proz. Silbernitratlösung versetzt. Bei Anwesenheit von Chloriden fällt ein weißer käsiger Niederschlag von Silberchlorid aus, der sich am Licht langsam grauviolett färbt.

Die Anwesenheit von Schwefelwasserstoff wird durch den Geruch festgestellt. Bei Ansäuern des Wassers mit verdünnter Salzsäure tritt der Geruch nach faulen Eiern auf.

Die Bestimmung der Kohlensäure erfolgt in der Weise, daß einige Tropfen verdünnte Salzsäure zu einigen Kubikzentimetern Wasser zugesetzt werden. Bei Anwesenheit von Kohlensäure und von Karbonaten tritt unter Aufbrausen des Wassers Gasentwicklung (CO_2) ein.

5. Das Zuschlagmaterial.

a) Allgemeine Eigenschaften.

Als Zuschlagsstoffe kommen alle diejenigen natürlichen oder künstlichen Stoffe in Frage, die selbst eine genügende Eigenfestigkeit haben, an der Luft nicht verwittern und nicht durch ihre chemische Zusammensetzung den Verfestigungsprozeß des Mörtels bzw. Betons stören oder behindern. Es kommen in Betracht:

Von Naturgesteinen: Granit, Gneis, Basalt, Porphyr, Grünstein, Grauwacke, Quarzit, Quarz, Kalkstein, Sandstein, und zwar entweder in der Form, wie sie die heutigen Flußläufe als Geschiebe (Fluß-Kiessand) liefern, oder wie sie aus den früheren Flußläufen heute als Grubenkiessand gewonnen werden können, oder schließlich in künstlich gebrochenem Zustande. Als weiterer natürlicher Zuschlag ist noch zu nennen der vulkanische Bimssand, der ein Zuschlag für sog. Leichtbeton darstellt.

Außer den Naturgesteinen werden noch Hochofenschlacke, Kesselschlacke, Klinker und Ziegelschotter, in seltenen Fällen, wie bei Stahlbeton, auch metallische Zuschläge verwendet. Zu beachten ist, daß Zuschlagstoffe, wie Trachyt und Lava, die nicht wasseraufnahmefähig sind, sich für Beton wenig eignen.

Die Hochofenschlacke, deren Nutzbarmachung eine wesentlich wirtschaftliche Frage ist, wird in neuerer Zeit vielfach als Zuschlagstoff für Beton empfohlen. Die großen Mengen von Hochofenschlacke — kommt doch 1 t auf jede Tonne Roheisengewinnung — haben die Verwertung zu Betonzwecken veranlaßt. Sie besteht aus rd. 30% Kieselsäure, 10% Tonerde, 40% Kalk; der Rest besteht aus Magnesia, Schwefel, Phosphorsäure, Mangan- und Eisenoxydul. Einzelne Bestandteile wirken bis zu einem gewissen Grade ungünstig auf den Zement ein. Solange die Hochofenschlacke im wesentlichen ein Kalk-Tonerde-Silikat mit geringen schädlichen Beimengungen ist, kann sie in Steinbrechern auf jede gewünschte Korngröße verarbeitet als Zuschlagstoff zum Beton verwendet werden. Durch wertvolle Untersuchungen im Forschungsinstitut in Düsseldorf ist es gelungen, mit Hilfe ultravioletter Strahlen gewisse Unterschiede zwischen beständiger und unbeständiger Hochofenschlacke zu erkennen.

Besondere Aufmerksamkeit ist bei der Verwendung von Ziegelsteinschlag auf den Gehalt an löslichen Salzen, bei Schlacke auf den Gehalt an Ätzkalk zu richten. In diesen Fällen dürfte es zweckmäßig sein, wenn eine chemische Untersuchung des Materials der Verwendung vorangeht und eine Abscheidung der schädlichen Bestandteile erfolgt.

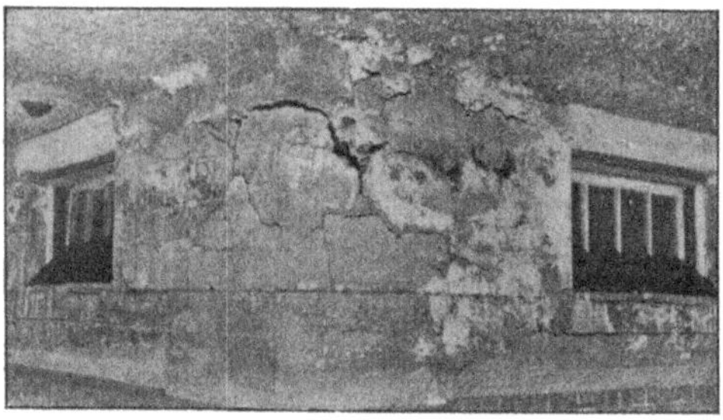

Abb. 8. Zerstörung von Beton infolge schlechter Zuschlagstoffe.

Schädliche Zuschlagstoffe sind solche, die mit Humus oder Torf durchsetzt sind, ferner der in moorhaltigen Sanden enthaltene Schwefelkies, welcher an der Luft oxydiert und Schwefelsäure bildet, die den Zement angreift.

Halbverbrannte oder torfartige Teile, die manchmal in Flußkiesen vorkommen, können leicht treiben und Absprengungen veranlassen. Bei Verwendung von Hochofenschlacke, Kohlen, Aschen oder Löschen ist darauf zu achten, daß sie ohne Gehalt an Sulfidschwefel sind, welcher bei Feuchtigkeit sich in Gips umsetzt und Treiben veranlaßt. Braunkohle veranlaßt manchmal Treiberscheinungen und Rißbildungen im Beton. Auch bei Steinkohlenteilchen ist Vorsicht geboten, weil sie besonders in der Nähe der Oberfläche leicht ausgewaschen werden und den Beton dadurch undicht machen.

Eine schlechte Wirkung haben auch Schlacke, Lösche oder Ziegelschlag, wenn sie Ätzkalk in Stückform enthalten, welcher bei Aufnahme von Wasser Treiben verursacht. Die schlechten Folgen unrichtiger Zuschlagstoffe stellen sich oft erst nach Jahren ein, wie aus dem Beispiel eines 3 Jahre alten Betonfundamentes in Abb. 8 veranschaulicht wird.

Das aus Bergwerken bezogene Zuschlagmaterial hatte, wie nachträglich festgestellt, einen Kupfergehalt von 0,2 bis 0,4%. Eine Untersuchung der zerstörten Teile des Fundamentes zeigte, daß sich in dem Beton durch Einwirkung von Feuchtigkeit auf den Steinschlag Sulfide bildeten. Genauere Untersuchungen des Zuschlagmaterials ergaben auch einen Gehalt an Eisen und Schwefel.

Dieses kleine Beispiel zeigt, mit welcher Vorsicht man bei der Wahl der Zuschlagstoffe zu Werke gehen soll, wenn deren Zusammensetzung und Herkunft nicht genau bekannt sind.

Von der Verwendung mit Portlandzement und verwandten Zementen auszuschließen ist der Anhydrit, weil er zu Gipsbildungen unter Volumenvergrößerungen Anlaß gibt und den Mörtel bzw. Beton zersprengt. Weitere verdächtige Zuschlagstoffe sind schieferige, stark mergelige, tonige, gipshaltige, schwefelhaltige (Pyrit) Gesteine, die in keinem Falle ohne jeweilige Voruntersuchung zur Betonbereitung verwendet werden sollten.

In chemisch-mineralogischer Hinsicht kann man die brauchbaren Zuschlagstoffe einteilen in solche, die beim Verfestigungsprozeß des Mörtels oder Betons nicht mitwirken, d. h. nur von dem Zement verkittet werden, und solche, die an der Verfestigung des Mörtels bzw. Betons aktiv beteiligt sind. Die weitaus größere Zahl der erwähnten Zuschlagstoffe gehört zu den ersteren; zu den letzteren gehört namentlich die hydraulische Schlacke, deren freie Kieselsäure sich mit dem freien Kalk des Zementes verbindet und ein Zusatzerhärtungsprodukt bildet. Schwach hydraulische Eigenschaften besitzt endlich auch der Ziegelschottersand.

Das genannte natürliche Zuschlagmaterial bedarf, wenn es durch saure oder salzige Industrieabwässer verunreinigt ist, der chemischen Untersuchung, ebenso wie Schlacken, die selten frei von Säuren und schwefelsauren Salzen sind, und daher schädigend auf Beton einwirken. Ferner enthält besonders die Kesselschlacke noch reichlich brennbare Bestandteile, wie Kohle, die wegen ihrer Weichheit aber auch ihres Schwefelgehaltes ungünstig ist. Zum Zwecke der Ausscheidung der schädlichen Bestandteile muß die Schlacke aufbereitet werden. Die Ausscheidung der Säuren und Salze erfolgt durch Waschen; die Kohle wird entweder mit Hilfe des Schwemmverfahrens oder mittels des Kruppschen Magnetscheideverfahrens ausgeschieden. Beim letzteren Verfahren wird der Umstand technisch ausgenutzt, daß die eisenhaltige Schlacke vom Magneten angezogen wird, während die unmagnetische Kohle vom magnetischen Feld unberührt bleibt. — Chemische Verunreinigungen der natürlichen Kiessande kommen mitunter in Industriegegenden vor, sei es, daß der Flußkies durch Abwässer verunreinigt wird, sei es, wie es häufiger und meist gefährlicher ist, daß Kiessandbänke, aus denen Grubenkies gewonnen wird, durch verunreinigtes Grundwasser oder durch Säuren und Salze mitschwemmendes Niederschlagswasser durchsetzt sind. Solche Zuschläge sollten in keinem Falle ohne chemische und mechanische Voruntersuchungen verwendet werden, wenn man sich nicht der Gefahr der späteren Betonzerstörung aussetzen will.

Lehm, Schlamm und Humus verhindern den mechanischen Verband des Zementes mit dem Zuschlag. Ein sehr geringer Lehmgehalt ist, namentlich wenn der Lehm feucht und fein verteilt ist, ohne Schaden. Der Lehm- und Schlammgehalt kann durch Waschen des Zuschlags verringert werden.

Nach der Herkunft unterscheidet man Grubenkies oder Flußkies. Hierbei ist zu bemerken, daß bei ersterem wegen der möglichen schädlichen Beimengungen größere Vorsicht geboten ist. Andererseits ist seine Haftfestigkeit am Mörtel größer als die des glatten Flußkieses.

Bei den Zuschlagstoffen ist noch zu beachten, daß sie sich im Feuer verschieden verhalten. Ganz schlecht verhalten sich die dichten und harten Gesteine, wie Granit, Marmor, Quarz, die im Feuer zerplatzen. Guten Widerstand leisten die im Feuer entstandenen Klinker, Backsteine, Schlacke, Bims; ferner sollen auch Basalt und Porphyr sich im Feuer gut halten. Über die Widerstandsfähigkeit der Kalksteine gehen die Ansichten auseinander.

Sehr verschieden verhalten sich die Zuschläge auch gegenüber Frost. Hier versagen namentlich die geschichteten Natursteine, weil die Schichtenrisse Angriffspunkte für das unter Volumenveränderungen sich bildende Eis bietet.

b) Prüfung des Zuschlagmaterials.

Das Zuschlagmaterial muß rein sein und darf keine größeren Mengen lehmiger Bestandteile enthalten. Es muß frei sein von chemisch wirksamen Bestandteilen, die den Zement angreifen. Hierzu gehört z. B. Schwefelkies, Pyrit, der leicht zu Sulfaten oxydiert wird; weiterhin Sulfate, Säuren, organische, verwesliche Stoffe u. a.

Sand und Kies bestehen zum großen Teil aus chemisch nicht angreifbaren Verbindungen der Kieselsäure. Manchmal enthält der Flußkies kalkhaltiges Material, Granitgrus, Sandstein und tonige Bestandteile.

Zur Prüfung der Reinheit des Zuschlagmaterials mittels der Schlämmethode werden etwa 100 g Zuschlagmaterial in einen Standzylinder geschüttet; dazu kommt eine genügende Menge Wasser. Das Ganze wird kurze Zeit kräftig geschüttelt. Ist dann das über dem Zuschlagmaterial stehende Wasser stark durch Verunreinigungen getrübt, so enthält das Material lehmige Bestandteile, die durch Schlämmen mit Wasser beseitigt werden müssen.

Um die Menge des „Abschlämmbaren“ zu bestimmen, wird zunächst 1 bis 2 kg Zuschlagmaterial auf einem Blech durch Erhitzen getrocknet und dann genau gewogen. Danach gibt man das Material in ein Glasgefäß und läßt vorsichtig mit einem Schlauch, der bis zum Boden des Gefäßes reicht, Wasser zufließen. Das Wasser fließt oben über den Gefäßrand ab; das zunächst sehr trübe Wasser wird langsam klar. Mit einem Stab ist das Material mehrmals während des Versuches umzurühren. Wenn keine Trübung des Wassers mehr erfolgt, wird die Zuleitung des Wassers abgestellt, das Zuschlagmaterial wieder auf einem Blech getrocknet und danach gewogen. Die Differenz zwischen der ersten und zweiten Wägung ergibt die Menge der abschlämmbaren Bestandteile.

Zur Prüfung auf Säure oder alkalische Bestandteile wird etwa 50 g Zuschlagmaterial in ein Becherglas gegeben, mit destilliertem Wasser versetzt und geschüttelt. Nachdem das Wasser filtriert ist, werden dann einige Kubikzentimeter in ein Reagenzglas gegeben und in der gleichen Weise geprüft, wie vorher beim Anmachwasser angegeben wurde.

Auf organische Bestandteile, die in der Hauptsache Humusstoffe sind, prüft man das Zuschlagmaterial, indem man es auf einem Blech stark erhitzt. Tritt der Geruch von verbrennender organischer Substanz auf, so ist die Anwesenheit organischer Bestandteile angezeigt.

Eine andere Prüfung besteht darin, daß man das Zuschlagmaterial in einem Meßzylinder mit Kalilauge schüttelt und stehenläßt. Braunfärbung der überstehenden Lösung zeigt Humusstoffe an.

Es gibt auch eine Farbwertuntersuchung zur Prüfung der Zuschläge auf organische Verunreinigungen. Nach Zugabe einer NaOH-Lösung zum Zuschlag soll die Färbung nicht dunkler werden als eine bestimmte normierte Farblösung. Wird die Lösung dunkler als Normenfarblösung, so soll der Zuschlag nicht ohne Festigkeitsuntersuchung verwendet werden.

Wenn bei dem Versetzen des Zuschlagmaterials mit verdünnter Salzsäure unter Aufbrausen heftige Gasentwicklung einsetzt, so enthält das Material kohlensauren Kalk oder kohlensaure Magnesia. Tritt der Geruch von Schwefelwasserstoff auf, dann ist die Anwesenheit von schwefelwasserstoffsauren Verbindungen, meist Schwefelkies, angezeigt, das nicht verwendet werden soll.

Die vorstehend beschriebenen, an der Baustelle leicht auszuführenden Versuche sind für den Verbraucher als Warnungszeichen anzusehen. Bei größeren Bauwerken empfiehlt sich in solchen Fällen eine Untersuchung in einem chemischen Laboratorium.

c) Über die Kornzusammensetzung. Sieblinien, Siebflächen und Feinheitsmodul. Konsistenzbildung und Raumgewicht.

Neben der chemisch-mineralogischen Beschaffenheit sind die Kornform, die Korngröße und die Kornabstufung der Zuschlagstoffe von größter Bedeutung für die Güte des damit hergestellten Betons.

Man unterscheidet den feinen Zuschlag oder Sand, der die Korngrößen von 0 bis 5 oder 7 mm umfaßt. Hierbei nennt man den Sand unter 1 mm Korndurchmesser Staub-, Mehl- bzw. Feinsand, was darüber ist Grobsand. Die groben Zuschlagstoffe von 5 bzw. 7 mm Durchmesser an bis zu etwa 20 mm kann man als Mittelkies bzw. Splitt, was darüber liegt als Grobkies und Steinschlag bezeichnen.

Der größte für Beton zulässige Korndurchmesser hängt von der Größe der Bauteile ab. Bei großen Betonmassen ist die obere Grenze mit 100 bis 150 mm keine Seltenheit mehr; bei Eisenbeton sind die größeren Korndurchmesser von den Zwischenräumen zwischen den Eiseneinlagen abhängig. Bei schwachen Eisenbetonträgern ist die obere Grenze 20 bis 30 mm.

Der Kornform nach sind die Flußgeschiebe (Flußkiessand, Grubenkiessand) von rundlicher Gestalt (kugelig bis scheibenförmig plattig), die gebrochenen Zuschläge (Brechsand, Splitt, Schotter) kantig bis splittrig.

Will man sich ein Bild von der Kornzusammensetzung eines Zuschlagmaterials machen, so bedient man sich der Siebanalyse. Handelt es sich um Kiessand im Anlieferungszustande, so ist darauf zu achten, daß man zur Siebanalyse nur trockenes Material verwenden darf; gegebenenfalls muß es künstlich getrocknet werden. Aus dem Kiessand wird nach der Methode der mehrmaligen Vierteilung eine gute, möglichst große Durchschnittsprobe entnommen. Diese Probe wird der Reihe nach durch einen Siebsatz von der gröbsten bis zur feinsten Maschenweite hindurchgeworfen. Die Rückstände auf diesen einzelnen Sieben werden alsdann gewogen. Trägt man die Siebrückstände als Ordinaten zu den entsprechenden Korndurchmessern auf, so erhält man die Siebkurve.

Zur Frage, welche Maschenweiten zur Durchführung einer solchen Analyse gewählt werden sollen, ist zu sagen, daß sich dies aus dem Einflußwert der Korngrößen, aber auch aus praktischen Erwägungen heraus ergibt. Eine allzu enge Unterteilung verbietet sich von selbst. Da die Zusammensetzung der feineren Bestandteile (des Sandes) erfahrungsgemäß von größerem Einfluß ist als die Zusammensetzung der gröberen Bestandteile, so wird man mit der Unterteilung der Siebmaschenweiten beim Sand enger gehen als bei den Grobzuschlägen. Gute Erfahrungen sind mit folgenden Unterteilungen gemacht worden:

0 bis 0,3 mm	3 bis 5 mm	16 bis 25 mm
0,3 „ 0,8 „	5 „ 8 „	25 „ 38 „
0,8 „ 3 „	8 „ 16 „	38 „ 51 „

In verschiedenen Ländern gibt es neuerdings normierte Siebsätze.

Ergibt sich aus der Siebanalyse eines Kiessandes im Anlieferungszustande die Linie $OABC$ in Abb. 9, und vergleicht man diese mit irgendeiner Idealsiebkurve (in der Abbildung gestrichelt), so erkennt man, daß zu wenig Sand vorhanden ist. Außerdem weist die Kurve an zwei Stellen einen kräftigen Knick auf.

Um dieses Zuschlagmaterial zu verbessern, trennt man das Material durch Absieben nach den 3 Ästen A, B und C innerhalb der Knickstellen unter Bestimmung der Mengenanteile. Im vorliegenden Beispiel würde die Änderung der Anteile von $A : B : C$ wie $1 : 0{,}73 : 2{,}32$ eine Zusammensetzung nach der strichlierten Linie ergeben. Dadurch würde die Stetigkeit der Linie unter Ausschaltung der 3 Knickstellen und ein brauchbarer Sandgehalt erzielt werden. Es ist aber nicht erforderlich, daß die Stetigkeit der Kurve allzu pedantisch angestrebt wird. Man kann sich mit einem Verlauf der Kurven innerhalb des in Abb. 9 schraffierten Flächenbereiches vollauf begnügen, wie dies in dem Institut des Verfassers nach bisherigen Ergebnissen von verschiedenen Untersuchungen für ein Zuschlagmaterial bis zu einem maximalen Korn von 25 mm festgestellt werden konnte.

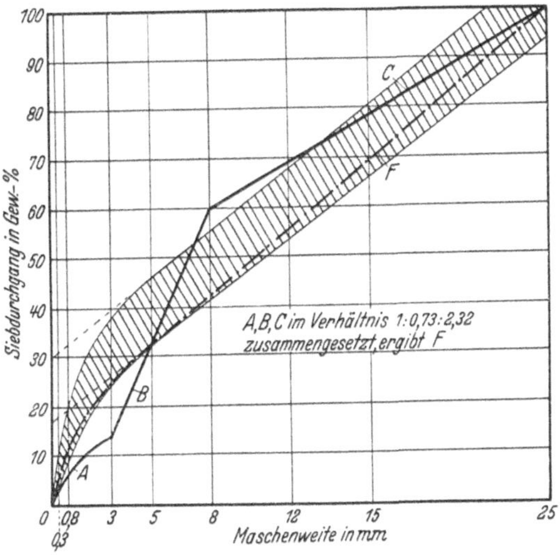

Abb. 9. Siebanalysen und ihre Auswertung.

Eine der ersten Idealsiebkurven ist als die Fuller-Kurve bekannt geworden. Fuller hat auf Grund zahlreicher Versuche eine Linie (Abb. 10) für die Zusammensetzung der Zuschlagstoffe abgeleitet, die einen Beton größter Dichte und Festigkeit geben sollte. Die Fuller-Kurve besteht aus einem Ellipsenstück mit dem Mittelpunkt auf Ordinate 7 und der Tangente BCA. Bezeichnet D den maximalen Korndurchmesser, so ist:

Für Kies und Sand ist $a = 0{,}164\,D$; $b + 7 = 35{,}6$; $y_0 = 26{,}0$; $y_1 = 33{,}4$.

Für Steinschlag und Sand ist $a = 0{,}150\,D$; $b + 7 = 37{,}4$; $y_0 = 28{,}5$; $y_1 = 35{,}7$.

Für Steinschlag und Splitt ist $a = 0{,}147\,D$; $b + 7 = 37{,}8$; $y_0 = 29$; $y_1 = 36{,}1$.

Es ist zu beachten, daß die Fuller-Kurve bei gleichem maximalen Korn bei verschiedenen Zuschlagstoffen verschiedene Sandgehalte ergibt. Aus den Ordinaten y_0 bzw. y_1 ergibt sich, daß Kiessandzuschläge relativ am wenigsten, Splitt und Schotter am meisten Sand enthalten sollen. Ferner ist zu beachten, daß die Fuller-Kurve nicht allein die Zuschlagstoffe, sondern auch den Zement mit einbezieht. Hieraus erklärt sich der hohe Wert für die Feinteile, wie er sich aus dieser Kurve ergibt. Will man also die Kurve für die Kornzusammensetzung der Zuschlagstoffe allein zeichnen, so hat man den Zementanteil abzuziehen und erhält eine Linie wie die in Abb. 9 strichlierte Idealsieblinie.

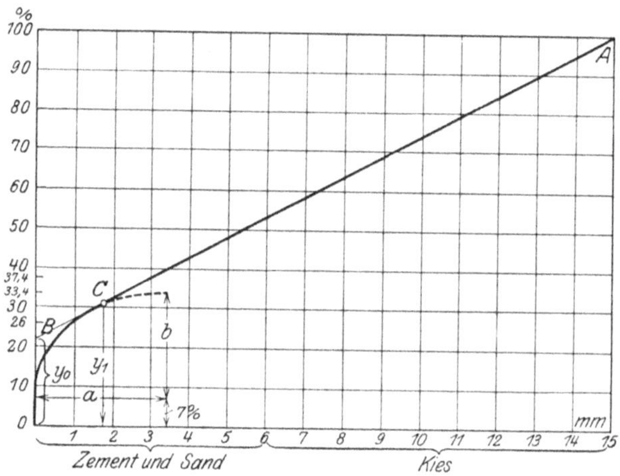

Abb. 10. Die Fuller-Kurve.

Andere Idealsieblinien, die nach späteren Versuchen aufgestellt wurden und mehr oder weniger von der Fuller-Kurve abweichen, unterscheiden sich durch den Anteil des Sandes oder der mittleren Korngrößen zwischen 5 bis 10 mm mit Rücksicht darauf, daß die Fuller-Kurve eine etwas schwer bewegliche Konsistenz des Betons gibt.

Eine andere Art der Betrachtung der Kornzusammensetzung von Betonzuschlagstoffen ist die im Sinne des Abramsschen Feinheitsmoduls. Der Feinheitsmodul eines Zuschlagmateriales wird ermittelt, indem dieser Zuschlag durch einen normierten Siebsatz geworfen wird. Die Rückstände auf den einzelnen Sieben werden addiert und die Summe durch 100 dividiert. So besteht der in Nordamerika meist verwandte Siebsatz aus Sieben mit Maschenweiten von:

0,147 0,295 0,59 1,18 2,37 4,75 9,52 19,05 38,1 mm.

Bei bestimmten Siebrückständen ergibt sich für Mehlsand ein Feinheitsmodul von ungefähr 1,5, für mittleren Sand 2,4, für groben Sand 3,1, für feinen Kies 6,5, für mittleren Kies 6,9 und für groben Kies 7,4.

Selbstverständlich sind diese Ziffern von dem Siebsatz abhängig. Die Annahme einer anderen Siebgrößenordnung oder einer größeren Anzahl von Sieben würde andere Werte für den Feinheitsmodul ergeben.

Aus den Siebsätzen, die das Chemische Laboratorium für Tonindustrie, Berlin, liefert, liegen folgende Siebe in der Nähe der vorstehend angegebenen amerikanischen Siebe:

0,150 0,300 0,60 1,2 2 5 10 20 40 mm

wobei allerdings zu beachten ist, daß die Siebe bis 2 mm Maschenweite quadratische Maschen haben, während die übrigen genannten Siebe Blechsiebe mit kreisrunden Löchern darstellen. Die mit diesem Siebsatz festgestellten Feinheitsmoduli werden daher von den amerikanischen Werten etwas abweichen.

Hummel geht von dem Abramsschen Feinheitsmodul aus und bedient sich bei der Aufzeichnung der Sieblinien des logarithmischen Maßstabs. Wie an anderer Stelle gezeigt werden soll, sind für die Festigkeit von Beton die feineren Bestandteile von größerer Bedeutung als die groben. Aus diesem Grunde befaßt sich Hummel in erster Linie mit dem Einfluß der Sieblinien für Sand von 0 bis 7 mm. Wie bei Abrams ergibt sich der Feinheitsmodul aus der Summe der prozentualen Siebrückstände auf einem Siebsatz. Da jedes Sieb doppelt so großen Lochdurchmesser hat wie das nächst kleinere, ergibt sich nach Auftragung der Korndurchmesser im logarithmischen Maßstabe die schraffierte F-Fläche, die Quadratur der logarithmischen Siebkurve im rechtwinkligen Koordinatensystem. In dem Beispiel in Abb. 11 haben alle dort aufgetragenen Siebkurven für Sand von 0 bis 7 mm mit einem Feinheitsmodul von 4,6 die gleiche Fläche von 140 cm^2. Daraus ergeben sich gewisse Schlüsse auf die Mörtelfestigkeit.

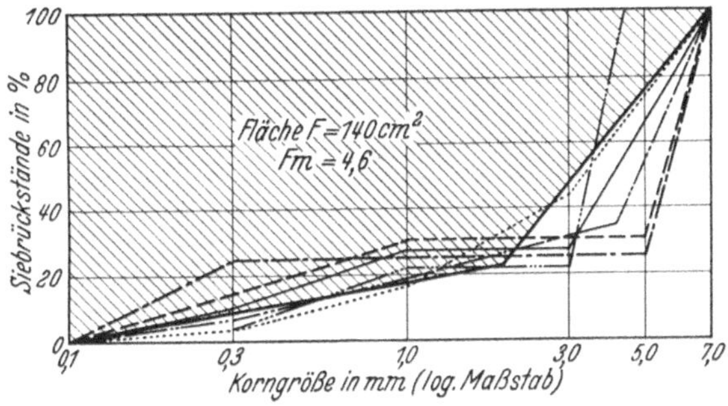

Abb. 11.

In Österreich wurde von Stern[1] die Bewertung des Feinheitsmoduls mit Hilfe der sog. „Kornpotenz“ eingeführt.

Alle Siebkurven, -flächen oder -regeln, die im Laufe der Jahre bekanntgeworden sind, geben Möglichkeiten, günstige Kornzusammensetzungen zu studieren. Auf der Baustelle wird man nach wirtschaftlichen und örtlichen Erwägungen zu prüfen haben, wieweit man sich den theoretisch günstigsten Bedingungen anpassen kann. Ähnlich wie

[1] Zielsichere Betonbildung von O. Stern, 2. Aufl. Wien: J. Springer 1934.

in Abb. 9 wird man in einem gegebenen Falle bestimmen, innerhalb welcher Grenzen die Siebkurven auf eine geeignete oder ungeeignete Kornzusammensetzung des Zuschlagmaterials schließen lassen.

Der Einfluß der Kornform der Zuschläge auf die Konsistenzbildung bei Beton wird durch nachfolgende Untersuchung beleuchtet: Es wurde Kiessand mit gebrochenem Zuschlag nachfolgender Kornzusammensetzung miteinander verglichen:

von	0	bis	0,3	mm	10%	nach	Gewicht
,,	0,3	,,	0,8	,,	10%	,,	,,
,,	0,8	,,	3	,,	11%	,,	,,
,,	3	,,	8	,,	16%	,,	,,
,,	8	,,	16	,,	25%	,,	,,
,,	16	,,	25	,,	28%	,,	,,

Hierbei war der Kiessand von rundlicher, das Brechgut von splittriger Kornform. Stellt man aus beiden Zuschlägen getrennt einen Beton 1 : 6 in Gewichtsteilen her, so ergeben sich folgende Beziehungen zwischen Betonkonsistenz und dem Wasserzusatz.

Betonart	Wasserzusatz in Gew.%	Wasserzementfaktor W	Konsistenzzahl
Kiesbeton 1 : 6 nach Gewicht	6,8	0,48	114
	7,2	0,5	126
	7,5	0,53	145
	7,9	0,55	176
	8,2	0,58	190
	8,6	0,6	210
Schotterbeton 1 : 6 nach Gewicht	12,8	0,9	126
	13,7	0,96	138
	14,6	1,02	147
	15,5	1,08	165
	16,3	1,14	176
	17,2	1,2	205

Das gebrochene Zuschlagmaterial verlangt sonach fast den doppelten Wasserzusatz als Kiessand für Beton gleicher Konsistenz. Die rundliche Kornform scheint für die Eigenbeweglichkeit des Betons günstiger zu sein. Die die Beweglichkeit behindernde eckige und splittige Kornform beim Beton aus gebrochenem Zuschlag muß daher durch einen entsprechend höheren Wasserzusatz wettgemacht werden.

Die Eigenbeweglichkeit von nassem oder plastischem Beton wird nicht nur durch einen zu hohen Sandgehalt, sondern auch durch die Vergrößerung des maximalen Korns stark verringert. In ausgesprochenem Maße kommt dies bei eckigem und splittigem Zuschlagmaterial zum Ausdruck.

Die Art der Kornzusammensetzung prägt sich deutlich in dem Raumgewicht des Zuschlages aus, das von dem spezifischen Gewicht, von der Kornabstufung und der Lagerungsdichte abhängt. Unter mineralogisch gleichen Verhältnissen besitzt die am besten abgestufte Kornzusammensetzung das höchste Raumgewicht. So ergab Kiessand aus dem Rhein, nach der Fuller-Kurve zusammengesetzt, das größte Raumgewicht von rd. 2,00.

6. Mischen des Betons. Mischungsverhältnis. Ausbeute.

Nach sorgfältigster Auswahl der Bindemittel und der Zuschlagstoffe und nach Festlegung des Mischungsverhältnisses und der zur Verarbeitung notwendigen Wassermenge wird das Gemenge gemischt.

Das Mischen kann von Hand oder mittels Maschinen geschehen. Handmischungen werden nur dann angewandt, wenn sie sich nicht umgehen lassen, z. B. bei ganz kleinen Betonarbeiten und bei Ausbesserungen, wo das Aufstellen einer Mischanlage zu teuer oder unvorteilhaft wird. Ist man gezwungen, Handmischungen anzuwenden, so ist sehr große Sorgfalt notwendig. Man muß auf einer festen, möglichst dichten Unterlage die Materialien vorerst trocken mehrere Male durcheinanderschaufeln, bis sie ein gleichartiges Gemenge geben. Nachher erfolgt das weitere Durcheinanderschaufeln unter stetigem Wasserzusatz. Erst wenn man sich überzeugt hat, daß ein vollständig einheitliches Material mit gleichmäßigem Wasserzusatz vorhanden ist, sollte es verarbeitet werden.

Einfacher und zuverlässiger ist das Mischen mit Hilfe von Maschinen. Es ist heute viel leichter möglich als vor Jahren, mit Maschinen zu mischen, da eine Anzahl bewährter Systeme auf dem Markt sind, welche zur Herstellung kleinerer und größerer Betonmengen für zeitweisen und ununterbrochenen Betrieb verwendet werden können. In den meisten Fällen wird eine Mischdauer von 1 Minute genügen. Es ist ein Irrtum, anzunehmen, daß die Güte des Mischgutes etwa mit der Verlängerung der Mischzeit wächst.

Sowohl bei Hand- als auch bei Maschinenmischung spielt die Anmachwassermenge eine wichtige Rolle. Bestimmte Angaben lassen sich jedoch in dieser Hinsicht nicht machen; sie ist u. a. nicht allein von der Temperatur abhängig, sondern auch von den Bestandteilen des Mischgutes. In der heißen Jahreszeit wird der Wasserzusatz größer sein müssen als bei niedriger Temperatur. Ferner wird er niedriger sein müssen bei Verwendung von nassem Sand und Kies.

Je nach dem verwendeten Material und nach dem Zweck des zu verarbeitenden Betons wird man in jedem gegebenen Fall untersuchen müssen, welcher Wasserzusatz notwendig ist.

Nach dem Gesagten wird die Güte des Betons bei sorgfältiger Auswahl der Zuschlagstoffe und bei richtiger Bestimmung der Anmachwassermenge von dem Anteil des Bindemittels abhängig sein. Ein guter Beton erfordert so viel Zement, daß die einzelnen Sand- und größeren Zuschlagkörner miteinander genügend gut verkittet werden und ein Mindestmaß von Hohlräumen vorhanden ist. Der Zement darf aber nicht nur zum Ausfüllen der Hohlräume verwendet werden. Man pflegt den Quotienten, der aus dem Überschuß und dem Volumen der

Hohlräume gebildet wird, als Maß des Verkittungsgrades zu bezeichnen.

$$\mu = \frac{\text{Überschuß an Bindemittel}}{\text{Hohlräume}}.$$

Safir gab u. a. die Größen μ für Beton mit einer Zusammensetzung von Bindemitteln und Zuschlagstoffen einer ganz bestimmten Art wie folgt an:

Bei Stampfbeton für Fundamente . . . . $\mu = 0{,}10 = 10\%$
„ Stampfbeton für aufgehendes Mauerwerk . . $\mu = 0{,}15 = 15\%$
„ Eisenbeton, starke Querschnitte . . . . . . $\mu = 0{,}20 = 20\%$
„ Eisenbeton, schwache Querschnitte . . . . $\mu = 0{,}25 = 25\%$

Wird 1 Raumteil Zement mit m Teilen Sand und n Teilen Kies oder Schotter zu Beton verarbeitet, so ergibt dies das Volumen V fertigen Beton unter Hinzurechnung des Wasserzusatzes. V ist kleiner als die Summe $1 + m + n$ der Bestandteile. Das Verhältnis $\frac{V}{1 + m + n} = k$ nennt man den Ausbeutungskoeffizienten oder „Ausbeute". Dieser Koeffizient wird in erster Linie von den Korngrößen und den Hohlräumen des Zuschlagmaterials abhängig sein. Als Durchschnittswert für die Ausbeute gibt Safir die Zahl $k = 0{,}60$ an.

Unter der Annahme, daß die Wassermenge, die zum Nässen des Kiesmaterials, zum Ausfüllen der Hohlräume und zum Abbinden erforderlich ist, mit 25% von den Raumteilen angenommen wird, ergeben sich $1{,}25 \cdot (1 + m + n)$ Raumteile Mischmaterial einschließlich Wasser. Bei einem Ausbeutekoeffizienten $k = 0{,}60$ beträgt sonach das Volumen V des fertigen Betons

$$V = 0{,}60 \cdot 1{,}25(1 + m + n) = 0{,}75(1 + m + n).$$

Daraus geht hervor, daß der Ausbeutekoeffizient k einen Durchschnittswert von 0,75 erhält, wenn man das Wasser mitrechnet.

Wenn k bekannt ist, so ergeben sich 3 Formeln für die Bestimmung des Bedarfs an Zement, Sand und Kies:

$$\text{Zement: } Z = \frac{V}{k \cdot (1 + m + n)} \cdot 1,$$

$$\text{Sand: } S = \frac{V}{k \cdot (1 + m + n)} \cdot m, \qquad \text{Kies: } K = \frac{V}{k \cdot (1 + m + n)} \cdot n.$$

Setzt man $V = 1{,}0$ an, $k = 0{,}75$ und $n = 0$, so erhält man

$$Z = \frac{1{,}333}{1 + m} \cdot 1, \qquad S = \frac{1{,}333}{1 + m} \cdot m.$$

Diese beiden Gleichungen liefern für die Mischung des Betons folgende praktische Regel:

Zur Herstellung von 1 m³ Beton im Mischungsverhältnis von 1 Raumteil Zement und m Raumteilen Kies braucht man eine Zementmenge, welche gleich ist dem Quotienten aus der Konstanten 1,333 durch die Gesamtzahl der Raumteile $1 + m$. Die Menge Sand und Kies ist nach der zweiten angeführten Gleichung das m-fache dieses Wertes. Daraus ergibt sich folgende Zusammenstellung 1:

Zusammenstellung 1. Materialbedarf für 1 m³ hydraulischen Baustoffs bei einem Mischungsverhältnis der Form $1:m$.

Mischungs-verhältnis	Materialbedarf für 1 m³ Mörtel bzw. Beton		Mischungs-verhältnis	Materialbedarf für 1 m³ Mörtel bzw. Beton	
	Zement kg	Sand bzw. Kies m³		Zement kg	Sand bzw. Kies m³
1 : 1	944	0,675	1 : 8,5	199	1,21
1 : 1,5	755	0,810	1 : 9	188	1,21
1 : 2	630	0,90	1 : 9,5	180	1,22
1 : 2,5	540	0,96	1 : 10	171	1,23
1 : 3	472	1,01	1 : 11	157	1,24
1 : 3,5	420	1,05	1 : 12	145	1,25
1 : 4	376	1,08	1 : 13	135	1,25
1 : 4,5	343	1,10	1 : 14	126	1,26
1 : 5	314	1,12	1 : 15	118	1,27
1 : 5,5	290	1,14	1 : 16	111	1,27
1 : 6	270	1,16	1 : 17	105	1,28
1 : 6,5	252	1,17	1 : 18	99	1,28
1 : 7	235	1,18	1 : 19	94	1,28
1 : 7,5	222	1,19	1 : 20	90	1,29
1 : 8	210	1,20			

Dies gilt aber nur unter der Voraussetzung von $k = 0{,}75$, was bei Eisenbetonbauten als ein sehr guter Durchschnittswert anzusehen ist.

Allgemein ergeben sich mit Hilfe der drei zuerst gefundenen Formeln, welche Safir durch Versuche auf ihre Richtigkeit geprüft hat, für die zweckmäßigsten Mischungen des Betons folgende zwei Zusammenstellungen:

Zusammenstellung 2. Materialbedarf für 1 m³ Kiesbeton bei einem Mischungsverhältnis der Form $1:m:2m$.

Mischungs-verhältnis	Materialbedarf für 1 m³ Beton			Mischungs-verhältnis	Materialbedarf für 1 m³ Beton		
	Zement kg	Sand m³	Kies m³		Zement kg	Sand m³	Kies m³
1 : 1 : 2	560	0,40	0,80	1 : 6 : 12	105	0,45	0,90
1 : 1,5 : 3	402	0,43	0,86	1 : 6,5 : 13	97	0,45	0,90
1 : 2 : 4	315	0,45	0,90	1 : 7 : 14	90	0,45	0,90
1 : 2,5 : 5	252	0,45	0,90	1 : 7,5 : 15	84	0,45	0,90
1 : 3 : 6	210	0,45	0,90	1 : 8 : 16	79	0,45	0,90
1 : 3,5 : 7	180	0,45	0,90	1 : 8,5 : 17	74	0,45	0,90
1 : 4 : 8	158	0,45	0,90	1 : 9 : 18	70	0,45	0,90
1 : 4,5 : 9	140	0,45	0,90	1 : 9,5 : 19	66	0,45	0,90
1 : 5 : 10	126	0,45	0,90	1 : 10 : 20	63	0,45	0,90
1 : 5,5 : 11	115	0,45	0,90				

Zusammenstellung 3. Materialbedarf für 1 m³ Schotterbeton bei einem Mischungsverhältnis der Form $1 : m : 1{,}5\, m$.

Mischungsverhältnis	Materialbedarf für 1 m³ Beton			Mischungsverhältnis	Materialbedarf für 1 m³ Beton		
	Zement kg	Sand m³	Schotter m³		Zement kg	Sand m³	Schotter m³
1 : 1 : 1,5	672	0,48	0,72	1 : 6 : 9	126	0,54	0,81
1 : 1,5 : 2,25	487	0,52	0,78	1 : 6,5 : 9,75	116	0,54	0,81
1 : 2 : 3	378	0,54	0,81	1 : 7 : 10,5	108	0,54	0,81
1 : 2,5 : 3,75	302	0,54	0,81	1 : 7,5 : 11,25	101	0,54	0,81
1 : 3 : 4,5	252	0,54	0,81	1 : 8 : 12	94	0,54	0,81
1 : 3,5 : 5,25	216	0,54	0,81	1 : 8,5 : 12,75	88	0,54	0,81
1 : 4 : 6	189	0,54	0,81	1 : 9 : 13,5	84	0,54	0,81
1 : 4,5 : 6,75	168	0,54	0,81	1 : 9,5 : 14,25	80	0,54	0,81
1 : 5 : 7,5	151	0,54	0,81	1 : 10 : 15	75	0,54	0,81
1 : 5,5 : 8,25	138	0,54	0,81				

Diese Tabellen gehen von der Annahme aus, daß die Wirtschaftlichkeit und beste Mischung bei Kiesbeton erreicht wird, wenn man von Kies doppelt soviel Raumteile und bei Verwendung von Schotter die Anzahl der Raumteile Schotter $1^1/_2$mal so groß nimmt wie die des Sandes. Wir werden in einem späteren Abschnitt sehen, daß diese Annahmen bezüglich Ausbeutekoeffizienten, Verhältnis von Sand zu Kies nicht allgemein richtig sind.

Es bedarf wohl keiner besonderen Erläuterung, daß die vorstehenden Zusammenstellungen für den Materialbedarf für einen bestimmten Fall gedacht sind und nicht etwa allgemein gelten. Der Materialbedarf sowohl an Bindemitteln wie Zuschlagstoffen hängt ab von der Mahlfeinheit des Bindemittels, von der Gestalt und der Korngröße der Zuschläge, von der Verarbeitungsweise, ob naß oder trocken, und von den Verlusten, die beim Verarbeiten eintreten.

In verschiedenen Lehr- und Taschenbüchern sind zum Teil voneinander stark abweichende Angaben über die Ausbeute enthalten. Wie verschieden die Ausbeute werden kann, geht aus Zusammenstellung 4 hervor, bei der der Ausbeutekoeffizient k direkt aus einer größeren Reihe von Untersuchungen in meinem Laboratorium bestimmt wurde. Bei der Ermittlung von k erfolgte die Trennung von Sand und Grobzuschlag bei 5 mm größtem Korn.

Man erkennt aus dieser Zusammenstellung den Einfluß des Wasserzementfaktors, des Sandmaterials und des Grobzuschlages. Trotz sorgfältiger Verarbeitung der gleichen Materialien war eine Übereinstimmung der genannten Zahlen weder untereinander noch mit denjenigen der vorher angeführten Zusammenstellungen festzustellen.

Daraus folgt, daß man im allgemeinen bei der Verwendung der aus den Zusammenstellungen hier und anderswo ersichtlichen Zahlenwerte

Zusammenstellung 4.

Zement : Zuschlag bzw. Zement : Sand : Grobzuschlag in Gewichtsteilen gemischt	Zement : Zuschlag bzw. Zement : Sand : Grobzuschlag in Raumteilen umgerechnet	Entspricht Kilogramm Zement Kubikmeter fertigen Betons	Wasserzementfaktor in Gewichtsteilen W/Z	Volumen des fertigen Betons V in Litern	Zur Herstellung des Volumens V benötigte Betonbestandteile in Raumteilen						Ausbeutekoeffizient k	
					Zement	Sand	Grobzuschlag	Wasser	Summe ohne Wasser	Summe mit Wasser	ohne Wasser	mit Wasser
a) Bei Verwendung von Flußsand und Flußkies.												
1 : 6 1 : 2,22 : 3,78	1 : 3,75 1 : 1,52 : 2,7	345	0,6	48	13,2	20,1	35,6	9,9	68,9	78,8	0,70	0,61
1 : 8 1 : 2,96 : 5,04	1 : 5 1 : 2,04 : 3,6	284	0,7 gießfähig	48	10,55	21,6	38,2	9,25	70,35	79,6	0,65	0,6
1 : 8 1 : 2,96 : 5,04	1 : 5 1 : 2,04 : 3,6	288	0,6 plastisch	39	8,95	18,3	32,3	6,72	59,55	66,27	0,65	0,59
1 : 8 1 : 2,96 : 5,04	1 : 5 1 : 2,04 : 3,6	282	0,5	48	10,8	22	38,9	6,7	71,7	79,3	0,67	0,61
1 : 8 1 : 2,96 : 5,04	1 : 5 1 : 2,04 : 3,6	270	0,4	48	10,44	21,2	37,9	5,2	69,3	74,5	0,69	0,64
b) Bei Verwendung von Flußsand und Schotter gemischt.												
1 : 5,4 1 : 2,6 : 2,8	1 : 2 : 3	388	0,52	70,4	19,5	39	58,4	14,1	116,9	131	0,60	0,54
1 : 6,4 1 : 2,6 : 3,8	1 : 2 : 3	325	0,55	48	11,2	22,4	45	8,6	78,6	87,2	0,61	0,55
1 : 6,4 1 : 2,9 : 3,5	1 : 2,25 : 3,75	320	0,57	62,4	14,3	32,3	53,6	11,4	100,2	111,6	0,61	0,56
c) Bei Verwendung von Brechsand und Schotter.												
1 : 6 1 : 2,2 : 3,8	1 : 5 1 : 1,6 : 3,7	313	0,55 erdfeucht	64	15	24,2	55	11	114,2	125,2	0,56	0,51

vorsichtig sein muß und für jeden besonderen Fall die besonderen Verhältnisse zu prüfen haben wird.

Die Angabe des Mischungsverhältnisses erfolgt in der Praxis im allgemeinen wie hier nach Raumteilen, da auch nach Raumteilen gemischt wird. Genauer und richtiger ist die Mischung nach Gewichtsteilen. In den meisten Fällen der Praxis wird das Zuschlagmaterial nach Raumteilen, das Bindemittel nach Gewicht bemessen.

In Österreich wird das Mischungsverhältnis in Kilogramm Zement auf 1 m³ Gemenge von Sand und Steinschlag oder Kies angegeben; z. B. 470 kg Zement auf 1 m³ Sand und Kies entsprechen ungefähr einer Mischung 1 : 4.

In Frankreich und in der Schweiz wird das Mischungsverhältnis in Kilogramm Zement auf 1 m³ fertigen Beton angegeben; z. B. sind 360 kg Zement pro Kubikmeter Beton ungefähr das Mischungsverhältnis 1 : 4.

Sehr häufig wird in der Praxis die Frage aufgeworfen, ob und wie es möglich ist, das Mischungsverhältnis von abgebundenem Beton zu bestimmen, besonders dann, wenn es sich um Schäden irgendwelcher Art an fertigen Betonbauten handelt.

Burchartz gibt in den Mitt. Mat.-Prüf.-Amt 1912, Heft 3 ein Verfahren an unter folgenden Voraussetzungen:

Das Mischungsverhältnis kann ermittelt werden, wenn das Bindemittel nur aus einem einheitlichen Material besteht, also z. B. nur aus Portlandzement, ferner, wenn der Zuschlagstoff keine Bestandteile enthält, die in Säuren löslich sind, wie z. B. kohlensaurer Kalk, lösliche Kieselsäure, Eisenoxyd oder Tonerde. Schließlich soll der Zuschlagstoff keinen zu hohen Gehalt an abschlämmbaren (lehmigen, tonigen oder erdigen) Bestandteilen aufweisen.

In diesem Falle wird ein Weg für die Ermittlung des Verhältnisses des wasser- und kohlensäurefreien Bindemittels zum trockenen Zuschlagmaterial nach Gewichtsteilen angegeben. Daraus wird durch Einführung der Raumgewichte der einzelnen Materialien das Verhältnis in Raumteilen bestimmt.

Ein anderes Verfahren wurde angewandt bei Vorhandensein von Kalksteintrümmern (kohlensaurer Kalk) durch Bestimmung des Gehaltes an löslicher Kieselsäure im Beton. Daraus wird der Gehalt an Zement berechnet, wobei ein Portlandzement von durchschnittlichem Kieselsäuregehalt angenommen wird. Das letztgenannte Verfahren wird von Burchartz selbst als bedenklich angesehen. Aber auch das erste Verfahren kann nur in Ausnahmefällen mit Erfolg angewandt werden, da die Bedingungen, die daran geknüpft sind, nur selten in Wirklichkeit zutreffen. Angenommen, daß im Beton und Eisenbeton nur ein einheitliches Bindemittel verwendet wird, wird der Zuschlagstoff in den seltensten Fällen den angeführten Bedingungen entsprechen.

Bei der Berechnung des Mischungsverhältnisses nach Raumteilen liegt noch eine große Fehlerquelle in der Annahme der Raumgewichte von bereits verwendetem Material, die sich nachträglich schwer überprüfen lassen.

Das ganze Verfahren an sich enthält eine Anzahl von Fehlerquellen, und selbst wenn diese nicht vorhanden wären, könnte man zuverlässige Untersuchungen nur dann erwarten, wenn man bei großen Bauten mit einem durchaus einheitlichen, gleichförmigen Betonmaterial rechnen könnte. Es liegt aber schon in der ganzen Methode der Betonmischung, daß dies nicht möglich ist, und man könnte durch die Anwendung des genannten Verfahrens zur nachträglichen Bestimmung erhärteter Betonmischungen leicht zu unrichtigen Schlüssen kommen.

Bei größeren Bauausführungen empfiehlt es sich, Proben von den Einzelbestandteilen des zur Herstellung des Betons verwendeten Materials aufzubewahren, die zur Aufklärung über später etwa vorkommende Mängel des Betonmaterials dienen können.

7. Strukturuntersuchungen von Beton.

Die Forderung möglichst hoher Elastizität und Festigkeit von Beton zu Qualitätsbauten geht parallel mit dem Bestreben, die Voraussetzungen für hohe Dichtigkeit und Wasserdichtigkeit zu schaffen. Hierzu kommt die wirtschaftliche Notwendigkeit, den Zementverbrauch auf ein zulässiges Mindestmaß einzuschränken.

Zur Klärung dieser Grundfragen können Strukturuntersuchungen an Beton beitragen. Diese werden an bereits erhärtetem Beton vorgenommen, während das Studium der chemischen Vorgänge während des Abbindens und in der ersten Erhärtungszeit vorausgehen sollte.

Der naheliegende Versuch, die Mikrophotographie zu wissenschaftlichen Forschungen im Betonbau zu verwenden, ist zum erstenmal mit Erfolg im Jahre 1912 von dem amerikanischen Ingenieur Nathan N. Johnson gemacht worden. Die Fragen, die er auf diesem Wege zu lösen suchte, sind: Untersuchungen über die Struktur des Betons, über Fehler in der Herstellung des Betons, über Zersetzungserscheinungen. Schließlich befassen sich seine Untersuchungen mit dem Einfluß der Korngrößen der Zuschlagstoffe und der Anmachwassermenge auf die Güte von Beton.

Johnson verwendete zu diesen Untersuchungen Oberflächenschliffe und zum Teil auch Dünnschliffe mit Kanadabalsam als Härtungsmittel bei Beton geringer Festigkeit. Eine typische Aufnahme bei 200facher Vergrößerung aus diesen Veröffentlichungen ist in Abb. 12 zu ersehen. Die Bilder zeigen Nester von nichthydratisiertem Zement. Die körnige Lagerung der Zementpartikelchen und deren nestartige Einschließung durch abgebundene Zementmassen ist in den Bildern rechts deutlich zu erkennen. Die Bilder links zeigen das Verschwinden der körnigen Struktur der Nester, was auf einen Überrest von Zement in eutektischer Form hinweist. Das der Aufnahme links unten zugrunde gelegte Betonstück stammt aus einem 34 Jahre alten, dauernd unter Wasser gewesenen Bauteil; trotzdem ist der Zement noch nicht vollständig hydratisiert.

In dem Institut des Verfassers wurde versucht, das von Johnson erstmalig angewendete Verfahren weiter auszubauen. Zu diesem Zwecke wurden in Verbindung mit den Firmen Zeiss und Leitz Verbesserungen an der Einrichtung getroffen. Von vornherein war klar, daß die Verwendung des Mikroskopes nur in ganz beschränktem Umfange möglich ist, weil das Gesichtsfeld des zu vergrößernden Objektes dann auf ein Mindestmaß zurückgeführt wird. Beim Mörtel sind diese Untersuchungen ohne weiteres möglich. Für Beton kommt das Mikroskop nur insoweit in Frage, als es sich um Untersuchungen des im Beton vorhandenen Mörtels handelt. Desgleichen auch bei Betondünnschliffen. Hierbei wird das Polarisationsmikroskop mit einem zentrierbaren und verschiebbaren Objekttisch mit Vorteil zu verwenden sein.

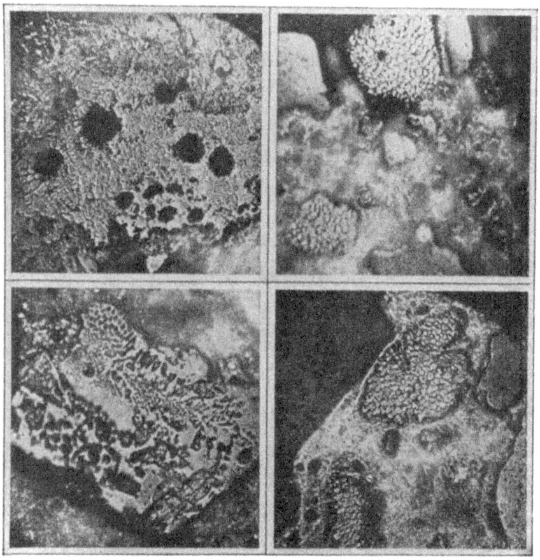

Abb. 12. Aufnahmen von Betonschliffen bei 200facher Vergrößerung.

Für die Oberflächenschliffe von Betonuntersuchungen werden die Vergrößerungen begrenzt sein, und deshalb ist es möglich, ohne Mikroskop auszukommen. Da es sich ferner darum handelt, Bilder mit großen Tiefenschärfen zu erhalten, wird man für diese Untersuchungen die Mikrophotographie ohne Mikroskop heranziehen.

Um den Apparat nicht übermäßig groß zu gestalten und doch eine angemessene Vergrößerung zu erreichen, war es notwendig, Objekte von ganz kurzer Brennweite zu verwenden. Die für diese Zwecke von Leitz und Zeiss konstruierten Mikrosummare und Mikroplanare ergeben bei einer Brennweite von 20 bis 24 mm bei einer Kameralänge von 100 cm eine 40fache Vergrößerung. Die Vergrößerung steigt auf das 80fache bei einem Balgauszug von 200 cm.

Der Apparat, der deshalb eine ziemliche Höhe erreichte, wurde in einem Raum vertikal aufgestellt, damit eine besondere Verdunkelung der Mattscheibe durch einen eigenen Aufbau möglich wird.

Eine Reihe von Aufnahmen, die an charakteristischen Probestücken von Mörtel und Beton ausgeführt wurden, ist in den folgenden Abbildungen ersichtlich.

Abb. 13 ist ein Beispiel eines Mörtelschliffes (stark porös, Vergrößerung 37fach). Die Photographie enthält die beiden Hälften eines durch ein Mörtelstück geführten Schnittes. Aus den entsprechenden Partien der beiden Hälften ist zu ersehen, was als Hohlraum im Mörtel anzusehen ist; die Schattenwirkung innerhalb der Vertiefungen ist ein weiteres Merkmal. Aus der sich

Abb. 13. Mörtelschliff (1 T Z : 4 T Normalsand) 4 Wochen alt; Vergr. 37fach.

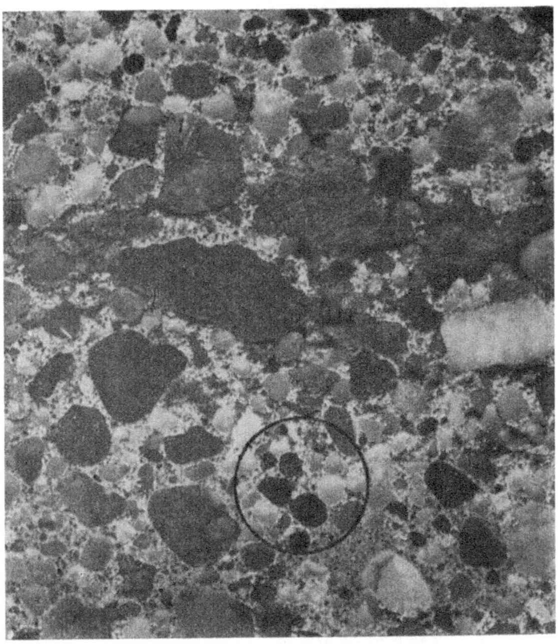

Abb. 14. Kiesbeton; Vergr. 6fach.

an die Kugelform annähernden Gestalt der Hohlräume, die mit p^a—p^b bezeichnet sind, ist darauf zu schließen, daß es sich um Wasserporen handelt. Abb. 14 stellt die Übersichtsaufnahme eines Kiesbetonschliffes bei

6facher Vergrößerung dar. Der Schnitt zeigt eine gleichmäßige Struktur. Abb. 15 ist die 25fache Vergrößerung des im vorigen Bilde durch einen Kreis gekennzeichneten Flächenstücks; Abb. 16 eine Aufnahme des gleichen Stücks in 75facher Vergrößerung. Beide Aufnahmen lassen die gute Verkittung und Verteilung des Zuschlagsmaterials erkennen, was auf große Dichte des Betonmaterials schließen läßt.

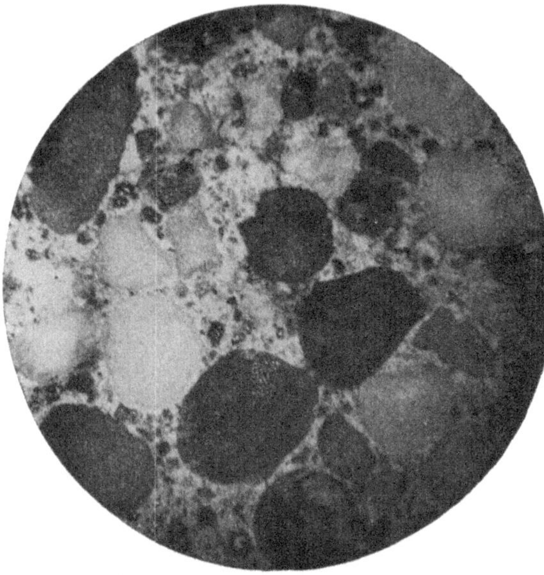

Abb. 15. Kiesbetonschliff; Vergr. 25fach.

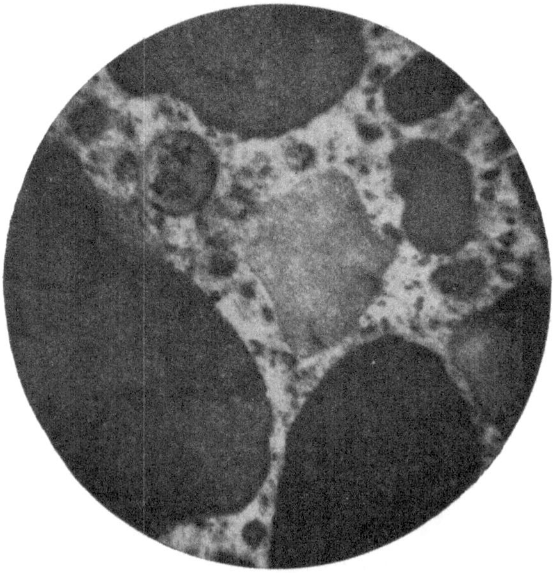

Abb. 16. Die gleiche Aufnahme; Vergr. 75fach.

Ein Beispiel eines Betons mit hoher Eigenfestigkeit der Mischbestandteile (in 37facher Vergrößerung) zeigt Abb. 17. Die geringe Anzahl der Poren läßt auf große Dichte schließen. Die mit p^d bezeichneten Partien stellen Poren dar, wie aus dem Schlagschatten der Ränder zu ersehen ist. Die hohe erreichte Druckfestigkeit der dem Betonstück entnommenen Druckprobe (620 kg pro Quadratzentimeter nach 4 Wochen) stimmt gut mit der an Poren armen Struktur des Betons überein.

Abb. 18 stellt ein Beispiel eines 12 Jahre alten Basaltbetons mit großer Druckfestigkeit dar, trotz einzelner großer Poren. Die zwei großen, auf der Photographie umränderten Poren haben nur geringe Tiefe.

Schließlich sei noch ein Beispiel einer Aufnahme eines Betons mit Eiseneinlagen in Abb. 19, in einer Übersichtsaufnahme in 12facher Vergrößerung dargestellt; am unteren Rande ist ein Abschnitt der Rundeiseneinlage (mit *E* bezeichnet) zu sehen. Der Beton zeigt ein gutes Gefüge, und die nicht zahlreichen Poren sind sehr gut zu erkennen; nach der Form sind es Wasserporen.

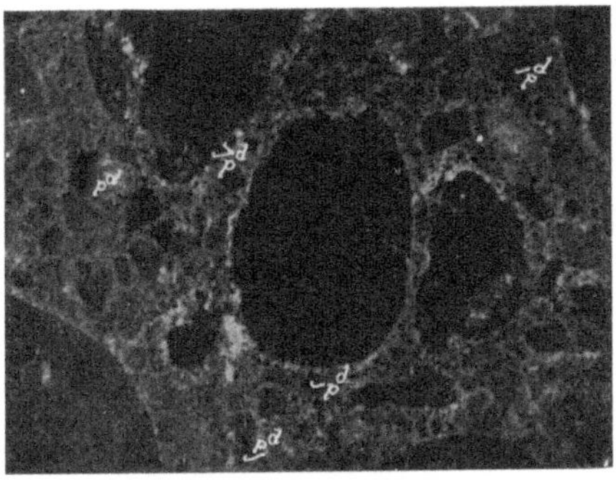

Abb. 17. Beton 1 : 6; Alter 4 Wochen; Vergr. 37fach.

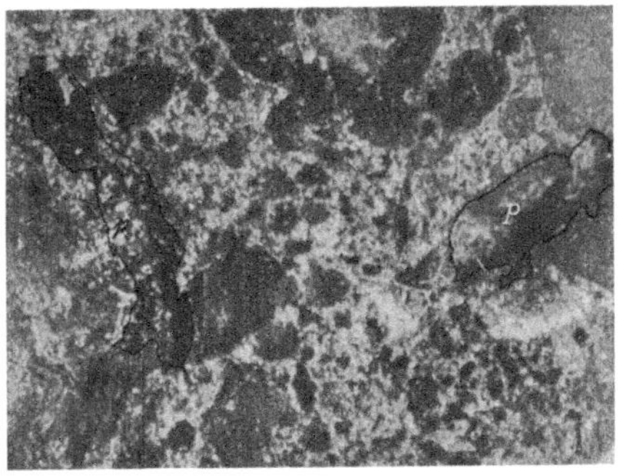

Abb. 18. Basaltbeton 1 : 7, 12 Jahre alt; Vergr. 37fach.

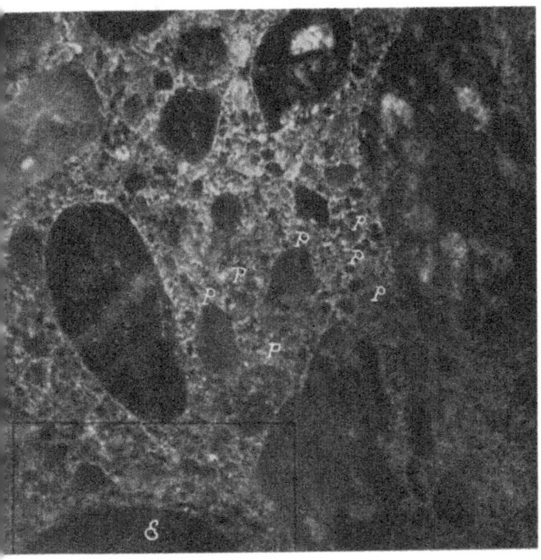

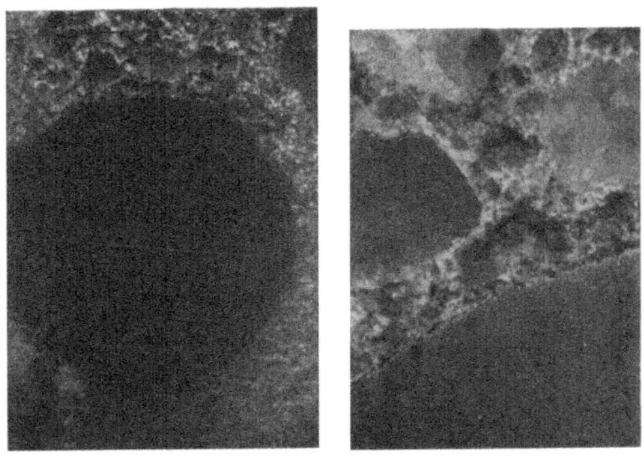

Vergr. 12fach. Vergr. 12fach. Vergr. 50fach.

Abb. 19. Aufnahme eines Oberflächenschliffes bei Beton mit Eiseneinlagen.

Das Bild rechts zeigt den Teil um die Eiseneinlage herum. Die unscharfe Umrandung des Eisens ist schon auf diesem Bilde zu erkennen. Die 50fache Vergrößerung zeigt deutlich die unebene Oberfläche der Eiseneinlage und die Ausfüllung dieser Unebenheiten durch Mörtel oder Zementkitt. Die körnige Struktur des Randes läßt die an der Schliffläche eingetretene leichte Rostbildung am Eisen erkennen.

Es bedarf wohl nicht besonders hervorgehoben zu werden, daß die im vorstehenden besprochenen Strukturuntersuchungen in erster Linie Forschungszwecken im Laboratorium dienen. In Verbindung mit chemischen und mechanischen Untersuchungen sollten sie ebenso wic bei metallurgischen Arbeiten beachtct werden.

8. Volumenveränderungen beim Erhärten von Beton.

Jeder Beton erleidet beim Erhärten Volumenänderungen, die verschieden sind, je nachdem, ob der Beton an der Luft oder unter Wasser erhärtet. Beim Erhärten an der Luft zieht sich der Beton zusammen (das sog. „Schwinden“), unter Wasser hingegen dehnt er sich aus (das „Quellen“ oder „Schwellen“).

Zu beachten ist ferner, daß der an der Luft erhärtete Beton nach dem Einbringen ins Wasser sich schon innerhalb des ersten Tages sehr stark ausdehnt. Diese Ausdehnung nimmt mit dem Alter zu, wenn auch nicht so stark wie der unter Wasser erhärtende Beton.

Ein anderes Verhalten zeigt der im Nassen erhärtete Beton, wenn er an die Luft gebracht wird. Bei diesem tritt das Schwinden erst nach mehreren Tagen ein. Diese Erscheinung ist wichtig, weil sie zeigt, daß das Schwindmaß des zuerst unter Wasser gesetzten Betons viel geringer ist, als wenn er direkt an der Luft erhärtet. Die Praxis hat diese Eigenschaft sehr bald erkannt, und deshalb wird jeder Eisenbetonbau in den ersten Tagen nach der Herstellung so naß wie nur möglich gehalten.

Es wurde bereits erwähnt, daß die Bindemittel beim Erhärten an der Luft oder im Wasser ihr Volumen verändern. Daß der Zementgehalt bzw. die Kittmasse im Mörtel oder Beton für das Maß der Volumenänderungen entscheidend ist, zeigen die Ergebnisse von verschiedenen Laboratoriumsuntersuchungen.

Schüle fand bei den Züricher Messungen[1] an reinen Portlandzementkörpern bei 30% Wasserzusatz folgende Längenänderungen:

	7	28	84 bis 90 und	365 Tagen
bei Luftlagerung nach	−0,574	−3,020	−3,320	−4,54 mm/lfdm
bei Wasserlagerung:	+0,240	+0,533	+0,715 und	1,110 mm/lfdm

Für Mörtel mit demselben Portlandzement in der Zusammensetzung 1 Teil Portlandzement zu 3 Teilen Normensand und 12% Wasser:

ergab sich bei Luftlagerung:	−0,406	−1,280	−1,355 und	−1,69 mm/lfdm
bei Wasserlagerung:	+0,120	+0,093	+0,140 und	+0,113 mm/lfdm

[1] Mitt. eidgen. Mat.-Prüf.-Anst. 1909 Heft 13.

Für Mörtel 1 : 3 Teilen Züricher Bausand und 9% Wasser:

bei Luftlagerung:

−0,097	−0,504	−0,668	−0,876 Wasser

Für denselben Mörtel in der Mischung 1 : 5:

bei 9% Wasserzusatz und Luftlagerung:

−0,030	−0,440	−0,650	−0,774 Wasser

Für Mörtel veröffentlichte ferner Gary die Messungsergebnisse bei Messung in der Stabachse (während die Schüleschen Versuche an der Oberfläche maßen) für die Mischung 1 : 3 Normensand, erdfeucht

bei Luftlagerung nach

7	28	84 bis 90 und	365 Tagen
−0,290	−0,580	−0,670	−0,760 mm/lfdm

und bei Wasserlagerung:

+0,110	+0,120	+0,240	+0,450 mm/lfdm

Für Mörtel 1 : 3 Isarsand, erdfeucht, entsprechend

bei Luftlagerung:

−0,480	−0,460	−0,540	−0,550 mm/lfdm

So wenig sich aus diesen Zahlenwerten eine Gesetzmäßigkeit innerhalb bestimmter Mischungsverhältnisse erkennen läßt, so ist doch zweifellos zu erkennen, daß die größten Schwindmaße bei reinem Portlandzement gemessen wurden. Ferner ist zu sehen, daß die größten Veränderungen innerhalb der ersten 4 Wochen eintreten, daß das „Quellen" im allgemeinen kleiner ist als das „Schwinden". Ein Sandzusatz bei Mörtel verringert die Längenänderungen um so mehr, je magerer die Mischung ist.

Dieselbe Tendenz ist bei den Messungen an Betonkörpern zu erkennen, wie sich aus Versuchen an der Stuttgarter Materialprüfungsanstalt mit Prismen von 400 cm^2 Querschnitt und 1 m Länge[1] ergab.

Versuche mit verschiedenen Betonmischungen unter sonst gleichen Verhältnissen zeigten, daß die Längenänderungen beim Erhärten nicht nur von Temperatur- und Luftverhältnissen, von den Querschnittsabmessungen der Probekörper, von der Zementart und dem Zementgehalt abhängig sind. So ergaben Mörtelkörper aus 1 Teil Zement und 2 Teilen Rheinsand nach 2 Jahren bei zwei verschiedenen Portlandzementen Verkürzungen von 1,087 und 1,372 mm/lfdm und bei einem Eisenportlandzement in derselben Zeit den Wert von 0,878 mm/lfdm. Bei geringem Zementgehalt und bei besonderen Zementen wurden in allen Fällen die Verkürzungen kleiner.

[1] Volumenänderungen des Betons und dabei auftretende Anstrengungen in Beton- und Eisenbetonkörpern. Mitt. Mat.-Prüf.Anst. Kgl. Techn. Hochsch. Stuttgart. Von C. Bach u. O. Graf. Z. Armierter Beton 1909 — Z. VDI 1912.

Die Ergebnisse der Versuche mit Beton von 1 Raumteil Zement und 4 Raumteilen Rheinsand und Rheinkies erstreckten sich über eine längere Zeitdauer.

Nach 20 Tagen	an der Luft	$-0{,}041$,	im Wasser	$+0{,}019$	mm/lfdm
„ 40 „	„ „ „	$-0{,}088$,	„ „	$+0{,}025$	„
„ 100 „	„ „ „	$-0{,}210$,	„ „	$+0{,}037$	„

Der Einfluß des **Alters** machte sich in folgenden Zahlen bemerkbar: Es betrugen die Längenänderungen:

Nach 1 Jahr	an der Luft	$-0{,}410$,	im Wasser	$+0{,}080$	mm/lfdm
„ 4 Jahren	„ „ „	$-0{,}485$	„ „	$+0{,}132$	„
„ 6 „	„ „ „	$-0{,}512$,	„ „	$+0{,}177$	„
„ $12^1/_2$ „	„ „ „	$-0{,}520$,	„ „	$+0{,}205$	„

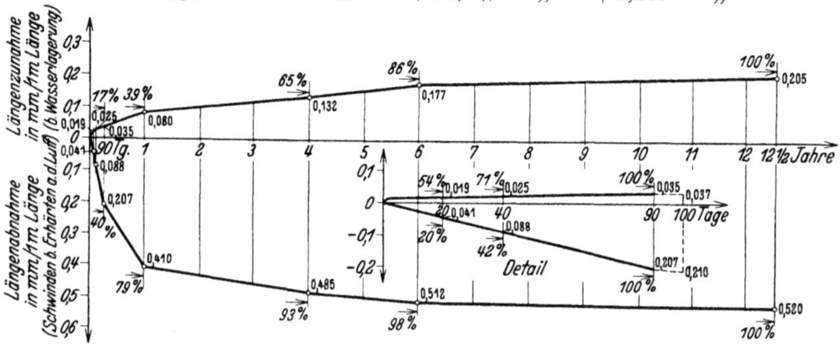

Abb. 20. Längenänderungen von Beton beim Erhärten im Wasser und an der Luft.

Die Zunahme der durch die Erhärtung hervorgerufenen Längenänderungen mit der **Zeit** zeigt Abb. 20, in der die Ergebnisse der Stuttgarter Versuche aufgetragen sind.

Ein Vergleich dieser Zahlen zeigt, daß bei den an der Luft gelagerten Körpern am Ende des ersten Jahres rd. 80% der Verkürzung nach $12^1/_2$ Jahren schon erreicht wird, während bei Wasserlagerung nach 1 Jahr rd. 40% der Verlängerung nach 12 Jahren erreicht wird.

Bei **trockener Lagerung** wurden, wie aus den Messungen über $12^1/_2$ Jahren hervorgeht, die Längenänderungen durch das Schwinden nach dem **vierten** Jahre **unerheblich**. Bei **Wasserlagerung** werden nach dem sechsten Jahre die Änderungen unbedeutend. In diesem Falle wurde nach 90 Tagen das Schwindmaß mit 0,21 mm/lfdm 40%, das Schwindmaß mit 0,035 mm $^1/_5$ des nach $12^1/_2$ Jahren gemessenen festgestellt.

Die Frage, wie sich Betonkörper verhalten, die nicht dauernd der gleichen Erhärtungsweise unterworfen sind, wird in den Versuchen **Rudeloffs**[1] geprüft. Eine Reihe von Versuchen gibt die Längenände-

[1] Untersuchungen über die Längenänderungen von Betonprismen beim Erhärten und infolge von Temperaturwechsel. Herausgegeben vom Deutschen Ausschuß für Eisenbeton, Heft 23 u. 35. Berlin: Ernst & Sohn.

rungen für Betonkörper an, welche zuerst 3, 7, 14 und 21 Tage an der Luft und dann im Wasser weiter erhärteten. Hierfür ergibt sich:

Bei einer Lufterhärtung	Im Alter von Tagen		
	20	40	100
von 0 Tagen	+0,148	+0,204	+0,271 mm/lfdm
„ 7 „	+0,142	+0,191	+0,285 „
„ 28 „	−0,170	+0,067	+0,150 „

Hier ist der Einfluß der Wasserlagerung sehr deutlich erkennbar, besonders bei der Probe, die zunächst 28 Tage an der Luft blieb. Anfangs zeigt sich, wie vorauszusehen, eine Verkürzung. Unter dem Einfluß des Wassers ergeben sich dann beträchtliche Verlängerungen, die allerdings nach 100 Tagen nicht den Wert erreichen, der bei sofortiger Wasserlagerung sich ergibt.

Weniger schroff treten die Änderungen ein, wenn die Probekörper zunächst im Wasser gelagert sind, was ja auch verständlich ist, wenn man bedenkt, daß das Austrocknen weniger rasch vor sich geht als das Durchfeuchten. Hier ergeben die Versuche folgende Werte:

Dauer der Wasserlagerung vor der Erhärtung an der Luft in Tagen	Längenänderungen bei einem Gesamtalter von Tagen		
	20	40	100
0	−0,145	−0,204	−0,302 mm/lfdm
7	+0,109	+0,079	−0,020 „
28	+0,117	+0,146	+0,084 „

Es zeigt sich deutlich aus diesen Zahlen, daß die Verkürzungen erst nach längerer Zeit des Lagerns an der Luft eintreten.

Von Interesse ist, daß eine Lagerung unter feuchtem Sand ein ähnliches Verhalten wie bei Wasserlagerung zeigt.

Im Institut des Verfassers ist vor Jahren folgende Einrichtung geschaffen worden, um die reinen Schwindmaße an Betonproben bei gleichbleibender Temperatur und Luftfeuchtigkeit des Meßraums messen zu können.

Bei den meisten bisherigen Laboratoriumsuntersuchungen wurden die reinen Schwindmaße aus den beobachteten Werten nach Abzug der Nebeneinflüsse berechnet. Bei der in Abb. 21 ersichtlichen Einrichtung sollten die Einflüsse der Änderung von Temperatur und Luftfeuchtigkeit von vornherein ferngehalten werden. Dies geschah in der Weise, daß zwei Räume geschaffen wurden, deren erster den Trockenlagerungsraum für die Versuchskörper und gleichzeitig den Meßraum bildet. Ein besonders konstruierter Luft-Thermoregulator nach dem Prinzip der Ostwaldschen Thermoregulatoren regelt auf eine Genauigkeit bis rd. $^1/_5{}^\circ$ eine konstante Temperatur. Der zweite Raum hat ein großes Wasserbecken zur Aufnahme der unter Wasser lagernden Versuchskörper, das mit Hilfe eines Thermoregulators in Verbindung mit einem Rührwerk gleichfalls bis auf $^1/_5{}^\circ$ genau auf konstanter Temperatur gehalten wird.

Die Temperatur von Luft und Wasser ist mit 18° C gewählt worden; es kann aber auch jede andere Temperatur eingehalten werden.

Zur Anpassung der Versuchskörper an die Temperatur des Versuchsraumes werden sie gleich nach der Herstellung in den Luftraum *1* gebracht. Von hier aus werden sie nach dem Ausschalten entweder nach dem Luftlagerungsgestell im Raum *1* oder in das Wasserbecken des Raumes *2* gebracht. Um den Einfluß der Schwankungen der Luftfeuchtigkeit auf das Schwinden fernzuhalten, wurde im Raum *1* durch

Abb. 21. Einrichtung für Schwindmessungen.

Aufstellen von Schwefelsäurebecken versucht, die Luftfeuchtigkeit konstant zu regeln. Der im Raum *1* mit konstanter Temperatur aufgestellte Meßapparat besteht aus einer starken eisernen Bodenplatte *a*, den beiden Böcken *b* und *c*, von denen ersterer die bewegliche Mikrometerspindel *d*, der andere die feste Spindel *e* trägt. Die Achsen der beiden Spindeln liegen genau in einer geraden, die inneren Enden der Spindeln sind zwei zur Achse senkrecht stehende ebene Flächen. Die durch Schrauben verstellbaren Lager *f* dienen zur genauen Einstellung des Versuchskörpers.

Die Messung geschieht in der Weise, daß der an den Enden mit Messingspitzen versehene Versuchskörper auf die beiden Lager *f* gelegt und mit Hilfe der verstellbaren Schrauben so eingestellt wird, daß die Spitzen in die Achse der Spindel fallen. Die Endfläche der festen Spindel wird von einer Messingspitze leicht berührt, was durch ein Zeichen eines elektrischen Schwachstroms angezeigt wird. Sodann wird die Mikrometerspindel so lange gedreht, bis ein neues Schwachstromzeichen auch hier Berührung anzeigt.

Die Ablesung auf der Mikrometerschraube erfolgt 0,001 mm genau. Der Vergleich der Ablesung mit einem geeichten Kontrollstab von bekannter Länge, der vor jeder Messung aufgelegt wird, ermöglicht es, absolute Längen zu messen. Mit dieser Einrichtung wurden bei verschiedenen Arbeiten des Instituts eine Reihe von Messungen an 50 cm langen Prismen mit verschiedenen Betonzusammensetzungen durchgeführt.

Hummel[1] untersuchte das Verhalten von Portlandzement- und Tonerdezementbeton der gleichen Zusammensetzung 1 : 6 in Gewichtsteilen bei einem Wasserzusatz von 8,7% und einem größten Korn des Zuschlags von 20 mm. Die Normendruckfestigkeiten der beiden

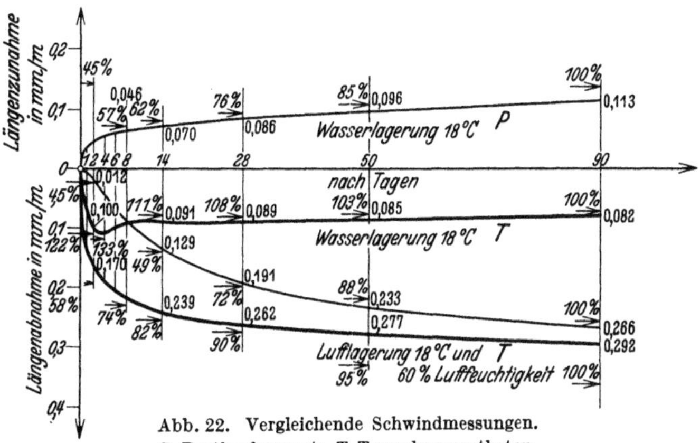

Abb. 22. Vergleichende Schwindmessungen.
P Portlandzement; *T* Tonerdezementbeton.

Zemente waren 190 und 535 kg/cm² nach 3 Tagen. In Abb. 22 sind die gemessenen Volumenänderungen, gemessen an der Achse der Betonprismen von 12 × 12 cm Querschnitt aufgetragen.

Die Probekörper mit Tonerdezement schwinden in den ersten 4 Tagen sehr stark im Gegensatz zu Portlandzementbeton, dessen Schwindmaße bis zum 28. Tage allmählich ansteigen. Schon nach 2 Tagen erreichten sie mit 0,2 mm/lfdm 58% der nach 90 Tagen gemessenen Längenänderungen. Nach 90 Tagen nähern sich die Schwindmaße bis auf einen Unterschied von etwa 10%. Bei Erhärtung im Wasser wurden bei Tonerdezementbeton in den ersten Tagen Schwindmaße festgestellt, während bei Portlandzement eine Ausdehnung der Probekörper in einem Ausmaße von rd. 50% der gemessenen Schwindmaße festgestellt wurde. Bei Beurteilung dieser Meßergebnisse ist zu beachten, daß es sich um plastisch verarbeiteten Beton handelt.

[1] Volumenänderungen von Beton bei Verwendung von Portlandzement und Tonerdezement. Veröffentlicht Bauing. 1924.

Bei diesen Versuchen wurde auch festgestellt, daß der beim Erhärten von Tonerdezementbeton an der Luft eintretende Gewichtsverlust wesentlich kleiner ist (rd. 80%) als bei Portlandzement. Dagegen ist die Wasseraufnahme von Tonerdezementbeton bei Wasserlagerung über 40% größer. Daraus sind gewisse Rückschlüsse auf die Dichtigkeit möglich.

In einer Arbeit von Bethke[1] wurden Schwindmessungen an Gußbetonkörpern ausgeführt. Sie zeigen, daß die absoluten Schwindmaße mit zunehmendem Wasserzusatz zunehmen unter anfänglicher Hinauszögerung des Schwindvorganges.

Nach 24 Stunden ergaben die Messungen an Gußbetonkörpern im Mischungsverhältnis 1 : 6 Schwellungen von 0,003 bis 0,0045 mm/lfdm. Bei sonst gleicher Zusammensetzung des Betons waren die Schwindmaße für plastischen Beton mit 9% Wasser nach

2 Tagen	32 Tagen	120 Tagen
—0,002	—0,072	—0,170 mm/lfdm

bei gießbarem Beton mit 10% Wasser erst nach

4 Tagen	32 Tagen	120 Tagen
—0,003	—0,088	—0,197 mm/lfdm

Es zeigte sich auch, daß die sandreicheren und daher wasserhaltigeren Probekörper anfänglich weniger schwinden, daß die Schwindmaße nach 28 Tagen aber stärker werden als bei sandarmem Beton.

Messungen an Betonkörpern mit einem Zementgehalt von 273 kg/cm³, hergestellt aus einem plastischen Beton mit einem Wasserzementfaktor von 0,68 mit gutem Zuschlagmaterial bis zu 25 mm Korn, die innerhalb einer größeren Versuchsreihe in dem Institut des Verfassers ausgeführt wurden, geben lehrreichen Aufschluß über das Verhalten von hochwertigem Portlandzement[2].

Der verwendete gewöhnliche Portlandzement hatte eine Mahlfeinheit von 12,8% auf dem 4900 Maschensieb und eine Normendruckfestigkeit von 218 kg/cm² nach 3 Tagen. Der zu den Parallelversuchen verwendete hochwertige Portlandzement hatte bei einer Mahlfeinheit von 0,75% eine Normendruckfestigkeit von 349 kg/cm².

Die größten Volumenänderungen treten bei Verwendung von hochwertigem Portlandzement ähnlich wie bei Tonerdezement in den ersten Tagen auf. Die Schwindmaße erreichen nach 7 Tagen schon 50% derjenigen nach 90 Tagen gemessenen Werte (s. Zusammenstellung 5). Hingegen steigen bei Verwendung von gewöhnlichem Portlandzement unter sonst gleichen Verhältnissen die Schwindmaße allmählich an, bis

[1] Dr.-Ing. G. Bethke: Das Wesen des Gußbetons. Berlin: Julius Springer 1924.
[2] Veröffentlicht im Bauing. 1926.

sie nach 90 Tagen mit rd. 0,21 mm/m diejenigen von Beton mit hochwertigem Portlandzement erreichen. Die Linien in Abb. 23 lassen erkennen, daß in beiden Fällen die Zunahme der Schwindmaße zwischen 90 und 300 Tagen nur 15% beträgt.

Die Schwellmaße bei Verwendung von hochwertigem Portlandzement sind während der ersten 300 Tage durchweg kleiner als bei Portlandzementbeton.

Bei der Berechnung von Beton- und Eisenbetonkonstruktionen ist man häufig vor die Frage gestellt, welches absolute Schwindmaß man einer bestimmten Betonart zugrunde legen will. Es wird dabei zu beachten sein, daß die Volumenänderungen in erster Linie vom Zementgehalt abhängig sind. Sie sind um so größer, je zementreicher der Beton ist. Von Einfluß sind auch gewisse hydraulische Zuschläge, der Wasserzementfaktor, die Art

Zusammenstellung 5.
Volumenänderungen in mm/lfdm.

Nach Tagen	Luftgelagerte Körper Schwindmaße		Wassergelagerte Körper Schwellmaße	
	hochw. P.Z.	gew. P.Z.	hochw. P.Z.	gew. P.Z.
1	0		0	
2			−19	0
3	− 57			
4	− 65	− 29	−24	+ 43
5	− 79		−13	+ 41
6	− 94	− 59	− 9	+ 44
7	−108	− 54	− 8	+ 34
8		− 64		
9	−133			
10	−140			
11	−153			
14	−158	− 98	+18	+ 57
28	−194	−144	+56	+ 94
90	−210	−206	+77	+103
300	−220	−222	+81	+ 92

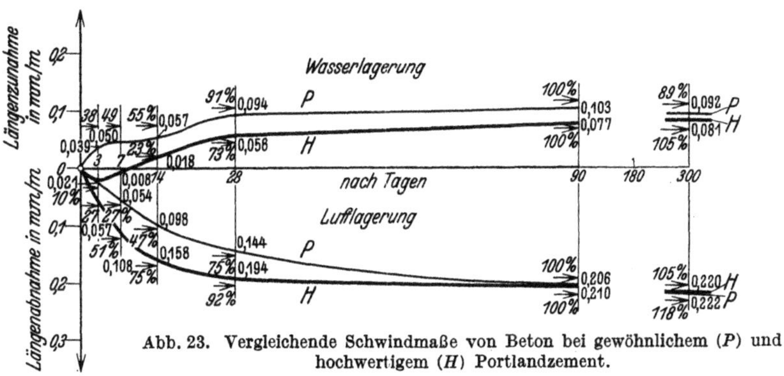

Abb. 23. Vergleichende Schwindmaße von Beton bei gewöhnlichem (*P*) und hochwertigem (*H*) Portlandzement.

und Zusammensetzung des Zuschlagmaterials, soweit es diesen verändert, und das Alter.

Zu beachten ist außerdem, daß die Volumenänderungen beim Erhärten von Beton an der Luft wesentlich größer sind als bei Ausdehnung unter Wasser. Will man das Schwindmaß verkleinern, so wird man den Beton besonders in der ersten Zeit des Erhärtens naßhalten müssen. Allein die Lagerung unter nassem Sand verringert das Schwindmaß.

Bei der Annahme von Schwindmaßen ist größte Vorsicht geboten, da bei den meisten in der Literatur bekanntgewordenen Zahlen nicht immer zu erkennen ist, wieweit Temperatur und Feuchtigkeit der Luft berücksichtigt sind.

In allen Fällen wird die direkte Übertragung der Ergebnisse von Laboratoriumsuntersuchungen auf die Praxis nur bedingt möglich sein. Schwindmessungen an verhältnismäßig schwachen Stäben können nicht ohne weiteres auf Beton- oder Eisenbetonkörper mit mehr oder minder großen Massen übertragen werden. Jeder Betonkörper erhärtet von außen nach innen. Das Innere wird daher je nach der Größe der Betonmassen ein anderes Verhalten zeigen als die Außenschichte. (In diesem Zusammenhange sei auf eine Veröffentlichung des Verfassers hingewiesen, die sich mit Volumenänderungen von großen Maßen befaßt[1].)

Treten an den Volumenänderungen beim Erhärten noch Temperatureinflüsse hinzu, so wird die Auswirkung davon abhängig sein, in welcher Jahreszeit die Erhärtung vor sich geht. Wenn Beton auch ein schlechter Wärmeleiter ist, so wird er sich bei niedrigen Temperaturen zusammenziehen, wodurch Verkürzungen entstehen, die in ihrer Wirkung die Schwindmaße vergrößern. Bei höheren Temperaturen tritt eine Volumenvergrößerung ein, ähnlich wie bei Wasserlagerung, die die Schwindmaße zum Teil aufheben kann, wenn die Erhärtung in der wärmeren Jahreszeit vor sich geht.

Aus den dargelegten Gründen ist es daher zu empfehlen, bei der Annahme der für die Berechnung von Spannungen maßgebenden Volumenänderungen beim Erhärten diese den Bedingungen im Bauwerk anzupassen. Dies gilt sowohl für die Zusammensetzung des Betons, für die Art der Erhärtung und für die Nachbehandlung nach der Verarbeitung.

9. Elastizität, Plastizität und Ermüdung von Beton.

Man versteht im allgemeinen unter Elastizität die Eigenschaft eines Körpers, aus dem durch äußere Kräfte hervorgebrachten Zustand der Verformung wieder in den ursprünglichen Zustand zurückzukehren, nachdem die Wirkung der äußeren Kräfte beendet ist. Homogene Stoffe, wie z. B. Stahl, lassen unterhalb der Elastizitätsgrenze selbst mit Hilfe der feinsten Meßinstrumente nur rein federnde, elastische Formänderungen wahrnehmen. Erst oberhalb der Elastizitätsgrenze im plastischen Bereich treten hier wahrnehmbare bleibende Formänderungen auf.

---

[1] Deformationen in Gewichtsstaumauern, Messungen an 2 Bauwerken. Bericht zum Internationalen Talsperrenkongreß in Stockholm 1933.

Bei einem spröden Material wie Beton gibt es keine eigentliche Elastizitätsgrenze. Die plastischen Formänderungen sind von den elastischen nicht zu trennen, da schon durch niedrige Belastungen beim Entlasten bleibende Formänderungen entstehen. Das elastische und plastische Verhalten von Beton soll im folgenden mit Hilfe verschiedener Arbeiten, die in dem Institut des Verfassers ausgeführt wurden, erläutert werden. Wir gehen dabei von Elastizitätsmessungen aus.

a) Elastizität von Beton, Elastizitätsmessungen.

Die Elastizitätsmessungen können in einer der gebräuchlichen Prüfmaschinen durchgeführt werden. An dieser Stelle möchte der Verfasser nur die zur Untersuchung des Einflusses wiederholt einwirkender Be- und Entlastungen dienenden Dauerprüfmaschinen beschreiben (Abb. 24). Seit dem Jahre 1921 war eine von dem Institut des Verfassers mit der Düsseldorfer Maschinenbau A.-G. vorm. Losenhausen gemeinschaftlich entworfene Maschine im Betriebe, die für eine obere Last von 10 t konstruiert war. Mit dem Fortgang der Untersuchungen wurden die Abmessungen der Probekörper vergrößert, wodurch eine Verstärkung und Vergrößerung der Maschine notwendig wurde. Während die erste Maschine für die Prüfung von Würfeln und Prismen bis zu 40 cm Höhe und für Balken bis zu einer Spannweite von 2 m eingerichtet war, wurde die später aufgestellte 50-t-Maschine nach wiederholtem Umbau für Zugproben bis zu 52 cm Länge und für Druckproben bis zu 90 cm und rechteckigen und T-förmigen Balken bis zu 3,50 m Spannweite allmählich umgebaut. Diese Prüfmaschine besteht im wesentlichen aus einem unteren und oberen Biegetisch, von denen der erstere mit dem Probekörper zur Krafteinwirkung angehoben werden kann. Der letztere wird unter Zwischenschaltung einer Meßdose zur Kraftanzeige gegen ein oberes Querhaupt abgestützt, das durch vier Säulen mit der Grundplatte verbunden ist. Außerdem ist der obere Biegetisch durch ein Gegengewicht so ausbalanciert, daß er sich durch die Meßdose hindurch mit Vorspannung gegen ein Tellerfedersystem stemmt. Die Meßdosen mit 5, 20 und 50 t Höchstlast sind auswechselbar. Das Tellerfedersystem dient zur Herabminderung des Hubweges bei der Verwendung nachgiebiger Probekörper (Prismen oder Balken mit hohem Querschnitt bei kleiner Spannweite); ihre Wirkung kann nach Bedarf ausgeschaltet werden.

Der Hub des unteren Biegetisches wird durch ein Hebelsystem bewirkt (Abb. 25). An dem langen Hebelende des Hubhebels greift die verstellbare Hubvorrichtung an. Dieselbe besteht aus einem hin- und herschiebbaren Rahmen, in dem ein Gleitschuh drehbar gelagert ist. In den Gleitschuh ist ein Wipphebel eingebaut, der an einem Ende eine Laufrolle trägt und am anderen Ende mit Lenkerschienen verbunden ist. Durch ein Handrad kann der Rahmen hin- und hergeschoben werden. Die Verstellung des Rahmens ergibt die veränderliche Höhe

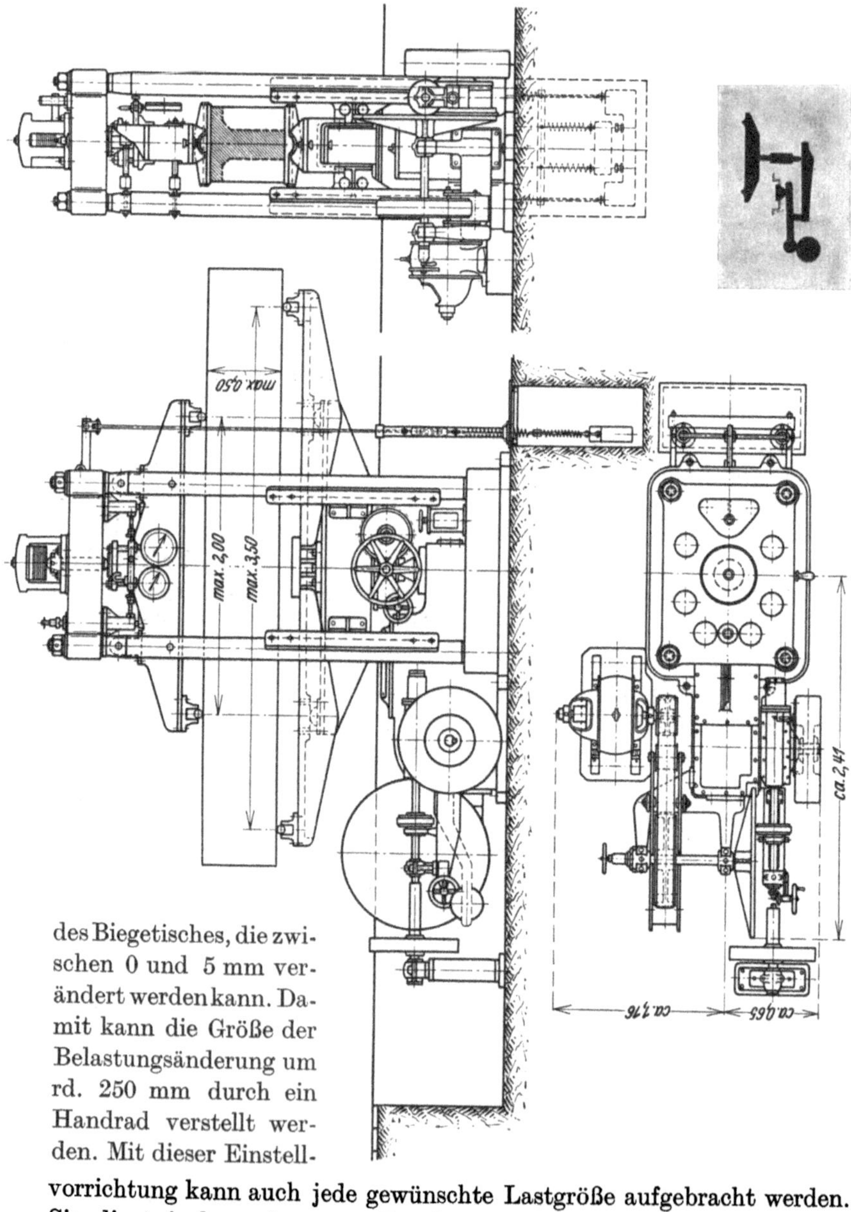

Abb. 24. Dauerprüfmaschine.

Abb. 25.

des Biegetisches, die zwischen 0 und 5 mm verändert werden kann. Damit kann die Größe der Belastungsänderung um rd. 250 mm durch ein Handrad verstellt werden. Mit dieser Einstellvorrichtung kann auch jede gewünschte Lastgröße aufgebracht werden. Sie dient insbesondere zur Regelung der Vorspannung des Probekörpers auch während des Ganges der Maschine.

Der Antrieb des Hebelsystems geschieht durch einen Exzenter. Der Exzenter sitzt auf einer Schneckenradwelle, auf der außerdem noch ein Schwungrad aufgekeilt ist. Auf der Schneckenwelle verschiebbar angeordnet ist die Riemenscheibe. Die Reibscheibe bedingt eine verschiedene Tourenzahl der Schneckenwelle. In der Minute können 20 bis 180 Be- und Entlastungen auf die zwischen dem oberen und unteren Biegetisch eingelagerten Probekörper aufgebracht werden. Der Antrieb der Reibscheibe erfolgt durch die große tellerförmige Antriebsreibscheibe, die durch die Riemenscheibe vom Motor aus angetrieben werden kann.

Abb. 26. Druckelastizitätsmessungen an Betonprismen.

Die Maschine kann mit Hilfe der Einstellvorrichtung im unteren Biegetisch auch für gewöhnliche Belastungsprüfungen angewendet werden. Ihre Hauptverwendung hat sie aber für Untersuchungen gefunden, die den Einfluß oft wiederholter Belastungsänderungen unter den verschiedensten Bedingungen der Belastung festzustellen suchten. Diese Einrichtung entsprang dem Bedürfnis, den bisher wenig geklärten Einfluß von Belastungen, wie sie bei Eisenbahntragwerken vorkommen, auf Elastizität und Festigkeit von Beton- und Eisenbetonkörpern zu studieren. Zur Ermittlung der Längenänderungen werden entweder Bauschingersche oder Martenssche Spiegelapparate oder andere Feinmeßapparate verwendet, die in verschiedenen Handbüchern des Materialprüfungswesens beschrieben sind.

Zur Durchführung von Elastizitätsmessungen wird ein prismatischer oder zylindrischer Betonkörper in seiner Achse belastet (Abb. 25 und 27).

Für Zugelastizitätsversuche wurden Probekörper von der Form nach Abb. 28 verwendet. Die Verstärkung am Kopfe der Probekörper konnte deren frühzeitige Zerstörung nicht immer verhindern. Deshalb wurde in dem Institut des Verfassers die in Abb. 29 dargestellte Einrichtung eingeführt, die sich bewährt hat.

Bezeichnet man mit E_{bd} den Elastizitätsmodul für Beton auf Druck und E_{bz} den Elastizitätsmodul für Beton auf Zug oder nach Bach ihre reziproken Werte, die Dehnungskoeffizienten, mit α_{bd} und α_{bz}, so kann man auf Grund von Versuchen die Beziehung zwischen Spannung und Längenänderung für Beton allgemein durch folgende Gleichung ausdrücken

$$\varepsilon = \alpha\, \sigma^m = \frac{\sigma^m}{E},$$

wenn

$$\alpha = \frac{1}{E}.$$

Hierbei bezeichnet σ die Spannung und ε die dazugehörige Längenänderung pro Längeneinheit. Man ersieht aus dieser Gleichung, daß bei Beton

Abb. 27. Zugelastizitätsmessungen an Betonzylindern (mit Vergleichszylinder ohne Belastung).

zwischen Spannung und Längenänderung keine Proportionalität besteht. Sie folgt vielmehr dem bekannten Potenzgesetz. Bach und Schüle (Breslau) haben durch eine große Zahl von Versuchen den Exponenten m bestimmt, m ist hierbei zwischen 1,11 und 1,16 ermittelt worden.

Das Verhältnis zwischen Längen- und Queränderung (Querdehnung oder Zusammenziehung), die sog. Poissonsche Zahl m,

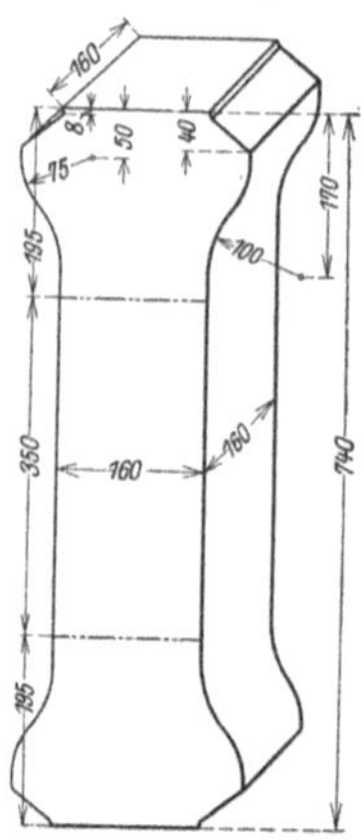

Abb. 28. Probekörper für Zugelastizitätsmessungen bei Beton.

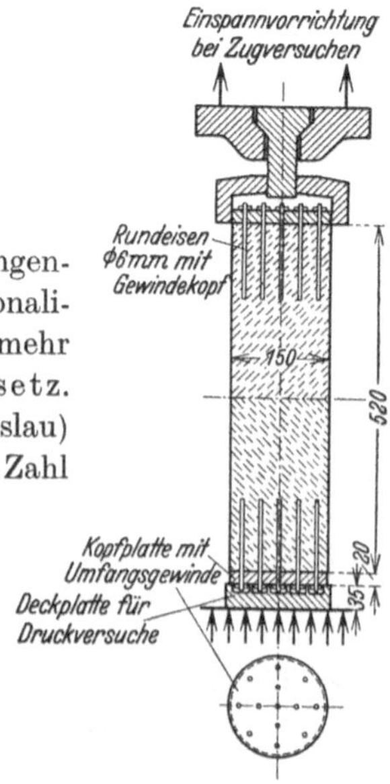

Abb. 29. Zylindrischer Zugkörper mit Einspannvorrichtung.

welche z. B. für Schmiedeeisen und Stahl 10/3 beträgt, ist nach den Ergebnissen neuerer Versuche bei Beton veränderlich[1]. m liegt zwischen 5 und 7 für Beton im Mischungsverhältnis 1 : 6 bis 1 : 10 für Spannungen σ_{bd} von 10 bis 50 kg/cm²; mit zunehmender Spannung und Verschlechterung des Betonmaterials nimmt m ab.

Der Elastizitätsmodul für Beton ändert sich mit der Belastung. Er ist nicht nur eine Funktion der durch die Belastungen hervorgerufenen Spannungen, sondern hängt auch u. a. von der Art der Lastaufbringung, ihrer Wirkung und nicht zuletzt von der Vorgeschichte des beanspruchten Materials ab.

Um auf irgendeiner Belastungsstufe den Elastizitätsmodul zu bestimmen, wird man so lange be- und entlasten, bis die gesamten bleibenden und federnden Formänderungen sich nicht mehr ändern. Auf den niederen Spannungsstufen tritt der geforderte Beharrungszustand bald ein. Je höher die Belastung wird, um so mehr Lastwechsel sind nötig.

Man wird aber den Begriff des Beharrungszustandes insbesondere für die bleibenden Formänderungen nicht in absoluter Schärfe anwenden dürfen, und einen für die Bestimmung des Elastizitätsmoduls genügend genauen Endwert annehmen.

Zur Ermittlung von E soll die Federung im Beharrungszustand benutzt werden, wie es Bach bei seinen Elastizitätsmessungen an Beton getan hat.

Innerhalb der kleinen Spannungsunterschiede zwischen zwei Belastungsstufen kann die Gültigkeit des Hookschen Gesetzes

$$\varepsilon = \alpha\sigma = \frac{\sigma}{E}$$

angenommen werden.

Daraus ergibt sich, da $\sigma = \frac{P}{F}$ (P = Belastung durch die Maschine, F = Querschnitt des Betonkörpers) und ε die entsprechenden gemessenen Längenänderungen bekannt sind, der Elastizitätsmodul E (für Druck oder für Zug[2])

$$E = \frac{\sigma}{\varepsilon} = \operatorname{tg}\alpha\,.$$

---

[1] Yoshida: Über das elastische Verhalten von Beton, mit besonderer Berücksichtigung der Querdehnung. Berlin: Julius Springer 1930.

[2] Von verschiedenen Fachleuten wurde versucht, den Elastizitätsmodul mit Hilfe von Biegeversuchen zu bestimmen. An Probebalken von 1,30 m Spannweite und Querschnitten von 20 × 20 bis 11 × 60 cm wurden die durch eine Einzellast P in der Mitte des Balkens hervorgerufenen Durchbiegungen f gemessen. Aus der Gleichung $f = \frac{1}{48} \cdot \frac{P l^3}{E J}$ wurde, da alle anderen Größen bekannt sind, E errechnet.

Da die gemessenen f-Werte verschwindend klein sind, so übertragen sich schon kleine Meßfehler recht ungünstig auf die Größe von E. Zudem müßte man, um das Trägheitsmoment zu ermitteln, die mit zunehmender Belastung veränderliche Lage der Nullinie feststellen, was in der Regel nicht geschieht. Aus diesen Gründen sollen die auf diesem Wege gefundenen Elastizitätszahlen in diesem Buche in der Folge nicht berücksichtigt werden.

In dieser Weise wurden Elastizitätsmessungen ausgeführt, denen einige nachfolgende typische Beispiele entnommen sind.

Die Vorgänge und die Ergebnisse der Elastizitätsmessung sind aus dem folgenden Beispiel eines auf axialen Druck beanspruchten, 7 Tage alten Betonprismas (Abmessungen $15 \times 15 \times 40$ cm bei einer Meßlänge von 20 cm) zu entnehmen. Der Beton war weich und hatte bei einem Mischungsverhältnis von 400 kg Zement/m^3 Beton im gleichen Alter eine Würfelfestigkeit W von rd. 270 kg/cm^2 und eine Prismenfestigkeit W' von 205 kg/cm^2 ($W' = 0{,}76\,W$). Im Mittel aus 3 Versuchen wurde zwischen der Ausgangsspannung von 4,5 kg/cm^2 und 100 kg/cm^2 gemessen[1].

σ_{bd} kg/cm^2	δ 10^{-6} (ges.)	η 10^{-6} (bleib.)	ε 10^{-6} (fed.)	Anzahl der Wiederholungen	E_{bd} kg/cm^2	Bemerkungen
0	0	0	0	—	—	
4,5	14,2	0,5	13,7	—	328000	extrapoliert
20,0	65,1	3,1	62,0	3	323000	
40,0	140,0	10,5	129,9	5	308000	
60,0	222,1	19,3	202,8	8	296000	
80,0	315,6	34,1	281,5	9	284000	
100,0	425,2	56,7	368,5	11	271000	keine Beharrung mehr

Die Zahl der bis zum Eintritt der Beharrung von ε durchgeführten Wiederholungen und die aus den Meßwerten errechneten E-Werte $\left(E = \frac{\sigma}{\varepsilon}\right)$ sind in den beiden letzten Rubriken eingetragen.

Unter den gleichen Bedingungen im Alter von 14 Tagen ausgeführte Messungen ergaben: E_{bd}-Werte zwischen 366000 und 303000 kg/cm^2, im Alter von 28 Tagen 353000 bis 313000 kg/cm^2.

Trägt man die Messungsergebnisse in Abb. 30 auf, so erhält man folgende Linien in der Reihenfolge der Messungen bzw. Auswertungen:

Die Linie (1), die sog. „jungfräuliche“ Linie, stellt die gemessenen Gesamtverkürzungen δ_α bei erstmaliger kontinuierlich zunehmender Belastung dar. Belastet man den Probekörper oberhalb einer bereits beanspruchten Spannung, so werden die vorausgegangenen Beanspruchungen unterhalb dieser Spannung keinen Einfluß auf den weiteren Verlauf der jungfräulichen Linie ausüben. Der neue höhere Punkt der σ—δ_α-Linie liegt auf derselben Kurve, die zum ersten Male erreicht worden war.

Die Linie (2) gibt die bleibenden Verkürzungen (η_α) beim Zurückgehen auf die Ausgangsspannung nach erstmaliger Erreichung der dazugehörenden Laststufe an.

[1] In der Folge wollen wir mit δ die gesamte, mit η die bleibende und mit ε (die Differenz $\delta-\eta$) die federnde oder elastische Längenänderung, die entsprechenden Kurven als „$\sigma-\delta$“- bzw. „$\sigma-\varepsilon$“-Linien bezeichnen.

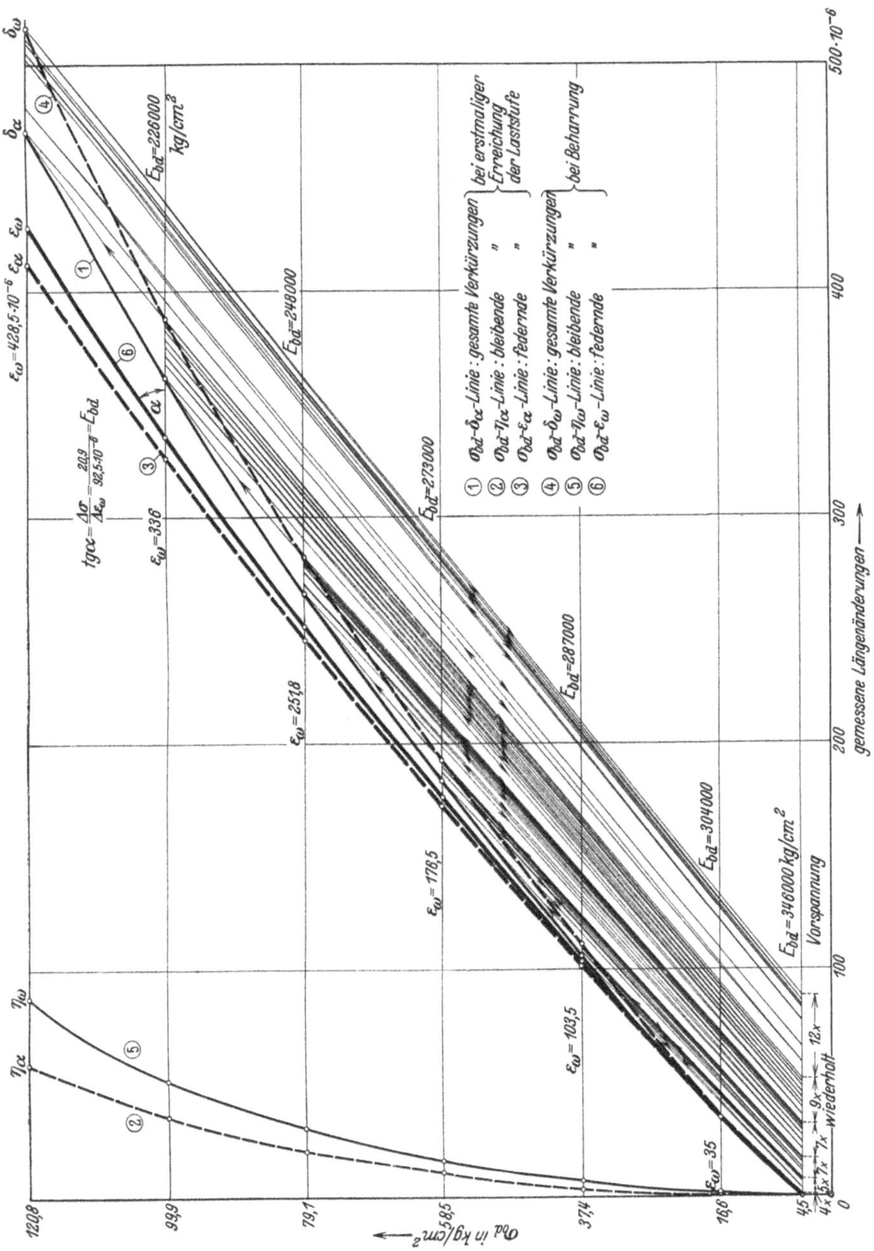

Die $\sigma - \varepsilon_\alpha$-Linie (3) ergibt sich aus den Differenzen von $\delta_\alpha - \eta_\alpha$ für jede Laststufe.

Zur Bestimmung der Elastizitätsmoduli werden auf jeder Spannungsstufe die in der Abbildung eingetragenen Wiederholungen durchgeführt, bis die federnden ε-Werte (ε_ω) Beharrung erreichen, wie dies vorher erläutert wurde. Die Linien (4), (5) und (6) stellen die dazugehörenden $\sigma-\delta_\omega$-, $\sigma-\eta_\omega$- und $\sigma-\varepsilon_\omega$-Linien dar. Mit Hilfe der letztgenannten Linie (6) kann man die Beziehungen zwischen den Druckelastizitätszahlen E_{bd} und den Spannungen veranschaulichen.

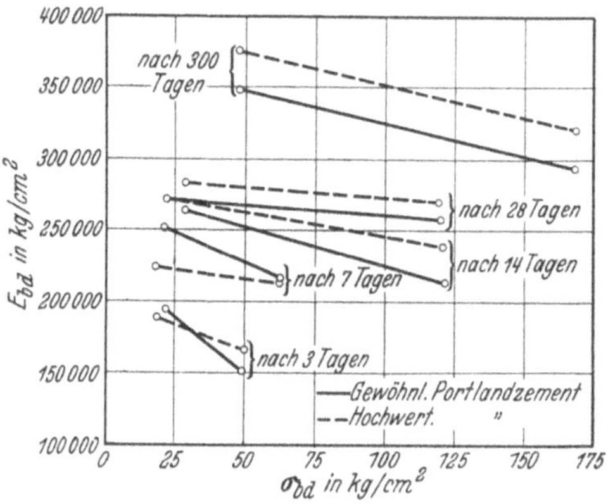

Abb. 31.

Die Tangenten ($\mathrm{tg}\,\alpha$) in jedem einzelnen Punkte stellen bekanntlich den der Spannung entsprechenden Elastizitätsmodul dar, woraus zu erkennen ist, daß die Elastizitätsmoduli mit zunehmender Spannung immer kleiner werden.

Aus dem Vergleich der E-Werte für die Meßergebnisse nach 7 und 28 Tagen erkennt man, in welchem Maße die Zunahme der E-Werte mit dem Alter erfolgt.

Die Elastizitätsmoduli für 28 Tage alten Beton, auf Druck beansprucht, sind bei dem vorstehenden Beispiel für dieselbe Spannung im Durchschnitt 10 bis 15% größer als für den 7 Tage alten Beton.

Ein anderes Beispiel von Elastizitätsmessungen an Beton mit 273 kg Zement/m³ fertigem Beton (1 : 5 in Gew.-T.) und einem W.Z.F. von 0,68, einmal aus gewöhnlichem und zum anderen Male aus hochwertigem Portlandzement, ist in Abb. 31 dargestellt. Die Elastizitätsmessungen wurden an beiden Betonarten (nähere Angaben siehe im Abschnitt „Volumenänderungen" S. 50) unter sonst gleichen Verhältnissen im Alter von 3, 7, 14, 28 und 300 Tagen vorgenommen. Aus der Abbildung ist auch der Einfluß des Alters zu erkennen. Der Unterschied zwischen Beton mit gewöhnlichem und hochwertigem Portlandzement ist nicht sehr groß. Die Elastizitätszahlen bei Verwendung von hochwertigem Portlandzement werden nach 14 Tagen größer als bei gewöhnlichem Portlandzement; der Unterschied bleibt bis zu einem Alter von 300 Tagen unter 10%. In den ersten 7 Tagen ist eher ein Unterschied zugunsten des mit hochwertigem Portlandzement hergestellten Betons festzustellen.

Aus den beiden Beispielen folgt, daß die Druckelastizitätszahlen mit fortschreitender Erhärtung des Betons wachsen, am stärksten während der ersten 4 Wochen. Für die Berechnung wird man daher in der Regel den der zulässigen Spannung in einem Bauteil entsprechenden E_{bd}-Wert für den 28 Tage alten Beton zugrunde legen.

Zugelastizitätsmessungen an 7 Monate alten, 50 cm langen Betonzylindern von 20 cm Durchmesser (Mischungsverhältnis von 280 kg Zement/m³ Beton [1 : 7,5 in Gew.-T.] mit einem W.Z.F. von 0,62 und einer Zugfestigkeit von rd. 28 kg/cm²) hatten folgende Ergebnisse:

σ_{bz} kg/cm²	Längenänderungen $\delta\omega$ 10^{-6}	$\eta\omega$ 10^{-6}	$\varepsilon\omega$ 10^{-6}	Anzahl der Wiederholungen	$\Delta\sigma_{bz}$ kg/cm²	$\Delta\varepsilon\omega$ 10^{-6}	$E_{bz} = \frac{\Delta\sigma_{bz}}{\Delta\varepsilon\omega}$ kg/cm²
0	0	0	0	—			
					1,98	4,0	495000
1,98	4,0	0	4,0	2			
					2,05	4,5	456000
4,03	8,5	0	8,5	2			
					2,02	5,0	403000
6,05	13,5	0	13,5	2			
					2,05	5,25	391000
8,10	18,75	0	18,75	2			
					2,14	5,5	389000
10,24	24,25	0	24,25	2			
					2,04	5,25	389000
12,28	29,75	0,25	29,5	2			
					2,05	5,25	391000
14,33	35,5	0,75	34,75	3			
					2,05	5,25	391000
16,38	41,5	1,5	40,0	3			
					2,05	5,25	391000
18,43	47,5	2,25	45,25	4			
					2,13	6,25	341000
20,56	54,5	3,0	51,5	6			
					2,02	6,25	323000
22,58	61,75	4,0	57,75	7			
					2,04	6,5	314000
24,62	69,75	5,5	64,25	9			
					1,08	4,2	257000
25,70	73,5	5,0	68,5	1	keine Beharrung mehr		

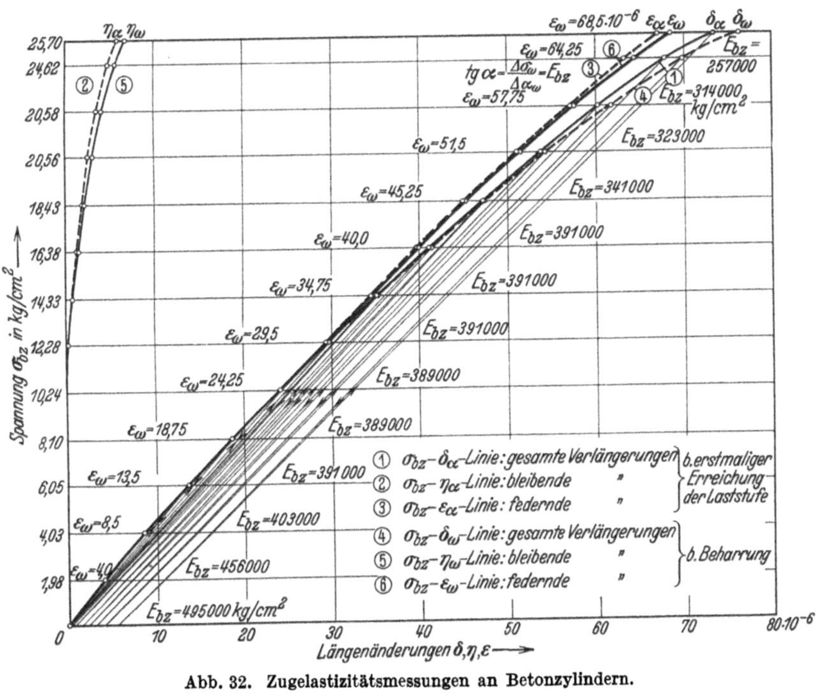

Abb. 32. Zugelastizitätsmessungen an Betonzylindern.

Die zeichnerische Darstellung in Abb. 32 zeigt, daß die ersten bleibenden Formänderungen bei einer Zugspannung von 12 kg festgestellt wurde; sie nahm bis zur Erreichung der oberen Grenzlast nahezu linear zu. Der Verlauf der $\sigma-\varepsilon$-Linie über den ganzen Spannungsbereich ist leicht gekrümmt mit der hohlen Seite gegen die ε-Achse (die hohen Elastizitätszahlen sind auf das Alter des Betons zurückzuführen). Wie bei Druck nimmt also auch bei Zug der Elastizitätsmodul mit zunehmender Spannung ab.

Die Elastizitätszahlen für die gleiche Spannung bei Zug oder Druck sind jedoch bei dem gleichen Beton wesentlich verschieden, wie das folgende Beispiel[1] veranschaulicht.

Beton mit verschiedenen Mischungsverhältnissen im gleichen Alter und unter gleichen Verhältnissen ergab folgende Beziehungen der Elastizitätszahlen auf Druck und Zug zu den Spannungen.

Für die Mischung 1 : 3 ergab sich		Für die Mischung 1 : 4 ergab sich	
bei einer Druckspannung in kg/cm²	E_{bd} kg/cm²	bei einer Druckspannung in kg/cm²	E_{bd} kg/cm²
61,3	240000	61,3	211000
49,0	247000	49,0	218000
36,8	257000	36,7	225000
30,6	261000	30,6	230000
24,5	266000	24,5	235000
18,3	273000	18,3	241000
15,3	278000	15,3	247000
12,2	284000	12,2	250000
9,2	287000	9,2	257000
6,1	290000	6,1	265000
3,0	300000	3,0	273000
0	—	0	—
bei einer Zugspannung in kg/cm²	E_{bz} kg/cm²	bei einer Zugspannung in kg/cm²	E_{bz} kg/cm²
1,6	267000	1,6	266000
3,1	238000	3,1	240000
4,6	230000	4,6	224000
6,2	221000	6,2	200000
7,7	203000	7,8	190000
9,2	196000		

Andere Versuche von Bach in einer Mischung von 1 : 2,5 : 5 lieferten im Alter von 109 bis 128 Tagen folgende Werte, die den Einfluß des Wasserzusatzes zeigen:

Wasserzusatz 3,5%		Wasserzusatz 4,55%		Wasserzusatz 5,4%	
Druckspannung in kg/cm²	E_{bd} kg/cm²	Druckspannung in kg/cm²	E_{bd} kg/cm²	Druckspannung in kg/cm²	E_{bd} kg/cm²
40,83	401600	41,36	393200	40,74	357400
32,70	407000	33,12	399200	32,62	364800
24,56	413800	24,88	405200	24,50	373900
16,43	425900	16,64	413100	16,39	384600
8,29	457600	8,40	436200	8,27	405900

[1] Bach: Mitt. Forsch.-Arb. VDI 1910 Heft 95.

Aus den zahlreichen von Bach in der Materialprüfungsanstalt in Stuttgart ausgeführten Elastizitätsmessungen mit vielen Betonarten, die in ihrer Zusammensetzung, im Alter und in der Behandlung nach der Erhärtung verschieden waren, läßt sich folgern, daß die Elastizitätszahlen für die gleiche Spannung größer werden

bei verringertem Wasserzusatz,

bei vergrößertem Zementgehalt und bei Betonkörpern, die unter Wasser gelagert sind.

b) Plastizität von Beton.

Plastizität (Bildsamkeit) eines Materials ist die Eigenschaft, der Wirkung der bleibenden Formänderungen nachzugeben, sich innen anzupassen, ohne den Zusammenhang des Materialgefüges zu stören. Wie schon am Anfang des Kapitels gesagt wurde, entwickelt der erhärtende Beton schon unter niedrigen Spannungen zur gleichen Zeit sowohl elastische wie plastische Eigenschaften, und zwar je nach seiner Zusammensetzung, nach äußeren Einflüssen und mit fortschreitender Erhärtung in verschiedenem gegenseitigem Verhältnis. Voraussetzung für beide ist, daß der Zusammenhang des Gefüges nicht gelockert ist. Unter dieser Bedingung kann man die elastischen Formänderungen als die umkehrbaren (reversiblen), die plastischen als die nichtumkehrbaren (irreversiblen) erklären.

Das Schwinden wäre demnach als plastische Verformung anzusehen, da es durch nachträgliches Durchfeuchten des Betons nur teilweise rückgängig gemacht werden kann.

Temperatur- und Feuchtigkeitswechsel bewirken Formänderungen in schwachen Betongliedern, die nach dem Abklingen des Schwindvorganges nahezu elastischer Natur sein können, ohne unter die elastischen gerechnet zu werden.

Selten ist es möglich, die Formänderungen unter Belastung von denen, die gleichzeitig durch Schwinden, Temperatur- und Feuchtigkeitswechsel entstehen, zu trennen. Betrachtet man den Verlauf der bleibenden Längenänderungen (σ—η-Linien) in Abb. 30 und 32, so umfassen die gemessenen η-Werte nicht nur die Formänderungen infolge Temperatur- und Feuchtigkeitswechsel, die sowohl während des Schwindprozesses wie nach seiner Beendigung ihren Einfluß geltend machen, als auch die Verformungen durch Belastung. Eine reinliche Scheidung wäre hier sehr am Platze. Deshalb wurden im Institut des Verfassers bei den letzten Untersuchungen der letzten Jahre neben den belasteten Körpern gleichartige unbelastete beobachtet (s. Abb. 27), um die Verformungen unter Belastung von denen anderer Einflüsse trennen zu können.

In engerem Sinn sehen wir die elastischen Formänderungen als solche, die unter äußerer Belastung entstehen und umkehrbar sind, die plastischen als solche, die unter äußerer Belastung entstehen und beim Entlasten nicht mehr rückgängig gemacht werden können.

Unter den bleibenden Formänderungen verstehen wir die Gesamtheit der nicht umkehrbaren, das sind die plastischen in engerem Sinne.

Die gemessenen gesamten Formänderungen δ (s. Abb. 30) umfassen mit den bleibenden (η) die elastischen (ε), auch federnden genannt, dazu die teils in den elastischen, teils in den plastischen Eigenschaften des Betons begründeten Volumenänderungen infolge wechselnder Feuchtiglkeit und Temperatur.

Während Stahl erst oberhalb der Elastizitätsgrenze zu „fließen" anfängt, „fließt" Beton schon bei niedrigen Spannungen, wenn auch in geringerem Maße als bei Spannungen, die höher liegen als etwa 50% der Bruchspannung.

Davis (Kalifornien)[1] untersuchte in den Jahren 1925 bis 1930 eine Reihe von Betonzylindern auf die Abhängigkeit des Fließens vom Zementgehalt, der Kornabstufung des Zuschlagmaterials, den Bedingungen der Lagerung (feucht oder an der Luft gelagert), von Belastungszeit und der Größe der Druckspannungen. Es hat sich gezeigt, daß bei gleicher Kornzusammensetzung eine magere Mischung stärkeres Fließen hervorruft als eine zementreiche (feste) Mischung. Andererseits zeigte bei gleichem Zementgehalt der größere Gehalt an feinem Material des Zuschlagmaterials das stärkere Fließen —, an der Luft gelagerte Versuchskörper stärker als feucht bzw. unter Wasserbesprengung gelagerte.

Der Einfluß der Belastungszeit machte sich durch ein stärkeres „Fließen" in den ersten 7 Tagen bemerkbar, als in den folgenden 3 Monaten. Dementsprechend entsprach der höhere Elastizitätsmodul einem schwächeren „Fließen". Diese Feststellungen wurden in dem Institut des Verfassers, insbesondere in der Arbeit Yoshidas[2] über Querdehnungen des Betons gemacht. Ein jüngerer Beton, der erst wenig erhärtet ist, zeigt bei niederen Spannungen größere Zusammendrückbarkeit als ein älterer, d. h. er fließt stärker. Doch nimmt die Zusammendrückbarkeit dieses Betons mit zunehmender Spannung schneller ab als die des älteren Betons.

Ähnliche Zusammenhänge gelten auch bezüglich des Einflusses der Konsistenz bei gleichem Mischungsverhältnis und gleichem Alter. Beton im gießfähigen Bereich zeigt unter niedrigen Spannungen größere Kompressibilität als wasserärmerer Beton, die jedoch unter zunehmen-

[1] Veröfftl. in Proc. Amer. Concr. Inst., März 1931.

[2] Siehe Fußnote [1] S. 57.

der Spannung schneller abnimmt. Ähnliches gilt für magere Mischungen gegenüber zementreichen.

Die Erscheinung der „elastischen Nachwirkung“ ist ein plastischer Vorgang und nicht ein elastischer. Angenommen, ein Betonkörper werde von Null bis zu einer bestimmten Spannung belastet und die Formänderungen werden sofort festgestellt. Beläßt man den Körper weiter unter derselben Spannung, so kann man beobachten, daß die Formänderung zunimmt. Dieses Nachfließen bezeichnet man als elastische Nachwirkung. Sie ist abhängig von der Zeit und von den eingelegten Ruhepausen der Belastung. Eine nur kurze Belastungspause läßt das Nachfließen nicht zur vollen Entfaltung kommen, der Körper wird durch die Lastwiederholungen intensiver beansprucht. Es ergibt sich daraus der Schluß, daß das plastische Formänderungsvermögen oder, wie man es auch genannt hat, die Dämpfungsfähigkeit gegenüber einer von außen kommenden Energiemenge auch für Beton keine konstante Materialeigenschaft, sondern abhängig von der Beanspruchung ist.

Die Bedeutung der Plastizität von Beton ist erst spät erkannt worden. Heute wissen wir, daß neben den Materialeigenschaften die Zeit einen maßgebenden Einfluß auf die plastischen Eigenschaften hat. Ihre Beziehungen zu den elastischen Formänderungen sollen mit anderen Zusammenhängen besprochen werden.

c) Der Einfluß von Dauerbelastungen und wiederholten Lastwechseln.

Elastizitätsmessungen unter statischer Belastung, wie sie auf S. 57 beschrieben und in Abb. 30 und 32 dargestellt wurden, ließen schon die Einflüsse erkennen, die sich bei einfachen Belastungswiederholungen bemerkbar machen. Die dort erläuterte Grenzkurve *1*, die sog. „jungfräuliche“ σ—δ_α-Linie, erleichtert die Auswertung der Messungsergebnisse bei Dauerbelastungen und häufig wiederholten Lastwechseln.

Wir betrachten im folgenden einige typische Beispiele aus den Arbeiten von Mehmel, Heim, Yoshida, Treiber und Tietz in dem Institut des Verfassers[1].

Zunächst sind in Abb. 33 die Ergebnisse von Elastizitätsmessungen unter häufig wiederholten Belastungen an einem $7^1/_2$ Monate alten Betonprisma bei einer Prismenfestigkeit von 148 kg/cm² * dargestellt.

[1] Einzelheiten über die Durchführung und die Ergebnisse siehe in den am Schlusse dieses Buches genannten Veröffentlichungen.

* Zur besseren Übersicht werden in diesem Kapitel Angaben über die Zusammensetzung des Betons nicht gemacht. Hier sollen nur die Beziehungen zwischen Formänderungen und Spannungen unter verschiedenen Belastungsarten und Alter untersucht werden.

Bei einer Belastungsgeschwindigkeit von 90 Hüben in der Minute wurden nahezu 1 Million Lastwechsel zwischen einer unteren Spannung von $\sigma_u = 7{,}8$ und einer oberen Grenze von $\sigma_o = 56$ kg (37,5 % von σ_B) ausgeführt.

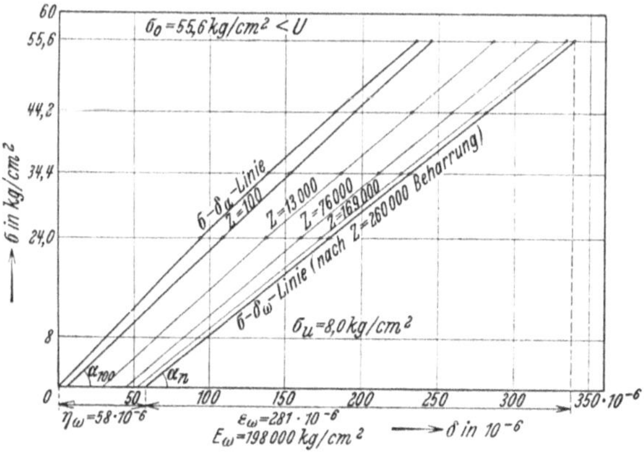

Abb. 33. $\sigma-\delta$-Linien eines $7^1/_2$ Monate alten Betonkörpers nach 453000 Lastwechseln ($\sigma_0 = 37{,}5\,\%$ von $\sigma_B = 148$ kg/cm^2).

Bei Abbruch des Versuchs war Beharrung sowohl für die bleibenden (η) wie für die federnden (ε) Formänderungen eingetreten.

$\eta_\omega = 58 \cdot 10^{-6}$ war etwa $^1/_5$ von

$\varepsilon_\omega = 281 \cdot 10^{-6}$.

Betrachtet man in Abb. 34 die Meßergebnisse in einem Betonprisma gleicher Art und gleicher Vorgeschichte, aber in einem Alter von nur 10 Wochen, so sieht man einmal eine stärkere Krümmung der $\sigma-\delta$-Linien gegen die δ-Achse bis zur allmählichen Streckung und späteren leichten Krümmung gegen die σ-Achse[1]. Eine Belastung von 54 kg/cm^2 (19% von $\sigma_B = 285$) in der Dauer von 44 Stunden führte zu einer starken Zunahme der bleibenden (η) Längenänderungen. Nach

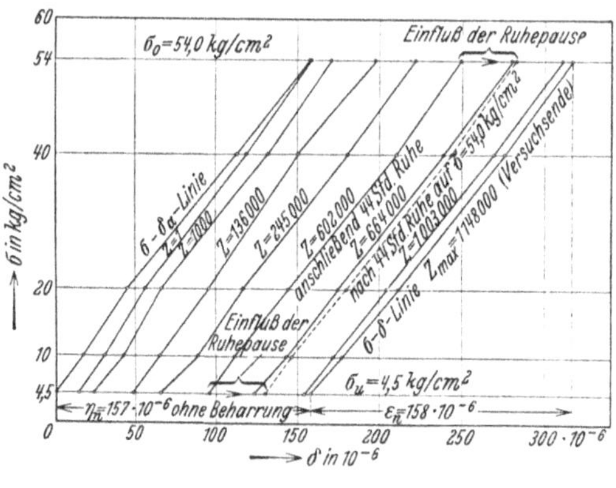

Abb. 34. $\sigma-\delta$-Linien eines 10 Wochen alten Betonkörpers nach 1148000 Lastwechseln ($\sigma_0 = 19\,\%$ von $\sigma_B = 285$ kg/cm^2).

[1] Hierzu ist zu bemerken: Belastet man einen Betonkörper und liest an den Meßinstrumenten sofort die Formänderung ab, die beim augenblicklichen Entlasten entstehen würde, so bezeichnet die entstehende Verformung die elastische Hysteresis. Wartet man mit dem Ablesen, so wird unter der einwirkenden Belastung und dem Einfluß der Zeit eine Verformung entstehen, die man als elastische Nachwirkung bezeichnet. Diese ist jedoch nicht rein elastisch, weil sie bleibende Verformungen hinterläßt, sie ist auch nicht rein plastisch, weil sie beim Entlasten teilweise rückgängig gemacht wird. Die elastische Hysteresis ist offensichtlich bei Beton praktisch ohne Bedeutung und ist von der Belastungsfolge und nicht von der hierfür verwendeten Zeit abhängig.

dieser Dauerbelastung nahmen die η zunächst wieder ab, bis sie nach weiteren 160000 Lastwechseln wieder den Wert erreichten, den sie nach 44stündiger Dauerlast hatten. Von da ab nahmen die η-Werte wieder zu. Nach rd. 1,2 Mill. Lastwiederholungen war η mit $157 \cdot 10^{-6}$ wesentlich größer als bei dem $7^1/_2$ Monate alten Beton und nahezu gleich dem Werte der elastischen Längenänderung (ε).

Den außergewöhnlichen Einfluß der Zeit auf die Formänderungen aller Art erkennt man durch Vergleich der Meßergebnisse an einem 2 Jahre 7 Monate alten Betonprisma (Abb. 35) unter den gleichen sonstigen Vorbedingungen. Schon nach 168000 bei 1,5 Mill. Lastwechseln trat Beharrung ein. Der Einfluß von größeren Ruhepausen trat vollkommen zurück; die gegen den jüngeren Beton fast verschwindenden bleibenden Längenänderungen sind nur sehr klein; η_ω betrug nur mehr $9 \cdot 10^{-6}$.

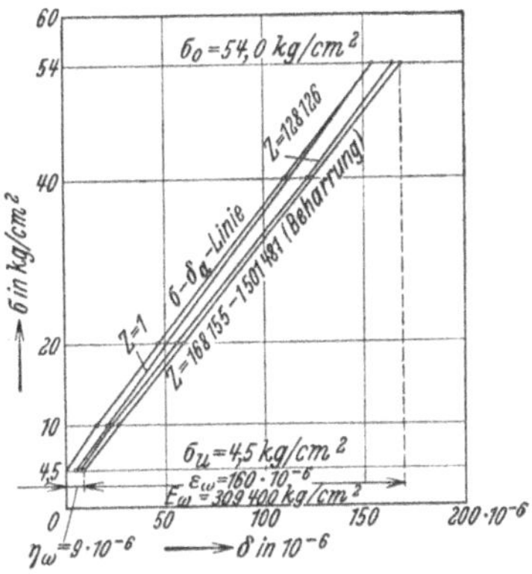

Abb. 35. σ—δ-Linien eines 2 Jahre 7 Monate alten Betonkörpers nach 1501481 Lastwechseln ($\sigma_0 = 16{,}8\%$ von $\sigma_B = 322\,\mathrm{kg/cm^2}$).

Die Veränderung der Materialeigenschaften mit der Zeit ist einer der wichtigsten Faktoren für die Sicherheit von Beton- und Eisenbetonkonstruktionen. Die Wirkung dauernder Belastung auf die Zunahme der plastischen Formänderungen wird mit dem Alter der Konstruktion immer geringer.

Es gibt keine bleibende Verformung des Betons, die unabhängig von der Zeit auftritt. Die elastische Nachwirkung tritt in erhöhtem Maße bei Betonkörpern auf, die in jungem Alter belastet werden. Die Plastizität des Materials spielt hier eine größere Rolle als seine Elastizität; die plastischen Verformungen, auch unter häufig wiederholter Belastung, werden im Laufe der Lastwechsel größer als die federnden Formänderungen. Eine Reihe von Druckprismen wurde im Alter von 8 Wochen, zum Teil unter häufig wiederholter Belastung, zum Teil gleichzeitig im unbelasteten Zustand beobachtet. Bei den unbelasteten Prismen wurden innerhalb von 11 Tagen Längenänderungen gemessen, die den 10. Teil der bleibenden Längenänderungen der belasteten Prismen innerhalb der gleichen Zeit und nach fast 900000 Lastwechseln ausmachten. Hierbei wuchsen die bleibenden Formänderungen ständig, ohne Beharrungszustand zu erreichen — ein für junge Körper typisches Zeichen —, die federnden wurden schließlich konstant.

Die Verhältniszahlen der bleibenden Längenänderungen zu den federnden unter Belastung verändern sich einerseits mit dem Alter des Versuchskörpers, andererseits mit der Zahl der Lastwechsel, gleiche Belastungsintervalle vorausgesetzt.

Zu Beginn der häufig wiederholten Belastung betrug das Verhältnis der federnden zu den bleibenden Längenänderungen ε/η bei den 8 Wochen alten Prismen 1 : 0,25 (4 : 1), bei den 10 Wochen alten 1 : 0,09 (11 : 1), bei den 2 Jahre 7 Monate alten 1 : 0,03 (31 : 1). Der Abstand zwischen den elastischen und bleibenden Formänderungen wird demnach mit dem Alter immer größer. Jedoch sind hierbei die elastischen Formänderungen viel weniger beteiligt als die bleibenden; denn die Vergrößerung der federnden Formänderungen mit dem Alter ist gering, die Verkleinerung der bleibenden dagegen sehr stark. Mit anderen Worten: Die Plastizität des Betons nimmt mit dem Alter viel stärker ab als seine Elastizität zunimmt.

Ebenso verändert die wiederholt aufgebrauchte Last in erster Linie die bleibenden Längenänderungen, und zwar um so stärker, je jünger der Körper ist. Das Verhältnis η/δ ist bei dem 8 Wochen alten Beton 1 : 1,68 und wird nach 2 Jahren 7 Monaten und 1 : 18,7.

Das Verhältnis der bleibenden Längenänderungen nach dem ersten Lastwechsel zu denen nach über 1 Million Lastwechsel betrug 1 : 11 bei dem 10 Wochen alten, 1 : 1,8 bei dem 2 Jahre 7 Monate alten Beton.

Das Verhältnis ε/η, der federnden Formänderungen zu den bleibenden, am Ende des Versuchs betrug bei den 8 Wochen alten Prismen 1 : 1,47, bei den 10 Wochen alten 1 : 1, bei den $7^1/_2$ Monate alten 1 : 0,2, bei den 2 Jahre 7 Monate alten 1 : 0,06. Der starke Einfluß des Alters auf die Herabminderung der Plastizität ist erkennbar. Vergleicht man diese Verhältniswerte mit denen zu Beginn der wiederholten Belastung, so erkennt man das Wachsen der bleibenden Längenänderungen mit der Zahl der Lastwechsel, wobei fast gleichbleibende Elastizität vorhanden ist.

Neben der Zeit ist die Belastungsgeschwindigkeit zu beachten:

Betonprismen, die bis zu 90 Lastwechseln in der Minute und unter Dauerbelastung waren, zeigten, daß bei Geschwindigkeiten über 30 Hübe pro Minute die elastischen Nachwirkungen kaum zur Geltung kamen. Die Wirkung auf die elastischen Formänderungen war praktisch dieselbe. Bei Belastungsgeschwindigkeiten unter 30 Hüben pro Minute und bei Dauerbelastungen wuchsen insbesondere die bleibenden (η) Längenänderungen unter sonst gleichen Verhältnissen; z. B. riefen 1500 Maschinenhübe (60 in der Minute) die gleiche Wirkung hervor, wie 31 Hübe mit dem Handrad. Es gibt offenbar eine obere Grenze der Belastungsgeschwindigkeit, bei der die Widerstandsfähigkeit des Materials am größten wird.

Unterhalb einer kritischen Spannung, Ursprungsfestigkeit[1] genannt, die zwischen 47 und 60 H der statischen Druckfestigkeit gefunden wurde, haben Lastwiederholungen eine Verfestigung zur Folge. Der Betonkörper, dessen Formänderungen unter häufig wiederholten Lastwechseln den Beharrungszustand erreicht haben, wird durch Spannungen oberhalb der Dauerbeanspruchungen in seinem elastischen Verhalten weniger beeinflußt, als ein nicht vorbelasteter Körper. Der Elastizitätsmodul wird innerhalb des Spannungsintervalls der Lastwiederholungen und darüber hinaus zu einer Konstanten. Der Beton besitzt dann eine Elastizitätsgrenze, die ursprünglich nicht vorhanden war, und folgt dem Hookschen Gesetz.

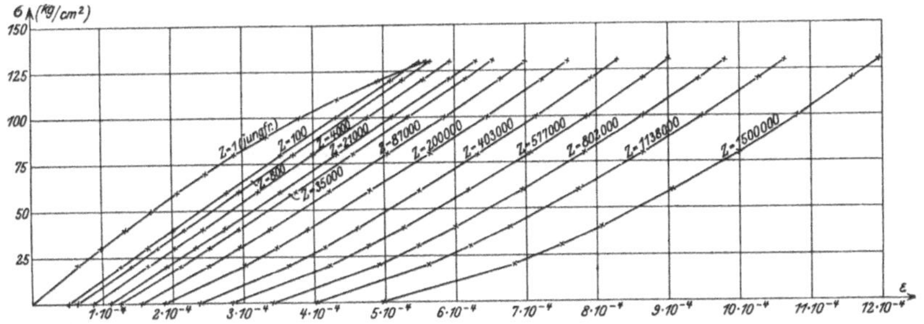

Abb. 36. $\sigma-\varepsilon$-Linien nach 1500000 Lastwechseln ($\sigma_0 = 130 = 70\%$ von $\sigma_B = 184\,\mathrm{kg/cm^2}$).

Die Ursprungsfestigkeit ist nicht nur von der Druckfestigkeit, sondern auch von dem Alter des Betons abhängig, mithin auch vorwiegend von dem Verhalten der mehr oder weniger stark erhärtungsfähigen Zementpaste, also auch von der Zementart.

Oberhalb der Ursprungsfestigkeit tritt die Ermüdung des Betons ein. Je höher die obere Spannungsgrenze der Lastwiederholungen und je kleiner die Belastungsgeschwindigkeit ist, je stärker sonach die Intensität der Belastung ist, desto früher fängt der Betonkörper zu ermüden an. In Abb. 36 sind die $\sigma-\varepsilon$-Linien eines zwischen den Spannungsgrenzen $\sigma_u = 100$ und $\sigma_o = 130\,\mathrm{kg/cm^2}$ (70% der Bruchfestigkeit von $184\,\mathrm{kg/cm^2}$) im Alter von 12 Monaten nach über 1500000 Lastwechseln beanspruchten Betonprismas dargestellt.

Die $\sigma-\varepsilon$-Linien kehren nach Streckung zu einer Geraden ihre hohle Seite der σ-Achse zu. Die Linien (Ermüdungslinien genannt) werden im Bereich der niederen Spannungen immer flacher, was mit einer Verweichung des Materials gleichbedeutend ist; in den oberen Spannungsstufen tritt eine Verfestigung ein. Die Bruchlast fiel durch die Lastwechsel um 18% auf $150\,\mathrm{kg/cm^2}$.

[1] Mit Ursprungsfestigkeit wird bekanntlich jene Anstrengung bezeichnet, deren unendlich häufiges Auftreten nach jedesmaligem Zurückgehen auf Null der Baustoff gerade noch erträgt.

Das Verhalten des Betons bei Beanspruchungen durch reinen Zug zeigt nach den durchgeführten Untersuchungen das gleiche Verhalten unterhalb und oberhalb der Ursprungsfestigkeit, die auch hier um 50% der Bruchfestigkeit liegt.

Als praktisches Ergebnis der Untersuchungen kann für die konstruktive Auswertung gefolgert werden: Die Ursprungsfestigkeit von Beton, um 50% der Bruchfestigkeit, gibt die obere Spannungsgrenze an, bis zu der die Bruchlast weder durch häufig wiederholte Lastwechsel noch durch Dauerbelastungen berührt wird. Die bei Lastwiederholungen eintretenden Verfestigungen und kleine Steigerungen des E-Moduls sind daher nur lokaler Natur.

Bei jüngerem Beton sind die bleibenden (η) Formänderungen von größerer Bedeutung als bei älteren. Das zunehmende Alter macht den Beton mit zunehmender Erhärtung der Zementpaste elastischer, während die große Plastizität des jungen Betons gleichzeitig abnimmt. Dies erklärt sich daraus, daß Dauerbelastungen bei jedem Alter wohl in den federnden (elastischen) Formänderungen (ε) zur Beharrung führen, bei jungem Beton aber in den bleibenden keine Beharrung eintritt.

Die Untersuchungen über das elastische Verhalten von Beton unter besonderer Berücksichtigung der Querdehnung zeigten, daß die Zahl m (s. S. 57) mit zunehmender Spannung bei Lastwiederholungen zunimmt. m wurde bei $\sigma_{bd} = 20$ bis 50 mit 7 bis 8 festgestellt und stieg auf 12 bei rd. $^1/_2$ Mill. Lastwechsel. Die Wirkung dauernder Belastung auf die Zunahme der plastischen Formänderungen wird mit dem Alter eines Bauwerkes immer geringer, entsprechend den abnehmenden Schwindmaßen.

Bei Beanspruchungen oberhalb der Ursprungsfestigkeit biegen sich die σ—ε-Linien umgekehrt durch wie die sog. jungfräuliche Linie; dies gilt als Erkennungszeichen für die Ermüdung des Betons. Die Ursprungsfestigkeit ist unter gleichen Bedingungen bei jungem, plastischem Beton niedriger als bei älterem und elastischerem.

d) Die Festigkeit von Mörtel und Beton.

Auf die Festigkeit (und parallel auf die Elastizität) von Mörtel und Beton haben unmittelbar oder mittelbar Einfluß:

Die Zementart, die Zement- und Wassermenge;

Der Wasserzementfaktor innerhalb praktisch verarbeitbarer Konsistenzen;

Die Zuschlagart und -menge und ihre Kornzusammensetzung,

Die Art der Erhärtung (an der Luft oder im Wasser);

Die Art der Nachbehandlung des Betons;

Das Klima und die Jahreszeit.

An der Hand einer Reihe von Untersuchungen in dem Institut des Verfassers soll im folgenden die Wirkung der einzelnen Einflußfaktoren auf die Festigkeit dargelegt werden.

10. Die Festigkeit von Mörtel.

Man spricht von „Normenfestigkeiten“, wenn die Festigkeit von Mörtel, aus Zement und Normensand nach den Normenvorschriften verarbeitet, ermittelt wird. Die Festigkeit von Mörtel muß sich ändern, wenn die Verarbeitung mit anderen Sanden und bei anderen Wasserzusätzen erfolgt als bei der in manchen Ländern noch üblichen, verhältnismäßig trokkenen Konsistenz der Normenmörtel.

Abrams hat zum ersten Male die Beziehungen zwischen der Festigkeit eines Mörtels und dem W.Z.F. erkannt, die später durch Untersuchungen in verschiedenen Laboratorien bestätigt wurden.

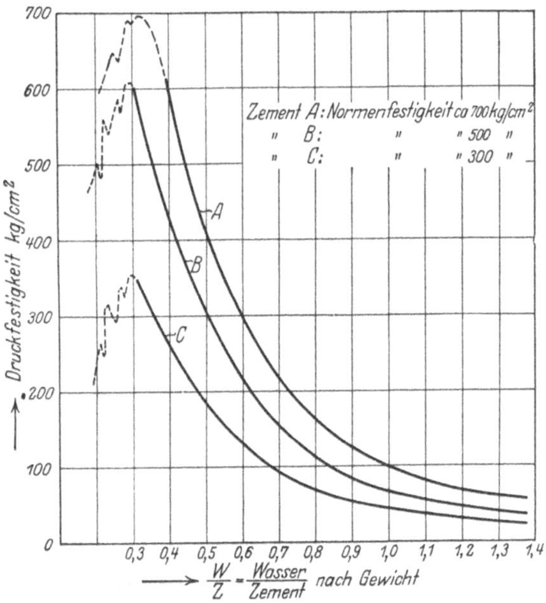

Abb. 37. Beziehungen zwischen Druckfestigkeit und W.Z.F.

Verändert man den W.Z.F. bei einem Normenmörtel 1 : 3, so ändert sich die Druckfestigkeit nach den in Abb. 37 dargestellten Linien, die wir die Abrams-Kurven nennen können.

Die Linien besagen, daß von einem sehr niedrigen Wasserzementfaktor, der zugleich die Höchstfestigkeit gibt, die Druckfestigkeit des Mörtels rasch sinkt. Für jede Zementart besteht daher eine eigene Kurve. Die Kurvenscharen verlaufen einander ähnlich, wie Abb. 38 zeigt.

Es fällt zunächst auf, daß nach dem Abramsschen Kurven nicht der absolute Zementgehalt für die Festigkeit eines Mörtels unmittelbar maßgebend ist, denn der Wasserzementfaktor[1] kann u. a. sowohl auf die Änderung des Zementgehaltes als auch des Wassergehaltes zurückgeführt werden. Tatsächlich können bei verschiedenen Mischungsver-

[1] In der Folge immer W.Z.F. genannt.

hältnissen gleiche Druckfestigkeiten erzielt werden, wenn der W.Z.F. gleichbleibt. Wenn man den absoluten Zement- und Wassergehalt bei gleichbleibendem W.Z.F. allmählich erniedrigt, so tritt schließlich der Fall ein, wo der Mörtel zu trocken wird und den Abramsschen Gesetze nicht mehr folgt. Die Linienkurven in Abb. 37 haben daher nur innerhalb praktisch verarbeitbarer Konsistenzen Geltung.

Wenn die Mörtelkonsistenz als Basis für Vergleiche gewählt wird, so erkennt man, daß auch die Körnung des Zuschlags auf die Größe

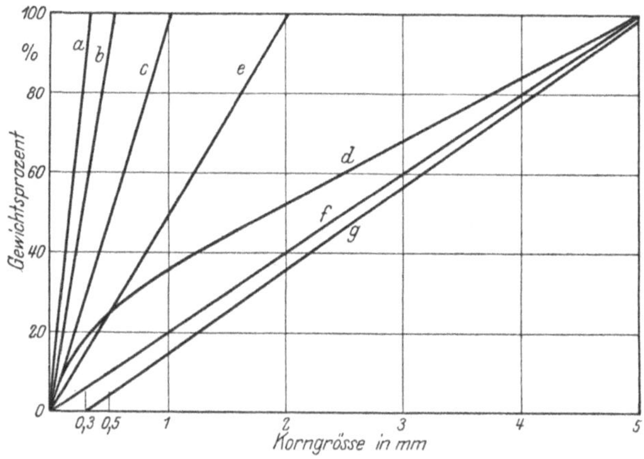

Abb. 38.

des W.Z.F. Einfluß hat, wie dies bereits erwähnt wurde. An den Ergebnissen einer Untersuchungsreihe mögen die Zusammenhänge erläutert werden.

Mit Sanden verschiedener Kornzusammensetzungen (größtes Korn 5 mm), wie sie durch die Linien in Abb. 38 dargestellt sind, wurde Mörtel des Mischungsverhältnisses 1 : 3 in Gewichtsteilen hergestellt und jeweils so viel Wasser zugesetzt, daß im einen Falle ein erdfeuchter, im anderen Falle ein plastischer Mörtel von bestimmter Konsistenz erzielt wurde.

Zieht man die aus 10-cm-Würfeln im Alter von 28 Tagen ermittelten Druckfestigkeiten der verschiedenen Mörtel zum Vergleich heran, so kann innerhalb der hier gewählten Kornzusammensetzungen aus den Ergebnissen in Zusammenstellung 6 gefolgert werden:

Die Wasseransprüche der Mörtel nehmen bei jeder Konsistenz mit abnehmendem Feinsandgehalt ab.

Die Druckfestigkeiten nehmen wegen der mit abnehmendem Feinsandgehalt und dem dadurch bedingten gleichzeitig abnehmenden Wasseranspruch bis zu einem gewissen Punkte zu.

Bei gleichem Zementgehalt und gleichem Wasserzusatz können durch Änderung der Kornzusammensetzung des Sandes

Zusammenstellung 6.

Zusammensetzung in Gewichtsprozenten (Feinsand kursiv gesetzt)	Raumgewicht der Sande	Mischungsverhältnis in Gewichtsteilen	Erdfeuchter Mörtel 1 : 3 in Gewichtsteilen			Plastischer Mörtel 1 : 3 in Gewichtsteilen			
			Wasser-anspruch	Wasser-zementfaktor in Gew.-Teilen	Druckfestigkeit nach 28 Tagen	Wasser-anspruch	Wasser-zementfaktor in Gew.-Teilen	Konsistenz-zahl	Druckfestigkeit nach 28 Tagen
	kg/dm³		Gew.-%		kg/cm²	Gew.-%			kg/cm²
a) *0 —0,3 mm 100%*	1,43	1 : 3	13,7	0,55	251	22,5	0,90	160	116
b) *0 —0,3 mm 60%* 0,3—0,5 „ 40%	1,58	1 : 3	13,1	0,525	273	18,7	0,75	160	154
c) *0 —0,3 mm 30%* 0,3—0,5 „ 20% 0,5—1 „ 50%	1,60	1 : 3	10,7	0,425	439	16,3	0,65	160	204
d) *0 —0,3 mm 18%* 0,3—0,5 „ 7% 0,5—3 „ 11% 1 —2 „ 16% 2 —5 „ 48%	1,77	1 : 3	8,8	0,35	521	—	—	—	—
e) *0 —0,3 mm 15%* 0,3—0,5 „ 10% 0,5—1 „ 25% 1 —2 „ 50%	1,74	1 : 3	9,4	0,375	555	13,1	0,525	160	267
f) *0 —0,3 mm 5%* 0,3—0,5 „ 5% 0,5—1 „ 10% 1 —2 „ 20% 2 —5 „ 60%	1,68	1 : 3	6,9	0,275	672	12	0,48	150	347
g) *0 —0,3 mm 0%* 0,3—0,5 „ 4% 0,5—1 „ 11% 1 —2 „ 20% 2 —5 „ 65%	1,62	1 : 3	6,3	0,25	575	12	0,48	150	290

der Konsistenz nach verschiedene Mörtel aber mit gleicher Druckfestigkeit erzielt werden. Z. B. hat Mörtel b) bei einem Wasseranspruch von 13,1% erdfeuchter Konsistenz eine Druckfestigkeit von rd. 270 kg/cm², während Mörtel e) bei einem Wasseranspruch von 13,1% plastische Konsistenz und eine Druckfähigkeit von rd. 270 kg/cm² hat.

Bei Mörtelmischungen des Mischungsverhältnisses 1 : 3 in Gewichtsteilen (= 1 : 2,5 in Raumteilen) und Verwendung von Flußsand ergeben sich Höchstfestigkeiten, wenn die Siebkurve des Sandes von 0 bis 5 mm ungefähr eine gerade Linie darstellt (vgl. Linie *f*, Abb. 38). Bei diesen Mörtelmischungen beträgt der Gehalt an Feinsand von 0 bis 0,3 mm ungefähr 5%. Bei magereren Mischungen als 1 : 3 in Gewichtsteilen ist der Feinsand von 0 bis 0,3 mm um den Betrag des wegbleibenden Zementes zu erhöhen. Umgekehrt ist bei fetteren Mörtelmischungen der Betrag des Feinsandes entsprechend zu erniedrigen.

Es soll betont werden, daß sich die vorstehenden Angaben auf Flußsand beziehen. Bei Brechsand ist es empfehlenswert, die für die Siebkurve als günstig angegebene gerade Linie durch eine nach oben leicht gekrümmte Linie zu ersetzen.

Normensand mit gleichartiger Körnung gibt unter sonst gleichen Bedingungen kleinere Mörtelfestigkeiten wie abgestufter Sand.

11. Die Prüfung der Druck- und Zugfestigkeit von Beton.

Die Festigkeit von Beton sollte man zweckmäßig in der gleichen Zusammensetzung, Herstellung und darauffolgenden Nachbehandlung wie im Bauwerk prüfen. Die Prüfung von Stampfbeton, nach irgendwelchen Normen hergestellt, kann kein einwandfreies Bild von den Eigenschaften des Bauwerkbetons geben.

Da bei allen Berechnungen heute fast allgemein auf den Nachweis von Zugspannungen verzichtet wird, wird sehr selten die Zugfestigkeit von Beton bestimmt. Wo dies geschieht, werden sie in derselben Weise ausgeführt, wie es bei den Elastizitätsmessungen besprochen wurde. Man erhält aus derartigen Zugversuchen die reine Zugfestigkeit K_z.

Man kann sich aber mit der Prüfung der Biegungsfestigkeit eines durch eine Einzellast in der Mitte belasteten Betonbalkens von der Spannweite l und dem Querschnitt $b \cdot h$ begnügen. Aus der Bruchlast P erhält man die Biegungszugfestigkeit:

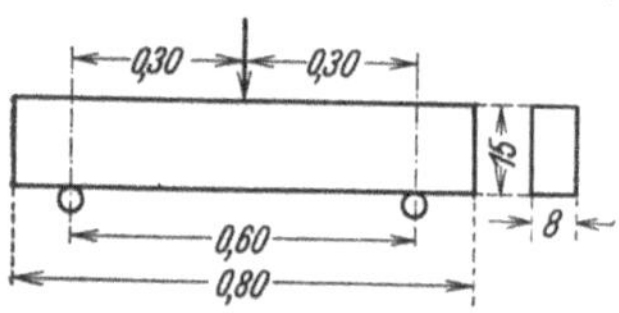

Abb. 39.

$$K'_z = \frac{\frac{Pl}{4}}{\frac{b \cdot h^2}{6}} = \chi P.$$

(Da die Balkenmessungen gegeben sind, ist χ für bestimmte Probebalken konstant; in Abb. 39 ist $l = 0{,}60$ m, $b = 8$ cm, $h = 15$ cm, mithin $K_z = \frac{P}{20}$.)

Auf Grund einer großen Reihe von Versuchen an verschiedenen Stellen kann angenommen werden, daß $K'_z = 2K_z$ gleichgesetzt werden kann.

Druckversuche werden bei Beton in der Regel an Würfeln von 20 oder 30 cm Kantenlänge oder an Zylindern von 20 bis 30 cm Durchmesser und Höhe ausgeführt. Größere Würfelformen sind bei Material mit gröberem Korn zweckmäßig (Würfel von 10 cm Kantenlänge sind bei Mörtelprüfungen üblich). Bei der Bestimmung der Würfelfestigkeit wird man zu beachten haben, daß die Festigkeit unter sonst gleichen Verhältnissen mit zunehmender Würfelseite kleiner wird. Aus verschiedenen Versuchen kann man annähernd die Festigkeit, die an 30-cm-

Würfeln gewonnen wird, mit etwa 10% kleiner als bei 20-cm-Würfeln, diese mit etwa 15% kleiner als bei Würfeln mit 10 cm Kantenlänge, annehmen.

Für die Herstellung der Probewürfel werden im allgemeinen gußeiserne Formen verwendet, die ebenso wie die Herstellung und Lagerung der Würfel durch Normenvorschriften festgelegt sind. Gußeiserne Würfelformen sind allseits so dicht abgeschlossen, daß sie überschüssiges Wasser nicht abfließen lassen, wie dies bei den hölzernen Schalungen im Bauwerk geschieht. Aus diesem Grunde hat der Verfasser bei der Prüfung von plastischem Beton die gußeiserne Grundplatte der Würfel durch eine starke Holzplatte ersetzt.

Wird die Druckfestigkeit aus Prismen oder Zylindern bestimmt (letzteres ist z. B. in den Vereinigten Staaten üblich), so wird man darauf achten müssen, daß die Prismenfestigkeit W' des gleichen Materials unter gleichen Verhältnissen durchschnittlich etwa 20% kleiner ist als die Würfelfestigkeit W.

Das Verhältnis der Druckfestigkeit K_d zur Zugfestigkeit K_z ist infolge der zahlreichen Einflußkomponenten keineswegs konstant; K_z/K_d schwankte z. B. bei einer größeren Versuchsreihe mit verschiedenen Betonarten zwischen $^1/_8$ und $^1/_{12}$. In der Regel begnügt man sich mit der Ermittlung der Druckfestigkeit.

12. Wertigkeit und Festigkeit von Beton.

Die Güte der Kittmasse ist wie bei Mörtel in erster Linie für die Güte des Betonmaterials maßgebend. Die Kittmasse wird bei Verwendung des gleichen Bindemittels verbessert oder verschlechtert, je nachdem die Anmachwassermenge verringert oder vermehrt wird.

Bei gleicher Beschaffenheit der Kittmasse wird sodann die Güte des Betons von der Zusammensetzung des Zuschlagmaterials abhängig sein, in stärkerem Maße von der des Sandes als des Grobzuschlages. Der Einfluß des letzteren kann aber so groß sein, daß man die Güte eines Betons nicht ohne weiteres derjenigen des Mörtels derselben Zusammensetzung ohne die Grobzuschläge gleichstellen darf. Dies gilt insbesondere beim Vergleich der Festigkeiten von Mörteln und Beton.

Die Festigkeit ist zweifellos ein Mittel, die Wertigkeit eines Betons zu bestimmen, aber nicht das einzige. Ein Beton mit hoher Festigkeit gilt als „hochwertig", wenn er für Bauteile mit sehr starken Beanspruchungen verwendet wird. Beton ist aber für Bauteile, die wasserundurchlässig sein müssen, nur dann hochwertig, wenn er möglichst wasserdicht ist, auch wenn die Festigkeit kleiner wird. In der Regel werden dann in beiden Fällen die Mengen der einzelnen Bestandteile verschieden sein, je nachdem hohe Festigkeit oder hohe Wasserdichtigkeit verlangt wird.

Erfahrungen an Bauwerken aus großen Betonmassen, wie Gewichtsstaumauern, lehren, daß neben einer guten Zusammensetzung der Bestandteile ein langsam erhärtender Zement geeigneter ist als ein hochwertiger, wenn die Erhärtung von außen nach dem Kern allmählich und nicht zu rasch erfolgen soll. In diesem Falle ist der Beton „hochwertig", wenn hochwertiger Zement nicht angewendet wird. Es ist ferner zu beachten, daß in den Fällen, wo hohe Beanspruchungen hohe Festigkeiten des Betons zur Voraussetzung haben, die Verwendung von hochwertigen Bindemitteln allein nicht genügt.

Als hochwertig wird ein Zement bezeichnet, der im gleichen Alter höhere Festigkeiten und infolge rascher Erhärtung viel früher hohe Festigkeiten gibt als gewöhnlicher Zement. Daß man mit hochwertigem Zement auch minderwertigen Beton herstellen kann, beweist folgendes Beispiel:

Aus je einem gewöhnlichen und hochwertigen Portlandzement wurden drei verschiedene Betonarten der gleichen Konsistenz im Mischungsverhältnis von 1 : 7 m Gewichtsteilen (1 : 4,7 m Raumteile) hergestellt. Die Normenfestigkeit des Portlandzementes betrug nach 3 Tagen 207, nach 28 Tagen 473, die des hochwertigen Portlandzement nach 3 Tagen 375, nach 28 Tagen 617 kg/cm².

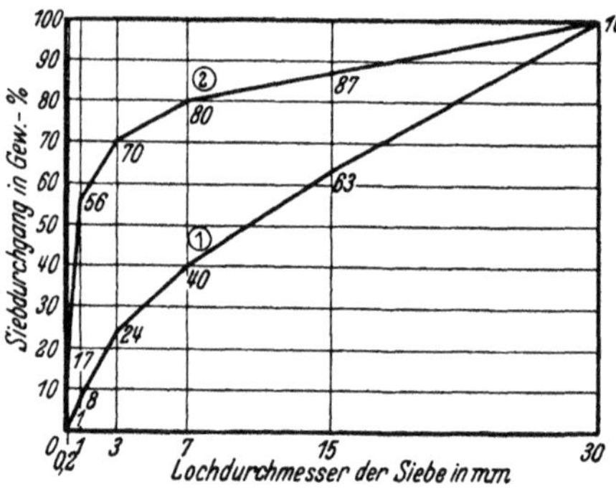

Abb. 40.

Das Zuschlagmaterial war bei je einer Reihe mit Portlandzement und hochwertigem Portlandzement nach der günstigen Sieblinie 1, bei einer dritten Versuchsreihe mit hochwertigem Portlandzement nach Sieblinie 2 zusammengesetzt, die sehr sandreich ist (Abb. 40). Während die beiden ersten Reihen bei einem W.Z.F. von 0,6 plastisch verarbeitet waren, stieg bei der dritten Reihe zur Erzielung der gleichen Konsistenz wegen des notwendigen größeren Wasseranspruches der W.Z.F. auf 1,05.

Die mittleren Würfelfestigkeiten, aus 20-cm-Würfeln bestimmt, ergaben für

Reihe 1 (P.Z., Zuschlag nach Linie 1; Druckfestigkeit nach 3, 7 und 28 Tagen . . . . 58, 120 und 220 kg/cm²
Reihe 2 (H.P.Z., Zuschlag nach Linie 1) . . . . . 65, 134 und 227 kg/cm²
Reihe 3 (H.P.Z., Zuschlag nach Linie 2) . . . . . 16, 43 und 109 kg/cm²

Das Beispiel zeigt einmal, daß man bei schlechtem Zuschlagmaterial und einem großen Anmachwasserverbrauch mit hochwertigem Zement (Reihe 3) keineswegs einen hochwertigen Beton erhält. Andererseits ist es auch möglich, mit gewöhnlichem Portlandzement bei geeigneter Auswahl der anderen Bestandteile (Reihe 1) einen Beton herzustellen, der nur wenig unterhalb der Festigkeit des aus hochwertigem Zement hergestellten Betons der Reihe 2 bleibt.

Man sollte daher die Beantwortung der Frage, wann ein Beton als hochwertig anzusehen ist, von der Zweckbestimmung abhängig machen. Keineswegs genügt die Verwendung eines hochwertigen Zementes zur Herstellung eines Betons hoher Festigkeit, wenn die anderen Bestandteile nicht zweckentsprechend sind.

Zug- und Druckfestigkeit von Beton zeigen eine Parallelität mit Zug- und Druckelastizität. Mannigfaltig sind die Einflüsse, die sich auf Festigkeit und Elastizität von Beton geltend machen, aber größeren Festigkeiten entsprechen größere Elastizitätszahlen.

Unter den Bestandteilen des Betons sei an erster Stelle der Einfluß des Zuschlagmateriales auf die Festigkeit besprochen, dessen Bedeutung lange Zeit nicht genügend berücksichtigt wurde. Es ist auch der Bestandteil, der im Gegensatz zu dem von der Fabrik angelieferten Bindemittel auf der Baustelle durch geeignete Zusammensetzung für die Verbesserung des Betonmaterials nutzbar gemacht werden kann.

Sämtliche Laboratoriumsarbeiten, die sich mit dem Einfluß der Kornzusammensetzung des Zuschlagmaterials auf die Festigkeit des daraus hergestellten Betons befaßten, stützen sich auf folgende Voraussetzungen:

1. Es wurde angenommen, daß einer größeren Dichtigkeit eine größere Festigkeit entspreche. Je höher das Raumgewicht, um so höher sei die Festigkeit. Durch Zugabe von Feinsandmengen unter 0,3 mm läßt sich jedoch leicht nachweisen, daß trotz größerer Dichtigkeit der Zuschlagstoffe die Betonfestigkeit geringer wird.

2. Die Festigkeit wurde in Abhängigkeit gebracht von der Oberfläche der Zuschläge. Bei gleicher Zementmenge (Kittmasse) würde die Festigkeit größer, wenn die Oberfläche kleiner wird. Verwendet man reinen Kies ohne Sand, so wird die Betonfestigkeit trotz der kleineren Oberfläche nicht so groß wie bei gemischtkörnigen Zuschlägen.

3. Schließlich erkannte man, daß der Vergleich der Siebkurven des Zuschlagmaterials mit Idealsiebkurven mit einer Stetigkeit in einem gewissen Bereich ein Kriterium der zu erwartenden Festigkeit von Mörtel und Beton ermöglichten.

Zur Klarlegung der Bedeutung der Kornzusammensetzung möge ein Beispiel dienen:

Aus Kiessand, der durch die Sieblinien *1* bis *4* in Abb. 41 angegebenen Kornzusammensetzungen wurde Beton im Mischungsverhältnisse 1 : 6 in Gewichtsteilen bei gleichbleibendem Gewichtsprozent Wasser hergestellt. Zusammenstellung 7a enthält die Ergebnisse der Untersuchungen.

Zusammenstellung 7a.

Kornzusammensetzung nach Kurve	Mischungsverhältnis in Gewichtsteilen	Wasserzusatz in Gew.-%	Wasserzementfaktor	Würfelfestigkeit (Alter: 4 Wochen) kg/dm³	Raumgewicht kg/cm³	Betonkonsistenz
1	1 : 6	8,15	0,57	220	2,39	Stark plastisch
2				210	2,37	Plastisch
3				203	2,33	Erdfeucht bis plastisch
4				146	2,16	Erdfeucht, gerade noch zu ballen

Zusammenstellung 7b.

Kornzusammensetzung nach Kurve	Mischungsverhältnis in Gewichtsteilen	Wasserzusatz in Gew.-%	Wasserzementfaktor	Würfelfestigkeit (Alter: 4 Wochen) kg/cm²	Raumgewicht kg/dm³	Betonkonsistenz
1	1 : 6	7,8	0,52	247	2,40	Plastisch Konsistenzzahl 147
2		8,15	0,57	210	2,37	
3		8,6	0,60	194	2,32	
4		12,8	0,91	94	2,16	

Unter Änderung des Wasserzusatzes wurden 4 Betonarten von gleicher plastischer Konsistenz (gleicher Verarbeitbarkeit) hergestellt. Zusammenstellung 7b zeigt u. a. die Verschiedenheit der W.Z.F.

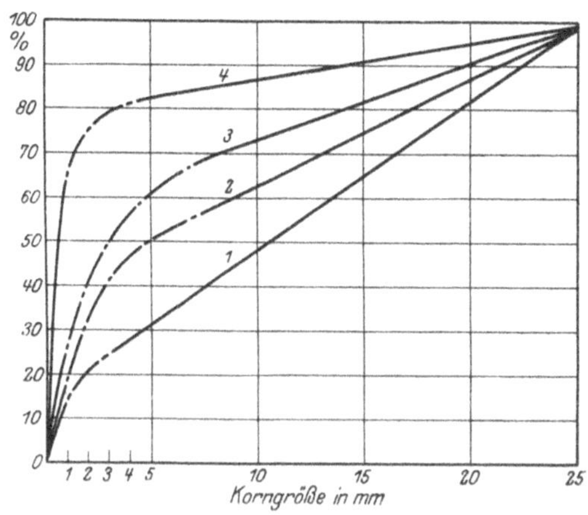

Abb. 41.

Aus diesem Beispiel erkennt man den Einfluß der Kornzusammensetzung. Wenn wir den Beton nach Kurve *4* außer Betracht lassen, der verschwindend wenig Kies enthält (also im Grund einen Mörtel darstellt), so sehen wir, daß die Veränderung der Kornzusammensetzung innerhalb der beträchtlichen Grenzen zwischen Kurve *1* und *3* an der Festigkeit wenig ändert, wenn der W. Z. F. gleichbleibt. Dagegen verändert sich die Konsistenz sehr stark (Zusammenstellung 7a).

Da in der Praxis je nach dem Verwendungszweck immer eine gleichbleibende Konsistenz des Betons gefordert werden muß, so wird man darauf zu achten haben, daß die Kornzusammensetzung des Zuschlagmaterials die Konsistenzen zu beeinflussen imstande ist.

Aus der Zusammenstellung 7b erkennt man auch, daß mit zunehmendem Sandgehalt die Konsistenz des Betons trockener wird.

Die Zusammenstellung zeigt, in welchem Maße die Kornzusammensetzung den für eine bestimmte Konsistenz des Betons notwendigen Wasserzusatz verändert. Zunehmender Sandgehalt erhöht den Wasserzusatz beträchtlich, wenn die Konsistenz gleichbleiben soll. Bei gleichbleibendem Zementgehalt wird daher gleichzeitig der Wasserzementfaktor vergrößert und dementsprechend die Festigkeit verringert.

Die Linie *1* in Abb. 41, die ganz in der Nähe der Fuller-Kurve liegt, lieferte eine Zusammensetzung des Zuschlagmaterials, die den niedrigsten Wasseranspruch verlangte und daher die größe Festigkeit ergab.

a) Einfluß des Bindemittels.

Zusammenstellung 8 enthält Ergebnisse aus einer großen Zahl von Festigkeitsuntersuchungen an Beton mit verschiedenen Zementarten bei der gleichen Kiessandzusammensetzung nach der Fuller-Kurve. Die Druckfestigkeiten wurden an 20-cm-Würfeln, die Biegungs- und Zug-

Zusammenstellung 8.

Zementart	28 Teile Normenfest auf Druck	Mischungsverhältnis des Betons	W.Z.F.	Konsistenz	Druckfestigkeit nach Tagen kg/cm²				Biegungszugfestigkeit nach Tagen kg/cm²			
					3	7	28	90	3	7	28	90
Gewöhnlicher Portlandzement *A*	380	1:4 n. Gew.	0,63	plastisch	—	115	170	—	—	—	—	—
		1:4 „ „	0,55	„	—	167	225	250	—	—	—	—
		1:6 „ „	0,63	plast. bis gießfähig	—	86	174	220	—	—	—	—
Gewöhnlicher Portlandzement *B*	477	1:6 „ „	0,7	gießfähig	—	75	151	179	—	—	—	—
		1:6 „ „	0,6	plastisch	35	145	290	357	4,4	18,5	26,3	33
Hochwertiger Portlandzement Marke *N*	651	1:5 in RT.	0,68	„	93	185	257	323	21,4	33,6	38,9	60
		1:12 „ „	0,9	„	33,9	71,4	117	—	—	—	—	—
Hochwertiger Portlandzement Marke *L*	616	1:5 „ „	0,75	„	70	134	244	318	15	27	42	35
		1:12 „ „	0,99	„	26	52	94	—	—	—	—	—
Hochwertiger Portlandzement Marke *W*	576	1:5 „ „	0,71	„	29	129	258	325	12	19	38	51
		1:12 „ „	0,95	„	24	56	89	—	—	—	—	—
Tonerdezement *A*	680	1:6 n. Gew.	0,6	„	481	546	614	644	36	33	33	41
Tonerdezement *B*	860	1:5 in RT.	0,57	„	471	505	587	—	—	—	—	—

festigkeiten an Balken mit den Abmessungen 8 · 15 cm im Querschnitt und einer Spannweite von 0,60 m und einer Einzellast in der Mitte ermittelt.

Der Vergleich bestätigt die bekannte Abhängigkeit der Zug- und Druckfestigkeit des Betons von der Normenfestigkeit der verwendeten Zemente unter sonst gleichen Bedingungen. Die Zunahme der Festigkeit des aus hochwertigem Zement hergestellten Betons mit zunehmendem Alter ist scheinbar nicht so groß wie mit gewöhnlichem Zement, was damit zu erklären ist, daß die Normenkörper im ersten Fall einen Wasserzusatz von 8%, im zweiten Fall mit durchschnittlich 8,5 bis 9,2% hergestellt wurden. Der geringere Wasserzusatz beim hochwertigen

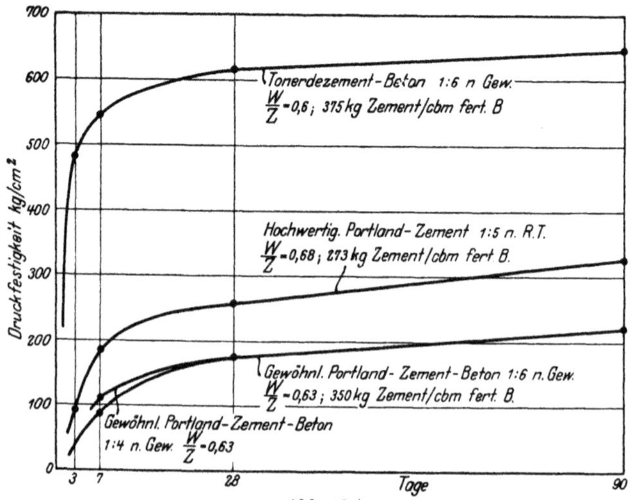

Abb. 42.

Portlandzement vergrößert den Abstand der Normenfestigkeit des mit einem größeren Wasserzusatz hergestellten Normenkörpers aus gewöhnlichem Portlandzement.

Abb. 42 veranschaulicht die Ergebnisse, die Unterschiede in den Festigkeitszunahmen während der ersten 7 bis 14 Tage. Je hochwertiger der verwendete Zement ist, desto steiler ist die Zeit-Festigkeitslinie in den ersten Tagen; am steilsten ist sie bei Tonerdezement.

Aus dem Verlauf der Linien in Abb. 43 ersieht man, daß die Festigkeitszunahme bis zu einem Alter von 28 Tagen von der Art des verwendeten Zementes abhängt. Will man die 28-Tage-Festigkeit von Beton aus der 7-Tage-Festigkeit auch nur angenähert vorausbestimmen, so muß man in erster Linie die Zementart und das Zementfabrikat berücksichtigen.

Der Einfluß **hydraulischer** Zuschläge, wie **Traß**, **Thurament** oder anderer, äußert sich in einer Verzögerung des Abbindevorganges und der Erhärtung. Die dadurch bedingte Verminderung der Anfangsfestigkeit des Betons gegenüber Zementbeton wird durch eine raschere Festigkeitszunahme im Laufe der Zeit ausgeglichen. Versuche unter gleichen Bedingungen, insbesondere bei nahezu gleichem W.Z.F., einmal mit Portlandzementbeton 1 : 6 und parallel mit bayerischem und rheinischem Traß als hydraulischem Zuschlag wurden mit folgenden Mischungsverhältnissen verglichen:

Reihe I:	1 Teil P.Z.	: 0,3 Teile (rheinisch)	: 2,65	: 5	Kies,
Reihe II:	1 „ „	: 0,3 „	: 5,2	: 10	„ ,
Reihe III:	1 „ „	: 0,7 „	: 5,1	: 10	„

(in Gewichtsteilen bei einer Lagerung der Probekörper 8 Tage feucht, 20 Tage trocken und nachher wassergelagert).

Der größere Traßzusatz erwies sich bei mageren Mischungen als wirksamer.

Im Alter von 28 Tagen war die Festigkeit der Traßbetonmischung um rd. 20% gegenüber der Zementbetonmischung zurückgeblieben. Die Zunahme der Festigkeit der Traßbetonmischung wird dann größer, und nach 12 Monaten übertrifft sie diejenige des Zementbetons. Im Alter von 300 Tagen überschneiden sich die Zeit-Festigkeitslinien, wie das Beispiel in Abb. 43 zeigt. Noch größer ist die Zunahme der Biegungszugfestigkeit; die Linien überschneiden sich schon nach 90 Tagen.

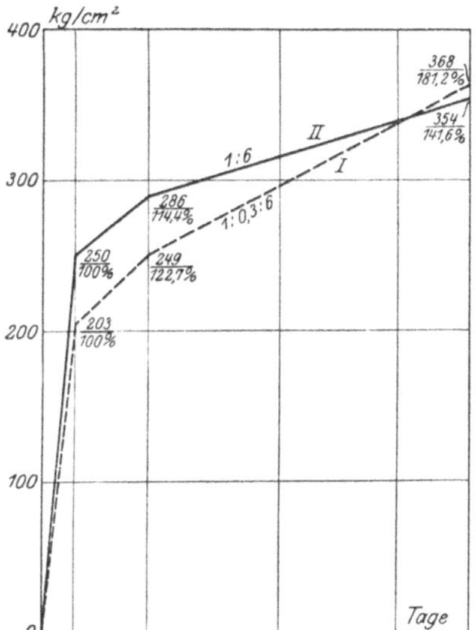

Abb. 43. Änderung der Druckfestigkeiten von Beton mit und ohne Traßzusatz.

b) Einfluß des Wasserzementfaktors (W.Z.F.).

Beton mit den Mischungsverhältnissen 1 : 5 bis 1 : 15 (in Gewichtsteilen) aus gut zusammengesetztem Kiessand und einem Zement hergestellt, dessen Normenfestigkeit nach 3 Tagen 353 und nach 28 Tagen 630 kg/cm² betrug, zeigte für gut verarbeitbare Konsistenzen folgendes Bild.

Die zur Verarbeitbarkeit niedrigst möglichen W.Z.F. sind 0,35 bei Mischungsverhältnis 1 : 5, 0,4 bei 1 : 6, 0,5 bei 1 : 8, 0,6 bei 1 : 10 und 0,9 bei 1 : 15. Niedrigere W.Z.F. als diese ergeben zu trockene Mischungen.

Aus Zusammenstellung 9a erkennt man, daß ganz verschiedene Mischungen mit gleichem W.Z.F. innerhalb der Grenzen verarbeitbarer Mischungen gut übereinstimmende, fast gleiche Festigkeiten ergeben.

So ergibt der Beton mit den Mischungsverhältnissen 1 : 5 bis 1 : 8 bei einem W.Z.F. von 0,5 nach 28 Tagen Druckfestigkeiten von rd. 330 kg/cm² und Biegungsfestigkeiten von etwa 43 kg/cm². Für die Mischungsverhältnisse 1 : 6 bis 1 : 10 mit einem W.Z.F. von 0,6 wurden nach 28 Tagen Druckfestigkeiten von durchschnittlich 230 kg/cm² erzielt.

Zusammenstellung 9a.

Mischungsverhältnis nach Gewicht	W.Z.F.	Konsistenz	Druckfestigkeit nach 28 Tagen	Biegungszugfestigkeit nach 28 Tagen
1 : 5	0,35	erdfeucht	420	50,0
	0,4	plastisch	429	56,1
	0,5	gießfähig	322	44,5
1 : 6	0,4	erdfeucht	400	58,6
	0,5	plastisch	330	44,8
	0,6	gießfähig	225	36,2
1 : 8	0,5	erdfeucht	325	42
	0,6	plastisch	241	35,8
	0,7	gießfähig	165	28,3
1 : 10	0,6	erdfeucht-plastisch	242	35,5
	0,7	plastisch	190	30,2
	0,8	stark plastisch bis gießfähig	145	28,6
1 : 15	0,9	erdfeucht	119	21,4
	1,0	plastisch	102	21,8

Zusammenstellung 9b.

Mischungsverhältnis nach Gewicht	W.Z.F.	Konsistenz	Druckfestigkeit nach 28 Tagen	Biegungszugfestigkeit nach 28 Tagen
1 : 5	0,35	erdfeucht	420	50,4
1 : 5	0,4	plastisch	429	56,1
1 : 6	0,4	erdfeucht	400	58,6
1 : 5	0,5	gießfähig	322	44,5
1 : 6	0,5	plastisch	330	44,8
1 : 8	0,5	erdfeucht	325	42
1 : 6	0,6	gießfähig	225	36,2
1 : 8	0,6	plastisch	241	35,8
1 : 10	0,6	erdfeucht-plastisch	242	35,5
1 : 8	0,7	gießfähig	165	28,3
1 : 10	0,7	plastisch	190	30,2
1 : 10	0,8	stark plastisch bis gießfähig	145	28,6
1 : 15	0,9	erdfeucht	119	21,4
1 : 15	1,0	plastisch	102	21,8

Trägt man die aus den Untersuchungen sich ergebenden Beziehungen zwischen Festigkeit und W.Z.F. (Abb. 44), so ergibt sich der gleiche Linienverlauf, wie wir ihn für Mörtel in Abb. 37 kennengelernt haben. Die Linien zeigen, daß nicht nur die Druckfestigkeiten, sondern auch die Biegungszugfestigkeiten dem Abramsschen Gesetze folgen. Es scheint allerdings, daß bei den höheren W.Z.F. die Biegungszugfestigkeit um ein Geringes weniger rasch sinkt als die Druckfestigkeit.

Die zu trockenen und nicht mehr verarbeitbaren Betonmischungen fügen sich dem Gesetze nicht mehr ein. So z. B. ergibt der kleinere W.Z.F. 0,4 bei der Mischung 1 : 8 einen zu trockenen Beton mit der 28-Tage-Druckfestigkeit von 233 kg/cm² und der Biegungszugfestigkeit von 22,4 kg/cm², der größere W. Z. F. 0,5 aber bei der Mischung 1 : 10 nach 28 Tagen eine größere Druckfestigkeit von 261 kg/cm² und eine Biegungszugfestigkeit von 32 kg/cm². Diese Beobachtung erklärt sich damit, daß die Beziehungen zwischen W. Z. F. und Festigkeit nur für Beton guter Verarbeitbarkeit, d. h. nicht zu trockener Konsistenz gelten.

Der verwendete Zement hatte nach 28 Tagen eine Normendruckfestigkeit von 630 kg/cm² bei einem Wasserzusatz von 8%, also einem W.Z.F. von 0,32. Zieht man in Abb. 37 durch den Punkt $x = 0{,}32$ und $y = 630$ eine entsprechende Kurve, so ergibt sich für den Normenmörtel mit einem W.Z.F. von 0,5 eine Druckfestigkeit von etwa 330 kg/cm². Die Druckfestigkeit fällt bei einem W. Z. F. von 0,6 auf etwa 240 kg/cm², bei einem W. Z. F. von 0,7 auf etwa 175 kg/cm² und bei einem W.Z.F. von 0,8 auf etwa 130 kg/cm².

Diese Linie fällt fast vollständig mit der an Beton ermittelten Abramsschen Kurve zusammen, die demselben W. Z. F. entsprechenden Druckfestigkeiten waren 325 bis 330 kg/cm², 225 bis 242 kg/cm² bis 145 kg/cm².

Hieraus folgt, daß bei gleichem W. Z. F. dieselben Druckfestigkeiten für Normenmörtel und Beton erzielt werden konnten.

Der Einfluß der Konsistenz ist, da die Zuschläge von genau gleicher Art waren, gleichbedeutend mit dem Einfluß des Wasserzusatzes. Man ersieht aus Zusammenstellung 9a, daß innerhalb der gleichen Mischungsverhältnisse die Festigkeit mit zunehmendem Wassergehalt sinkt.

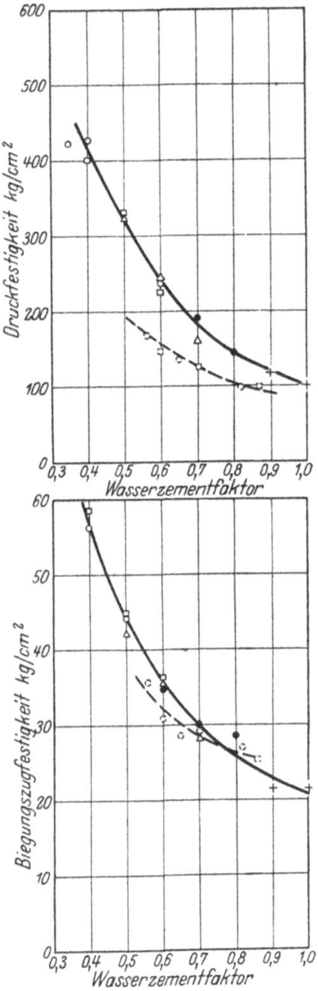

Abb. 44.
○ = 1 : 5, □ = 1 : 6, △ = 1 : 8, ● = 1 : 10, + = 1 : 15.

Mit Hilfe des W.Z.F. kann man den Einfluß der Zeit auf die Festigkeit in Zusammenstellung 10 studieren. Hier sind die Ergebnisse von Untersuchungen an verschiedenen Betonarten und Konsistenzen abhängig von der Zeit zusammengestellt. Die aus der Zusammenstellung abgeleiteten Zeit-Festigkeitslinien in Abb. 45 bieten die Möglichkeit zu Vergleichen.

Zusammenstellung 10.

Beton-mischungs-verhältnis nach Gewicht	Normenfestigkeit des Zementes nach 28 Tagen	W.Z.F.	Konsistenz	Druckfestigkeiten nach 7 Tagen	28 Tagen	60 Tagen	90 Tagen	180 Tagen	300 Tagen	360 Tagen
1 : 6	520	0,32	erdfeucht	—	274 (1)	327 (1,19)	—	338 (1,23)	—	—
1 : 6	520	0,6	gießfähig	—	258 (1)	297 (1,15)	—	300 (1,16)	—	—
1 : 6	520	1,19	gießfähig	—	76 (1)	88 (1,16)	—	101 (1,33)	—	—
1 : 6	380	0,63	plastisch	86 (0,5)	174 (1)	—	220 (1,26)	—	—	234 (1,34)
1 : 6	380	0,84	plastisch	50 (0,52)	96 (1)	—	119 (1,24)	—	—	149 (1,55)
1 : 6	380	0,91	gießfähig	43 (0,52)	82 (1)	—	87 (1,19)	—	—	128 (1,56)
1 : 6	380	1,21	gießfähig	—	55 (1)	—	75 (1,36)	—	—	84 (1,53)
1 : 7,7	651	0,68	plastisch	185 (0,72)	257 (1)	—	323 (1,26)	—	429 (1,67)	—
1 : 8,1	576	0,70	plastisch	129 (0,5)	258 (1)	—	325 (1,26)	—	382 (1,48)	—

(Die Zahlen in Klammern unter den Festigkeitsergebnissen bedeuten die Verhältniszahlen der Festigkeiten, wenn die 28-Tage-Festigkeit = 1 gesetzt ist.)

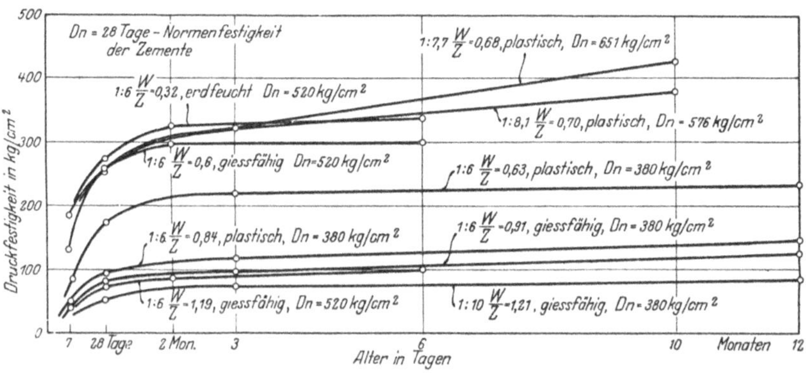

Abb. 45.

Eine Anzahl von Linien weisen, vom zweiten Monate angefangen, Parallelität auf, andere verlaufen steiler. Das würde bedeuten, daß nach einer bestimmten Zeit, in unserem Falle nach 2 Monaten, die Festigkeitszunahme in einigen Fällen gleichbleibt, in anderen Fällen mit dem Alter größer wird.

In den ersten 2 Monaten entsprechen die stärkeren Zunahmen der Festigkeiten den trockenen Konsistenzen, wie aus dem steileren Verlauf der Linien zu sehen ist. Ferner erkennt man aus Zusammenstellung, wo die Zunahme, bezogen auf die 28-Tage-Festigkeiten, in Klammerwerten angegeben ist, daß für die Mischung 1 : 6 unter sonst gleichen Verhältnissen nach einem Jahr die stärkere Festigkeitszunahme

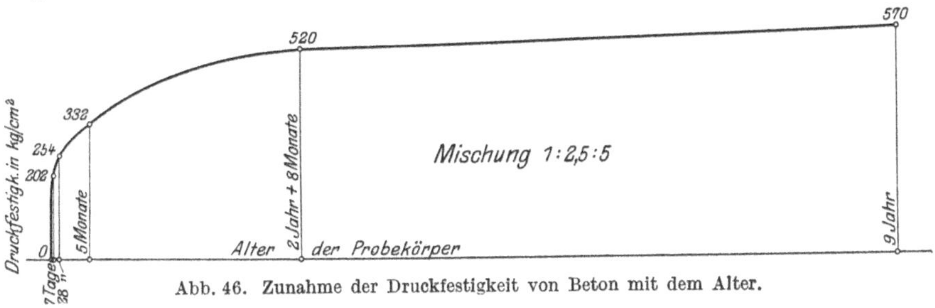

Abb. 46. Zunahme der Druckfestigkeit von Beton mit dem Alter.

dem höheren W.Z.F. (dem größeren Wassergehalt) entspricht. Der Einfluß des Alters macht sich ganz unabhängig von dem verarbeiteten Wasserzusatz bei jedem Beton bemerkbar, wie dies schon von Bach an erdfeuchtem Beton bis zu einem Höchstalter von 9 Jahren bewiesen wurde (Abb. 46).

c) Einfluß des Sandes.

Bei den Betonarten in Zusammenstellung 9b wurde das gut gekörnte Zuschlagmaterial durch einen Kiessand mit einem großen Sandgehalt von 65 bis 70% und viel Feinsand in folgender Kornzusammensetzung ersetzt:

Die Kornabstufung von	0 —0,3 mm	betrug	26	Gew.-%	des Gesamtzuschlags
„ „ „	0,3—0,8 „	„	34	„	„
„ „ „	0,8—3 „	„	19	„	„
„ „ „	3 —5 „	„	3	„	„
„ „ „	5 —8 „	„	3	„	„
„ „ „	8 —16 „	„	7	„	„
„ „ „	16 —25 „	„	8	„	„

Mit diesem Zuschlagmaterial wurde mit dem gleichen Zement Beton im Mischungsverhältnis 1 : 5 und 1 : 6 (in Gewichtsteilen) hergestellt. Die Beziehungen zwischen W.Z.F. und Würfelfestigkeit ergeben sich aus Zusammenstellung 11a.

Zusammenstellung 11a.

Mischungsverhältnis nach Gewicht	W.Z.F.	Druckfestigkeit nach 28 Tagen	Biegungsfestigkeit nach 28 Tagen
	0,56	167	35,6
1 : 5	0,65	135	28,5
	0,82	97	27,4
	0,6	146	30,8
1 : 6	0,706	125	29,6
	0,87	99	25,4

In Abb. 44 ist das Ergebnis durch eine strichlierte Linie dargestellt, die die Abhängigkeit der Festigkeit vom W.Z.F. erkennen läßt. Obgleich dieselbe Zementmenge und -art verwendet wurde, liegt die Linie etwas tiefer, was auf Festigkeitsverminderung hinweist. Der Einfluß schlechterer Verkittung infolge allzu hohen Sand- und namentlich Feinsandgehaltes macht sich bemerkbar; der Feinsandgehalt verbrauchte zuviel von dem Bindemittel.

Den Einfluß des Feinsandes zeigt eine Untersuchung, deren Ergebnis Zusammenstellung 11b wiedergibt:

Zusammenstellung 11b.

Kiessand-Zusammensetzung in Gewichtsprozenten (Feinsand Kursiv)			Raumgew. der Kiessande kg/dm³	Betonmisch. in Gewichtsteilen	Wasseranspruch Gew.-%	W.Z.F.	Konsistenzzahl	Beton-Raumgewicht kg/dm³	Beton-Druckfestigkeit nach 28 Tagen kg/cm²
0 — 0,3 mm	6%	40% Sand	1,96	1 : 6	6,5	0,455	125	2,45	301
0,3— 0,8 „	10%								
0,8— 3 „	13%								
3 — 6,5 „	11%								
6,5—16 „	30%	60% Kies							
16 —25 „	30%								
0 — 0,3 „	20%	40% Sand	2,00	1 : 6	8,45	0,59	128	2,38	164
0,3— 0,8 „	10%								
0,8— 3 „	5%								
3 — 6,5 „	5%								
6,5—16 „	30%	60% Kies							
16 —25 „	30%								

Bei gleichbleibendem Verhältnis zwischen Sand und Grobzuschlägen wurde der Feinsandgehalt unter 0,3 mm innerhalb der Grenzen von 6 und 20% geändert. Hierdurch erhöhte sich der für die gleiche Verarbeitbarkeit notwendige Wasseranspruch, und die Druckfestigkeit sank auf beinahe die Hälfte. Ähnlich war die Wirkung des Feinsandes auf die Festigkeit von Mörtel (s. Zusammenstellung 6).

d) Einfluß des Grobzuschlages.

Untersuchungen von Pfletschinger[1] an je 9 Reihen Kies- und Schotterbeton mit der gleichen Sandzusammensetzung und einer Verschiedenheit in den Grobzuschlägen nach den Sieblinien in Abb. 47 führten zur Beantwortung von Fragen über den Einfluß des Grobzuschlages. Unter sonst gleichen Verhältnissen wurde einmal der gleiche W.Z.F., das andere Mal die gleiche Konsistenz angenommen. Bei allen Reihen wurde die gleiche Portlandzementmenge und -art verwendet; die Zusammensetzung des Flußsandes war je 20% der Körnung von 0 bis 0,3 und 0,3 bis 0,8 und je 30% von 0,8 bis 3 und 3 bis 5 mm.

Die Mörtelmenge und ihre Güte war sonach bei allen Versuchsreihen gleich. Es änderte sich nur die Zusammensetzung des Grobzuschlages dessen größtes Korn mit 70 mm begrenzt war.

[1] Siehe Fußnote 1 S. 65.

Die zeichnerische Darstellung der Ergebnisse der einen Gruppe mit Schotterzuschlag in Abb. 47 zeigt bei gleicher Konsistenz die Veränderlichkeit des W.Z.F. von 0,65 bei Reihe 9 bis 0,85 bei Reihe 1. Dementsprechend lagen die größten Betondruckfestigkeiten zwischen

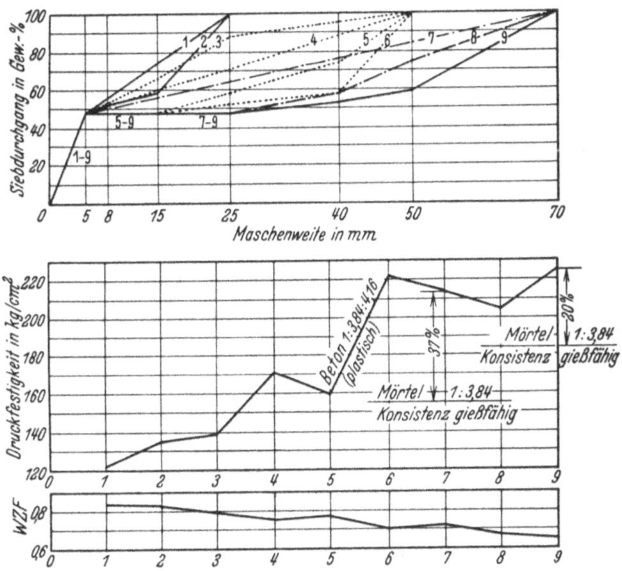

Abb. 47. Einfluß des Grobzuschlags auf die Betonfestigkeit.

225 und 215 kg/cm² bei den Reihen 7 bis 9 mit dem gröbsten Korn; die Festigkeiten der Mörtel ohne die Grobzuschläge waren 20 bis 37% der Betonfestigkeiten.

Zusammenfassend läßt sich aus diesen Untersuchungen folgern, daß der Mengenanteil der Grobzuschläge die Festigkeit des Betons stark beeinflussen kann. Je größer deren Anteil am gesamten Zuschlagmaterial ist, desto geringer wird der Wasseranspruch, desto größer die Festigkeit.

Will man mit sandreicheren Mischungen die gleichen Festigkeiten erreichen, so ist dies nur durch eine Vergrößerung des Zementgehaltes möglich, wodurch die Kosten des Betons erhöht werden. Die günstigsten Sandanteile ergaben sich nach den Versuchen für Kiesbeton mit

etwa	45	Gew.-%	Sand	bis	25	mm	Durchmesser des	Grobzuschlags
„	40	„	„	„	90	„	„	„
„	37	„	„	„	70	„	„	„

Für Schotterbeton:

etwa	52%	Sand	bei	Grobzuschlag	bis	25
„	47%	„	„	„	„	50
„	44%	„	„	„	„	70

Das W.Z.F.-Gesetz gilt nur innerhalb einer Zuschlagart.

Im Gegensatz zur Druckfestigkeit ist für eine Vergrößerung der Biegungszugfestigkeit eine gute Abstufung des Grobzuschlages erforderlich. Gebrochenes Material erwies sich dabei als günstiger.

c) Einfluß der Kornform.

Erst durch die Anwendung der Konsistenzmessung war es möglich, die Unterschiede zwischen Kiessand und gebrochenem Zuschlagsmaterial kennenzulernen. An zwei verschiedenen Arten von Beton wurde bei gleichbleibender Kornzusammensetzung die Kornform geändert. In dem einen Fall wurde Kiesbeton, in dem anderen Fall Schotterbeton verarbeitet. Da die Kornform besonders bei Gußbeton zu beachten ist, wurde der Beton mit Hilfe der Gießrinne hergestellt.

Die Ergebnisse der Untersuchungen in Zusammenstellung 12 lassen bei Gußbeton aus Schotterzuschlägen einen sehr beträchtlichen Festigkeitsabfall gegenüber Kiesbeton der gleichen Verarbeitbarkeit erkennen.

Zusammenstellung 12.

Betonart	Kornzusammensetzung des Zuschlags		Konsistenz	Wasserzusatz in Gew.-%	W.Z.F. nach Gew.	Raumgewichte von Beton nach 28 Tagen		Raumgewichte von Beton nach 60 Tagen		Druckfestigkeiten nach 28 Tagen kg/cm²		Druckfestigkeiten nach 60 Tagen kg/cm²	
Kies-beton 1:6 in Gewichtsteilen	0 — 0,3 mm	10%	gerade gießfähig Konsistenzzahl 225	8,6	0,6								
	0,3— 0,8 „	10%											
	0,8— 3 „	11%											
	3 — 8 „	16%				2,35	2,37	2,35	2,13	265	258	295	297
	8 —16 „	25%				2,36		2,36		250		310	
	16 —25 „	28%				2,39		2,39		260		286	
Schotter-beton 1:6 in Gewichtsteilen	0 — 0,3 „	10%	gerade gießfähig Konsistenzzahl 235	17	1,2								
	0,3— 0,8 „	10%											
	0,8— 3 „	11%											
	3 — 8 „	16%				2,15	2,14	2,11	2,12	78	76	91	88
	8 —16 „	25%				2,15		2,14		74		83	
	16 —25 „	28%				2,13		2,11		75		89	

Man sieht aus diesem Beispiel, daß bei Verarbeitung von Gußbeton aus gebrochenem Zuschlag Vorsicht angebracht ist. Der Wasseranspruch von rundlichen Zuschlägen ist für die gleiche Konsistenz geringer, und es ist dementsprechend eine höhere Festigkeit zu erwarten.

Einfluß der Nachbehandlung und andere Einflüsse auf die Festigkeit. Bei der Zementnormenprüfung erhält man die größten Festigkeiten bei sog. kombinierter Lagerung der Proben, während die reine Wasserlagerung zu kleineren Festigkeiten führt.

Für den gleichen Zement wurde nach 28 Tagen bei kombinierter Lagerung (1 Tag feuchte Luft, 6 Tage Wasser, 21 Tage Luft) die Normendruckfestigkeit von 630 und die Normenzugfestigkeit von 49,8 kg/cm² ermittelt, während bei Wasserlagerung (1 Tag feuchte Luft, 27 Tage Wasser) diese Festigkeiten auf 588 und 39 kg/cm² sanken. Ähnlich verhält es sich bei Beton; reine Lufterhärtung oder Erhärtung unter Wasser gibt kleinere Festigkeiten als kombinierte Erhärtung. Deshalb hält man Beton- und Eisenbetonbauten in der ersten Zeit feucht oder naß und erreicht dadurch zugleich eine gleichmäßigere Austrocknung von außen nach innen.

Die Frage, wie lange die Verwendung von Beton nach dem Beginn des Abbindens noch zulässig ist, ist für die Praxis von großer Bedeutung. Versuche mit Mörtel, die in diesem Falle auch auf Beton übertragen werden können, zeigten eine Abnahme der Festigkeit um nahezu 50% bei Verarbeitung 12 Stunden nach der Herstellung des Betons, die nach 24 Stunden auf nur 10% sank. Ist man aus irgendwelchem Grunde gezwungen, das Material 4 bis 5 Stunden nach der Zubereitung zu verarbeiten, so muß man mit einer 10proz. Verminderung der Festigkeit rechnen.

Der Transport von Beton auf weitere Strecken vor der Verarbeitung kann festigkeitssteigernd wirken, wenn Vorsorge gegen eine Entmischung des Materials getroffen wird, insbesondere wenn die Transportwagen mittels Rührvorrichtungen ein Absacken der schwereren Bestandteile verhindern. Das Durchrütteln und die dadurch bewirkte Verdichtung des Materials hat selbst bei Entfernungen bis über 10 km zur Verbesserung der Festigkeit geführt.

Der Einfluß der Außentemperaturen auf die Festigkeit ist wiederholt festgestellt worden. Kühle Witterung (0 bis $+5°$ C) hält wohl die Erhärtung zurück; ihr Einfluß auf die Endfestigkeit ist aber nur gering. Bei Temperaturen von -5 bis $-10°$ erleidet der bereits abgebundene, erhärtende Beton geringe Einbußen an Festigkeit — weicher Beton weniger als erdfeuchter, gestampfter. Der letztere zeigte bei Versuchen feine Risse, die auch dann nicht verschwanden, wenn die weitere Erhärtung im warmen Raum erfolgte. Dagegen zeigte weich verarbeiteter Beton keine Risse; an den Außenflächen bildeten sich ähnliche Bezüge wie beim Anlaufen der Fenster im Winter.

Frostversuche mit Mörtel und Beton zeigten Festigkeitsverminderungen, die um so stärker waren, je jünger die Proben waren. Sie betrugen bis zu 50% der Anfangsfestigkeiten, wenn die Proben nach dem Abbinden 10 Tage ununterbrochen oder 5mal je 24 Stunden abwechselnd mit Auftauen der Frostwirkung ausgesetzt waren. Tritt während des Abbindens von Beton Frost ein, so ist eine nennenswerte Festigkeit nicht zu erwarten.

Versuche mit 14 Tage alten Betonkörpern, die Temperaturen von 150 bis 250° C ausgesetzt waren, zeigten eine Herabminderung der Festigkeit. Eine Abkühlung im Wasser verursachte einen größeren Festigkeitsabfall als eine trockene Abkühlung. Er betrug 26% bei zementreichen, 45 bis 57% bei mageren Betonmischungen. Einige Tage nach der Abkühlung konnte die Festigkeit ein wenig zunehmen.

Temperaturen während $1^3/_4$ Stunden bis zu 1100° C und nachherige Abkühlung ergaben Festigkeitsverminderungen bis 65% bei Kiesbeton, etwas weniger bei Kalksteinschotterbeton.

Schließlich möge noch die durch Hochdampfdruck erzielte Steigerung der Festigkeit erwähnt werden. Amerikanische Versuche mit 24 Stunden alten Betonkörpern, die von 0,4 bis 5,6 kg/cm² starkem Dampfdruck ausgesetzt waren, erhöhten die Festigkeit mit zunehmendem Dampfdruck, die mit der Einwirkungsdauer wuchs. Ein Mörtel wies nach 48stündiger Einwirkung von Dampfdruck eine höhere Festigkeit auf als nach 6monatiger normaler Erhärtung.

Richtlinien für die Zusammensetzung und die Herstellung von Mörtel- und Betonmaterial.

Überblickt man die Ergebnisse der in den vorstehenden Abschnitten dargestellten Untersuchungen, so erkennt man, daß die Voraussetzungen für die Herstellung von gutem Mörtel oder Beton sehr mannigfaltig und verschiedenartig sind. Man wird daher zweckmäßigerweise auf die Vorausbestimmung der Festigkeit durch Formeln, wie sie von verschiedenen Forschern aufgestellt wurden, verzichten. Alle Formeln können nur einen beschränkten Gültigkeitsbereich haben, weil sie bald den einen, bald den anderen die Güte des Materials bestimmenden Einfluß unberücksichtigt lassen müssen. Gewiß läßt sich bei Laboratoriumsuntersuchungen mit derartigen Formeln von Fall zu Fall eine Kontrolle ausüben. Für die Untersuchungen auf der Baustelle werden sie nicht zu empfehlen sein, weil man mit anderen Mitteln den örtlichen und wirtschaftlichen Verhältnissen besser gerecht werden kann. Richtlinien, die uns die Bestimmung der oberen und unteren Grenzen der Festigkeiten ermöglichen, werden vor jeder Schematisierung bewahren, die auf der Baustelle unter Umständen zu schlechten Erfahrungen führen kann.

Die Siebanalysen und -kurven zur Bestimmung der günstigsten Kornzusammensetzungen des Zuschlagmaterials, die Konsistenzmessungen zur Kontrolle der Gleichmäßigkeit des zu verarbeitenden Betons sind wertvolle Hilfsmittel zur Güteprüfung des Materials.

Die im einzelnen in den vorangehenden Abschnitten und in den Zusammenstellungen niedergelegten Ergebnisse von mehrjährigen Untersuchungen erheben keinen Anspruch auf Vollständigkeit, ihre Zusammenfassung gestattet aber die Aufstellung einiger Richtlinien:

Bei der Wahl der Zuschlagstoffe haben sich die Voruntersuchungen auf die chemisch-mineralogische Beschaffenheit, auf chemische Verunreinigungen, auf den Gehalt an abschlemmbaren Substanzen, auf Frost- und Feuerbeständigkeit, Raumgewicht und Dichtigkeit zu erstrecken.

Die Bestimmung der Kornzusammensetzung nach Form, Größe und Abstufung bietet die Möglichkeit, den für eine bestimmte Verarbeitbarkeit günstigsten, also den relativ geringsten Wasseranspruch herbeizuführen.

In erster Linie muß das Verhältnis von Sand zu Grobzuschlag innerhalb der Grenzen 1 : 1 bis 1 : 2 liegen, wenn man gut verarbeiteten Beton erhalten will.

Sand von 0 bis 5 oder 7 mm Korngröße muß gut abgestuft sein. Zu vermeiden ist ein übergroßer Gehalt an staubfeinem Sand von 0 bis 0,3 mm in Mengen, die größer sind als 5% des Anteils des gut abgestuften Sandes, da er sowohl bei Mörtel als auch bei Beton die Festigkeit vermindert. Bei fetteren Mörtelmischungen als 1 : 3 soll dieser Betrag entsprechend verringert, bei mageren Mörtelmischungen der Prozentsatz um den Betrag des wegbleibenden Zementes erhöht werden. Bei Brechsand ist der zulässige Feinsandgehalt kleiner als bei Flußsand.

Will man die Wasserdurchlässigkeit verringern bei gleichzeitigem Verzicht auf die größtmöglichen Festigkeiten, so wird man den Feinsandgehalt bis zu etwa 15% des gesamten Zuschlags steigern können.

Bei der Wahl des Grobzuschlages (über 5 oder 7 mm) ist zu beachten, daß eine Vergröberung des Korns, soweit es der auszuführende Bauteil zuläßt, bei Verringerung des Sand- und Wasseranspruches die Festigkeit erhöht. Steinschlag, insbesondere, wenn er poröser ist oder wenn Steinmehl anhaftet, erfordert unter sonst gleichen Verhältnissen mehr Anmachwasser und verringert entsprechend die Festigkeit gegenüber Kiesbeton.

Bei Eisenbetonbauteilen soll man nicht über Korndurchmesser von 30 bis 50 mm hinausgehen. Dagegen kann man bei Massenbeton mit Vorteil bis über 120 mm Durchmesser verwenden.

Bei der Wahl des Wasserzementfaktors (W.Z.F.) muß daran erinnert werden, daß die Angaben des Wasserzusatzes in Prozenten der Trockenmischung kein klares Bild von der Beschaffenheit des Betons geben können, wenn nicht gleichzeitig die Kornzusammensetzung dabei zum Ausdruck gebracht wird. Der „W.Z.F." ist ein Ausdruck für die Güte der Kittmasse.

Die Anreicherung des Zementes im Beton bei gleichem Wassergehalt drückt den W.Z.F. herunter und steigert damit die Festigkeit.

Die Abstufung des Zuschlagmaterials beeinflußt die Konsistenz (Verarbeitbarkeit) des Betons und damit auch den W.Z.F. Eine Änderung der Körnung wird bei gleicher Konsistenz des Betons eine Änderung des W.Z.F. und zugleich der Festigkeit herbeiführen. Sandreiche oder scharfkantige und poröse Zuschlagstoffe erfordern mehr Wasser als rundliches Zuschlagmaterial oder richtig abgestufter Sand. Dementsprechend werden bei gleichbleibender Zementmenge unter diesen Umständen die notwendigen Anmachwassermengen größer werden. Der W.Z.F. wird gleichfalls wachsen und die Festigkeit damit verringert werden.

Zu beachten ist, daß ein allzu großer Feinsandgehalt nicht nur mehr Wasser, sondern auch mehr Verkittungsmaterial benötigt.

In der Konsistenzprüfung hat man ein gutes Mittel, den W.Z.F. bei jedem Bauwerk den wechselnden Zusammensetzungen des Zuschlagmaterials anzupassen und die Gleichmäßigkeit des zu verarbeitenden Betons zu gewährleisten.

Zusammenstellung 13.

Bei günstiger Kornzusammensetzung ergaben:

kg Zement pro m³ fertigen Betons	Mischungsverhältnis nach Gewicht	W.Z.F.	Konsistenz	Druckfestigkeit nach 28 Tagen	Biegungszugfestigkeit nach 28 Tagen
417	1 : 5	0,35	erdfeucht	420	50,0
420	1 : 5	0,4	plastisch	429	56,1
410	1 : 5	0,5	gießfähig	322	44,5
355	1 : 6	0,4	erdfeucht	400	58,6
370	1 : 6	0,5	plastisch	330	44,8
345	1 : 6	0,6	gießfähig	225	36,2
290	1 : 8	0,5	erdfeucht	325	42
290	1 : 8	0,6	plastisch	241	35,8
285	1 : 8	0,7	gießfähig	165	28,3
230	1 : 10	0,6	erdfeucht bis plastisch	242	35,5
232	1 : 10	0,7	plastisch	190	30,2
226	1 : 10	0,8	stark plastisch bis gießfähig	145	28,6
154	1 : 15	0,9	erdfeucht	119	21,4
150	1 : 15	1,0	plastisch	102	21,8
Bei sandreichem Zuschlagmaterial:					
377	1 : 5	0,56	erdfeucht	167	35,6
370	1 : 5	0,65	plastisch	135	28,5
360	1 : 5	0,82	gießfähig	97	27,4
330	1 : 6	0,6	erdfeucht	146	30,8
323	1 : 6	0,7	plastisch	125	29,6
320	1 : 6	0,87	gießfähig	99	25,4

Bei der Vergebung von Beton- oder Eisenbetonarbeiten wird es sich daher empfehlen, die Grenzen für den W.Z.F. anzugeben.

Wie verschieden die Festigkeit bei der gleichen Zementmenge werden kann, zeigt Zusammenstellung 13 aus einer Reihe von Untersuchungen.

Wir ersehen daraus, daß man bei den gleichen Mischungsverhältnissen und den gleichen festgestellten Zementmengen pro Kubikmeter fertigen Betons sehr weit voneinander abweichende Druck- und Biegungszugfestigkeiten bekommen kann. An sich ist dies selbstverständlich, weil nach allem, was in dem Vorangehenden gezeigt wurde, der W.Z.F. das Entscheidende ist. Wir erkennen aus der Zusammenstellung, daß man z. B. in der Lage war, mit Mischungsverhältnissen 1 : 8 dieselben Festigkeiten zu erzielen wie mit dem Mischungsverhältnis 1 : 5. Wir erkennen ferner, daß man in keinem Falle bei einem ungeeigneten sandreichen Zuschlagmaterial mit dem Mischungsverhältnis 1 : 5 Festigkeiten erhalten konnte, die auch nur annähernd den Festigkeiten beim Mischungsverhältnis 1 : 10 nahekommen. Ja in einem Falle erreichten sie nicht einmal diejenige des Mischungsverhältnisses 1 : 15.

Man muß aus diesen Ergebnissen die Folgerung ziehen, daß es aus technischen und wirtschaftlichen Gründen nicht zu empfehlen ist, für bestimmte Betonarten Mindestmengen von Zement zu verlangen, ohne gleichzeitige Angaben über Konsistenz und W.Z.F.

Das Raumgewicht von Beton ist abhängig vom Zementgehalt, vom Zementgewicht, vom Wassergehalt und vom Raumgewicht des Zuschlagmaterials, das selbst von der Kornzusammensetzung abhängig ist.

Bei gleicher Konsistenz und Kornzusammensetzung des Zuschlags sinkt das Raumgewicht von Beton mit abnehmendem Zementgehalt. In einem Fall betrug es 2,36 bis 2,19 für Mischungsverhältnisse 1 : 4 bis 1 : 10.

Unter sonst gleichen Bedingungen nimmt das Raumgewicht von schwach erdfeuchter bis plastischer Konsistenz zu, mit weiter steigendem Wasserzusatz ab.

Je größer der Anteil des Grobzuschlages unter sonst gleichen Verhältnissen ist, desto größer wird das Raumgewicht des daraus hergestellten Betons. In allen Fällen, in denen ein hohes Gewicht des Betons verlangt wird, verlangt die Zusammensetzung des Grobzuschlages besondere Aufmerksamkeit.

Für gewisse Konstruktionsteile mit geringen Beanspruchungen ist Beton mit kleinen Raumgewichten erwünscht. Bei dem sog. Leichtbeton wird der Kiessand durch Bimssand und -kies oder durch die poröse Hochofenschlacke, dem sog. Hüttenbims, ersetzt. Bei kleineren Festigkeiten wird das Raumgewicht des Betons dadurch auf etwa 900 kg/m^3 oder noch weniger herabgesetzt.

Andere Arten von Leichtbeton erhält man durch chemische Zusatzmittel, die den Beton durch Gas- oder Luftbläschen auflockern. Zu diesen gehören der Zellenbeton, der Sporit u. a., die durch Schaumbildung bei der Zubereitung auf Raumgewichte von 250 bis 1200 kg/m³ gebracht werden; sie isolieren gut gegen Kälte und Wärme. Gasbeton oder Aerokret erhält man durch Zusatz von Aluminium- und Zinkpulver. Shimabeton ist eine Abart des Gasbetons.

II. Das Eisen (Stahl) als Bewehrung.

Die ursprünglichste Form der Eiseneinlagen bei Eisenbeton war das (Stab-) Rundeisen, welches auch heute noch fast ausschließlich verwendet wird, besonders in der europäischen Praxis. In dieser Form wird das Eisen nicht nur zur Aufnahme von Zugspannungen, zum Teil auch als Einlage in den auf Druck beanspruchten Betonteilen und als Bügel bei Unterzügen und bei Stützen verwendet.

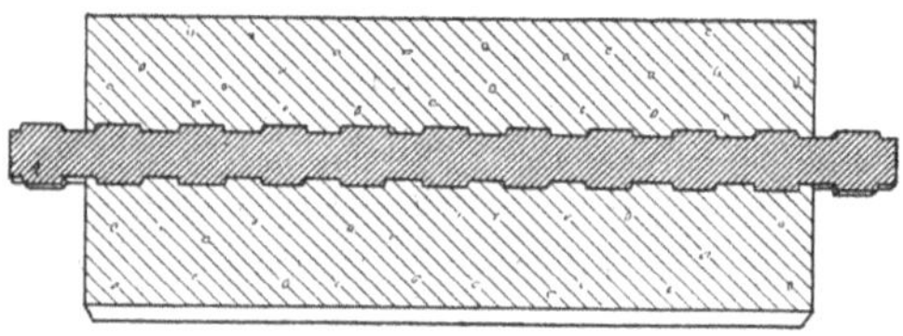

Abb. 48.

Die früher vielfach verwendeten Flacheisen, besonders für die Bügelbewehrung, werden heute nur mehr ausnahmsweise angewendet.

In der amerikanischen, zum Teil auch in der englischen Praxis des Eisenbetonbaues haben sich in früheren Jahren mehr als heute die Eiseneinlagen mit nicht ebener Oberfläche eingebürgert, deren Festigkeit

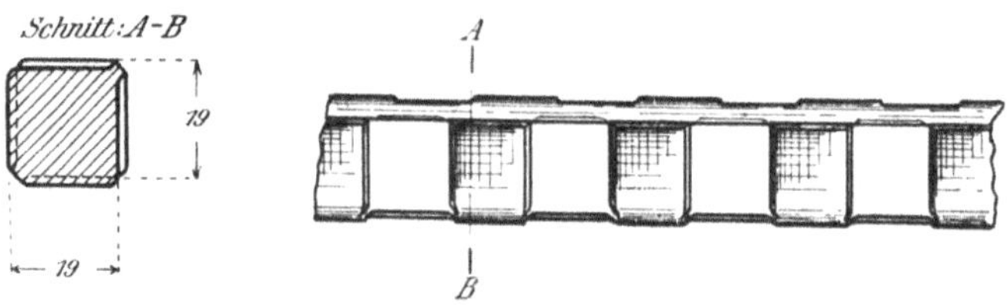

Abb. 49. Gezahntes Eisen.

durch wiederholtes Walzen gesteigert wurde. Ihr Zweck war, eine bessere mechanische Verbindung mit dem Beton herzustellen und ein Gleiten der Eiseneinlagen zu erschweren. Ein sehr anschauliches Bild von dem Zweck der Eisen mit nicht ebenen Oberflächen gibt Abb. 48, welche deutlich zeigt, daß ein Eisen mit unebenen Oberflächen jeder Bewegung ein größeres Hindernis entgegensetzen wird als ein glattes Rund- oder gar Flacheisen.

Von der großen Zahl der in dieses Gebiet fallenden Eiseneinlagen seien erwähnt das gezahnte Eisen (Johnson-Eisen) in Abb. 49 und in Abb. 50 zwei typische Beispiele spiralförmig gedrehter Eisen, welche ähnlich wie das in Amerika oft angewandte Ransome-Eisen durch Kaltdrehen eines Eisens mit quadratischer oder anderer Querschnittfläche entstehen. Auf diese Weise wird nicht nur eine nicht glatte Oberfläche, sondern auch eine höhere Streckgrenze erzeugt, letztere, wie noch später gezeigt werden soll, allerdings auf Kosten der Güte der Eiseneinlagen.

Abb. 50. Spiralförmig gedrehte Eisen.

Die Verwendung von Eisen mit unebenen Oberflächen ist, soweit die Elastizitäts- und Festigkeitsbedingungen genügen, aus den angegebenen Gründen zweifellos vorteilhaft. Da man aber mit entsprechend abgebogenen oder mit Haken versehenen glatten Eiseneinlagen ähnliche Wirkungen erzielen kann, wird für die Verwendung dieser Eisen die Kostenfrage entscheidend sein.

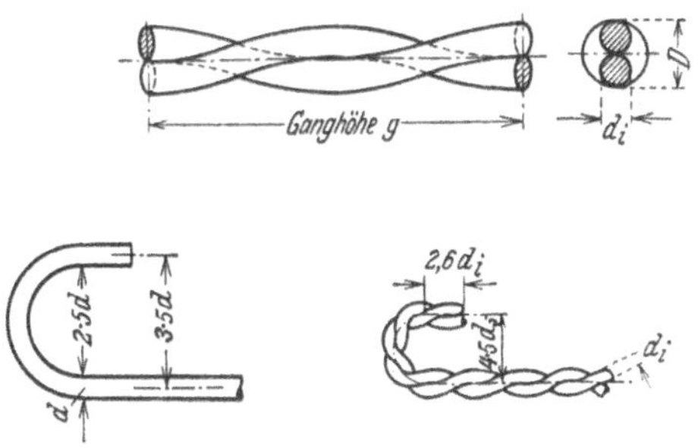

Der aus Österreich kommende, in neuerer Zeit von verschiedenen Seiten empfohlene Isteg-Stahl (Abb. 51) wird aus 2 Rundeisenstäben im kalten Zustande durch eine besondere Maschine in Schraubenlinienform von genormter Ganghöhe verwunden und vorgestreckt unter Beibehaltung der Länge.

Eine weitere Entwicklung in der Ausbildung der Eiseneinlagen war das in früheren Jahren vielfach angewendete Kahn-Eisen, welches manchmal mit Vorteil an Stelle von Rundeisen verwendet werden kann. Abb. 52 stellt eines von den Profilen dar, das so ausgebildet ist, daß die seitlichen Lappen mit Hilfe von Schneidemaschinen vom eigentlichen Kern ausgeschnitten und in der in der Abbildung ersichtlichen Weise hochgebogen werden. Die hochgebogenen Lappen vertreten zum Teil die abgebogenen Eisen, zum Teil die Bügel.

Abb. 52. Kleines Profil (zugerichtet).

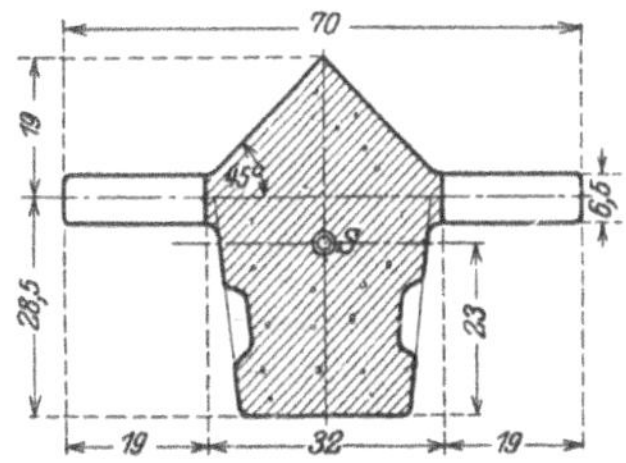

Abb. 53. Kahneisen (großes Profil).

Das Abbiegen der Eiseneinlagen und das Einlegen von Bügeln ist eine Arbeit, die sorgfältig an der Hand der Zeichnungen entweder am Werkplatz oder auf dem Bau ausgeführt werden muß. Die Kosten sind bei hohen Arbeitslöhnen verhältnismäßig hoch. Aus diesem Grunde verwendet man manchmal nicht nur für Platten, sondern auch für Unterzüge und für Stützen fabrikmäßig angefertigte Eiseneinlagen. Ein Beispiel dieser Art ist die Dreiecknetzform mit eingeflochtenen Rundeisen (Abb. 54), wie sie in der Fabrik hergestellt werden. Sie werden in Rollen in verschiedenen Längen und Breiten nach dem Bau gebracht. Der Abstand der als Längseisen verwendeten Rundeisen beträgt 10 cm von Mitte zu Mitte; ihre Stärke wechselt nach Bedarf. Ein anderes Beispiel in Abb. 55 ist das Streckmetall ersichtlich, aus dem u. a. eine Abart (Abb. 56) in den Formen mit steifen Rippeneinlagen hervorgegangen ist, das nicht nur als Eiseneinlage, sondern auch gleichzeitig als Schalung verwendet wird.

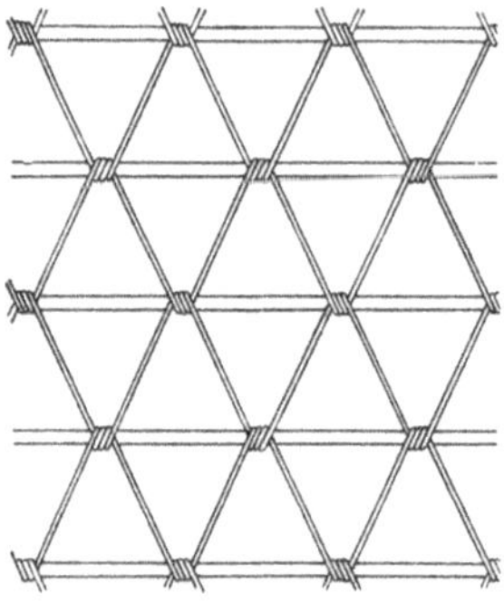
Abb. 54. Dreiecknetzform.

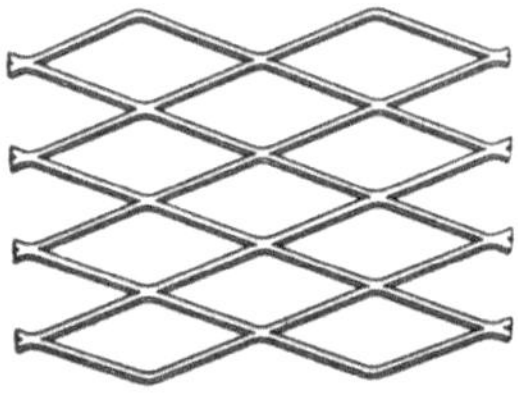
Abb. 55. Streckmetall.

Abb. 56. Hochgeripptes Eisen.

Abb. 57 zeigt ein Beispiel einer vorbereiteten Säulenbewehrung. Die Ringe aus Rund- oder Flacheisen sind durch zwei lotrechte Flacheisenstäbe in der gewünschten Ganghöhe durch ausgestanzte Lappen festgehalten. Für den Transport wird die Bewehrung durch die in paralleler Richtung zueinander verschobenen Flacheisenstäbe zusammengeklappt.

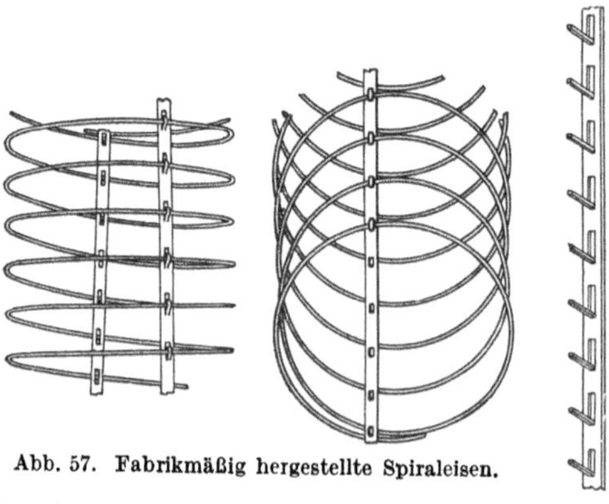
Abb. 57. Fabrikmäßig hergestellte Spiraleisen.

Das Baustahlgewebe ist ein fabrikmäßig aus kaltgezogenen Stahldrähten hergestelltes und durch elektrische Punktschweißung zusammengefügtes rechtwinkliges Netzwerk mit Drahtstärken von 2,5 bis 6 mm und wechselnden Abständen von 5 bis 20 cm für die Längsdrähte und 5 bis 30 cm für die Querdrähte.

Neben diesen Eiseneinlagen wurden sog. steife, sich selbst tragende Eiseneinlagen verwendet, welche in der Lage sind, einen Teil des Eigengewichtes aufzunehmen und auf diese Weise die Last der Konstruktion vermindern.

Wichtig ist die Größe des Wärmeausdehnungskoeffizienten von Eisen, da er zu den Ursachen des Zusammenwirkens mit Beton gehört. Dulong Petit bestimmte den Ausdehnungskoeffizienten von 0 bis 100° C mit 0,00001182; für weiches Eisen fand Matthießen von 0 bis 100° 0,00001228. In den physikalischen Tabellen von Landolt wurde der Ausdehnungskoeffizient von Zakrewsky zwischen —78° bis 75° mit 0,0000111 und zwischen +25 bis 100° mit 0,00001252 ermittelt.

Für Schweißeisen gilt für 0 bis 100° die Zahl 0,00001212, für Eisendraht 0,00001235 bis 1440, für weichen Stahl 0,00001079 und für harten Stahl 0,00001240.

Ein Vergleich zeigt fast vollkommene Gleichheit der Wärmeausdehnungszahlen für Beton und Eisen.

Die Festigkeit und Elastizität des Eisens haben bei Eisenbeton eine andere Bedeutung als bei Eisenkonstruktionen.

Elastizitäts- und Festigkeitsversuche mit verschiedenen Eiseneinlagen sind in verschiedenen Materialprüfungsämtern ausgeführt worden. Insbesondere finden sich in dem Werk von Bach und Baumann, „Elastizität und Festigkeit“, wertvolle Angaben über Elastizitätsangaben an Stabeisen. (Berlin: Julius Springer.)

Wirkt eine Kraft in der Richtung der Achse eines Eisenstabes, so erfährt er eine Dehnung und eine Querschnittsverminderung. Als Bruchdehnung wird im Verhältnis zur ursprünglichen Stablänge gemessene Verlängerung nach dem Zerreißen bezeichnet. Sie wird wie die entsprechende Querschnittsverminderung (Kontraktion) in Hundertteilen der ursprünglichen Länge bzw. Querschnittes angegeben, ist also eine Verhältniszahl.

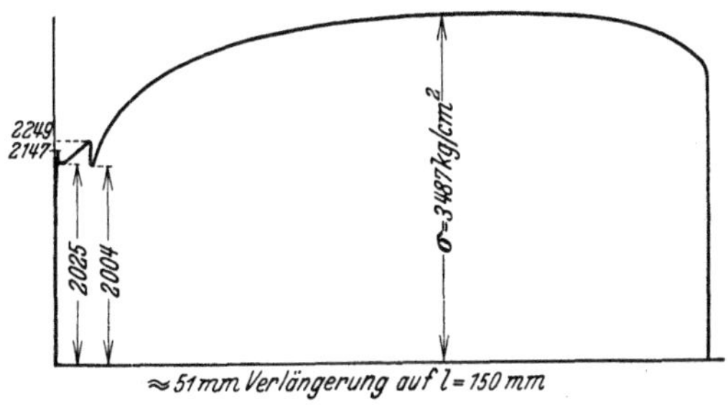

Abb. 58. Spannungsdiagramm für Stahl.

Will man den Verlauf der Beziehungen zwischen Formänderungen und Spannungen in Eisenbetonquerschnitten bis zum Bruch verfolgen, so wird man bei den Eiseneinlagen insbesondere das Gebiet des Spannungsdiagramms (Abb. 58) bis zur Streckgrenze über die Proportionalitätsgrenze zu beachten haben. Unterhalb einer gewissen

Belastung sind, wie die Abbildung zeigt, Längenänderungen und Spannungen proportional; bei der Entlastung des Stabes sind keine bleibenden Dehnungen vorhanden. Die Spannung, bis zu welcher dies der Fall ist, nennt man Proportionalitätsgrenze.

Bei höherer Belastung stellen sich beim Zurückgehen auf die Anfangsbelastung bleibende Dehnungen ein, was auch in den Diagrammen durch eine leichte Krümmung zum Ausdrucke kommt. Von dieser Belastung wachsen die Dehnungen stark an. Die Spannung, bei welcher das starke Anwachsen der Dehnungen beginnt, wird Streck- oder Fließgrenze genannt, wenn es sich um Zug handelt. Bei Druckbelastung heißt diese Spannung Fließ- oder Quetschgrenze. Hierbei kann man eine obere und eine untere Streckgrenze unterscheiden. Erstere bezeichnet die Spannung, bei welcher das Strecken beginnt. Die untere Streckgrenze ist der kleinste Wert der Spannungen, auf welchen die Belastung während des Streckens sinkt. Innerhalb dieser Belastungen treten Fließ- oder Streckfiguren auf, welche zur Richtung der Stabachse unter etwa 45° geneigt sind.

Für die Bemessung der im Eisenbetonbau auftretenden höchsten Eisenspannungen bildet das Stadium zwischen der oberen und unteren Streckgrenze die Grundlage. Die bei der Bruchbelastung auftretende Zugfestigkeit kommt hierfür nicht in Frage, wie noch später gezeigt werden soll.

Lange Zeit hat man die zulässigen Spannungen im Eisen bei Eisenbeton von der Zugfestigkeit hergeleitet. Es sei nur daran erinnert, daß in den ersten Vorschriften für Eisenbeton die zulässige Spannung im Eisen mit 100 kg/cm^2 bemessen wurde unter der Annahme, daß bei einer vierfachen Sicherheit diese Zahl etwa ein Viertel der Zugfestigkeit ist. Vielfach sind auch bei der Berechnung der Bruchspannungen von Eisenbetonbalken Eisenspannungen errechnet worden, welche die Zugfestigkeit weit überschritten, und daraus wurde gefolgert, daß die zulässigen Zugspannungen im Eisen von der Zugfestigkeit hergeleitet werden müßten.

Die Versuche von Bach haben u. a. gezeigt, daß die Proportionalitätsgrenze und Fließgrenze bei weichem Stahl sich nähern. Bei einem Versuch mit einem 20 mm starken Rundstab aus Flußstahl wurde die Proportionalitätsgrenze mit 4459 und die Streckgrenze mit 4777 kg/cm^2 ermittelt. Die Zugfestigkeit betrug 7236 kg/cm^2, der Elastizitätsmodul 2133000 kg/cm^2, die Bruchdehnung 19% und die Querschnittsverminderung 43%. Die letztgenannten beiden Zahlen zeigen auch eine starke Abweichung gegenüber Flußeisen.

Nicht unerwähnt sollen auch die gleichen Versuche mit Stäben aus Chromnickelstahl bleiben. Die Bruchdehnung betrug hier 13,2% bis 18,6%, die Querschnittsverminderungen 52,9 bis 61,7%. Die Streckgrenze betrug 6494 kg/cm² und die Zugfestigkeit 8136 kg/cm²; letztere bei einem Stab, der bei 780° C gehärtet war.

Die obere und untere Streckgrenze ermittelte Bach an einigen Flußeisenstäben mit 2465 kg/cm² bzw. 1895 kg/cm² bei einer Zugfestigkeit von 3578 kg/cm². Die Bruchdehnung betrug bei demselben Stab 31,9 und die Querschnittsverminderung 71%.

Die Kaltbiegeprobe bei Rundeiseneinlagen verlangt, daß, wie bei Nieteisen an der Biegestelle einer Schleife (Abb. 59), bei einer bestimmten Weite d auf der Außenseite keine Rißbildung entsteht, wenn das Eisen höher bewertet werden soll. Will man die Kaltbiegeprobe als Gütemaßstab für Eiseneinlagen mit höheren Festigkeiten anwenden, so soll man die Schleifenweite d' gleich dem Stabdurchmesser d machen wie bei der Herstellung von Haken am Ende der Eiseneinlagen, wo d' selten kleiner ist als d.

Abb. 59.

Durch Kaltdrehen wird die Festigkeit von Eisen, noch mehr aber dessen Streckgrenze erhöht, die nahe an die Bruchgrenze gebracht wird; das Eisen wird spröde. Bei Versuchen mit Eisenbetonbalken, bei welchen kalt gedrehte Eiseneinlagen verwendet wurden, trat der seltene Fall ein, daß eine Eiseneinlage brach.

Der auf S. 95 genannte Isteg-Stahl, aus St 37 hergestellt, erhält durch das Kaltdrehen eine um 50% gesteigerte Streckgrenze. Die Zugfestigkeit steigt gleichzeitig nur wenig an (9% im Mittel), und die Bruchdehnung sinkt auf rd. 10%.

Das Baustahlgewebe wird aus St 52 hergestellt; bei einer Bruchdehnung von 3 bis 8% ist die Streckgrenze 5500, die Zugfestigkeit 6000 kg/cm².

Durchmesser des Rundeisens	Verdrehungswinkel auf 20 cm	Streckgrenze σ_S		Zugfestigkeit σ_B		Bruchdehnung	Querschnittsverminderung	$\frac{\sigma_S}{\sigma_B}$
			Änderung durch Verwindung		Änderung durch Verwindung			
mm	in Graden	kg/cm²	%	kg/cm²	%	%	%	%
10,0	0 kalt	3370	—	4380	—	27,7	64,6	77
10,1	90 „	—	—	4340	— 1,0	24,0	54,6	—
10,1	180 „	—	—	4260	— 2,7	20,3	57,2	—
10,1	270 „	—	—	4550	+ 3,6	19,6	58,6	—
10,1	360 „	—	—	4620	+ 5,3	12,3	58,6	—
20,2	0 „	3250	—	4440	—	29,2	54,7	73,3
20,2	90 „	3680	12,9	4590	+ 3,3	22,9	53,3	80,3
20,2	180 „	4030	23,7	4740	+ 6,8	17,7	52,5	85,2
20,1	270 „	4950	52,5	5300	+19,2	11,2	48,0	93,4
20,1	360 „	4980	53,0	5520	+24,1	—	—	90,3

Man wird bei der Verwendung der Eiseneinlagen darauf zu achten haben, daß bei höheren Festigkeiten der Abstand zwischen Streckgrenze und Zugfestigkeit nicht zu gering und daß das Eisen nicht zu spröde sein darf. Weiches und bildsames Eisen wird hartem und sprödem Eisen vorzuziehen sein. Das Verdrehen von Rundeisen in warmem und kaltem Zustand beeinflußt die Streckgrenze, die Zugfestigkeit und die Bruchdehnung in der aus der Zusammenstellung auf S. 99 ersichtlichen Weise, wie Versuche ergaben.

Bei 10-mm-Rundeisen bewirkte eine Verdrehung um 360° im kalten Zustand eine Zunahme von nur 5% der Zugfestigkeit. Die Dehnung nahm gleichzeitig von 27,7 auf 12,3% ab. Allgemein zeigte sich, daß bei den warm und bei den kalt verdrehten Stäben sowohl die Streckgrenze als auch die Festigkeit zunehmen; die Dehnung nahm um so mehr ab, je größer der Verdrehungswinkel war.

Eine weitere Zahl von Versuchen mit lothringischem, schlesischem, westfälischem und hannoverschem Eisen, die aus dem Handel in Durchmessern von 7 bis zu 40 mm angekauft wurden, wurden im Zustand der Anlieferung und ausgeglüht ausgeführt. Die Ergebnisse dieser und anderer Versuche zum gleichen Zweck zeigen übereinstimmend, daß Streckgrenze und Zugfestigkeit um so größer werden, je kleiner der Durchmesser ist. In einem Beispiel nahm die Zugfestigkeit des 7 mm, die 4220 kg/cm^2 betrug, allmählich bis auf 3880 beim 30 mm ab, die Streckgrenze von 71 auf 64% der Festigkeit ab.

Im allgemeinen kann man sagen, daß die Eigenschaften des im Eisenbetonbau zu verwendenden Eisens von ganz anderen Gesichtspunkten zu betrachten sind wie bei Eisenkonstruktionen. Das Eisen muß leicht schweißbar und nicht zu hart sein. Beide Eigenschaften sind von dem Kohlenstoffgehalt abhängig. Da aber das Eisen bei einem Kohlenstoffgehalt von etwa 1% gerade noch schweißbar ist und bei 1,6% seine Schweißbarkeit verliert, so ergibt sich schon daraus, daß man nur ein Eisen mit keinem zu großen Kohlenstoffgehalt verwenden darf, um so mehr, als ein größerer Kohlenstoffgehalt eine größere Härte hervorruft. Es soll daher die Verwendung von allzu hartem Stahl nur in Ausnahmefällen vorkommen.

Aber auch in seinen Elastizitäts- und Festigkeitseigenschaften muß das Eisen anders bewertet werden, als dies bei Eisenkonstruktionen der Fall ist.

Das im Eisenbetonbau verwendete gewöhnliche Handelseisen St 37, dessen Bruchfestigkeit σ_B zwischen 37 und 45 kg/mm^2 liegt, soll eine durchschnittliche Zugfestigkeit von 4000 kg/cm^2 bei einer Streckgrenze von 2400 bis 2700 kg/cm^2 haben.

Die Durchmesser der Rundeisen, die bekanntlich genormt sind, müssen daher den in den Normen geforderten Eigenschaften entsprechen. Das gleiche gilt von den hochwertigen Eiseneinlagen, die in Form von Stabeisen und als Draht verwendet werden können. Ein Beispiel dieser Art ist St 52, ein hochwertiger Stahl mit Mindestfestigkeiten von 52 kg/mm^2, einer Bruchdehnung von mindestens 20% und einer Streckgrenze von mindestens 3600 kg/cm^2.

Zweiter Abschnitt.

III. Das Zusammenwirken von Beton und Eisen.

Man wird beim Zusammenwirken von Beton und Eisen im Falle von reinem Eisenbeton unterscheiden müssen zwischen den Ursachen und den Wirkungen des Zusammenarbeitens.

Zu den Ursachen gehören das Haftvermögen, die elastischen Eigenschaften des Eisens, die Gleichheit der Wärmeausdehnungskoeffizienten von Beton und Eisen, und die Tatsache, daß das im Beton eingebettete Eisen nicht rostet.

Die Wirkungen sind verschiedener Art. In erster Linie dienen die Eiseneinlagen zur Verstärkung von Betonbauteilen, welche auf Zug oder Schub beansprucht werden. Je besser die Eiseneinlagen über den Betonquerschnitt verteilt, je mehr Vorkehrungen gegen das Gleiten der Eiseneinlagen vorhanden sind, desto besser können alle Teile des Betonquerschnittes zur Mitwirkung herangezogen werden. Gut angeordnete Eiseneinlagen sind auch in der Lage, sowohl im Falle von Zug- als auch Schubbeanspruchungen, die Verlängerung und Erweiterung von bereits aufgetretenen Rissen zu verzögern.

Die Verwendung von Eiseneinlagen als Verstärkung der Druckzone der auf Biegung beanspruchten Querschnitte kann nur in Ausnahmefällen als berechtigt anerkannt werden.

Endlich ist noch die Wirkung der Eisenbewehrung als Querbewehrung von solchen Querschnitten hervorzuheben, welche auf reinen Druck bebeansprucht sind. In diesem Falle beeinflussen sie nicht nur die Querdehnung und die Längenänderungen, sondern erhöhen auch bei entsprechender Anordnung die Tragfähigkeit.

1. Die Haftfähigkeit zwischen Beton und Eisen.

Nach den ersten Erklärungen bei Einführung des Eisenbetons sollte das Zusammenwirken von Beton und Eisen auf Adhäsion beruhen, und danach wurde die „Adhäsion“ oder „Haftfestigkeit“ durch Herausziehen oder -drücken des Eisens aus dem Beton bestimmt. Die weitere Folgerung aus diesen Versuchen war, daß die Haftfestigkeit der Scherfestigkeit des Betons nahekomme. Wäre diese Annahme richtig, so wäre es nicht möglich, das Eisen ganz blank, ohne eine anhaftende Betonschichte herauszuziehen, wie sich dies z. B. immer bei vollständig glattem Eisen zeigt.

Ein weiterer Unterschied wurde zwischen Haftfestigkeit und Gleitwiderstand gemacht, wobei der Gleitwiderstand als der nach der Überwindung der Haftfestigkeit von der Veränderlichkeit der Oberfläche abhängige Widerstand gegen das Herausziehen des Eisens bezeichnet wurde.

Es war daher allgemein üblich, die Haftkraft des Eisens am Beton durch Herausziehen eines Eisenstabes zu bestimmen, derart, daß man die Kraft unmittelbar am Eisen angreifen ließ, eine Wirkungsweise, die bei Eisenbeton gar nicht vorkommt. Derartige Versuche wurden von Bauschinger, Bach und von Feret ausgeführt.

Sie beschränken sich darauf, die Größe des Widerstandes zu bestimmen, der sich beim Herausziehen oder -drücken eines im Beton eingebetteten Stabes ergibt. Die daraus resultierende Kraft pro Quadratzentimeter Oberfläche des Eisenstabes wurde „Haftfestigkeit“ und „Gleitwiderstand“ genannt und erreichten einen Wert von 40 bis 47 kg/cm².

Französische Versuche des „Services français des phares et balises“ ergaben beim Herausziehen von Eisen, welche 60 cm tief in Steinblöcken mit Portlandzement eingebettet waren, für die Zugkraft im Eisen Werte, die mit der Streckgrenze zusammenfielen und aus diesem Grunde auch unabhängig von der Beschaffenheit der Eisenoberfläche waren. Hierbei wurden Werte von 20 bis 48 kg/cm² Eisenoberfläche gefunden bei einem Alter des Betons von 4 Wochen.

Diese Werte haben aber mit der Haftkraft nichts zu tun. Sie geben einen Widerstand an, der sich auch dann ergeben würde, wenn das Eisen nicht in Beton eingebettet, sondern in irgendeiner anderen Weise verankert wäre. Die durch bloße Überlegung sich ergebende Schlußfolgerung wurde durch Versuche von Saliger bestätigt. Bei Bestimmung der Haftfestigkeit und des Hakenwiderstandes sind eine Anzahl von prismatischen Betonkörpern hergestellt worden, in welche gerade Eisenstäbe mit Haken, Splinten oder Umschnürungseisen eingelegt wurden. Die Betonmischung war 1 : 4 und ziemlich weich. Rundeiseneinlagen von 16, 26, 32 mm Durchmesser wurden aus einem 54 Tage alten Beton herausgezogen durch Kräfte von 18 bis 45,9 kg/cm²; die größten Zugkräfte traten in dem Beispiel Abb. 60 auf, wo Haken und Umschnürungen vorhanden

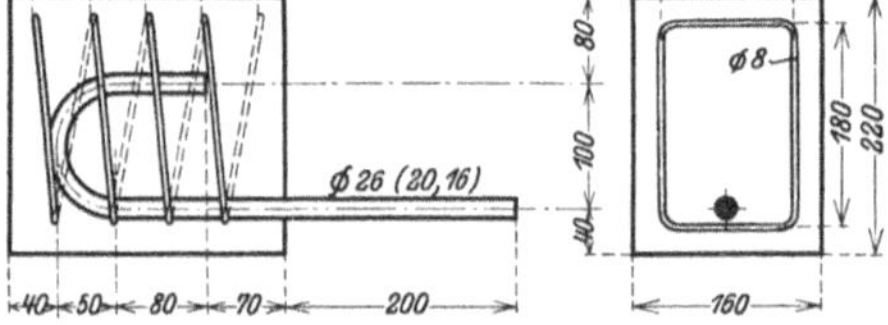

Abb. 60.

waren. Hierbei zeigte sich, daß der Beton zerspalten bzw. zersprengt wurde und die einbetonierten Längseisen mit 3970 bis 120 kg/cm², also oberhalb der Streckgrenze, beansprucht wurden. Hier war eine derart vollständige Verankerung erzielt, daß eine Bewegung des Eisens erst dann möglich wurde, nachdem der Betonkörper zersprengt wurde.

Alle Zahlenwerte für die sog. „Haftfestigkeit", die durch verschiedene Versuche ermittelt wurden, bei verschieden alten Betonarten und verschiedenartigen Eiseneinlagen schwanken zwischen 3 bis zu 47 kg/cm².

Da dieser Weg, das Zusammenwirken von Beton und Eisen zu erklären, weder einwandfrei war noch zu irgendwelchen Resultaten führte, hatte sich der Verfasser im Jahre 1905 an der Materialprüfungsanstalt in Zürich auf Grund der dort an anderen Versuchen gemachten Beobachtungen entschlossen, die Frage der Haftfähigkeit mit Hilfe von B i e g e v e r s u c h e n zu erklären. Wenngleich diese Versuche mit ein-

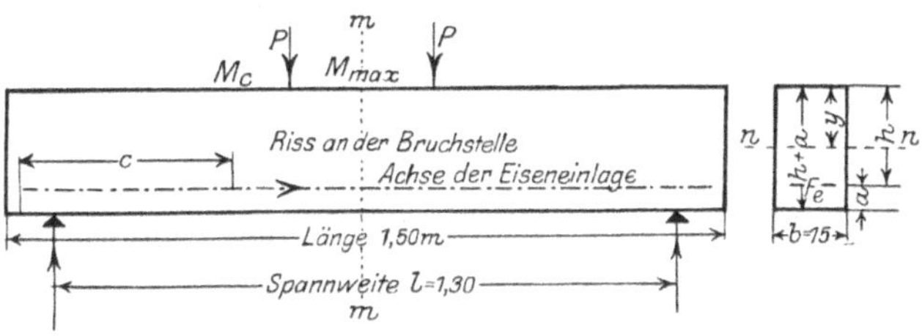

Abb. 61a.

fachen Mitteln durchgeführt wurden, so zeigen sie doch Ergebnisse, welche durch spätere vollkommenere Versuche vollauf bestätigt wurden. Die Grundlagen für diese Versuche bildeten die Fragen: W i e l a n g e d a u e r t d a s H a f t e n z w i s c h e n B e t o n u n d E i s e n ; u n d w e l c h e M i t t e l g i b t e s , d a s Z u s a m m e n w i r k e n z u v e r b e s s e r n ?

Das Zusammenwirken von Beton und Eisen beruht in der H a u p t s a c h e auf einem m e c h a n i s c h e n N e b e n e i n a n d e r w i r k e n der beiden Stoffe, das so lange dauert, als die mechanische Verbindung anhält. Diese mechanische Verbindung kommt dadurch zustande, daß der Beton sich beim Erhärten zusammenzieht und das Eisen festklemmt, das vermöge seiner großen Elastizität und Anpassungsfähigkeit imstande ist, alle Formänderungen des Betons mitzumachen, die durch verschiedene Umstände hervorgerufen werden.

Das Haftvermögen wird beim Auftreten der ersten Risse im Beton an der Rißstelle gelockert. Die Eiseneinlagen wirken an der Rißstelle als Anker, und diese Wirkung wird so lange andauern, bis die Zugkraft im Eisen groß genug ist, das Eisen herauszuziehen.

Zur Überprüfung dieser Fragen wurden 16 Balken von den in Abb. 61a ersichtlichen äußeren Abmessungen hergestellt; die Eiseneinlagen hatten verschiedene Umfänge und Querschnitte.

Ein Balken ohne Eiseneinlagen ergab bei einer Belastung nach Abb. 61a den Bruch bei 1100 kg.

Ein Balken war mit einem 20 mm starken Rundeisen versehen, das durch vorgebohrte Löcher an der Stirnseite der Holzform durchgesteckt und nach Einbetonieren fortwährend um seine eigene Achse gedreht wurde, um ein Anhaften des Betons zu verhindern. Dieser Vorgang wurde innerhalb der Abbindezeit öfter wiederholt als nach der Abbindezeit. Nach 14 Tagen war es nicht mehr möglich, den Stab um seine eigene Achse zu drehen, aber man konnte ihn an den Enden des Balkens bewegen, ein Beweis dafür, daß er gegen das Auflager hin ganz lose war. Trotzdem ergab sich gegenüber den nichtbewehrten Betonbalken eine Erhöhung der Bruchlast auf beinahe das Doppelte. Die ersten Risse traten in der Nähe derjenigen Belastung ein, bei der der Balken ohne Eiseneinlagen brach.

Der Bruch erfolgte bei allen Balken auf ähnliche Weise dadurch, daß innerhalb der beiden Laststellen an Stelle der größten Momente zuerst ein Riß senkrecht zur Achse der Eiseneinlagen infolge Überwindung der Biegungszugfestigkeit des Betons eintrat, wodurch die mechanische Verbindung zwischen Beton und Eisen an der Rißstelle gelockert wurde. Je besser die Eiseneinlagen eingebettet waren, desto besser war die mechanische Verbindung, und desto höher wurde die Bruchbelastung, die noch gesteigert wurde bei Balken mit einer Bewehrung, deren von Beton umhüllte Oberfläche größer war. Durch 2 Eiseneinlagen bei einer besseren Verteilung auf der Zugseite wurde eine bessere Verankerung an der ersten Rißstelle erzielt, als dies bei nur einem Rundeisen der Fall war. Dementsprechend wurde die Zahl der zwischen den Laststellen auftretenden Risse größer, und es traten auch Risse außerhalb der Laststrecke auf. Die ersten Risse innerhalb der Laststrecke änderten sich nur wenig, sobald andere Risse entstanden; in diesem Falle zeigte sich auch, daß die Enden des Balkens im Gegensatz zu den früheren Balken mehr zur Mitwirkung herangezogen wurden. Bei einem Balken mit 4 Rundeisen und ungefähr gleichem Querschnitt und vergrößertem Umfang wurde die Bruchlast geringer, weil die Schwächung des Betonquerschnittes zu einer frühzeitigen Überwindung der Schubfestigkeit des Betons führte.

Bei einem anderen Balken mit Eiseneinlagen, die vor der Einbettung durch längere, andauernde Lagerung im Freien vollständig von Rost überzogen waren, führte die verrostete Oberfläche des Eisens zu einer Steigerung der Bruchlast.

Bei Verwendung eines quadratischen Eisens unter sonst gleichen Abmessungen wie vorher stieg die Bruchlast wegen der größeren Oberfläche und des größeren Querschnittes der Eiseneinlagen.

Eisen mit nicht glatten Oberflächen, wie die gezahnten Eisen, verhinderten eine Bewegung und damit ein frühzeitiges Herausziehen, obwohl die Querschnittfläche kleiner war. Spiralförmig gedrehte Eisen widerstanden unter sonst gleichen Bedingungen einer Gleitbewegung besser als Rundeisen mit größerem Querschnitt.

Schließlich wurde bei einem Balken ein 20-mm-Rundeisen in der in Abb. 61b ersichtlichen Weise an den Enden verankert. Der Bruch erfolgte durch Spaltung des Betons in der Achse der Eiseneinlagen, die bis zur Streckgrenze beansprucht wurden. Die einfache Verankerung mit der Druckzone konnte ein Herausziehen der Eiseneinlagen an den Rißstellen verhindern.

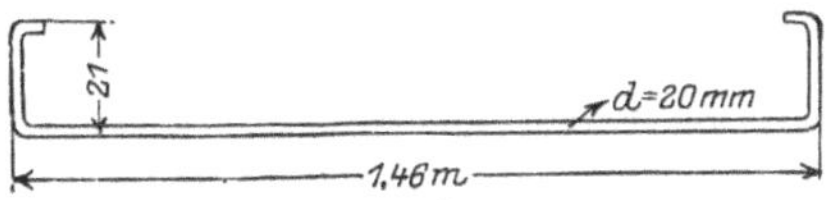

Abb. 61b.

Die Versuchsergebnisse mit diesen 16 Probebalken ließen folgendes erkennen:

Die Bruchlast der Balken ist von der Haftfähigkeit zwischen Beton und Eisen abhängig. Diese Haftfähigkeit wächst, wenn die Eiseneinlagen sehr gut im Beton eingebettet sind, und nimmt mit dem Umfang der Eiseneinlagen zu.

Die Haftfähigkeit ist von der Beschaffenheit der Oberfläche der Eisen abhängig. Eine bloße Verrostung verursacht eine Vergrößerung der Haftfähigkeit. Sie wird beträchtlich größer durch Unebenheit der Eisenoberfläche.

Das Zusammenwirken zwischen Beton und Eisen wird auch durch eine andere mechanische Verbindung, das ist durch eine gute Verankerung an den Enden, verbessert. Die Verankerung ist ebenso, wie dies bei den Eiseneinlagen mit nicht ebener Oberfläche der Fall ist, einer Bewegung des Eisens hinderlich.

Schon aus diesen Versuchen konnte die Abhängigkeit des Zusammenwirkens von der Zugfestigkeit des Betons abgeleitet werden. Je größer die Zugfestigkeit des Betons ist, desto später treten Risse auf, desto länger dauert die mechanische Verbindung von Beton und Eisen an, die an der ersten Rißstelle gelockert wird.

Schließlich haben die Versuche gezeigt, daß bei sonst gleichem Eisenquerschnitt die Verwendung mehrerer schwächerer Eisen vorzuziehen ist, weil mit der vergrößerten Oberfläche eine bessere Mitwirkung des Betonquerschnittes erzielt wird. Die Verteilung der Eiseneinlagen wird aber durch die Schubfestigkeit des Betons begrenzt sein; sie soll den Betonquerschnitt nicht zu sehr schwächen.

Bezeichnet man in Abb. 61a die Zugkraft im Eisen mit Z, welche ein Herausziehen des Eisens auf die Länge c bewirkt, so ist: wenn u den Gesamtumfang der Eisenlagen darstellt,

$$Z = cu \cdot H.$$

Sonach ist H, die für einen Quadratzentimeter Eisenoberfläche entfallende Haftkraft,

$$H = \frac{Z}{cu}.$$

Da Z aus der Belastung bestimmt werden kann, u gegeben ist, und c die Länge der eingebetteten Eiseneinlage ist, gemessen bis zur Rißstelle, welche zum Bruch führt, so läßt sich H berechnen. Diese Größe gibt uns die durchschnittliche Haftkraft pro Quadratzentimeter Eisenoberfläche, aber nur in demjenigen Fall, wo die Eiseneinlage ohne irgendwelche Verankerung an den Enden eingebettet ist.

Diese Berechnung ergab bei den 15 Versuchsbalken beim Bruch für H Werte, die zwischen 11 und 20 kg/cm² schwankten. Ähnliche und größere Schwankungen haben sich bei den Versuchen ergeben, wo die Haftkraft durch Herausziehen oder -drücken des Eisens aus Beton ermittelt wurde. Daraus folgt, daß die Angabe von bestimmten Zahlen für die sog. Haftfestigkeit keine Berechtigung hat.

Diese Schlußfolgerungen wurden durch die späteren Versuche des Verfassers bestätigt und ergänzt. So wurden Eiseneinlagen verwendet, die mit dünnem Pauspapier umwickelt waren, das vorher naß gemacht wurde; beim Austrocknen entstand eine nahezu glatte Oberfläche. Bei anderen Balken wurden die Eiseneinlagen entweder mit Öl getränkt oder vollkommen blank abgeschmirgelt.

Die Versuche zeigten, daß bei Verwendung von Eisen mit Walzhaut, wie es im Handel verkauft wird, die Bruchlast der Balken höher, bei dem blankgeschmirgelten oder mit Öl getränkten Eisen niedriger wurde.

Bei Verwendung der mit Papier umwickelten Eiseneinlagen war die Bruchlast kleiner als die Belastung, die bei den anderen Balken Risse hervorrief.

Versuche von Bach und Graf[1] klärten den Einfluß des Wasserzusatzes, der Mischbestandteile und des Mischungsverhältnisses, des Alters des Betons, ferner den Einfluß der Lagerung, auch den Einfluß der Oberflächenbeschaffenheit und der Querschnittsform der einbetonierten Eiseneinlagen. Sie zeigten, daß der Gleitwiderstand oder das Haftvermögen mit Zunahme des Wasserzusatzes abnimmt und daß die Einflüsse auf den Gleitwiderstand der Eisen im Beton sich in ähnlicher Weise auswirken wie auf die Zug- und Druckfestigkeit des Betons, von denen ja auch der Gleitwiderstand abhängig ist. Je fetter die Mischung, je größer der Zementgehalt ist, desto größer wird die Zug- und Druckfestigkeit des Betons; einer größeren Festigkeit entspricht auch ein besseres Haftvermögen.

Der Einfluß des Alters des Betons ist recht erheblich; im Alter von 6 Monaten betrug die Zunahme des Gleitwiderstandes etwa 50% gegenüber dem 50 Tage alten Beton. Der Einfluß des Alters ist begründet in einer durch das Zusammenziehen des Betons beim Erhärten eintretenden Klemmwirkung, wodurch der Widerstand gegen eine Bewegung des eingebetteten Eisens vergrößert wird.

[1] Forsch.-Arb. Ing.-Wes. 1907, Heft 39 und Heft 72—77.

Bei 6 Monate alten Probekörpern war bei Luftlagerung der Gleitwiderstand kleiner als bei feuchter Lagerung, was darauf hindeuten würde, daß die Klemmwirkung beim Erhärten der feucht gelagerten Betonkörper nicht geringer wird. Bei Wasserlagerung wurde die Klemmwirkung größer.

Der Gleitwiderstand von Flacheisen ist geringer als von Rundeisen, für flach liegendes ist er kleiner als für hochkantliegendes Flacheisen. Kleiner ist er auch für Profileisen, z. B. T-Eisen und I-Eisen.

Es soll schließlich noch erwähnt werden, daß bei verschiedenen Messungen des Gleitwiderstandes von Eiseneinlagen in der Zugzone von Eisenbetonbalken festgestellt wurde, daß die erste Lockerung des Haftvermögens nicht an der Stelle der größten Schubspannungen in der Nähe der Auflager, sondern an der Stelle der größten Biegungsmomente eintritt.

Faßt man die bei verschiedenen Untersuchungen gewonnenen Erkenntnisse zusammen, so ergibt sich die Feststellung, daß die natürliche Haftfähigkeit in dem Sinne von Kleben gering ist. Das Zusammenwirken ist um so besser, je besser die mechanische Verbindung von Beton und Eisen ist, welche dadurch zustande kommt, daß der Beton beim Erhärten sich zusammenzieht und das Eisen festklemmt.

Aus allen Versuchen geht unzweifelhaft hervor, daß man für die Größe von Haftfestigkeit, Haftfähigkeit oder Gleitwiderstand oder wie man den Widerstand gegen ein Herausziehen des Eisens aus einem Betonkörper sonst noch nennen mag, nicht eine bestimmte Zahl angeben kann. Selbst wenn das Eisen an seinen Enden ohne Haken, Abbiegungen oder Verankerungen im Beton eingebettet ist, wird der Widerstand gegen eine Bewegung abhängig sein von den Eigenschaften des Betons, von der Zugkraft in den Eisen und der Beschaffenheit ihrer Oberfläche.

Werden die Eisen an ihren Enden mit Haken versehen oder sonst irgendwie im Beton verankert, wie es bei jeder Eisenbetonkonstruktion üblich und notwendig ist, so ist eine Veränderung der Lage der Eisen erst zu erwarten nach einer Zerstörung des umhüllenden Betons oder bei Überschreiten der Streckgrenze.

Ein lehrreiches Beispiel, das geeignet ist, das Wesen des Zusammenwirkens von Beton und Eisen zu veranschaulichen, ist in Abb. 62 dargestellt. Man sieht, wie sich die Eiseneinlagen bei sehr hoher Beanspruchung von dem Beton trennen und Rillen hinterlassen.

Die Bedingungen für ein gutes Zusammenwirken von Beton und Eisen sind:

Eine möglichst große Zugfestigkeit des Betons, weil dadurch auch ein Auftreten der ersten Risse hinausgezögert wird. Vorzuziehen sind Eiseneinlagen mit nicht glatten Oberflächen. In allen Fällen sind die Eiseneinlagen abzubiegen, weil jede Art von Haken oder Ab-

Abb. 62. Eiseneinlagen an der inneren Leibung einer Rahmenecke eines durch eine Explosion zerstörten Dachbinders. (Streckfiguren an den ausgebogenen Eisen. Gesprengte Bügel.)

biegungen geeignet ist, den Widerstand gegen die Bewegung der Eiseneinlagen zu vergrößern.

Das Zusammenwirken wird mit zunehmendem Alter des Betons infolge der verstärkten Klemmwirkung wirksamer.

2. Volumenänderungen und Spannungen beim Erhärten von Eisenbeton.

Treten beim Erhärten von Eisenbetonstäben Verkürzungen ein, so rufen diese im Eisen Druckspannungen hervor, während im Beton gleichzeitig Zugspannungen entstehen müssen. Wenn dagegen beim Erhärten unter Wasser Volumenvergrößerungen entstehen, so äußern diese sich dadurch, daß im Eisen Zugspannungen, im Beton gleichzeitig Druckspannungen entstehen. Die Größe dieser Anfangsspannungen wird bei Eisenbetonbauteilen zu berücksichtigen sein. Bei statisch unbestimmten Konstruktionen, der Mehrzahl der Eisenbetonkonstruktionen ist die Berücksichtigung dieser Anfangsspannungen besonders wichtig.

An einfachen Eisenbetonstäben wurde die Klärung des Einflusses der Eiseneinlagen durch die Untersuchungen von Considère, von Emerson, Schüle (1909) und Bach (1912) versucht.

Considère führte die ersten Messungen an Prismen von $2{,}5 \times 6 \times 60$ cm aus reinem Zement und Mörtel (1 : 3) mit und ohne Eiseneinlagen aus; die Eiseneinlagen 10,2 mm stark. Considère berichtete darüber, daß die Ausdehnung von reinem Zement unter Wasser nach 30 Tagen 0,05 mm/lfdm, nach 365 Tagen 0,1 mm/lfdm, nach 2 Jahren 0,15 mm/lfdm betrug. Mörtel von der Mischung 1 : 3 zeigt unter gleichen Bedingungen fast dreimal kleinere Ausdehnungen. Das Schwindmaß von reinem Zement beim Erhärten an der Luft sei ebenso groß wie die Ausdehnung im Wasser gewesen. Diese Ergebnisse sind später widerlegt worden.

Die Schüleschen Messungen, die Heft 13 der Mitteilungen der Materialprüfungsanstalt in Zürich veröffentlicht sind, wurden an (8 × 8 × 36 cm) aus zwei verschiedenen Portlandzementen aus Mörtel- und Betonprismen ausgeführt. Die Längenänderungen wurden mit Hilfe von Mikrometerschraube und -trommel auf einer Meßbank gemessen, wobei die Veränderungen zweier fester Punkte nahe an den Enden festgestellt wurden. Für den Mörtel mit Züricher Bausand mit einer maximalen Korngröße von 5 mm waren Mischungsverhältnisse 1 : 1, 1 : 3, 1 : 5 in Gewichtsteilen vorgesehen. Drei Betonmischungen bei Zugabe von Gartenkies mit einem größten Korndurchmesser von 12 mm zu dem gleichen Mörtel enthielten 150, 300 und 450 kg Zement auf 1 m^3 Kies und Sandmischung. Die Eiseneinlagen im Mörtel 1 : 3 waren 4 Eisen zu 5 mm Durchmesser (1,22%), im Betonquerschnitt 4 Eisen zu 7 mm Durchmesser (2,41%).

Die Messungen nach 4, 7, 28, 84, 210 Tagen, 1 Jahr und $1^1/_2$ Jahren ergaben die größten Veränderungen in den ersten Wochen, die bei starker Bewehrung kleiner waren als bei schwacher. Bei verlangsamter Zunahme trat nach einem Jahr ein Stillstand ein.

Die Versuche der französischen Regierungskommission[1] wurden an 1 m langen Prismen bei einer Eisenbewehrung $\varphi = 2\%$ ausgeführt. Die Eiseneinlagen waren auf die 4 Ecken des Prismas verteilt. Die Mischung des Betons bestand aus 400 kg Portlandzement, 0,4 m^3 Seinesand (bis zu 5 mm Korngröße) und 0,8 m^3 Steinschlag (bis zu 2,5 cm Korngröße). Der Wasserzusatz betrug 8,2% der Trockenmischung. Die Längenänderung wurde bis auf $^1/_{100}$ mm gemessen und durch einen neben dem Prisma liegenden Eisenstab jeweils kontrolliert. Hierbei ergab sich für die an der Luft gelagerten Betonkörper nach 48 Tagen 0,4 mm/lfdm, für die mit Eisen bewehrten Körper in derselben Zeit im Mittel 0,25 mm/lfdm.

Bei der Lagerung der Betonprismen unter feuchten Säcken ergab sich nach 47 Tagen eine Verkürzung von 0,02 mm und nach 93 Tagen 0,15 mm/lfdm.

---

[1] Expériences, rapports et propositions, instructions ministerielles relatives à l'emploi du beton armé. Commission du ciment armé; ministère des travaux publics, des postes et des télégraphes. Editeurs H. Dunod et E. Pinat. Paris 1907.

Diese Zahlen zeigen keine Gesetzmäßigkeit; allerdings handelt es sich um verschiedene Betonmischungen mit ganz verschiedenen Zuschlagsmaterialien.

Die Versuche, die in Stuttgart im Jahre 1911 mit Eisenbetonkörpern ausgeführt wurden, erstrecken sich auf 6 Jahre. Die Längenänderungen wurden an Beton- und Eisenbetonprismen von quadratischem Querschnitt 20 × 20 cm und 1 m Länge durchgeführt. Die Eiseneinlage war ein 20-mm-Rundeisen in der Mitte des Prismas, welches ein wenig über die Endflächen hinausragte. Die Mischung des Betons bestand aus 1 Teil Zement, 4 Raumteile Rheinsand und Rheinkies und 7,9 Gewichtsprozent Wasser; die an der Luft gelagerten Körper wurden bis zum Entfernen mit nassen Säkken bedeckt. Die Körper ruhten dabei auf Zapfen in senkrechter Lage mit einem Stift auf dem oberen Zapfen, an welchem auf der Strecke z mit Hilfe einer Mikrometerschraube die jeweiligen Längenänderungen gemessen wurden (Abb. 63). Nach der ersten Messung nach 3 Tagen wurden eine Anzahl von Probekörpern unter Wasser gebracht, während ein anderer Teil an der Luft lagernd blieb. Nach 7 Tagen, 4 Wochen, 3 Monaten, 1 Jahr und 2 Jahren wurden neue Messungen vorgenommen.

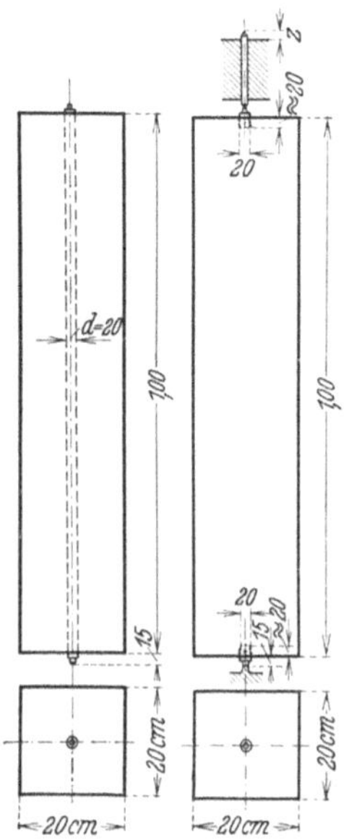

Abb. 63.

Die Volumenveränderungen beim Erhärten von Eisenbeton im Vergleich zu den Volumenänderungen des nichtbewehrten Betons sind in Abb. 64 dargestellt sowohl bei Luft- wie bei Wasserlagerung. Die Veränderungen waren:

	bei Luftlagerung	bei Wasserlagerung
Nach 28 Tagen . .	–0,045 mm/lfdm	+0,007 mm/lfdm
„ 3 Monaten .	–0,100 „	+0,015 „
„ 1 Jahr . . .	–0,200 „	+0,042 „

Nach dieser Zeit ist die Änderung nur sehr gering. Auch sieht man aus Abb. 64, daß bei Luftlagerung nach 2 Jahren fast keine Veränderung, und nach 4 Jahren nur eine ganz geringe Zunahme um nur 0,025 mm/lfdm gemessen wurde.

Bei Wasserlagerung steigt die gemessene Verlängerung:

nach 2 Jahren auf 0,05 mm/lfdm,
„ 4 „ „ 0,07 „ ,

also verhältnismäßig mehr als bei trockener Lagerung. Das deutet darauf hin, daß bei trockener Lagerung wie bei den Schüleschen Versuchen die größten Veränderungen innerhalb des ersten Jahres vor sich gehen.

Es ist ferner zu beachten, daß die beim Erhärten unter Wasser entstehenden Volumenvergrößerungen im Beton Druckspannungen hervorrufen, die sich im Zugteil eines Eisenbetonquerschnittes günstig auswirken, da sie aufgezehrt werden müssen, bevor Zugspannungen entstehen.

Mit zunehmendem Alter des Betons werden infolge des Schwindens die Spannungen zwar größer, aber durch die Zunahme der Zugfestigkeit ausgeglichen. Bezieht man bei den Stuttgarter Versuchen die Schwindmaße auf die Meßergebnisse nach 28 Tagen, die man mit 100 bezeichnet, so beträgt die Zunahme nach 3 Monaten etwa 25% und nach einem Jahr etwa 45%. Vergleicht man damit die Zunahme der Zugfestigkeit des-

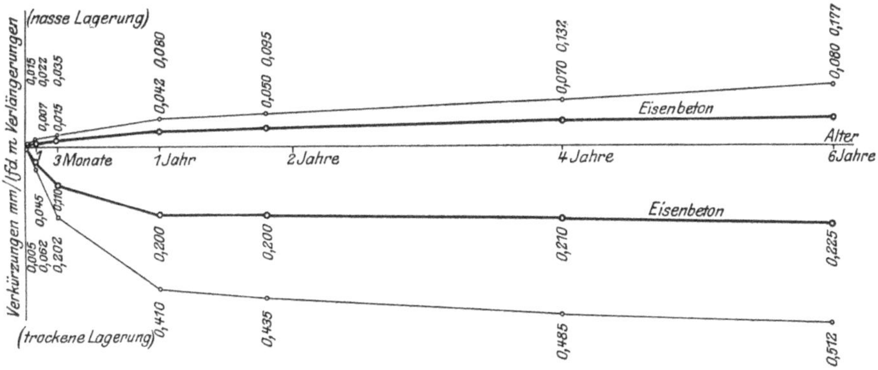

Abb. 64. Zunahme der Längenänderungen von Eisenbeton mit zunehmendem Alter.

selben Betons, so findet man nach 180 Tagen etwa 50% und nach einem Jahr etwa 70%. Dieser Vergleich zeigt, daß die durch die Schwinderscheinungen hervorgerufenen Zugspannungen im Beton im Alter von 4 Wochen bis zu 1 Jahr durch die Zunahme der Zugfestigkeit des Betons in demselben Alter ausgeglichen werden.

Von Schüle stammt ein interessanter Schwindversuch mit im Gegensatz zu den bisher genannten Versuchen unsymmetrisch bewehrten Eisenbetonbalken von 2,94 m Gesamtlänge und 14 × 18 cm Querschnitt. Der Zementgehalt betrug 100, 250 und 400 kg auf 1000 l Kiessandgemisch; die Eisenbewehrungen waren 0,35, 1,01 und 2,93% des Betonquerschnittes. Die Lagerung der Balken erfolgte trocken und in freier Luft.

Von der Annahme ausgehend, daß der unbewehrte Druckgurt sich hemmungslos verkürzen kann, der Zuggurt jedoch durch die Eisenlagen am Schwinden verhindert wird, müssen in der Mitte der Balken Durchbiegungen hervorgerufen werden. Diese wurden mit Hilfe einer einfachen Einrichtung gemessen und der Zuggurt daraufhin untersucht, ob sich Risse bildeten. Die größten Durchbiegungen wurden bei den stärkst bewehrten Balken mit dem größten Zementgehalt gemessen. Bei den in trockener Luft durch 1 Jahr aufbewahrten Balken konnten im Zuggurt Risse festgestellt werden, ohne daß eine Belastung ausgeübt wurde. Dieser Versuch bestätigt, daß zementreichere Betonmischungen stärker schwinden und daß sich der Einfluß der Eiseneinlagen in einer Verringerung der Schwindmaße äußert.

Für die Ausführung von unsymmetrisch bewehrten Eisenbetonbauteilen, wie dies z. B. bei den Hauptträgern einer Balkenbrücke der Fall ist, müssen wir aus diesen Versuchen entsprechende Folgerungen ziehen. Man wird durch starkes Naßmachen des unbewehrten oder weniger bewehrten Druckgurtes die Schwindmaße verringern müssen, um dadurch einen Ausgleich mit den kleineren Längenänderungen des Zuggurtes zu schaffen.

Sowenig auch alle angeführten Versuche geeignet erscheinen, uns über die in einem größeren Eisenbetonbauteil auftretenden Anfangsspannungen erschöpfend Aufschluß zu geben, so lassen sie doch gewisse für die Praxis wertvolle Folgerungen zu.

Zunächst sind die Volumenänderungen beim Erhärten von Eisenbeton an der Luft wie bei Beton wesentlich größer als die Ausdehnung unter Wasser.

Auf keinen Fall darf man die aus den angeführten Versuchen sich ergebenden Schwindmaße bei Berechnung der Anfangsspannungen bei größeren Bauteilen verwenden. Es werden voraussichtlich auch hier beim Schwinden im Eisen Druckspannungen und gleichzeitig im Beton Zugspannungen entstehen. Wie diese sich über größere Querschnitte und auf die ganze Länge verteilen, ist bisher mit Hilfe von Messungen noch nicht festgestellt worden, die sich auf verschiedene Querschnitte über die ganze Länge eines größeren Bauwerkes erstrecken müßten.

Eiseneinlagen verringern die Schwind- und Dehnungsmaße von Beton. Die durch das Schwinden auftretenden Anfangsspannungen im Eisenbeton sind um so größer, je größer der Eisenprozentsatz ist.

Mit zunehmendem Alter werden auch die Schwind- und Dehnungsmaße bei Eisenbeton größer. Die hierbei durch das Schwinden hervorgerufenen Zugspannungen im Beton werden allerdings auch größer, doch darf man nicht vergessen, daß auch die Zugfestigkeit des Betons mit dem Alter zunimmt. Die schädlichen Anfangsspannungen, die während der ersten Zeit des Erhärtens auftreten, ändern sich wohl ihrem absoluten Werte nach, aber nur wenig im Verhältnis zur wachsenden Zugfestigkeit.

Die Verkürzungen des Betons, die durch das Schwinden und das gleichzeitige Auftreten von Kälteeinwirkungen hervorgerufen werden, erzeugen im Beton hohe Zugspannungen, die in besonders ungünstigen

Fällen die Zugfestigkeit des Betons erreichen und dadurch zu Rißbildungen Anlaß geben können.

Bei großen zusammenhängenden Flächen von Eisenbetonbauten wird sich daher immer die Anordnung von Dehnungsfugen empfehlen. Erfahrungen der Praxis haben dies bestätigt. So konnte man an einem Eisenbetonhochbau, bei dem in einer Decke von nahezu 8500 m² in Abständen von etwa 25 m Dehnungsfugen angeordnet worden waren, bei einer Temperatur von 10° Kälte beobachten, daß die Fugen sich bis zu 6 mm öffneten, während sie im Sommer vollständig geschlossen waren.

Bei Brückenfahrbahnen von Bogenbrücken konnten in allen Fällen, wo Fugen fehlten, Rißbildungen in beträchtlichem Umfange beobachtet werden. Die bei niedrigen Temperaturen eintretende Senkung des Bogenscheitels, verbunden mit dem beim Erhärten eintretenden Schwinden des Betons, führten zu wilden Rissen in der Fahrbahnplatte, die sich im Winter bis zu einer Weite von 1 cm öffneten. Diese Erfahrungen führten zu einer Unterteilung der Fahrplanplatte durch Fugen, insbesondere über Scheitel und Kämpfern, die sowohl Schwind- als auch Temperatureinflüsse berücksichtigent. Bei Senkung oder Hebung des Bogens konnte die Fahrbahnplatte die Bewegungen mitmachen. Die Unterteilung der Fahrbahnplatte durch Fugen in Abständen von 10 bis 20 m begrenzt die Wirkung der mit dem Erhärten verbundenen Volumenänderungen auf die Plattenteile innerhalb der Fugen. Durch diese konstruktiven Maßnahmen hat man nach den älteren schlechten Erfahrungen mit Erfolg die unerwünschten Rissebildungen in den Brückenfahrbahnen bekämpft.

Wie bei reinen Betonbauten muß man bei Eisenbetonbauten während der ersten Tage und Wochen nach der Herstellung dieselben Vorkehrungen wie bei Betonbauten treffen (s. S. 50ff.), die zur Vermeidung oder zur Verringerung der zu Rissen führenden Schwind- und Temperatureinflüssen führen. Die richtige Nachbehandlung des Betons vom Tage der Verarbeitung bis zum Gebrauch des Eisenbetonbauwerkes wird für die Güte und insbesondere die Sicherheit gegen Rissebildungen entscheidend sein.

3. Dehnungsfähigkeit von Beton und Eisenbeton.

Beton hat eine sehr geringe Zugfestigkeit, die nur einen kleinen Bruchteil der Druckfestigkeit beträgt. Deshalb werden bei Eisenbetonbauteilen, die auf Biegung beansprucht werden, zur Aufnahme der Zugspannungen Eiseneinlagen verwendet.

In den ersten Anfängen des Eisenbetonbaues war es daher von besonderer Bedeutung, als der französische Forscher Considère im Jahre 1899 die Ergebnisse seiner Forschungsarbeiten in dem Satze zusammenfaßte, daß der bewehrte Beton eine etwa 10- bis 20fache Dehnung aufzunehmen vermag als Beton ohne Eiseneinlagen. Er sagte ferner, der Dehnungskoeffizient $\left(\alpha = \frac{1}{E}\right)$ des Betons mit Eiseneinlagen sei gleich demjenigen von reinem Beton derselben Zusammensetzung, solange die Verlängerungen unterhalb desjenigen Wertes bleiben, der bei nichtbewehrtem Beton zum Bruche führt. Mit zunehmender Belastung nehme der Dehnungskoeffizient α sehr rasch zu. Diese Ergebnisse sind als die Considèresche Hypothese bekannt geworden.

Es muß hervorgehoben werden, daß die Versuche von Considère an kleinen, 60 cm langen Betonprismen (Mischung 1 : 3) mit einem

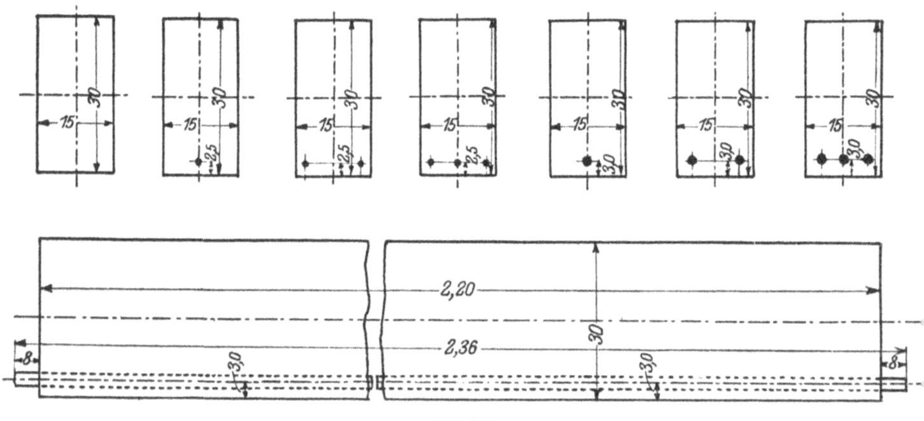

Abb. 65.

Querschnitt von 6 cm im Quadrat ausgeführt worden waren mit drei Rundeisen von 4,25 mm Durchmesser ($F_e = 0\,426$ cm²) auf der Zugseite des vertikal eingespannten Prismas. Der Eisengehalt φ betrug sonach 1,27%. Spätere Versuche der französischen Regierungskommission aus dem Jahre 1902/1903 an Probekörpern mit ähnlich kleinen Abmessungen haben zum Teil die Considèreschen Ergebnisse bestätigt, obgleich der Beton eine andere Zusammensetzung hatte.

Die Zweifel an der Considèreschen Hypothese, der im Anfang ziemlich allgemein geglaubt wurde, verstärkten sich, bis sie durch Untersuchungen von Kleinlogel[1] widerlegt wurden.

Die Versuche Kleinlogels sind an Probekörpern von größeren Abmessungen in einer Mischung von 1 Raumteil Zement : 1 Raumteil Sand : 2 Raumteilen Kalksteinschotter und einem Wasserzusatz von 8% der Trockenmischung ausgeführt worden. Der Querschnitt der

[1] Untersuchungen über die Dehnungsfähigkeit nichtarmierten und armierten Betons auf Biegungsbeanspruchung. Von A. Kleinlogel. Forscherarb. Eisenbeton 1904. Verlag Ernst & Sohn.

Probebalken war 15 × 30 cm bei einer Länge von 2,2 m; sie wurden 6 Monate lang unter feuchtem Sand aufbewahrt, so daß ein Teil der beim Schwinden auftretenden Anfangsspannungen ausgeschaltet werden konnte. Im ganzen wurden 8 Balken aus Beton und 24 Balken mit Eiseneinlagen hergestellt, deren Abmessungen und Anordnung in Abb. 65 dargestellt sind. Die Eiseneinlagen, ohne Haken oder Abbiegungen an den Enden, waren Rundeisen von 10 und 22 mm Durchmesser, so daß der Eisengehalt $\varphi = \frac{F_e}{b\,d}$ zwischen 0,183 bis zu 2,661% schwankt.

Die Belastung, 2 Laststellen im Abstand von 1 m symmetrisch zur Mitte, ergab eine Strecke mit gleichbleibendem Biegungsmoment, wenn man von den Wirkungen des Eigengewichtes absieht, auf der der Ein-

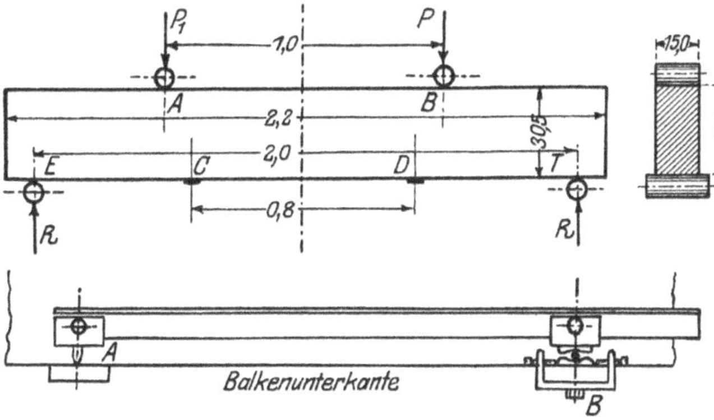

Abb. 66.

fluß der Querkraft ausgeschaltet ist. Bei einer Meßlänge von 80 cm (Strecke $C-D$, Abb. 66) wurden die Längenänderungen am Beton mit Hilfe einer Meßvorrichtung gemessen, die im Prinzip in Abb. 66 dargestellt ist.

Die an Betonbalken (ohne Eiseneinlagen) gemessene größte Verlängerung war 0,131 bis 0,146 mm/lfdm bei einer Belastung von 3220 kg. Die größten gemessenen Dehnungen bei den Eisenbetonbalken, bei welchen die ersten Risse im Beton auf der Zugseite auftraten, ergaben sich wie folgt:

Bei 0,183% (1 ⌀ 10 mm) zwischen 0,118 und 0,200 mm/lfdm.
Die Rißlast betrug 3600 bis 3900 kg.
Bei 0,366% (2 ⌀ 10 mm) zwischen 0,16 und 0,17 mm/lfdm.
Die Rißlast betrug 4800 bis 5200 kg.
Bei 0,549% (3 ⌀ 10 mm) zwischen 0,16 und 0,19 mm/lfdm.
Die Rißlast betrug 5500 bis 600 kg.
Bei 0,887% (1 ⌀ 22 mm) zwischen 0,15 und 0,24 mm/lfdm.
Die Rißlast betrug 5250 bis 6000 kg.
Bei 1,774% (2 ⌀ 22 mm) zwischen 0,16 und 0,20 mm/lfdm.
Die Rißlast betrug 6000 bis 7000 kg.
Bei 2,661% (3 ⌀ 22 mm) zwischen 0,14 und 0,18 mm/lfdm.
Die Rißlast betrug 6400 bis 7500 kg.

Aus diesen Versuchen folgerte Kleinlogel, daß Eisenbeton keine größeren Dehnungen aufzunehmen vermag als Beton ohne Eiseneinlagen, und daß die Bruchdehnung durch die Eiseneinlagen kaum nennenswert erhöht werde.

Es darf nicht unbeachtet bleiben, daß schon diese Versuche, obgleich die Querschnittsausbildung und die Anordnung der Eiseneinlagen auf der Zugseite nicht sehr gut ist, zeigen, daß die Belastung, bei der im Beton die ersten Risse als vorhanden festgestellt wurden, mit zunehmendem Eisenprozentsatz φ wächst. Die gemessenen größten Dehnungen beim Auftreten der Risse sind etwas, wenn auch nicht sehr wesentlich, größer als die Dehnung der nichtbewehrten Betonkörper.

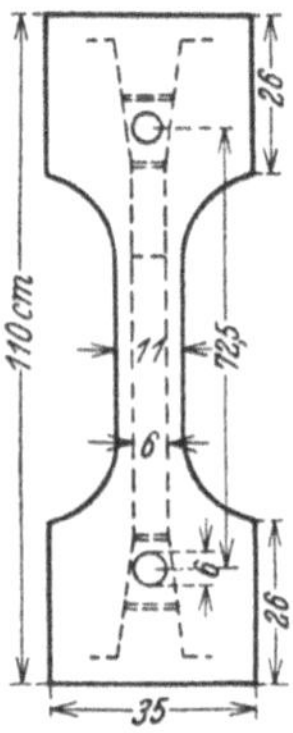

Abb. 67.

Im Jahre 1906 wurden von Schüle[1] Dehnungsmessungen an Zugstäben aus 4 bis 6 Wochen altem Eisenbeton ausgeführt (Abb. 67) mit 15 cm Durchmesser; bei den stärkeren Querschnitten von 14 × 14,1 cm waren die Eiseneinlagen 4 ⌀ 8 mm oder 4 ⌀ 15 mm stark; die Messungen wurden in diesem Falle im Alter von $5^1/_2$ Monaten ausgeführt. Bis zur Prüfung waren die Proben unter feuchtem Sand aufbewahrt.

Die größten gemessenen Dehnungen ohne Berücksichtigung der bleibenden Dehnungen beim Entlasten waren bei den $5^1/_2$ Monaten alten Zugproben mit $\varphi = 3{,}6\%$ zwischen 0,14 und 0,26 mm/lfdm, bei $\varphi = 1{,}0$ zwischen 1,0 bis 1,08 mm/lfdm.

Bei den 5 Wochen alten Probekörpern mit $\varphi = 5{,}6\%$ (4⌀15 mm) wurden Verlängerungen von 0,2 bis 0,41 mm/lfdm, mit $\varphi = 1{,}6\%$ (4 ⌀ 8 mm) 1,05 bis 1,38 mm/lfdm und mit $\varphi = 0{,}1\%$ (4 ⌀ 2 mm) 0,3 bis 0,47 mm/lfdm gemessen.

Die Probekörper mit starker Bewehrung sind an den Köpfen gerissen, bevor noch größere Dehnungen im Schaft gemessen werden konnten. Nur bei dem Eisengehalt von 1% und 1,6% konnten die größtmöglichsten Dehnungen auf der Schaftstrecke erreicht werden. Bei dem Eisengehalt von 0 1% war kein so großer Unterschied gegenüber dem nichtbewehrten Betonkörper festzustellen. Die größte gemessene Dehnung betrug etwa 0,4 mm/lfdm.

Die größten Dehnungen vor dem Auftreten des ersten Risses konnten beim Eisengehalt $\varphi = 1\%$ mit 1 mm/lfdm, für $\varphi = 1{,}6\%$ mit 1,38 mm/lfdm gemessen werden. Sie waren also ein Mehrfaches der Dehnung bei nichtbewehrten Betonzugkörpern. Die Fettigkeit der Mischung scheint nicht den Ausschlag gegeben zu haben; im Gegenteil wurden die größten Dehnungen bei der mageren Mischung gemessen.

[1] Resultate der Untersuchung von armiertem Beton auf reine Zugfestigkeit und auf Biegung unter Berücksichtigung der Vorgänge beim Entlasten. Mitt. Mat.-Prüf.-Anst. Zürich, Heft 10. Verlag Speiel.

Nach Bekanntwerden der Kleinlogelschen Versuchsergebnisse führte Considère zur Überprüfung der von ihm aufgestellten Hypothese neue Untersuchungen durch, die in den Mitteilungen der französischen Akademie der Wissenschaften vom 30. Januar 1905 veröffentlicht wurden. Considère berichtet über Untersuchungen an zwei 3 m langen Balken mit einem Querschnitt 15 × 20 cm (s. Abb. 68), die baumäßig hergestellt wurden aus Beton mit 400 kg Portlandzement auf 400 l Sand, 800 l Kalkschotter und einem Wasserzusatz von 9,6% des Trockengewichtes der Materialien; als Eiseneinlagen wurden 2 ⌀ 16 mm und 3 ⌀ 12 mm verwendet.

Der eine Träger wurde an der Luft gehalten, mit Sand zugedeckt, den man im ersten Monat feucht hielt und nachher jeden zweiten Tag besprengte, während der andere nach 24 Stunden unter Wasser gebracht wurde und dort bis zum Versuche, etwa nahezu 6 Monate, verblieb. Bei 2 Einzellasten von je 70 cm von der Mitte entfernt war eine Strecke von 1,40 m mit gleich großem Moment und Querkraft vorhanden. Eine Meßlänge von 1,02 m auf der Zugseite wurde mittels zweier Mikroskope beobachtet, während auf den Seitenflächen zur Beobachtung der Rißerscheinungen eine Strecke von 50 cm diente, die mit Manet-Rabut-Apparaten versehen war.

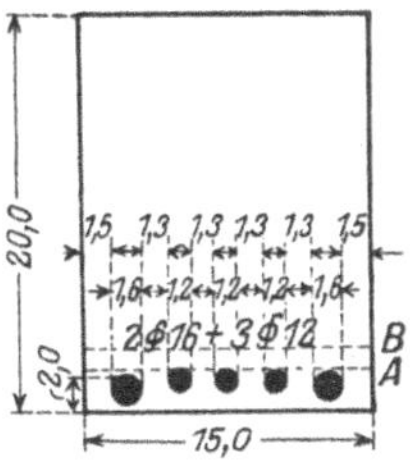

Abb. 68.

Man hatte vorgesehen, die Belastung so weit zu treiben, bis der Beton 0,635 mm im ersten und 1,3 mm/lfdm im zweiten Träger gedehnt war. Trotzdem man die Oberfläche mit Zement zu diesem Zwecke abgeglättet hatte, konnte man keinerlei Sprünge auf der Zugseite wahrnehmen. Man entlastete nachher die Träger, entfernte zuerst vorsichtig die Eisen und glich die Schnittfläche tunlichst aus; dann teilte man den Balken längs der Linie *B* mit einer Säge, so daß der gezogene Teil desselben *BA* vollständig losgelöst war.

Ein Diagramm der Dehnungen ergab, daß die Betonfasern *AB* im ersten Träger Dehnungen von 0,22 bis 0,5 mm, im zweiten Träger von 0,56 bis 1,07 mm erfahren hatten, wobei nicht vergessen werden soll, daß gewöhnlicher Beton nicht über 0,1 bis 0,2 mm Dehnung verträgt. Es hätten daher diese losgetrennten Platten in Stücke zerfallen müssen, wenn der Eisenbeton ebenfalls keine großen Dehnungen aufzunehmen imstande gewesen wäre. Von einem Riß ließ sich jedoch keine Spur finden.

Diese Versuche zeigen, daß es Considère gelungen war, bei den feucht gelagerten Balken das Zwei- bis Vierfache, bei den unter Wasser gelagerten Eisenbetonbalken das Fünf- bis Neunfache der Dehnungen des nicht verstärkten Betons zu messen. Allerdings sind diese Considèreschen Versuche selbst geeignet, die aus seinen ersten Versuchen gezogenen allgemeinen Folgerungen einzuschränken.

Bach hat im Jahre 1907 in Heft 39 der Mitteilungen der Forscherarbeiten des VDI (und den folgenden) eine große Reihe von Versuchsergebnissen veröffentlicht, welche eine weitere Klärung der Frage der Dehnungsfähigkeit von Beton mit und ohne Eiseneinlagen ermöglichen. Die Versuche wurden an Zugkörpern und an Balken mit und ohne Eiseneinlagen ausgeführt; Querschnittsabmessungen und Eiseneinlagen der Balken von 20 m Spannweite waren verschieden. Bei einer Belastung von 2 Einzellasten im gegenseitigen Abstand von 0,70 m ergab sich eine Strecke von gleichbleibendem Moment. (Fünf charakteristische Querschnitte sind in Abb. 69 dargestellt.)

Um das Eintreten der Risse besser beobachten zu können, wurden die Balken mit einem dünnen Anstrich von Schlemmkreide versehen.

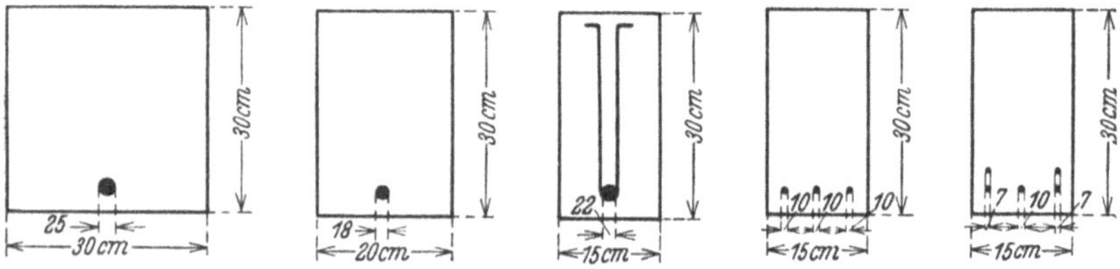

a b c d e

Abb. 69.

Neben den Verlängerungen an der Unterkante wurden die Verkürzungen an der Oberkante gemessen.

Die Mischung des Betons war 1 Raumteil Portlandzement und 4 Raumteile Sand und Kies, mit einem Wasserzusatz von 15 Raumprozenten. Das Alter aller Probekörper betrug am Prüfungstage 7 Monate.

Die an den Zugkörpern ohne Eiseneinlagen mit dem Querschnitt 20 × 20 cm gemessenen größten Dehnungen betrugen 0,065 bis 0,69 mm/lfdm. Die größten Dehnungen bei den Betonbalken ohne Eiseneinlagen mit 15 × 30 cm Querschnitt betrugen 0,125 mm/lfdm. Demgegenüber ergaben sich für die vor dem Auftreten der ersten Risse gemessenen Verlängerungen des Betons bei Biegeversuchen mit den in Abb. 69a bis e dargestellten Querschnitten 0,127, 0,133, 0,141, 0,267 und 0,242 mm/lfdm.

Man ersieht schon aus dieser Darstellung, daß es möglich war, bei einer besseren Verteilung der Eiseneinlagen wie in Abb. 69e eine größte Dehnung von 0,241 mm/lfdm zu messen. Das ist das Zweifache der beim gleichen Betonbalken ohne Eiseneinlagen gemessenen und etwa das Dreifache der bei dem Zugkörper gemessenen größten Dehnung erreichten. Ferner zeigen die angeführten Beispiele dieselbe Erscheinung wie bei den Kleinlogelschen Versuchen, daß die Belastung, bei der die ersten Risse auftreten, mit zunehmendem Eisengehalt größer wird.

Eine andere Gruppe von Eisenbetonquerschnitten zeigen Abb. 70a bis f, an welchen bei derselben Spannweite und derselben Belastungsanordnung wie vorher die größten Dehnungen gemessen wurden. Die Rissebelastungen waren bei größerem Eisengehalt kleiner. Die größte gemessene Verlängerung des Betons bei Querschnitt 70a betrug 0,191 mm/lfdm; für den T-Balken nach Abb. 70b 0,217 bis 0,227, für den T-Querschnitt nach Abb. 70c 0,195 bis 0,225 und für den Querschnitt nach Abb. 70d 0,212 mm/lfdm.

Die größeren Dehnungen wurden bei denjenigen Probekörpern ermittelt, bei denen die Einbettungstiefe der Eiseneinlagen gering war. Ferner ist zu beachten, daß bei allen Probekörpern, bei denen Bügel vorhanden waren, außerhalb der Meßstrecke an den Bügelstellen Risse entstanden, noch bevor die größte Dehnungsfähigkeit des Betons erreicht war, was darauf hinweist, daß die Bügel Veranlassung zu Rißbildung geben können.

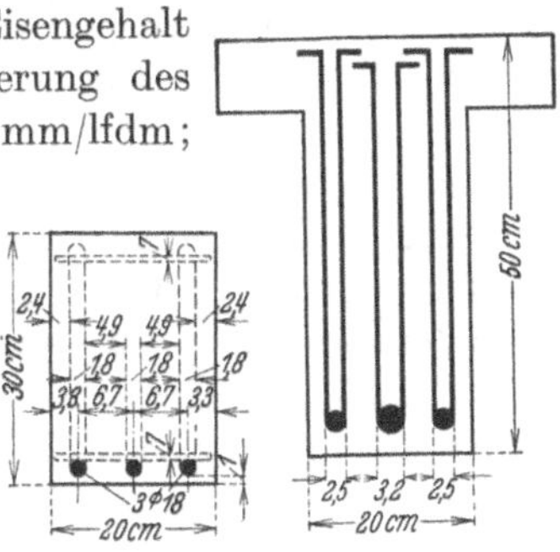

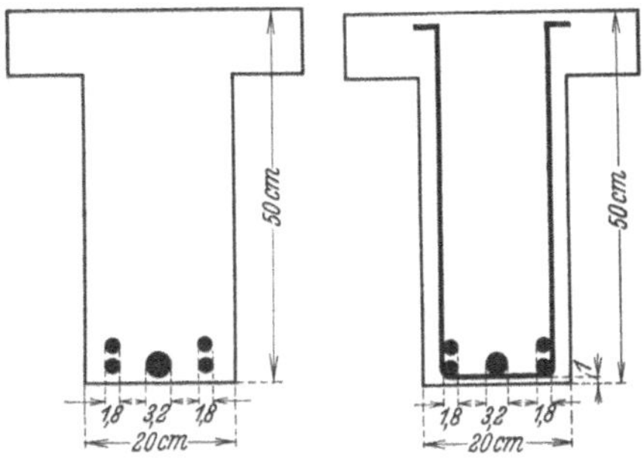

Daß auch Eisenbetonquerschnitte mit einem größeren Eisenprozentgehalt kleinere Rißlasten und damit auch keine wesentliche Erhöhung der gesamten größten Dehnungen aufweisen, zeigt ein Beispiel, welches in Abb. 70e dargestellt ist (veröffentlicht in Heft 122/123 der Forscherarbeiten des VDI). Die größte gemessene Verlängerung vor dem Auftreten der Risse betrug hier nur 0,119 mm/lfdm, weil die Eiseneinlagen nicht gut über den Zugquerschnitt verteilt waren. Beträgt doch der Abstand zwischen den 32 mm starken Rundeisen nur 1,6 cm, und die 10 mm starken Bügel sind nur 0,6 bis 1,0 cm tief eingebettet.

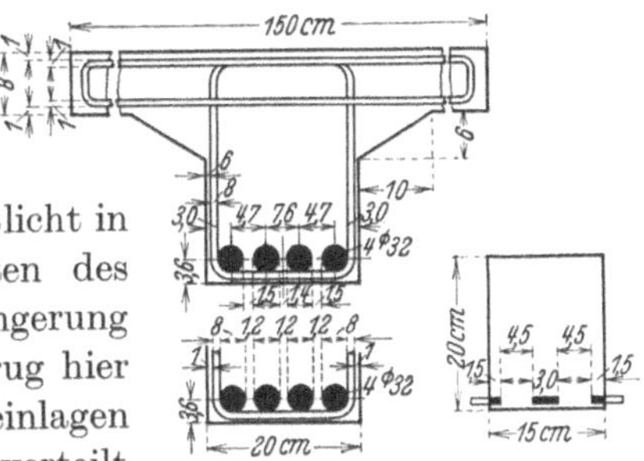

Abb. 70.

Den Einfluß der **Wasserlagerung** zeigt ein Beispiel, welches in Abb. 70f dargestellt ist. Die Eiseneinlagen sind hier 7 mm starke Eisenbleche mit Ausfräsungen, von welchen die beiden äußeren 15 und das mittlere 30 cm breit waren; der Eisenquerschnitt beträgt sonach 4,06 cm² oder 1,4%. Dieser Betonbalken wurde in einer Mischung von 1 Raumteil Portlandzement, 2 Raumteilen Sand und 2 Raumteilen Kies mit 8 Gewichtsprozenten Wasser hergestellt. Im Alter von 100 Tagen wurde an den unter Wasser gelagerten Balken eine größte Dehnung von 0,367 mm/lfdm gemessen, bei den auf feuchtem Sand und mit nassen Säcken zugedeckten, gleichartig hergestellten Probebalken betrug die größte Dehnung 0,324 mm/lfdm. Bei den Betonbalken ohne Eiseneinlagen, welche unter feuchtem Sand gelagert waren, wurde nach 172 Tagen unter sonst gleichen Verhältnissen eine größte Verlängerung von 0,091 mm/lfdm gemessen.

Daraus folgt, daß hier bei einem unter Wasser gelagerten Eisenbetonkörper eine nahezu viermal so große Dehnung gemessen werden konnte als bei dem gleichen Betonkörper ohne Eiseneinlagen.

Die in der Fachwelt in der Zeit um 1910 viel umstrittene Frage, ob es möglich sei, bei Eisenbetonträgern die Dehnungsfähigkeit und damit die Sicherheit gegen das Auftreten von Rissen zu erhöhen, veranlaßten den Verfasser, gelegentlich anderer Untersuchungen in Dahlem dieser Frage weiter nachzugehen.

An rechteckigen Balken von 16 bis 22 cm Querschnitt und 1,50 m Spannweite aus Beton von einer Mischung von 1 Teil Zement und 2 Teilen Sand, 4 Teilen Kalksteinschotter hergestellt, die zum Teil an der Luft, zum Teil unter feuchtem Sand lagerten, wurden im Alter von 70 Tagen die Dehnungen gemessen, die bei Belastung durch 2 Einzellasten an der Zugseite entstanden.

Die größten gesamten Dehnungen im Beton, welche vor dem Bruch gemessen werden konnten, ergaben bei den trocken gelagerten Balken die Werte von 0,09 mm/lfdm, bei den feucht gelagerten 0,126 mm/lfdm und bei den Balken mit Eiseneinlagen 0,118 bis 0,230 mm/lfdm bei den trocken gelagerten und 0,172 bis 0,253 mm/lfdm bei den feucht gelagerten. Die größten beim Entlasten gemessenen bleibenden Dehnungen sind nicht unbeträchtlich. Sie betrugen 0,01 bis 0,06 mm/lfdm.

Man erkennt aus den besprochenen Untersuchungen, daß bei Eisenbetonbalken größere Dehnungen vor dem Auftreten der ersten Risse an der Zugseite gemessen werden konnten als bei nichtbewehrtem Beton von derselben Zusammensetzung. Die größten Dehnungen bei Eisenbeton wurden bis zum Dreifachen der Dehnungen des nichtbewehrten Betons gemessen.

In Zusammenfassung der angeführten Versuche lassen sich folgende Schlüsse ziehen:

Die gesamten Dehnungen von Beton mit Eiseneinlagen können ein Mehrfaches derjenigen Dehnungen erreichen, bei welchen ein auf Zug oder ein auf Biegung beanspruchter reiner Betonkörper brechen würde. Vorausgesetzt wird dabei, daß die Dehnungsfähigkeit von Eisenbeton mit dem Auftreten der ersten Risse erschöpft wird.

Die größten Dehnungen konnten an denjenigen Eisenbetonkörpern gemessen werden, die unter Wasser gelagert waren. Sie sind größer als bei trocken gelagerten Eisenbetonkörpern. Die größten Dehnungen von feucht (unter nassen Sand) gelagerten Körpern nähern sich den bei Wasserlagerung ermittelten um so mehr, je feuchter sie gehalten werden.

Die Dehnungsverteilung über den ganzen Querschnitt und über die ganze Spannweite ist um so besser, je besser die Eiseneinlagen über den Zugquerschnitt des Betons verteilt sind und je länger ein Zusammenwirken der beiden ermöglicht wird.

Diese Schlüsse dürfen durchaus nicht verallgemeinert werden. Durch verschiedene Untersuchungen wurde festgestellt, daß unter gewissen Bedingungen an Eisenbeton größere Dehnungen gemessen werden können, bevor die ersten Risse auftreten, mit anderen Worten, daß die Rißbelastungen größer werden können als diejenigen Belastungen, welche bei reinen Betonkörpern von denselben Abmessungen den Bruch herbeiführen.

Wie lassen sich die größeren Rißbelastungen und die bessere Dehnungsverteilung bei gut bewehrten Eisenbetonkörpern erklären, und welche Nutzanwendung kann man daraus für die Praxis ziehen? Darüber geben uns die in Abb. 71a und b dargestellten Schaulinien Auskunft, welche aus den Untersuchungen des Verfassers an rechteckigen Balken hergeleitet sind. Die Belastungen bzw. die Biegungsmomente sind als Ordinaten, die diesen Belastungen entsprechenden auf der Zugseite gemessenen Verlängerungen des Betons als Abszissen aufgetragen.

In Abb. 71a ist die Schaulinie der gemessenen Dehnungen für einen feucht gelagerten, in Abb. 71b für einen trocken gelagerten Balken durch Linie $OABC$ dargestellt. Die nach jeder Belastung gemessene bleibende Verlängerung ist durch die Linie OB verzeichnet.

In beiden Abbildungen sind die gemessenen Dehnungen der entsprechenden Balken ohne Eiseneinlagen in der Linie OA' eingetragen, die in ihrem letzten Teil bis zur Erreichung der Bruchlast strichliert verlängert wird, da die Dehnungen nicht so weit gemessen werden konnten.

Die Eiseneinlagen müssen die Dehnungen des Betons mitmachen. Hat man daher die letzteren bestimmt, so kann man, da der Elastizitätsmodul des Eisens bekannt ist, die vom Eisen aufzunehmenden Kräfte, die einer bestimmten Dehnung entsprechen, ermitteln. Hierbei muß man aber die Anfangsspannung in den Eiseneinlagen berücksichtigen, welche durch das Schwinden von Beton entstehen. Bei den Versuchen, welche in den beiden Schaubildern dargestellt sind, ist für die Eiseneinlagen ein Elastizitätsmodul $E_e = 1824000\ \mathrm{kg/cm^2}$ bestimmt worden. Das Schwindmaß für den Beton ist auf Grund ähnlicher Versuche für den feucht gelagerten Probebalken mit $\varepsilon_s = 0{,}09$ mm/lfdm angenommen worden. Sonach ist die beim Schwinden hervorgerufene Druckspannung im Eisen

$$\sigma_e = \varepsilon_s E_e = \frac{0{,}009}{100} E_e$$
$$= 164{,}2\ \mathrm{kg/cm^2}.$$

Sobald der Probekörper in die Maschine gebracht wird, steht er unter dem Einfluß des Eigengewichts und der als Nullast N bezeichneten Belastungsvorrichtung. Dadurch entstehen auf der Zugseite sowohl im Beton als auch im Eisen Zugspannungen.

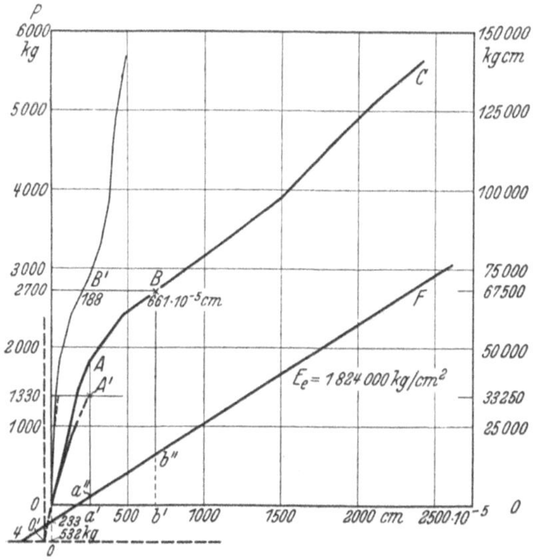

Abb. 71a. **Schaulinie der Dehnungen bei feucht gelagerten Balken.**

In dem gegebenen Falle betrug das Eisengewicht des Balkens 142 kg und die Nullast 67,1 kg. Diese ergeben bei einer Spannweite von 1,5 m ein Biegungsmoment $M = 4342$ kg/cm. Bei einem Eisenquerschnitt $F_e = 3{,}2\ \mathrm{cm^2}$ wurde angenähert die Zugspannung im Eisen mit 90 kg/cm² berechnet.

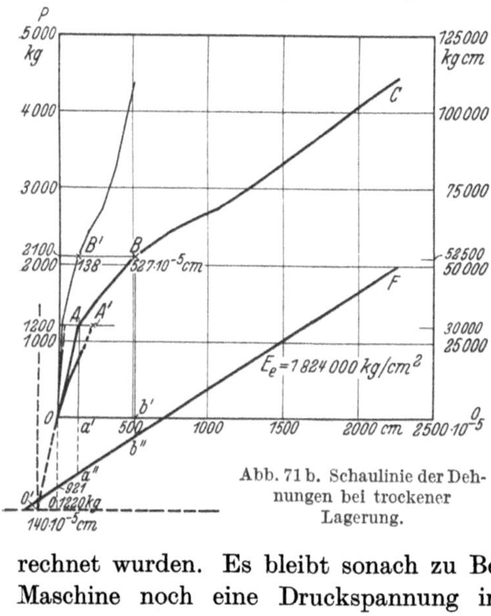

Abb. 71b. Schaulinie der Dehnungen bei trockener Lagerung.

Zu Beginn des Versuches, bevor die Maschinenbelastung auf den Probekörper einwirkt, werden sonach die in den Eiseneinlagen vorher ermittelten Druckspannungen von 164,2 kg zum Teil durch die Zugspannungen aufgehoben, welche durch die Nullast hervorgerufen und mit 90 kg/cm² vorher berechnet wurden. Es bleibt sonach zu Beginn der Belastung durch die Maschine noch eine Druckspannung im Eisen von 164,2 kg — 90

= rd. 50 kg/cm² bei dem unter feuchtem Sand erhärteten Probekörper oder, bezogen auf den Gesamtquerschnitt der Eiseneinlagen (F_e=3,325 kg), eine Druckkraft von 233 kg. Diese Größe wird von dem Punkt O aus in Abb. 71a auf der Ordinatenachse nach unten aufgetragen, und durch diesen Punkt wird der Linienzug $Oa''b''F$ gezogen. Dem Nullpunkt der Schaulinie O entspricht nach dem vorher Gesagten eine Druckkraft im Eisen von 233 kg.

Die durch das Schwinden hervorgerufenen Anfangsdruckspannungen in den Eiseneinlagen vor der Einwirkung des Eigengewichtes und der Nullast sind vorher schon mit 164,2 rd. 160 kg/cm² ermittelt worden. Bei einem Eisenquerschnitt F_e = 3,325 ergibt sich sonach eine Druckkraft im Eisen von 532 kg, welche von dem Punkte O nach o auf der Ordinatenachse aufgetragen wird. Die Verlängerung der Schaulinie für die Dehnungen des Betons ergibt im Schnitt mit der Horizontalen durch o den Punkt O'. Es entspricht sonach dem Punkt O eine Verkürzung der Eiseneinlagen, welche gleich ist der Größe oO' und eine Druckkraft im Eisen gleich Oo.

In ähnlicher Weise wird die Schaulinie in Abb. 71b dargestellt mit dem Unterschied, daß entsprechend der trockenen Lagerung dieses Balkens das Schwindmaß ε_s mit 0,2 mm/lfdm angenommen wurde und dementsprechend auch die Anfangsdruckspannungen im Eisen größer werden, wie dies in der Abbildung eingetragen ist. Man erkennt in beiden Schaulinien mehrere Stadien, wie sie auch von Considère schon besprochen wurden.

Das erste Stadium, in welchem die totalen Verlängerungen von bewehrtem Beton nahezu gleich sind denjenigen von nichtbewehrten Betonbalken. Dem entspricht in der Schaulinie OA, beim nichtbewehrten Betonkörper OA'. Bis zum Punkt A ist eine Mitwirkung der Eiseneinlagen auf Zug nicht zu erkennen, wie dies auch im Schaubild in der Ordinate $AA'a'a''$ ersichtlich ist.

Die Ordinaten zeigen die Verteilung der Lastanteile an, welche dem Beton und dem Eisen zufallen. Bei dem Punkt A der Schaulinie in Abb. 71a fällt der Punkt a' der Abszisse mit dem Punkt a'' zusammen. Das besagt, daß an dieser Stelle das Eisen in nahezu spannungslosem Zustand ist, während der ganze Lastanteil, der durch die Ordinate Aa' dargestellt ist, vom Beton aufgenommen wird. Von diesem Punkt an beginnt das Eisen in demselben Sinne zu wirken wie der Beton, auf Zug. In Abb. 71b, wo beim Erhärten im Eisen größere Druckspannungen entstehen, ist dementsprechend der Abstand $a'a''$ größer, weil der für das Eisen entfallende Lastanteil von diesem zur Behebung der größeren Anfangsdruckspannungen gebraucht wird.

Im Punkt A setzt das zweite Stadium mit einer plötzlichen Krümmung der Schaulinie ein. Bis zu dem Punkte B nehmen die

Verlängerungen des Betons rasch zu, rascher als die Spannungen. Der Elastizitätsmodul E_{bz} für Beton nimmt ab, der umgekehrte Wert, der Dehnungskoeffizient α_{bz} sehr rasch zu bis zu dem Punkte B, dem Auftreten der ersten Risse. Der Verlauf der Ordinaten zwischen dem Punkt A und B in Abb. 71a zeigt, daß schon ein großer Teil der Kräfte vom Eisen übernommen wird.

Im Punkt B beginnt das dritte Stadium, in welchem die wachsende Beanspruchung nunmehr nahezu ganz vom Eisen aufgenommen wird, was auch an der Parallelität der Schaulinien für den Beton und für das Eisen zum Ausdruck kommt.

Verschiebt man das Koordinatensystem nach dem Punkte O', so erhält man das Anfangsstadium, welches dem Zustand der Probekörper zu Beginn der Erhärtung entspricht. Die Linien zwischen $O'B$ in Abb. 71a und b decken sich beinahe vollständig. Ein Vergleich zeigt, daß in beiden Darstellungen die Schaulinien zwischen O' und B nahezu übereinstimmen. Verschieden sind nur die durch das Schwinden entstandenen bleibenden Veränderungen oO' des Betons, je nachdem eine trockene Erhärtung oder ein Einhärten unter feuchtem Sand erfolgt ist.

Die gesamte Verlängerung, die der Beton in beiden Fällen beim ersten Auftreten der Risse aufnahm, setzt sich zusammen aus der Strecke Ob' und oO'. Sie beträgt in Abb. 71a 0,295 mm/lfdm und für den trocken gelagerten Probekörper in Abb. 71b 0,303 mm/lfdm.

Man ersieht aus diesen Betrachtungen, daß in der Tat die gesamten Dehnungen bei gleichbewehrten, aber beim Erhärten verschieden gelagerten Balken nahezu gleich sind, wenn man die vor der Belastung auftretenden Anfangsspannungen und Dehnungen mit berücksichtigt.

Noch größer wird der Unterschied in den Dehnungen bei einem unter Wasser erhärteten Eisenbetonkörper, wie dies auch an einem Beispiel der Bachschen Versuche gezeigt wurde. Bei der eintretenden Volumenvergrößerung wird das Eisen Zugspannungen und der Beton gleichzeitig Druckspannungen erhalten. Mit eintretender Belastung werden die Zugspannungen des Eisens größer, aber die Betondruckspannungen kleiner, weil die Belastung im Beton ebenso wie im Eisen an der Zugseite Verlängerungen hervorruft. Mit fortschreitender Belastung werden die Druckspannungen im Beton durch die entstehenden Zugspannungen wieder aufgehoben, später erst beginnt der Beton Zugspannungen aufzunehmen, sich zu verlängern. Beim Auftreten der Risse, wenn die Dehnungsfähigkeit erschöpft ist, sind daher nicht nur die Verlängerungen, die der Beton erleiden kann, gemessen worden, sondern auch diejenigen Verlängerungen, welche notwendig waren, den gedrückten Beton in den spannungslosen Zustand zu überführen. Daraus erklären sich auch die von Considère und von Schüle gemessenen großen gesamten Dehnungen bei Eisenbetonkörpern.

Künstlich kann man größere Dehnungen im Beton und damit auch ein späteres Auftreten der Risse durch eine Vorspannung der Eiseneinlagen herbeiführen, indem man dem Eisen beim Einbetonieren eine größere Zugspannung gibt. Dies kann z. B. in der Weise geschehen, daß die Eiseneinlagen an ihren Enden durch besonders eingebaute Federn oder durch Anker in Spannung gesetzt werden. Sobald eine vollständige Erhärtung eingetreten ist, wird die Federkraft nachgelassen, und durch das Zusammenziehen der Eiseneinlagen werden dem Beton im Zugquerschnitt künstlich Druckspannungen mitgeteilt. Es tritt derselbe Zustand ein wie bei Wasserlagerung. Dieser Vorschlag stammt von Koenen, der ihn im Zentralblatt der Bauverwaltung 1907 veröffentlichte und damit eine größere zulässige Zugspannung im Beton befürworten wollte.

Abb. 72.

Versuche, welche Bach mit Balken ausgeführt hat, deren Eiseneinlagen Vorspannungen besitzen (veröffentlicht in Heft 90/91 der Forschungsarbeiten des VDI), haben auch gezeigt, daß bei vorgespanntem Eisen die Rißbelastungen um 44 bis 50% größer wurden als bei Balken mit Eiseneinlagen ohne Vorspannung. Die Versuche lehrten aber auch, daß die Tragfähigkeit durch die Vorspannung der Eiseneinlagen nicht beeinflußt wird.

Die Beobachtung der sog. Wasserflecke ermöglichte eine Erklärung für die größeren gemessenen Dehnungen. Der amerikanische Forscher Turneaure hat im Jahre 1904 in der Zeitschrift „Engineering News“ darauf hingewiesen, daß er auf Grund vorheriger Erfahrungen die Versuchsbalken für Dehnungsmessungen und für die Beobachtung der Risse solange wie möglich naß lagern lasse, da man in diesem Falle selbst die kleinsten Risse im Beton an vorher auftretenden, etwa 3 mm breiten Wasserflecken erkenne. Zuerst erscheine eine Wassermarke, die später in einen dunkel aussehenden Haarriß übergehe. Bei Betonbalken ohne Eiseneinlagen sei vor dem Bruch weder ein Wasserfleck noch ein Haarriß zu finden gewesen.

Die im Jahre 1907 von Bach veröffentlichten Versuche, welche bereits früher erwähnt wurden, haben die Bedeutung der Wasserflecke in systematischer und jeden Zweifel ausschließender Weise dargelegt. Sie haben gezeigt, daß bei den feucht aufbewahrten Eisenbetonbalken an der Unterfläche Wasserflecke entstehen (s. Abb. 72), welche als Vorläufer der Risse anzusehen sind und welche anzeigen, daß an dieser Stelle eine Lockerung des Gefüges eingetreten ist. Die Belastung, bei welcher die Wasserflecke auftreten, entspricht derjenigen Belastung, bei welcher die auf Zug beanspruchten Betonbalken zum Bruche kommen.

In Abb. 73 ist eine Schaulinie aus den Untersuchungen des Verfassers, die den Verlauf der Dehnungen mit zunehmender Belastung darstellt. Sie zeigt, daß die gemessenen Dehnungen beim Auftreten der Wasserflecke den größten Dehnungen bei nichtbewehrten Betonbalken entsprechen, was auch in der Schaulinie in Punkt *W* beim Eintritt der Wasserflecke durch die plötzliche Krümmung zum Ausdruck kommt.

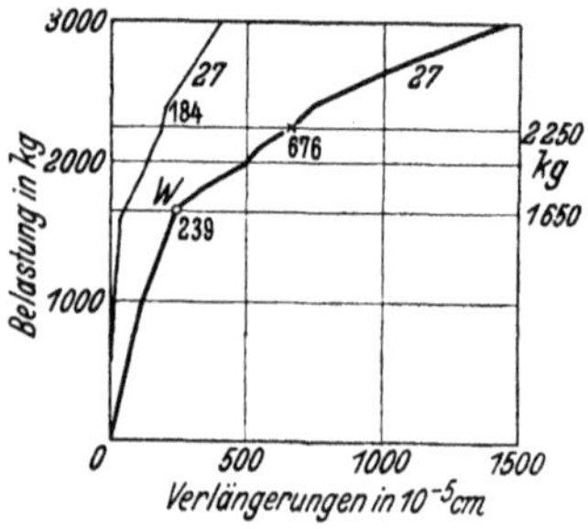

Abb. 73.

Wenn auch die Wasserflecke ein Mittel sind, die Verschiedenheit in der Dehnungsfähigkeit von Beton mit und ohne Eiseneinlagen zu überprüfen, so kommt ihnen nicht die Bedeutung zu, die ihnen vielfach beigemessen wurde. Mit dem Auftreten der Wasserflecke ist allerdings eine Lockerung des Gefüges verbunden; die Dehnungsfähigkeit des Betons ist aber erst mit dem Eintreten eines Risses erschöpft.

Mit Hilfe der Wasserflecke wurde erst möglich, nachzuweisen, daß die vor dem Bruch bei einem nichtbewehrten Betonbalken auftretenden größten Dehnungen größer sind als diejenigen, die bei einem auf reinen Zug beanspruchten Körper den Bruch herbeiführen. Bach konnte bei nichtbewehrten Betonbalken bei einer Verlängerung von 0,08 mm/lfdm Wasserflecke feststellen, während der Bruch erst bei einer größten Dehnung von 0,125 mm/lfdm eintrat; der Bruch des Betonzugkörpers trat bei einer größten Dehnung von 0,06 bis 0,08 mm/lfdm ein.

Ferner lehrten die Versuche, daß, je besser die Verteilung der Eiseneinlagen über den Querschnitt ist, desto mehr Wasserflecke gefunden werden konnten und sich mehr Risse über die ganze Länge des Balkens einstellten. Daraus folgt, daß auch eine bessere Wirkung des ganzen Eisenbetonkörpers durch eine bessere Verteilung der Eiseneinlagen erzielt wird.

Die Messungsergebnisse zeigen, daß die Dehnungskurven nach Erreichung der Dehnung, bei der die nichtbewehrten Balken brechen würden, eine starke Krümmung machen. In der Nähe dieser Stelle sollten auch beim bewehrten Balken die ersten Risse entstehen, wenn nicht in dem Verhalten des Betons durch die Eiseneinlagen eine Änderung eintreten würde. Tatsächlich treten die ersten Risse bei Betonbalken mit Eiseneinlagen nicht immer in der Nähe der ersten Krümmung der Kurve auf, und aus dieser Tatsache wurde geschlossen, daß Eisenbeton eine größere Dehnungsfähigkeit besitzt wie der nichtbewehrte Beton. Doch diese größere Dehnungsfähigkeit besteht nur scheinbar, die Dehnbarkeit des Betons an sich wird nicht geändert. Durch die Eiseneinlagen wird die sonst zum Bruch führende schwächste Stelle entlastet, andere Stellen werden herangezogen, und je nach der Güte des Betons, der Beschaffenheit der Oberfläche, der Verteilung der Eiseneinlagen und der Art der Lagerung (trocken oder naß) ändert sich diese Stelle in der Dehnungskurve. Sie wird in der Nähe der ersten Krümmung liegen, wenn die Probekörper trocken gelagert haben und das Verhältnis der Querschnittfläche des Eisens zum nutzbaren Betonquerschnitt klein ist. Sie wird sich von der ersten Krümmung der Kurve entfernen, wenn dieses Verhältnis größer wird und wenn die Probekörper naß gelagert haben. Die Dehnungsfähigkeit des Betons an sich wird durch die Eiseneinlagen nicht geändert, geändert wird nur die Dehnungsverteilung über den ganzen Eisenbetonkörper.

Für die Theorie der Berechnung wird man nach dem Gesagten aus den möglichen größeren Dehnungen keinen Vorteil ziehen dürfen. Man wird annehmen müssen, daß im allgemeinen der Eisenbeton keine anderen Dehnungen erfährt als reiner Beton.

Andererseits wird man aber sehr wohl in der Lage sein, den Vorteil der größeren Dehnungsfähigkeit von Eisenbeton in der Praxis gut verwerten und dadurch eine größere Sicherheit gegen das Auftreten von Rissen schaffen können. Die Rißbelastung bei Eisenbeton kann erhöht werden, wenn der Beton sehr naß gehalten wird, wenn die Eiseneinlagen so verteilt sind, daß alle Teile der Zugzone des Betons gleichzeitig unter Mitwirkung herangezogen werden können und wenn ferner die Eiseneinlagen derart eingebettet werden, daß der Abstand zwischen den Eiseneinlagen und von den Außenkanten nicht zu klein ist.

4. Der Einfluß von Dauerlasten und von Lastwechseln auf das Zusammenwirken von Beton und Eisen.

Die bei Beton auftretenden plastischen und elastischen Formänderungen äußern sich auf das Zusammenwirken von Beton und Eisen in verschiedener Weise, je nachdem der Eisenbetonquerschnitt in seiner Achse oder quer zur Achse auf Biegung beansprucht wird. Hierbei ist die Art der Belastung von Bedeutung.

Die statische Belastung sieht eine stufenweise Lastenführung bis zum Bruche vor.

Eine Dauerlast, die verhältnismäßig wenig wechselt und eine bestimmte Lastgrenze nicht überschreitet, kommt z. B. bei Eisenbetonstützen im Hochbau vor.

Die bei Brückenbauten hinzukommenden Belastungen sind mehr oder minder häufig eintretende Lastwechsel zwischen einer unteren Spannungsgrenze σ_u, die z. B. der Belastung einer nicht befahrenen Brücke entspricht und einer der Höchstbelastung entsprechenden oberen Grenze σ_o.

Untersuchungen amerikanischer und englischer Forscher[1] mit Eisenbetonstäben unter Dauerlasten und Lastwechseln zeigen an dem einfachen Beispiel einer in ihrer Achse belasteten Eisenbetonsäule die Wirkungen der plastischen und elastischen Formänderungen des Betons auf das Zusammenwirken von Beton und Eisen.

Die Versuche bestätigten zunächst, daß der Beton bei unbelasteten Eisenbetonkörpern während trockener Lagerung Zugspannungen, während feuchter Lagerung Druckspannungen erleidet. Die unbelasteten, luftgelagerten Säulen wiesen während der ersten 12 Wochen ein allmählich fortschreitendes Schwinden auf; nach dieser Zeit war die Formänderungszunahme gering. Bei den feucht gelagerten Säulen zeigte sich ein ähnliches Verhalten, aber in wesentlich geringerem Ausmaß. Neben den Fließwirkungen unter Dauerlast rief auch das Schwinden im Laufe der Zeit eine andersgeartete Spannungsverteilung hervor, indem sogar eine Entlastung des Betons über Null hinaus bis zur Beanspruchung auf Zug und Belastung der Längseisen bis zum dreifachen Betrag ihrer Anfangsspannung eintrat. Der Einfluß der Längsbewehrung auf das Schwinden machte sich erst nach 4 Wochen bemerkbar. Nach 20 Wochen verhielten sich die Schwindmaße für Säulen mit 6,3%, 4,2% und 1,6% Längsbewehrung wie 1 : 1,26 : 1,58. Mit anderen Worten: Die Längsbewehrung reduziert die Schwindmaße.

Die Eisenspannungen wachsen im Verlaufe der ersten Monate stark, und die Betonspannungen nehmen ab. Diese Spannungsverlagerung, die zum größten Teil durch plastische Formänderungen verursacht wird, wird erheblicher, je kleiner das Verhältnis des Längseisenquerschnitts zum Betonquerschnitt ist und je trockener die Säulen gehalten werden. Mit wachsender Erhärtung des Betons, also mit zunehmendem Alter, wenn die plastischen Formänderungen abnehmen, die elastischen zunehmen, steigern sich die elastischen Eigenschaften.

---

[1] W. A. Slater und Lyle: Lehigh University; F. E. Richart und G. C. Staehle: University of Illinois, veröffentl. J. Amer. Concr. Inst. 1930, 1931; Glanville: Build. Res. Techn. Pap. Nr. 12. London 1930.

Untersuchungen mit 1,52 m langen trocken gelagerten Eisenbetonsäulen mit 21 cm Durchmesser wiesen bei rd. 1,6% Längsbewehrung (4 ⌀ 12,7 m/m) nach 5 Monaten Dauerbelastung durch die zulässige Gebrauchslast eine Spannungszunahme der Eisen um rd. 840 kg/cm² auf. Die Spannungen im Eisen σ_e erreichten dadurch 2100 kg/cm². Nach weiteren 7 Monaten Dauerlast stiegen die Eisenspannungen um 140, in 2 Jahren um weitere 140 kg/cm² und erreichten eine Höhe von 2380 kg/cm². Die Längseisen der unter Dauerlast stehenden Säulen erreichten demnach im Laufe der Zeit Spannungen, die das Material bis nahe an die Streckgrenze beanspruchten, während die Betonspannungen etwas sanken. Die Eisen folgten den plastischen Verformungen des Betons und nahmen ihm einen Teil seiner Funktionen ab. Wäre die Streckgrenze der Eisen überschritten worden, so hätte sich die Spannungsverteilung erheblich ändern und der Beton in stärkerem Maße zur Lastaufnahme herangezogen werden müssen.

Die sodann bis zum Bruche belasteten Säulen hatten die gleiche Bruchlast wie andere während der gleichen Zeitdauer unbelastete Säulen. Während also die Tragfähigkeit nicht geändert wird, ändert sich die Spannungsverteilung im Eisenbetonquerschnitt entsprechend den mit der Zeit sich ändernden plastischen Formänderungen des Betons.

Ihre Wirkung auf einen auf Biegung beanspruchten Querschnitt wird später erläutert werden.

5. Rosten und Rostsicherheit der von Beton umhüllten Eiseneinlagen.

Ein dauerndes Zusammenwirken von Beton und Eisen wäre kaum denkbar, wenn Eisen im Beton rosten würde. Als man anfing, Eisenbeton zu verwenden, war einer der schwerwiegendsten Einwände, daß die dünnen Eisenstäbe im Beton rosten und dadurch die Sicherheit der Konstruktion vermindert würde. Sehr bald hat aber die Praxis gelehrt, daß Eiseneinlagen im Beton nicht nur nicht rosten, sondern daß auch bereits verrostete Eiseneinlagen teilweise entrosten.

Von vielen Beispielen soll das folgende hervorgehoben werden: Der Jahresbericht des „Concrete Institute" vom Jahre 1912 berichtet von einem Beispiel über das Verhalten von Eisen in Beton bei einem 50jährigen Bau. Beim Abbruch der Fundamente eines Gebäudes in London aus dem Jahre 1862 wurde im Jahre 1911 eine größere Zahl von eisernen Bolzen vorgefunden, welche zum Teil im Beton eingebettet waren. Während die aus dem Beton herausragenden Teile vollständig verrostet waren, war der im Beton eingebettete Teil wie zur Zeit der Einbettung ohne jeden Rost nur mit einer Walzhaut überzogen.

Rohland berichtet über Laboratoriumsversuche[1], welche er über

[1] Prof. Dr. Rohland: Der Eisenbeton. Kolloidchemische und physikalisch-chemische Untersuchungen. Leipzig: O. Spamer 1911.

das Entrosten stark verrosteter Stäbe in einem normal langsam bindenden Zement ausgeführt hat. Schon nach 24 Stunden, nachdem das Abbinden zu Ende war, zeigte sich, daß der Rost dünner und einzelne blanke Stellen sichtbar wurden. Dieselben Eisenstäbe wurden wieder in Zement gebettet und nach einigen Tagen wieder herausgeschlagen. Hierbei zeigte sich, daß sich neue blanke Stellen gebildet hatten und daß sich unter der gelben Schicht von Eisenoxyd eine schwarze von Eisenoxydoxydul befand. Das Verfahren wurde mehrmals wiederholt. Am Schluß war das Eisen, soweit es in Zement eingebettet war, vollständig entrostet; dagegen war der herausragende Teil der Eisenstäbe rostig.

Breuillé erklärt die Ursache der Rostsicherheit (Ann. Ponts Chauss. 1902) damit, daß das Eisen während der Erhärtung chemisch mit dem Zement zu einem Eisensilikat sich verbindet, welches das Eisen als dünne undurchdringliche Haut umschließt. Diese Beobachtung kann man an Eiseneinlagen machen, die längere Zeit eingebettet waren. Da Breuillé auch eine Gewichtsverminderung des Eisens ermittelt hat, so erscheint diese Erklärung nicht unverständlich.

Rohland erklärt die Rostsicherheit des im Beton eingebetteten Eisens in anderer Weise und hebt hervor, daß zur Bildung von genügend Kalziumhydroxyd der Wasserzusatz nicht gering sein darf. Dadurch würden Kolloidstoffe aus dem Zement abgespalten, welche das Eisen gut umschließen. Nach Versuchen von Rohland kann die Entrostung nur während des Abbindens und der ersten Zeit der Erhärtung vor sich gehen, wobei der Zement in engste Berührung mit dem Eisen kommen würde. Letzteres ist aber bei einer plastischen Mischung leichter und vollkommener zu erreichen, als bei einer erdfeuchten Mischung.

Die Praxis hat dieselben Erscheinungen gezeigt, die im voranstehenden chemisch zu erklären versucht wurden. Während man vor Jahren manchmal forderte, daß die Eiseneinlagen vor dem Einlegen in Beton von Rost befreit und blank gemacht werden sollten, verlangt man dies heute nicht mehr. Nur im Falle ganz stark verrosteter Eiseneinlagen dürfte es sich empfehlen, die starken Roststellen mit Lappen abzuwischen. Ein kleiner oberflächlicher Rost ist nicht nur nicht schädlich, sondern erhöht auch den mechanischen Verbund zwischen Beton und Eisen.

Es erhebt sich die Frage, wieweit Rißbildungen bei Eisenbeton die Möglichkeit zum Verrosten der Eiseneinlagen bieten und bis zu welchem Grade die Sicherheit eines Bauwerkes darunter leiden kann.

Eiseneinlagen können bei Eisenbeton rosten, wenn Feuchtigkeit oder gewisse chemische Substanzen durch den Beton eindringen, was dann möglich ist, wenn sie in schlechtes oder stark poröses Betonmaterial eingebettet sind oder wenn chemisch aggressives Zuschlagsmaterial verwendet wurde.

Bei Eisenkonstruktionen, die mit Beton ummantelt werden, empfiehlt sich zunächst ein doppelter Farbanstrich, wobei kein Leinöl der Farbe zugesetzt werden darf, weil sonst eine Zerstörung der Farbe eintritt und dadurch Hohlräume entstehen, die vermieden werden sollten. Beim Abriß des 20stöckigen Gillendergebäudes in Neuyork nach einem 14jährigen Bestand zeigte sich, daß von dem Leinölfarbanstrich nichts mehr vorhanden war. Obgleich das Eisen bei diesem Bau sehr gut erhalten war, zeigten sich doch an einigen Stellen Rostangriffe, besonders da, wo durch das schützende Mauerwerk Feuchtigkeit durchgedrungen war. Andererseits zeigte sich beim Abbruch eines 13 Jahre alten Hauses in San Franzisko, bei dem die Eisenkonstruktion mit Beton umhüllt war, daß dieser ein ausgezeichneter Schutz gegen Rostbildung ist, vorausgesetzt, daß die Eisenkonstruktion auch vollständig umhüllt wird.

Es wird nicht immer möglich sein, so zu bauen, daß sich die feinsten Risse bei Eisenbetonträgern ganz vermeiden lassen. Zwar wird an den Rißstellen die Haftfähigkeit zwischen Beton und Eisen gelockert, aber es gibt Mittel, das Zusammenwirken künstlich zu erhalten; aus statischen Gründen werden sie keine Gefahr bieten. Schädlich können die Risse nur dann werden, wenn sie das Vordringen rostbildender Substanzen zu den Eiseneinlagen ermöglichen.

Zur Prüfung dieser Frage wurden vom Verfasser in einer besonderen Anlage Untersuchungen an 32 Eisenbetonbalken mit einem Querschnitt von 16×22 cm und 1,50 m Spannweite durchgeführt.

Bei diesen Versuchen handelte es sich in erster Linie darum, rostbildende Substanzen zu verwenden, die in verdünnter Form in den Atmosphärilien zu finden sind und in kurzer Zeit zum Ziele führten. Die ersten Versuche wurden mit Wasserdampf H_2O und Kohlensäure CO_2 durchgeführt. Die Balken wurden bis nahe an die Streckgrenze des Eisens beansprucht, so daß die Risse ziemlich weit offen waren. Die Zuleitung der CO_2 und des H_2O erfolgte durch 3 Tage; nachher wurde das Eisen freigelegt, ohne daß eine Wirkung zu sehen war. Der Balken wurde sodann mit den freigelegten Eisen in die Prüfungsvorrichtung eingelegt, CO_2 und H_2O durch 3 Tage zugeleitet, und auch dann war keine Wirkung zu erzielen. Derartige Vorversuche wurden an mehreren Balken in der Dauer von 1 bis 3 Tagen durchgeführt. Erst die Zuführung von Sauerstoff O, Kohlensäure und Wasserdampf konnte eine Rostwirkung zustande bringen. (Die Einführung von CO_2 sollte auf das Rosten beschleunigend wirken.)

Die für die Rostversuche bestimmten Eiseneinlagen wurden vor der Verwendung vom Rost vollständig befreit und nicht wie bei den anderen Balken vor dem Einlegen in den Beton mit Zementmilch bestrichen.

Der zu untersuchende Balken wurde bis zu einer bestimmten Last vorbelastet. Nachdem man sich überzeugt hatte, daß Risse vorhanden waren, wurde der Balken in die Prüfungsvorrichtung eingebaut und wieder belastet. Unter dieser konstanten Last erfolgte die Zuleitung des Gemenges durch eine gewisse vorher angegebene Zeit, täglich von 7 Uhr morgens bis 4 Uhr nachmittags. In der Nacht wurden die Kästen abgenommen und die Risse der Luft ausgesetzt. Nach Ablauf der für den Versuch festgesetzten Frist wurde durch Abschlagen des Betons das Eisen freigelegt und auf das sorgfältigste untersucht.

Aus diesen Versuchen konnte man feststellen, daß bis zu einer Belastung, die einer berechneten Spannung im Eisen gleich 2500 kg/cm² entspricht, also ganz nahe an der Streckgrenze selbst bei den zur Anwendung gebrachten konzentrierten rostbildenden Substanzen nicht die geringste Rostwirkung hervorgebracht werden konnte, obgleich die Risse bei dieser Belastung schon ziemlich weit geöffnet sind.

Eine Rostwirkung infolge der aufgetretenen Risse konnte erst hervorgebracht werden, nachdem der Balken bis ganz nahe an die Bruchlast vorbelastet wurde und die Eisen die Streckgrenze bereits überschritten hatten. Wenn das Eisen die Streckgrenze erreicht, so sind die Risse sehr weit geöffnet und schließen sich auch dann nicht wesentlich, wenn die Belastung zurückgeht.

Die Art der Wirkung ist je nach der Rissebildung beim Bruche verschieden. Bei Balken, die mit glatten Rundeisen bewehrt waren, trat die Rostbildung längs der Risse senkrecht zur Achse der Bewehrung auf (Abb. 74).

Bei Balken, die mit Knoteneisen bewehrt waren, trat der Bruch durch Abschieben des Betons längs der Eiseneinlagen in horizontaler Richtung ein. Dementsprechend war auch die Rostbildung. Das rostbildende Gemenge drang hier längs der horizontalen Rißfläche zu den Eisen, und der Rost verteilte sich flächenartig und nicht längs der senkrechten Risse.

Bedenkt man, daß ein Zusammentreffen von so konzentrierten rostbildenden Substanzen, wie sie bei diesen Untersuchungen angenommen wurden, bei Eisenbetonbauten nur selten vorkommt, so ersieht man daraus, daß für ruhende Belastungen kleine Risse keine Gefahr für ein Rosten der Eiseneinlagen bilden. Erst wenn die Risse sehr groß werden, wenn die Streckgrenze des Eisens erreicht wird, können rostbildende Substanzen Rostwirkungen in den Eiseneinlagen hervorrufen. Diese bleiben aber örtlich auf die Rißstellen begrenzt, wie Abb. 74 veranschaulicht, vorausgesetzt, daß guter plastischer Beton für eine gute Umhüllung der Eiseneinlagen sorgt.

Ein Dauerversuch an einem 3,40 m langen Versuchsbalken aus Eisenbeton wurde von der Eisenbahndirektion Berlin ausgeführt, der allerdings zu irgendwelchen allgemeinen Schlüssen nicht geeignet erscheint. Die Kenntnis derartiger Beispiele ist aber auch dann von

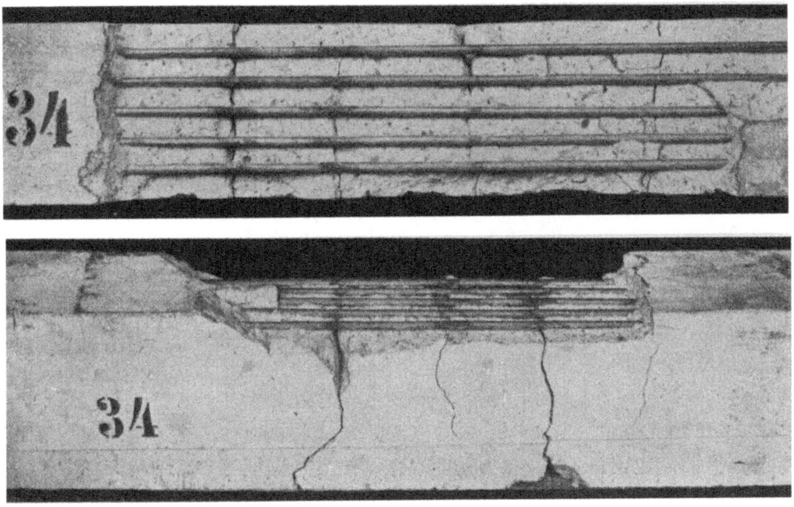

Abb. 74.

Wert, wenn die Bedingungen für die Versuchsausführung Mängel aufweisen, weil man aus Fehlern ebenso lernt wie aus guten Beispielen.

Der Versuchskörper war ein T-Balken, wie er in Abb. 75 dargestellt ist. Der Beton bestand aus 1 Raumteil Zement und 4 Raumteilen Neißekies. Zuerst wurde der Plattenbalken solange beansprucht, bis eine Anzahl von Rissen auftrat. Die Berechnung ergab für den Probekörper beim Auftreten des ersten Risses, dessen Stärke auf $^1/_{20}$ mm geschätzt wurde, eine Zugspannung im Beton von 35,6 kg/cm² und eine Spannung im Eisen von 1391 kg/cm². Die wechselnde Belastung erfolgte durch zwei Einzellasten, welche symmetrisch zur Mitte im Abstand von 60 cm angeordnet waren. Unterhalb der Probekörper war ein Wasserbehälter angeordnet, der abwechselnd gehoben und gesenkt wurde. Bei der gehobenen Lage tauchte sonach die ganze Rippe des T-Balkens vollständig in Wasser ein. Gleichzeitig wurde durch eine Gummiluftpumpe selbsttätig Luft in die Risse eingeleitet. Der Dauerversuch, der nachher mit einer Einzellast in der Mitte vorgenommen wurde, lieferte eine Spannung im Eisen von 1900 kg/cm².

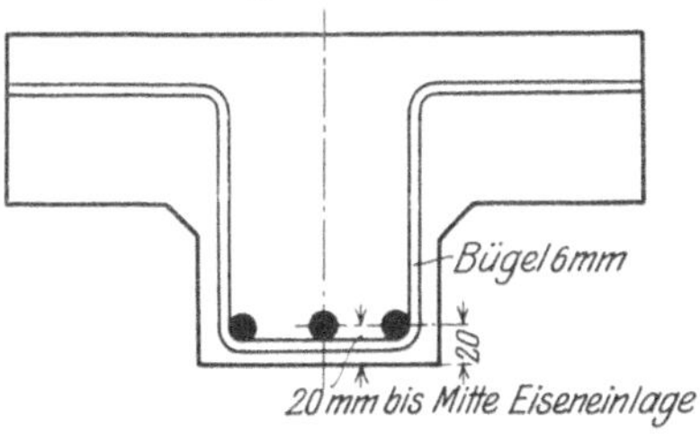

Abb. 75.

Nach 84000 Belastungen zeigte sich, daß die Ränder der Risse von Rost braun gefärbt waren. Nach einiger Zeit wurde die Belastungsanordnung mit zwei Einzellasten in der Mitte gewählt, welche abwechselnd einwirkten und den Einfluß einer wandernden Last darstellen sollten. Im ganzen wirkten auf den Versuchskörper während der ganzen Versuchszeit 1286722 Belastungen. Nach Freilegung der Eiseneinlagen zeigten sich an den Rißstellen Rostbildungen, sowohl an den Bügeln als an den Längseisen, und zwar bei letzteren an beiden Seiten des Risses bis zu 5 cm Länge. An denjenigen Stellen, wo keine Risse eingetreten waren, zeigten sich keine Rostspuren.

Aus diesen Versuchen wurde die Schlußfolgerung gezogen, daß die Betonumhüllung bei wechselnder Belastung und Entlastung das Eisen gegen Rost nicht zu schützen vermocht hat.

Betrachtet man den Querschnitt des Eisenbetonbalkens nach Abb. 75, so wird man sich nicht wundern, daß hier eine starke Rostbildung auftreten konnte. Der Abstand der Achse der Eiseneinlagen vom unteren Rande beträgt an den Stellen, wo Risse auftraten, 2 cm. Berücksichtigt man noch die 6 mm starken Bügel, so bleibt für die Betonumhüllung eine Schicht von 0,8 cm Stärke, die selbst dann als viel zu gering zu bezeichnen ist, wenn der Beton von einwandfreier Beschaffenheit war. Hierzu kommen noch andere wenig einwandfreie Bedingungen für die Versuchsausführung, welche es verständlich machen, daß eine Rostbildung bei diesen Versuchen eintreten mußte. Der Beton wurde erdfeucht hergestellt, so daß bei der Querschnittsanordnung der Versuchsbalken gar nicht zu erwarten war, daß eine dichte Betonschicht an der Unterseite gebildet werden konnte. In Fällen, wo Rißbildung angenommen werden muß, kann nur plastischer Beton in Betracht kommen.

Im Anschluß an die besprochenen Versuche soll auf Ermittlungen hingewiesen werden, die Klaudy in Wien an Eisenbetonbauwerken angestellt hatte, welche den Rauchgasen von Lokomotiven ausgesetzt waren (veröffentlicht in der Z. öst. Ing.- u. Arch.-Ver. 1908). Es handelte sich darum, die Veränderungen an 13 Jahre alten Überfahrten aus Eisenbeton festzustellen, welche in der Nähe von Wien über die Gleise der Südbahn gebaut waren. Es waren 10 m weite Moniergewölbe, deren Stärke im Scheitel 15 cm und im Kämpfer 30 cm betrug. Die Eisenstäbe waren 1 bis 3 cm von der Innenleibung des Gewölbes entfernt. Die Untersuchung erstreckte sich besonders auf die unterhalb der Eiseneinlagen liegenden Betonschichten. Der Betonbogen war aus einer Mischung 1 : 3, die Widerlager aus einer Mischung 1 : 8 hergestellt. Zur Untersuchung gelangten zwei Bauten, von welchen der eine nur von den Rauchgasen der darunterfahrenden Lokomotiven bespült war, während der andere den Rauchgasen von stehenden Lokomotiven durch längere Zeit oft ausgesetzt war. Die zur Untersuchung gelangten Betonproben wurden den am stärksten beanspruchten Stellen, welche über der Schornsteinöffnung der Lokomotive lagen, entnommen.

Es zeigte sich an der Innenfläche der Gewölbe ein dünner Rußbeschlag. Der Beton des Gewölbes war außerordentlich hart, nur an einzelnen Stellen der Unterfläche porös. An diesen porösen Stellen waren die Eiseneinlagen etwa $^1/_2$ mm stark angerostet. An allen anderen Stellen, wo der Beton dicht an die Eisen anlag und nicht porös war, war das Eisen unverändert. Es zeigte eine schwach-bläulich angelaufene Oberfläche, die von einem Zementhäutchen herrührte.

Die chemische Untersuchung der stark berußten Stellen ergab einen großen Gehalt an freier schwefliger Säure. Dieser ließ sich dort nachweisen, wo kein Ruß vorhanden war, in dem Widerlagerbeton mehr als in dem Gewölbebeton. Ferner zeigten die aus dem Gewölbe entnommenen Betonproben, daß 1 cm tief starker Ruß und Schwefelsäuregas vorhanden war, die aber nicht weiter als 1 cm von der Oberfläche reichten. Je weniger der Beton der Rauchgaswirkung ausgesetzt war, desto weniger tief reichte der Säure- und der Rußgehalt.

Nach Klaudy enthalten die Rauchgase der Lokomotive ein erhitztes Gemisch von Wasserdampf mit Kohlensäure und Stickstoff bzw. Luft; sie sind nach den verwendeten Brennmaterialien mehr oder weniger mit Schwefelsäuregas verunreinigt. Treffen die Rauchgase auf den Beton, so wird die Kohlensäure den freien Kalk des Betons karbonisieren und die Schwefelverbindungen unter Austreibung von Schwefelwasserstoff zersetzen. Es schlägt sich Ruß nieder und schweflige Säure wird absorbiert. Diese wird durch Feuchtigkeit an der Luft oxydieren unter Bildung von Schwefelsäure, die sich mit dem Kalk in den äußeren Betonschichten verbindet.

Faßt man alle Beobachtungen zusammen, die man aus den angeführten Versuchen und den Erfahrungen an älteren Eisenbetonbauten gewonnen hat, so ergeben sich für die Praxis des Eisenbetonbaues diejenigen Bedingungen, welche zu erfüllen sind, wenn man den Einfluß rostbildender Substanzen verhindern oder auf ein unschädliches Maß beschränken will. Zu diesen Bedingungen gehören:

Die Verwendung eines plastischen Betons, welcher alle Eiseneinlagen gut zu umhüllen vermag. Die Einbettungstiefe der Eiseneinlagen richtet sich nach der Größe der zu erwartenden schädlichen Einflüsse. Bei der Einwirkung von Rauchgasen wird es sich empfehlen, eine stärkere Betonschutzschicht zu wählen als z. B. bei gewöhnlichen Hochbauten, welche nur den Witterungseinflüssen ausgesetzt sind. Die Untersuchungen von Klaudy haben gezeigt, daß eine Stärke von 2 bis 3 cm bei den Eisenbetonbogen einen genügenden

Schutz bieten auch gegenüber den Rauchgasen, da selbst an den ungünstigsten Stellen ihre Wirkung sich nicht weiter als auf 1 cm erstreckte.

Im Falle wiederholter Belastungen und bei Bauwerken, welche im Wasser sind, soll man die die Eiseneinlagen schützende Betonschicht nicht zu gering machen, nicht unter 3 cm.

Ein Beton von hoher Zugfestigkeit und eine gute Verteilung der Eiseneinlagen auf der Zugseite wird die Rißsicherheit und damit die Sicherheit gegen Rostbildungen verstärken.

Eine Verrostung der Eiseneinlagen zu beiden Seiten evtl. entstehender kleiner statischer Risse kann um so eher verhindert werden, je plastischer der Beton und je besser die dadurch erzielte Umklammerung der Eiseneinlagen ist.

Will man bei Bauwerken aus Eisenbeton die Riß- und Rostgefahr beseitigen oder verringern, so hat man einmal für die richtige Auswahl der Materialien, für einwandfreie Verarbeitung, verbunden mit einer peinlich genauen Einlage der Eisen, Sorge zu tragen. Auf der anderen Seite muß die größte Sorgfalt auf eine gewissenhafte Nachbehandlung des Betons verwendet werden mit dem Ziele, die schädlichen Wirkungen der Anfangsspannungen auf ein unschädliches Maß zurückzuführen, eine gleichmäßige Erhärtung des Betons und dessen Schutz vor Erschütterungen in der ersten Zeit des Erhärtens zu gewährleisten.

6. Der Einfluß der Temperaturen und des elektrischen Stroms auf Beton und Eisenbeton.

a) Wärmeausdehnung und Wärmeleitung von Beton.

Es ist nicht leicht, die Wärmeausdehnung des Betons zu bestimmen, da gleichzeitig mit den Temperaturänderungen auch Längenänderungen infolge der Erhärtung eintreten. Andererseits kann aber auch der Erhärtungsvorgang durch die Temperatur beeinflußt werden, und schon aus diesem Grunde sind ältere Betonproben geeigneter für die Bestimmung der Wärmeausdehnung, weil die Schwindungserscheinungen geringer werden. Deshalb müssen diese Versuche mit großer Vorsicht ausgeführt werden.

Unter den bisher bekannten Versuchen ist in erster Linie die von Bouniceau gefundene Wärmeausdehnungszahl zu nennen. Diese schwankt zwischen 0,0000105 bis 148, für die Temperaturen zwischen $+20°$ und $+90°$ C. Die Versuche wurden für Mörtel und Kiesbeton durchgeführt.

Im Jahre 1894 berichtete Keller in der Tonindustrie-Zeitung über Versuche zur Bestimmung der Wärmeausdehnungszahlen an sechs verschiedenen Mischungen bei Temperaturen von $-16°$ bis $+72°$ C. Die von Keller ermittelten Wärmeausdehnungszahlen α_t zeigen, daß fettere Mischungen sich stärker ausdehnen als magere. Die für α_t gefundenen Werte sind:

Für reinen Zement					0,0000126
Für Betonmischungen:					
1 Teil Zement zu	1 Teil	Sand	und	Kies	0,0000110
Für die Mischung	1 : 2	„	„	„	0,0000101
„ „ „	1 : 4	„	„	„	0,0000104
„ „ „	1 : 6	„	„	„	0,0000092
„ „ „	1 : 8	„	„	„	0,0000095

Die gleichen Versuche zeigten auch, daß die Ausdehnungen bei Zunahme des Feuchtigkeitsgehaltes für magere Mischungen abnehmen.

Eine ziemlich gute Übereinstimmung mit den von Keller gefundenen Zahlen zeigen die von Pence ermittelten Wärmeausdehnungszahlen.

Für eine Betonmischung 1 : 6:

Bei Kiesbeton	0,00000972
„ Schotterbeton	0,00000990

Diese und andere Versuche, die für Temperaturen von $-15°$ bis $+40°$ C durchgeführt wurden, zeigten, daß bei älterem Beton die Wärmeausdehnungszahl etwas größer wird und daß $\alpha_t = 0{,}0000100$ als ein guter Mittelwert zu betrachten ist.

Die Wärmeleitung des Betons hängt in erster Linie von der Dichtigkeit des Materials ab. Dichter Beton leitet die Wärme besser als poröser Beton.

Die ersten Versuche über Wärmeleitung des Betons stammen von amerikanischen Forschern. Unter diesen sind die Messungen zu beachten, welche Woolson über Wärmeleitung bei einer Temperatur von 816° C vorgenommen hatte. Er fand bei einer Eindringungstiefe von 2,5 cm:

Nach 20 Minuten	20° C	Nach 2 Stunden	427° C
„ 1 Stunde	254° C	„ 4 „	565° C

Mit zunehmender Eindringungstiefe nehmen die Temperaturen ab. Bei einer Eindringungstiefe von 5,1 cm, ebenso bei 7,8 cm, betrug die Temperatur:

Nach 20 Minuten	nur 16° C
„ 1 Stunde beträgt sie im ersten Fall	204° C
„ 1 „ „ „ „ zweiten „	127° C
„ 4 Stunden	555 bzw. 460° C

Bei einer Eindringungstiefe von etwa 18 cm war die Temperatur nach 1 Stunde nur 85° und nach 4 Stunden nur 204° C.

Der dänische Ingenieur Grut hat im Jahre 1903 Versuche in folgender Weise durchgeführt:

In dem Hohlraum eines Betonhohlzylinders von 14 cm innerem Durchmesser und 34 cm äußerem Durchmesser wurde eine Temperatur von 1000° C erzeugt. An verschiedenen Stellen zwischen dem inneren und äußeren Rand des Hohlzylinders wurden die Temperaturen gemessen, und da zeigte sich, daß nach 7 bis 8 Stunden der Gleichgewichtszustand eintrat; die Temperatur, die hierbei in einem Abstand von 9 cm von der Innenseite im Beton gemessen wurde, betrug 264° C.

Die Versuche bestätigen die in der Praxis gemachte Beobachtung, daß Beton ein schlechter Wärmeleiter ist.

b) Wärmeeinfluß und Wärmebeobachtungen bei Beton- und Eisenbetonbauten.

Will man bei dem Entwurf größerer Bauwerke aus Beton oder Eisenbeton den Einfluß der Temperatur in der statischen Berechnung berücksichtigen, so genügen die vorstehenden Angaben nicht, weil sie aus Versuchen an kleinen Probekörpern stammen. Deshalb machte sich bald das Bedürfnis geltend, an Bauwerken den Einfluß der Temperatur zu studieren.

Bei der Bestimmung der Größe der Wärmeschwankung ist zu beobachten, daß der Standort des Bauwerks und das Klima von wesentlichem Einfluß sind, ebenso wie der Umstand, ob es der unmittelbaren Bestrahlung der Sonne ausgesetzt ist.

Unmittelbare Wärmemessungen mit Hilfe elektrischer Thermometer wurden an der Walnut-Lane-Bogenbrücke (70 m Spannweite, 21 m Stich) vorgenommen. Die Untersuchung zeigte, daß die Betonwärme im Abstande von etwa 14 Tagen ungefähr dem Verlaufe der Tagesmitteltemperaturen folgt. Die größte Schwankung der Betonwärme betrug 23° C bei Schwankungen der Lufttemperatur um 47° C. Da die Wärmemesser 1,42 m tief eintauchten und die Erwärmung im schwächeren Scheitelquerschnitt zweifellos stärker war, ist das Verhältnis zu günstig. Tatsächlich waren auch die gemessenen Scheitelbewegungen um 10% größer als die auf Grund der Messungen berechneten.

Messungen an der Zufahrtsbrücke des Kraftwerks Augst über die Ergolz (ein kontinuierlicher Balken von 13,725 + 16,80 + 13,725 m Stützweite, auf Gleitlagern ruhend) ergaben innerhalb eines Beobachtungszeitraumes von 5 Jahren eine größte Wärmeänderung um etwa 20° C. Dabei waren die Träger durch die Fahrbahn gut vor direkter Bestrahlung geschützt. Die Trägerhöhe betrug 90 bis 250 cm, die Breite 45 cm.

Unmittelbare Messungen an Betongewölben wurden an der Brooklyn-Avenue-Brücke in Los Angeles (Nordamerika) vorgenommen. Das Gewölbe war sehr dünn, jedoch durch die Fahrbahndecke vor der unmittelbaren Bestrahlung geschützt. Es ergaben sich Schwankungen der Gewölbewärme um 51% der Lufttemperatur = 19,5° C bei einer Verlaufdauer von 2 Jahren. Die Messungen bezogen sich nur auf die innersten Punkte des Gewölbes, so daß die Schwankungen der eigentlichen Gewölbewärme etwas größer gewesen sein dürften.

Die bekannten Untersuchungen von Dr. Schürch (veröffentlicht in der Zeitschrift „Armierter Beton“ 1916) beim Langwieser Talübergang, 2 Rippenbogen mit einer Spannweite von 100 m (Stärke der Rippen im Scheitel 1×2,10 m, im Kämpfer 1,50×4,00 m bei einer 20 cm starken breiten Fahrbahntafel), weisen in verschiedener Hinsicht extreme Verhältnisse auf. Das Bauwerk liegt 1300 m ü. M. Das Gebirgsklima der Umgebung zeigt sehr große tägliche Schwankungen der Luftwärme: im Winter 7 bis 10° C, im Frühjahr bis 17° C und im Sommer durchschnittlich 10° C. (Für die Berechnung wurde ein Wärmespielraum von ±15° C für die mittlere Gewölbewärme angenommen.)

Die geringe Luftdichte und der geringe Feuchtigkeitsgehalt der Luft lassen bei diesem Bauwerk die direkte Strahlungswärme kräftiger zur Geltung kommen als in tieferen Lagen, so daß mit einer starken Wirkung der Bestrahlung gerechnet werden mußte.

Es wurden 30 Thermometer eingebaut mit Eintauchtiefen von 30 bis 70 cm, die sorgfältig eingebettet und abgedichtet waren und erwarten ließen, daß die Thermometer die tatsächliche Gewölbewärme an den betreffenden Punkten angaben. Sämtliche Thermometer wurden von Oktober 1913 bis November 1914 dreimal täglich abgelesen und zugleich die maximale und minimale Luftwärme ermittelt. Aus der großen Zahl der Ablesungen konnte man folgendes entnehmen:

Die Tagesschwankungen der Betonwärme sind auch für kleinere Betonquerschnitte (im Scheitel des Bogens) viel geringer als die Lufttemperaturschwankungen, so daß die Tagesmaxima und -minima bei weitem nicht erreicht wurden. Es ist eine deutliche Verspätung in der Bewegung der Betonwärme gegenüber derjenigen der Luftwärme bemerkbar. Auch hat eine einzelne „Wärmespitze“ besonders auf die inneren Querschnittspunkte infolge der Wärmeträgheit des Betons fast keinen merklichen Einfluß.

Daneben kommt aber auch an verhältnismäßig kühlen und wenig sonnigen Tagen die Wirkung der Bestrahlung deutlich zum Ausdruck, d. h. der Unterschied zwischen Sonnenseite und Schattenseite sowie zwischen oberen und unteren Punkten eines Betonquerschnittes war gut feststellbar.

Diesen Wärmeunterschieden werden schon erhebliche Spannungen im Beton entsprechen, da der Körper nur als Ganzes Formänderungen ausführen kann, die einem Mittelwert der Wärme entsprechen. Da durch stärkere Erwärmung oder Abkühlung am Umfang oder an einzelnen Stellen desselben nicht unbedeutende Längsspannungen sowie

Schub- und Querspannungen verschiedener Art eintreten müssen, folgerte Schürch aus den Beobachtungen, daß gegliederte Querschnitte nicht nur dort zu bewehren sind, wo dies statisch erforderlich ist, sondern überall am Umfang. Es zeigte sich ferner, daß die Schwankungen der mittleren täglichen Wärme des Betons geringer waren als die Luftwärme.

Die Kurve der gemessenen Scheitelbewegungen entsprach recht gut dem Verlauf der mittleren Betonwärme. Dem Tagesmittel entsprach etwa die Mittagsstellung des Bogenscheitels. Die täglichen Scheitelbewegungen waren nicht unbedeutend, und zwar stand der Bogen immer abends am höchsten, morgens am tiefsten, entsprechend der Tatsache, daß zu diesen Zeiten die der Bestrahlung zugänglichen Punkte den höchsten und tiefsten Thermometerstand aufweisen.

Beim Langwieser Talübergang betrug die größte tägliche Steigung 4,5 mm, was einer Zunahme der mittleren Bogenwärme von 6,8° entspricht. Da die Wärmezunahme in derselben Zeit für die innersten Punkte nur $^1/_2$° und für 30 cm tiefer gebettete Punkte nur 5° C betrug, kann man daraus schließen, daß an dem betreffenden sehr hellen, warmen Tage der Einfluß der näher gegen die Oberfläche gelegenen Punkte offenbar ganz bedeutend gewesen ist.

Die Schwankungen der Temperatur innerhalb größerer Zeiträume nahmen ab mit zunehmender Tiefe der betreffenden Punkte. Bei den äußeren Punkten war dagegen der Einfluß heller Tage mit starker Bestrahlung deutlich an den scharfen Spitzen der Kurven wahrnehmbar. Für den einen Kämpfer der Langwieser Brücke zeigte sich der Einfluß der Bestrahlung geringer, da der nahe Berghang den Zutritt der Abendsonne hinderte. Weiter fiel auf, daß bei trüber Witterung die unteren Querschnittsfasern kühler sind als diejenigen der Mitte, bei Bestrahlung aber fast gleiche Wärme zeigten.

Die Messungen im Freien zeigten, daß ein bestimmtes Gesetz über die Geschwindigkeit des Eindringens des Wärmestromes in den Betonkörper und über das Verhältnis der Körperwärme zur äußeren Luftwärme oder über das Verhältnis der mittleren Körperwärme zur mittleren Luftwärme sich nicht feststellen ließ.

Im besonderen ist nach Schürch folgendes zu beobachten:

Die Wärme der äußeren Körperpunkte ist nicht nur durch die Luftwärme bedingt, sondern wird auch durch Niederschläge, Verdunstung und Winde beeinflußt. Die mittlere Körperwärme ist um so mehr von diesen Einflüssen abhängig, je größer der Umfang des Körpers im Verhältnis zur Querschnittsfläche ist.

Auch die „mittlere Luftwärme“ ist noch kein sicherer Maßstab, ihre Kurvenfläche keine genaue „Einflußfläche“ für die gesamte Wärmezufuhr, wenn das Mittel nur aus den extremen Temperaturen genommen wird statt aus vielen, mindestens stündlichen Einzelablesungen. Je größer die tägliche Wärmeschwankung ist und je rascher die Wärmewechsel eintreten können, um so weniger wird die gesamte Wärmezufuhr der „mittleren Wärme“ entsprechen.

Die mittlere Luftwärme wird durch Messung im Schatten erhalten. Da nun aber der Körper nicht nur durch die Wärme der umgebenden Luft beeinflnßt wird, sondern auch durch die Insolation (Bestrahlung), d. h. da der Körper auch Strahlungswärme empfängt, so müßte man offenbar, um einen Anhaltspunkt für den Einfluß der letzteren zu erhalten, nicht nur wie üblich die Lufttemperatur im Schatten, sondern auch diejenige in der Sonne messen.

In manchen alpinen Hochtälern (z. B. im Engadin) kommt es vor, daß die Thermometer in der Sonne + 35 bis 40° C zeigen, während die Lufttemperatur im Schatten nicht über −10° C steigt. Auch im Sommer ist der Unterschied zwischen Sonnen- und Schattentemperatur im Gebirge größer als in der Ebene. Nach H. Hoffmann im Juli und August 16,4° C in den Alpen, in Mitteldeutschland nur 4,9° C. Im Gebirge ist die Luft trockener, während im Tiefland der größere Dampfgehalt, die größere Dichtigkeit und die Trübung der untersten Luftschichten einen beträchtlichen Teil der eingestrahlten Sonnenwärme absorbieren.

Endlich ist noch zu berücksichtigen, daß bei einem großen Bauwerk im Freien, wo die einzelnen Beobachtungspunkte teilweise weit auseinander gelegen sind und auch sehr verschiedene Höhenlage im Tale haben, das Bestrahlungsverhältnis während einer sehr langen Bestrahlungszeit wegen des Wechsels der Sonnenstellung sehr verschieden ist.

Aus allem folgt, daß die Verhältnisse beim Langwieser Talübergang extrem sind, wie sie sonst so ungünstig nicht vorkommen. Diese Tatsache darf man bei den zu ziehenden Schlüssen nicht außer acht lassen.

Für den Langwieser Talübergang waren die täglichen Schwankungen verhältnismäßig groß, die Phasenverschiebung gegenüber der Luftwärme verhältnismäßig klein und die großen Amplituden der Körperwärmewelle wegen der Nebeneinflüsse nicht ohne weiteres vergleichbar mit denen der Luftwärmewelle.

Über den Verlauf des täglichen Wärmemittels konnte folgendes festgestellt werden (mittlere Luftwärme: Tagesmittel der Schattentemperaturen):

Die Temperaturschwankungen der Außenluft dringen nur gedämpft ein und nur bis zu einer geringen Tiefe. Bei einer mittleren Tagesschwankung der Luftwärme von 10 bis 11° C im Jahresmittel betrugen die entsprechenden Schwankungen der Betonwärme (ohne Strahlungseinfluß):

in 30 cm Tiefe nur noch	. . . .	$^1/_2$° C
„ 50 „ „ „ „	. . . .	$^1/_4$° C
„ 70 „ „ „ „	. . . .	$^1/_{10}$ bis $^2/_{10}$° C

Unter dem Strahlungseinfluß steigerten sich diese Werte:

bei 30 cm Tiefe von oben auf	. . . .	1° C
„ 30 „ „ „ der Seite auf	. . .	$2^1/_2$ bis 3° C
„ 50 „ „ „ oben auf	. . . .	$^1/_2$° C

Im Sommer betrugen die entsprechenden Werte bei einer mittleren täglichen Luftwärmeschwankung von 17° C:

in 30 cm Tiefe etwa	1° C
„ 50 „ „ „	$^1/_2$° C
„ 70 „ „ „	$^1/_4$° C

wobei unter dem Einfluß der Bestrahlung der Ausschlag bei 30 cm Tiefe von der Seite bis auf $4^1/_2$° C steigen kann.

Es kann ohne weiteres angenommen werden, daß bei massigeren Betonkörpern als bei dem von Langwies der Einfluß der Schwankung der äußeren Luftwärme noch mehr gedämpft wird. Auch wird sich der Einfluß der Strahlung vermindern, besonders wenn die klimatischen Verhältnisse nicht so extrem sind wie dort.

Eine indirekte Bestätigung der Langwieser Beobachtungen liegt in der bekannten Tatsache, daß die Temperaturschwankungen nur wenig in die Gesteinshülle der Erde eindringen, daß dabei die tägliche Schwankung in 1,0 bis 1,3 m Tiefe nicht mehr fühlbar ist und daß in 15 bis 16 m auch der Unterschied der jährlichen Extreme nur noch 0,1° C ist, während in 25 m Tiefe keinerlei Einfluß sich feststellen läßt.

Die Zeit des Höchst- und Tiefststandes der Thermometer läßt sich bei den Langwieser Beobachtungen nicht genau bestimmen. Regelmäßig war jedoch bei den Thermometern in 30 cm Tiefe die Abendablesung die höchste, bei den 70 cm tief eingebetteten Thermometern jedoch die Morgenablesung. Während der Höchstwert der Wärme bei den Thermometern mit geringer Eintauchtiefe mindestens mehrere Stunden nach der höchsten Temperatur eintrat, betrug die Verzögerung bei den größeren Tiefen bis 17 Stunden.

Die mittlere Betonwärme folgte bei den inneren Punkten, auch wenn die täglichen Schwankungen geringer sind, der Bewegung des Tagesmittels der Luft, wenn auch langsamer.

Steigt oder fällt die Temperatur des Luftmittels, so steigt oder fällt auch die mittlere Betonwärme. Bleibt das Luftmittel unverändert, so sucht sich ihm die Betonwärme zu nähern, und zwar um so rascher, je weniger tief der betreffende Punkt liegt.

Die maximalen Ausschläge der mittleren Betonwärme sind gegenüber der maximalen mittleren Luftwärme zeitlich verschoben. Die Verschiebungen sind im Anfang um so größer, je größer die Ausschläge sind und je länger sie anhalten. Sie betragen bei 30 cm Tiefe $1^1/_4$ bis $1^1/_2$ Tage, bei 50 cm Tiefe bis 2 Tage und bei 70 cm Tiefe bis zu 3 Tagen. Da diese Verschiebungen bei der Langwieser Brücke kleiner sind als z. B. bei der Walnut-Lane-Brücke, erklärt sich durch die verhältnismäßig geringen Abmessungen und durch die extremen klimatischen Verhältnisse.

Bei starkem Steigen oder Fallen des Luftmittels (z. B. bei bedecktem Himmel oder bei Niederschlägen) kann die Änderung der Betonwärme in 24 Stunden bedeutend größer sein als deren tägliche Schwankung unter dem Einfluß der Tagesschwankung der Luftwärme, für die 30 cm tief eingebetteten Punkte bis 70° C und noch mehr.

Bei Punkten, die der Bestrahlung nicht zugänglich sind, erreichen die Amliptuden der Welle der mittleren Betonwärme nie die Größe der Amplituden der mittleren Luftwärme. Der Beton ist also bei warmem Wetter stets kühler, bei kaltem stets wärmer als die Luft. Stark bestrahlte Punkte können jedoch erheblich wärmer werden als das Luftmittel.

Der Einfluß der Bestrahlung ergibt sich daraus, daß die sonnenseitige Bogenrippe in allen Punkten der lotrechten Querschnittsachse stets um $^1/_2$ bis 5° C wärmer ist als die schattenseitige. Die Bestrahlung von der Seite ist dabei viel wirksamer als von oben. Die täglichen Ausschläge infolge der Bestrahlung sind aber schon in 5 cm Tiefe von der Seite sehr klein, in 70 cm Tiefe nicht mehr meßbar und in 1 m Tiefe nicht mehr vorhanden, da dieser Punkt nicht mehr wärmer ist als der entsprechende der schattenseitigen Rippe.

Während der Beobachtungszeit in Langwies (etwa über 1 Jahr) schwankte die Luftwärme um 41° C, von −17° bis +24° C, während das Tagesmittel der Luftwärme nur um 30,5° C, d. i. von −13 bis +17,5° C schwankte. Demgegenüber betrugen an anderen Stellen die äußerst gemessenen Wärmewerte im Beton −12,2° und +22,7° C.

Die Schwankungsgröße beträgt für ein und denselben Punkt je nach der Lage desselben 24,8 bis 32,5° C oder 60,5 bis 79,3% der Schwankung der Luftwärme.

Bei den ungünstigen Langwieser Verhältnissen erreicht die Jahresschwankung der Betonwärme in 30 cm Tiefe also mindestens die Größe der Jahresschwankung des Tagesmittels der Luftwärme. Die Jahresschwankung der Betonwärme nimmt aber mit der zunehmenden Eindringungstiefe ab, und zwar stärker als die Tiefe.

Aus dem Mittel aller beobachteten Thermometer errechnen sich die Größtschwankungen:

in	30 cm	Tiefe	zu	28,20° C
„	50 „	„	„	27,66° C
„	70 „	„	„	26,24° C

Tür die Berechnung eines Gewölbes handelt es sich um die „mittlere Gewölbetemperatur“, nach Gilbrin „jene Temperatur, welche imstande ist, die verschiedenen mittleren Temperaturen aller zur Gewölbeachse parallelen Gewölbestreifen in ihrer Gesamtwirkung auf die Formänderung des Gewölbes genau genug zu ersetzen“.

Die Grenzwerte der mittleren Gewölbewärme waren $+18{,}83°$ und $-8{,}47°$ C, so daß die Schwankung $27{,}3°$ C $= 66{,}59\%$ der größten Luftwärmeschwankung betrug. Da die Luftwärmeschwankung innerhalb längerer Zeiträume noch größer sein kann als im Beobachtungsjahr, so ergibt sich eine Schwankung von nahezu 30° C, wie sie allgemein für die Rechnung vorausgesetzt wird.

Das gleiche Ergebnis liefert die Betrachtung der Scheitelbewegung. Die Scheitelbewegung zwischen höchstem und tiefstem Stand betrug 30,6 mm, was einer mittleren Bogenwärmeschwankung von $\frac{30{,}3}{0{,}79138} = 38{,}3°$ C entspricht. Rechnet man den Schwindeinfluß mit etwa 20 bis 25% ab, so erhält man trotz der großen Abmessungen des Bauwerks eine reine Wärmeschwankung von rd. 30° C, also etwa gleich der jährlichen Schwankung des Tagesmittels der Luftwärme.

Bei Betonbauwerken, die in gleicher Weise wie das Langwieser der unmittelbaren Bestrahlung ausgesetzt sind, wie Bogenbrücken mit untenliegender Fahrbahn, Kastenträgern, hohen Bögen mit aufgelöstem Fahrbahnaufbau usw., ist es angezeigt, mit einer Wärmeschwankung von nicht weniger als $\pm 15°$ C bzw. mit einem der jährlichen Schwankung des Tagesmittels der Luftwärme entsprechenden Spielraum zu rechnen. Bei Bauten ähnlicher Art mit kleineren Abmessungen kann eine wesentlich größere Änderung der mittleren Wärme eintreten. Die Schwankung der mittleren Bogenwärme betrug etwa 66,6% der größten Schwankung der Luftwärme. Dagegen beträgt die größte Schwankung im Scheitel 68,1%, an einem Kämpfer aber nur 64,7%.

Bei kleineren Querschnitten als von 60 cm Stärke würde die Schwankung unter gleichen Verhältnissen unzweifelhaft größer sein als 30° C.

Schürch kommt auf Grund seiner Messungen zu dem Ergebnis, daß ein Gewölbe von 40 cm mittlerer Stärke und 30 cm mittlerer Überschüttungsstärke für einen Wärmespielraum von $\pm 15°$ C zu berechnen sein wird. Für dasselbe Gewölbe ohne Überschüttung und ohne Wärmeschutz sei ein Spielraum von insgesamt 40° C als angemessen zu betrachten, aber nur unter so extremen Verhältnissen wie in Langwies.

Bemerkenswerte Beobachtungen über die Scheitelsenkungen der Neckarbrücke bei Cannstatt sind in den Jahren 1913 bis 1920 gemacht worden; sie sind in Abb. 76 dargestellt.

Wenn es sich hier auch nicht um Feinmessungen handelt, die uns über die Spannungsänderungen aufklären könnten, so kommt doch der Einfluß insbesondere der Temperatur klar zum Ausdruck. Die

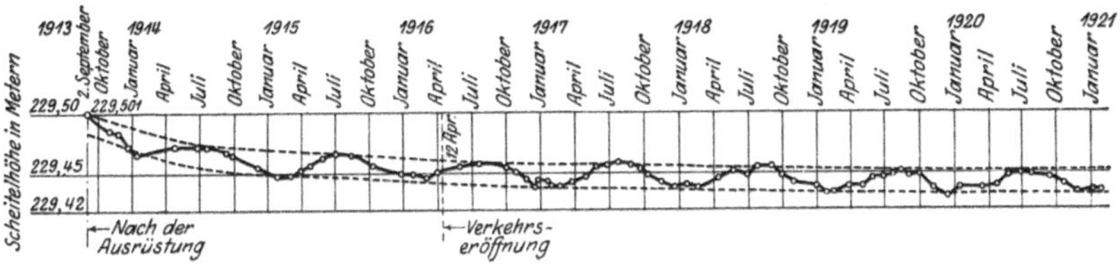

Abb. 76. Messung der Scheitelsenkungen bei der Neckarbrücke in Cannstatt.

in der Abbildung aufgetragenen Scheitelsenkungen sind auf verschiedene Ursachen zurückzuführen, u. a. auch auf bleibende Formänderungen infolge von Belastungen.

Zur Hauptsache stellen jedoch die als Ordinaten aufgetragenen Senkungen die durch Schwind- und Temperatureinflüsse hervorgerufenen Wirkungen der Volumenänderungen dar. Man erkennt aus der Darstellung deutlich, daß der Einfluß des Schwindens in den ersten Monaten am größten ist. Im Laufe der Jahre tritt dieser Einfluß immer mehr zurück. Nach der Verkehrsöffnung, die allerdings erst $2^1/_2$ Jahre nach der Ausrüstung der Brücke erfolgte, machte sich der Einfluß des Schwindens kaum mehr bemerkbar.

Dagegen fällt in der bildlichen Darstellung auf, wie regelmäßig sich die Wirkung der Temperatur bemerkbar macht. Auf die in der kalten Jahreszeit durch die Bogenverkürzung eintretenden großen Senkungen folgen in der heißen Jahreszeit die größeren Hebungen. Diese werden besonders stark durch die Wirkungen des Schwindens beeinflußt.

Wir sehen aus diesen Beobachtungen, wie wesentlich es ist, bei Beton- und Eisenbetonbauwerken von der Bauausführung bis zur Betriebnahme die günstigsten Bedingungen für die Verringerung der gefährlichen Anfangsspannungen zu schaffen. Zum Beispiel wird man, wenn dies ausführbar ist, die Herstellung eines Bauwerkes in eine Jahreszeit legen, bei der die Volumenänderungen infolge der Temperatur und des Schwindens einander entgegenwirken. Kann man aber die Herstellungszeit nicht beeinflussen, so wird man durch eine entsprechende Behandlung des Betons während der ersten Zeit der Erhärtung einen Ausgleich zu schaffen suchen.

Der Berechnung größerer Beton- und Eisenbetonbrücken sollte ein Wärmespielraum von 18 bis 30° C je nach den Abmessungen und den klimatischen Verhältnissen zugrunde gelegt werden.

Als Schutz gegen die Spannungen infolge ungleichmäßiger Erwärmung der Querschnitte dient u. a. eine möglichst symmetrische Bewehrung.

Die Wahl der Schwankungsgröße sollte immer den besonderen Verhältnissen angepaßt sein, kann aber auch dann noch für die Sicherheit des Bauwerks von geringerer Bedeutung sein als die Wahl der richtigen Ausführungszeit und die Art und Weise der Herstellung der Gewölbe.

Sofern es sich ermöglichen läßt, ist es stets zu empfehlen, ein Gewölbe bei möglichst kühler Witterung herzustellen. Bei einer Herstellung im Frühjahr hat man (gegenüber dem Herbst) den Vorteil, daß sich der Bogen im Sommer infolge der Erwärmung selbst vom Gerüst abhebt und so allmählich und vollkommen gleichmäßig in Spannung kommt.

Bei Stampfbetongewölben kann der größte Teil der Wirkung der Temperatur und des Schwindens dadurch beseitigt werden, daß man in einzelnen Abschnitten (Lamellen) betoniert und die kurzen Zwischenfugen erst nach einiger Zeit ausbetoniert.

Bei Eisenbetongewölben läßt sich dieser Vorteil teilweise erreichen, wenn man die Schlußfugen mit den Stößen der Eiseneinlagen zusammenfallen läßt und die Eiseneinlagen über den Betonquerschnitt möglichst gut verteilt werden.

Im allgemeinen wird es bei einem Entwurf eines Bauwerkes aus Beton oder Eisenbeton von größtem Vorteil sein, den Einfluß der Temperatur gleichzeitig mit dem des Schwindens zu berücksichtigen, da sie sich zum Teil addieren, zum Teil aufheben.

Die Schwankungen der Außentemperatur werden in ihrem Einfluß auf Staumauern meistens überschätzt. Ein Beispiel dafür, von wie geringem Einfluß die Außentemperatur auf den Kernbeton ist, liefern die Messungen an der 30 m hohen und 360 m langen Grimselstaumauer in dem Ausnahmejahr 1928/29. Es herrschten dort im Winter viele Wochen hindurch 30 bis 35° C Kälte, ausgenommen wenige Stunden über Mittag, und im Sommer wochenlang 35° Wärme, abgesehen von der nächtlichen Abkühlung. Die Mauertemperaturen wurden 20 m unterhalb der Krone gemessen, und zwar in 1 m Abstand von der Luftseite, in Mauermitte und in 2 m Abstand von der Wasserseite. Das Ergebnis war:

	1 m von der Luftseite °C	In Mauermitte °C	2 m von der Wasserseite °C
Im Winter	+ 2	+ 3	+ 4
Im Sommer	+ 10	+ 7	+ 6

Einer Außentemperaturschwankung von 70 °C steht somit eine Höchstschwankung von 8 °C in nur 1 m Entfernung von der Luftseite gegenüber.

Aus diesen und anderen bekanntgewordenen Messungen an Talsperren geht hervor, daß bei gutem Beton die Einwirkung der Außentemperatur bereits in $^1/_2$ m Tiefe nur noch zu einem kleinen Bruchteil spürbar ist, und auch nur dann, wenn sie über längere Zeitperioden konstant auftritt. Die Temperatur des Kernbetons pendelt nach Ausgleich der Abbindewärme nur wenig um die mittlere Jahrestemperatur.

c) Das Verhalten von Eisenbeton im Feuer.

Die Feuersicherheit von Eisenbeton hängt nicht nur von der Güte des Betonmaterials ab, sondern auch von der guten Umhüllung und Verankerung der Eiseneinlagen.

Die Wahl der Zuschlagstoffe ist für Feuersicherheit bei Eisenbetonbauten wichtig. Versuche der Stadt Hamburg im Jahre 1895 mit 16 verschiedenen Mischungen zeigten, daß Aschbeton ein besseres Verhalten im Feuer zeigte als andere Zuschläge. Versuche des Deutschen Ausschusses für Eisenbeton haben die Überlegenheit von Schotterbeton gegenüber Kiesbeton klargelegt.

Bei Eisenbeton wird man zwei Fragen zu prüfen haben: Wie stark muß der Schutz der Eiseneinlagen sein, und welche Mittel stehen uns nach den bisher gemachten Erfahrungen zu Gebote, um Eisenbeton feuersicher zu machen?

Versuche sind in dieser Beziehung außerordentlich schwierig auszuführen. Die Übertragung der bei kleinen Versuchskörpern oder auch kleinen Versuchsbauten gewonnenen Resultate auf größere Bauten dürfte sich nicht empfehlen.

Eine Reihe von wertvollen Erfahrungen über das Verhalten von Eisenbeton im Feuer, auch im Vergleich mit anderen Baumaterialien, wurden in Nordamerika gemacht. In den Jahren 1903 bis 1907 waren die durch Feuer entstandenen Verluste durchschnittlich 12,66 Mark pro Jahr und Kopf der Bevölkerung gegenüber einem Durchschnittsverlust von 1,38 Mark in Europa im gleichen Zeitraum. In dem Buch von Joseph Kendall Freitag[1] sind die Ergebnisse der in Amerika gemachten Erfahrungen zusammengestellt.

Zunächst handelt es sich darum, festzustellen, welche Temperaturen bei Bränden zu erwarten sind. Nach den Erfahrungen, welche man im Jahre 1904 in Baltimore und später in San Franzisko gemacht hat, betragen die Temperaturen in Bürohäusern selten über 1000° C, bei Lager- und Warenhäusern wird diese Temperatur überschritten und kann bis auf 1650° C steigen. Diese Temperaturen sind nicht nur dort zu erwarten, wo solche Riesenfeuer, wie in den beiden genannten Beispielen, auftreten, sondern auch da, wo größere Brennstoffmengen zusammenliegen.

Naheliegend ist ein Vergleich mit dem Verhalten anderer Baustoffe.

[1] Fire Prevention und Fire Protection. New York: John Wiley & Söhne.

Holz fängt im Feuer zu brennen an und behält seine Tragfähigkeit ziemlich lange, wenn es auch kein feuersicheres Material ist. Es ist deshalb von Wert, auch darauf hinzuweisen, weil man danach gewisse Vorkehrungen bei der Schalung und den Absteifungen von Eisenbetonbauten treffen kann. Wenn ein Eisenbetonbau bereits in der Erhärtung vorgeschritten ist, so wird ein starkes Feuer selbst dann, wenn die ganze Verschalung abbrennt, noch keine unmittelbare Gefahr für das Bauwerk sein. In dieser Hinsicht ist ein Beispiel von einem

Abb. 77. Das Verhalten von Stahl bei großen Feuern.

Brande in Hamburg nicht ohne Interesse, bei welchem ein Feuer eintrat, noch bevor die Steifen und die Verschalung der Eisenbetonkonstruktion entfernt waren. Das Feuer vernichtete alle Holzbestandteile, die Eisenbetontragkonstruktion blieb jedoch, abgesehen von einigen kleinen Beschädigungen, erhalten.

Der Schmelzpunkt von Flußeisen, Stahl und Roheisen liegt bekanntlich zwischen 1260 und 1430° C. Daß auch diese Temperaturen erreicht werden können, zeigt ein Beispiel von dem Brande in San Franzisko. In Abb. 77 ist eine schlecht ummantelte Stahlkonstruktion abgebildet, wie sie nach dem Brande in San Franzisko nicht selten zu sehen war.

In der Regel verliert das Eisen schon bei Temperaturen von 550 bis 650° C seine Tragfähigkeit, was sich auch bei ungeschützten oder schlecht geschützten Eisenkonstruktionen zeigt.

Ein Versuch in Hamburg im Jahre 1886 zeigte z. B., daß eine einfache Eisensäule bei einer Temperatur von 600 bis 745° C bei 84,8 t brach, trotzdem die errechnete Bruchlast der Säule 303 t betrug.

Gußeisen, dessen Schmelzpunkt zwischen 1120 und 1230° C liegt, hat sich bei leichten Bränden selbst unter schweren Lasten wiederholt bewährt. Aus verschiedenen Gründen kann man sich aber auf Gußeisen nicht verlassen. Das Material ist oft wegen der ungleichmäßigen Abkühlung beim Guß inneren Spannungen unterworfen, und diese haben wiederholt bei Bränden, wenn die Temperatur über 800° C steigt, zur Zerstörung Anlaß gegeben. Man muß ferner bedenken, daß Gußeisen ein sprödes Material ist, daß also bei einem Nachgeben einer gußeisernen Säule aus irgendwelchen Gründen die Gefahr besteht, daß Beanspruchungen auftreten, die es nicht vertragen kann.

Jedenfalls geht aus dem Gesagten hervor, daß Eisen ohne Schutz großen Feuern nicht widerstehen kann.

Die natürlichen Steine leiden alle unter dem Feuer so stark, daß ihre Tragfähigkeit in Frage gestellt ist. Granit zersplittert oft explosionsartig oder er zerfällt zu Sand. Kalkstein und Marmor werden bei Hitze von 600 bis 800° C zerstört. Sandsteine zeigen verschiedenes Verhalten. In manchen Fällen haben sie sich gut, in anderen Fällen schlecht bewährt.

Von den künstlichen Steinen sind in erster Linie Ziegel zu erwähnen, deren Widerstandskraft von der chemischen Zusammensetzung und von der Art der Herstellung abhängt. Bei Verwendung von Ziegel im Mauerwerk muß auch für einen guten Verband und für eine gute Verankerung gesorgt werden.

Ein ziemlich gutes Verhalten zeigt Kalksandstein. Dagegen haben sich Klinkerverblendung und auch glasierte Ziegel, letztere besonders beim Brande von San Franzisko, im Feuer nicht sehr gut bewährt. Auch hartgebrannte Terrakottahohlsteine haben sich nicht sehr gut bewährt, wenn die Wände zu schwach waren. Dagegen hat sich poröse Terrakotta bei guter Ausführung im Feuer gut gehalten.

Das Verhalten von Beton im Feuer hängt von der Größe der Dehydration ab. Humphrey faßt seine Beobachtungen beim Brande in San Franzisko dahin zusammen, daß die die Dehydration des Betons bei großen Feuern auf seine Feuersicherheit von größtem Einfluß ist, daß diese davon abhängig ist, bis zu welcher Tiefe das Feuer vordringt. Je besser daher das Eisen im Beton eingebettet ist, desto wirksamer ist die Wärmeisolation, die er gewährt. Humphrey hält eine Stärke von 2,5 bis 5 cm für Bürohäuser für einen genügenden Schutz, bei Warenhäusern müßte die Einbettungstiefe entsprechend größer sein, da Beton bis zu einer Tiefe von durchschnittlich 2,5 cm durch starke Wasserstrahlen, wie sie zum Löschen des Feuers dienen, zerstört werden kann.

Plastische Mischungen haben sich besser verhalten als trockene Betonmischungen, aber es dürfen keine Zuschlagstoffe verwendet werden, die im Feuer zerfallen.

Sind jedoch die Eiseneinlagen nicht genügend eingebettet und ihre Verankerung mit dem Druckgurt mangelhaft, wie in Abb. 78, so kann Eisenbeton im Feuer zerstört werden.

Die Anordnung von Fugen als „Temperaturfugen“ kann bei Bauwerken mit größeren Grundflächen von Vorteil sein, wie dies

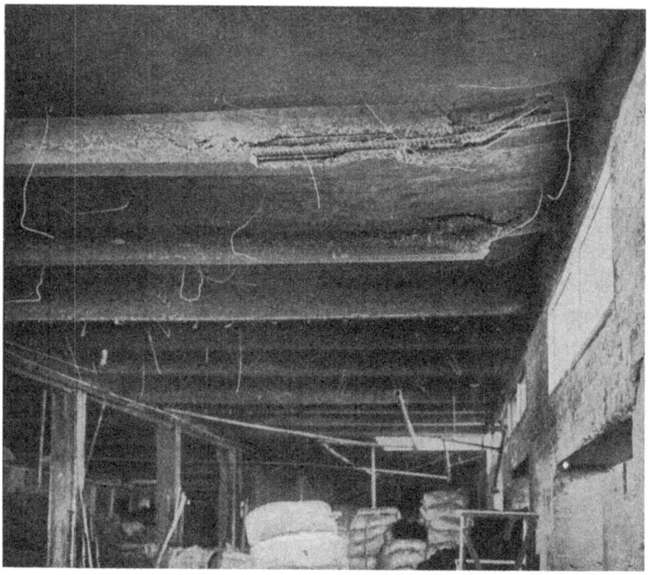

Abb. 78. Das Verhalten von schlecht ausgeführten Eisenbetonunterzügen im Feuer.

bei einem Brande in einem Eisenbetonbau in der Nähe von Berlin (im Jahre 1921) augenscheinlich war. Die 57 × 85 m große Grundfläche des Bauwerks war durch eine Fuge in zwei T-förmige Teile zerlegt. Bei dem etwa 6 Stunden dauernden Feuer konnte festgestellt werden, daß das Gebäude Bewegungen ausführte. Im Kellergeschoß, wo der Brand zuerst und am heftigsten wütete, schloß sich die Fuge infolge der Wärmeausdehnungen der Decke. In den oberen Stockwerken, wo das Feuer abgeschwächt und nur kürzere Zeit wirkte, blieben die Fugen mehr oder weniger offen; in den obersten Stockwerken konnte sogar ein Klaffen der Fugen beobachtet werden. Dazu kam noch die Verbiegung der Träger infolge einseitiger Hitzeeinwirkung.

d) Die Wirkung des elektrischen Stromes auf Beton und Eisenbeton.

Untersuchungen über elektrische Leitungsfähigkeit verschiedener Betonmischungen durch Lindeck (Elektrotechn. Z. 1896) zeigten, daß der Widerstand mit der Durchfeuchtung abnimmt, und daß die Leitungsfähigkeit von magerem Beton schlechter ist als bei fettem. Wie groß der Einfluß der Feuchtigkeit ist, geht aus einigen Zahlen hervor, welche Magnusson und Smith in den „Proceedings des Amerikanischen Instituts of Electrical Engineers“ angeben.

Versuche an Betonwürfeln von 2,5, 5,1 und 7,6 cm Seitenlänge haben für trockenen Zementmörtel einen spezifischen Widerstand von 1060300 · 103 Ohm ergeben, während der spezifische Widerstand von nassem Zementmörtel 7,4 · 103 Ohm beträgt. Die Zahlen gelten für je 1 cm^2 zweier gegenüberliegender Seitenflächen. Man wird daher besonders bei Fundamenten, wo Grundwasser oder eine gewisse Erdfeuchtigkeit vorhanden ist, mit dieser Erscheinung zu rechnen haben.

Für frischen, feuchten Beton beträgt nach Versuchen des Bureau of Standards in Washington der Leitungswiderstand 4 bis 6000 Ω/cm^3. Diese Zahl steigt mit zunehmendem Alter. Bei vollkommener Erhärtung und Austrocknung kann Beton als guter Isolator angesehen werden.

Zu beachten ist ferner, daß ein Zusatz von 2 bis 3% Kochsalz oder Chlorkalzium, die manchmal dem Beton bei niedriger Temperatur zugesetzt wurden, die Widerstandsfähigkeit um etwa 20 bis 25% verringert.

Die gewöhnlichen elektrischen Ströme, mit denen in der Praxis zu rechnen ist, sind entweder die vagabundierenden Ströme, die meistens von den Schienen der Straßenbahnen ausgehen oder durch Undichtigkeit der elektrischen Leitungen entstehen.

Bei ausgeführten Versuchen, bei welchen Eisenbeton der Wirkung des elektrischen Stromes ausgesetzt war, zeigte sich ein verschiedenes Verhalten, je nachdem das Eisen die Anode oder die Kathode war. An der Anode wird Sauerstoff abgeschieden, welcher an dem Eisen Rost erzeugen kann und die Ursache von Zerstörungen ist.

Versuche von Langsdorff aus dem Jahre 1909 mit Beton von einer Mischung 1 : 3 : 5 mit 3,8 cm starken Eiseneinlagen ergaben bei einem Strom von 0,05 Amp. im Alter von 50 Tagen einen Eisenverlust von 2,5 g pro Woche, welcher bei 0,2 Amp. auf 7,0 g stieg.

Ist das Eisen die Kathode, so zeigt sich aus allen Versuchen, daß es nicht angegriffen wird, da der an der Kathode ausscheidende Wasserstoff auf das Eisen keine Wirkung hat.

Gewöhnliche vagabundierende Ströme sind wohl zu schwach, um das Eisen anzugreifen. Erst bei höheren Spannungen von 1 bis 1,5 Volt kann eine sichtbare Wirkung eintreten, wenn der Beton feucht ist.

Bei Wechselströmen wird das Eisen nicht angegriffen. Manchmal tritt trotzdem eine Zerstörung des Betons ein, wie dies von Langsdorf gezeigt wurde, wahrscheinlich infolge der bei höheren Spannungen auftretenden Temperaturen.

Die Rißbildung im Eisenbeton bei Gleichstrom ist wiederholt untersucht und auch in verschiedener Weise erklärt worden. Die wahrscheinliche Ursache von Rißbildungen ist die Volumvermehrung der Eiseneinlagen durch die Rostbildung. Diese Annahme wird auch dadurch bestätigt, daß die Risse nur an der Anode auftraten, wo der Rost gebildet wird. Bettet man die Eisen im Beton ganz ein und leitet den Strom so, daß das Eisen Anode und Kathode ist, so zeigen sich die Risse auf der einen Seite, auf Seite der Anode, wie dies in Abb. 79 ersichtlich ist.

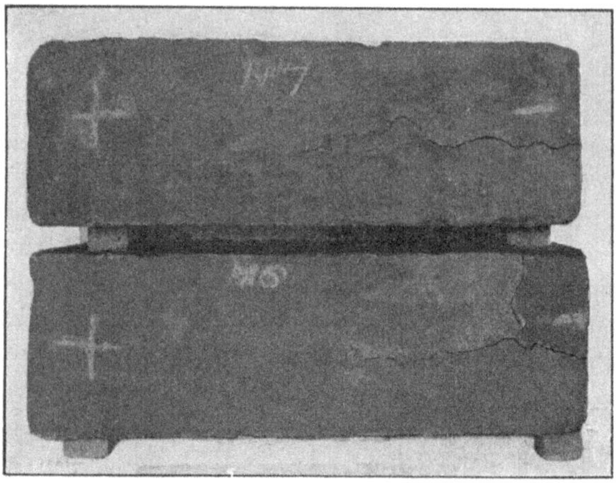

Abb. 79. Rissebildung an der Anode.

Von Interesse ist, daß die Rostbildung der Eiseneinlagen beim Durchgang des elektrischen Stromes von der Beanspruchung abhängig ist. Darnach rosten belastete Eisen anscheinend weniger als unbelastete.

Die hier angeführten Versuche beziehen sich hauptsächlich auf schwache Ströme. Die für Eisenbeton in Betracht kommenden Fälle, wo Ströme sehr hoher Spannungen auftreten, sind selten.

Versuche des Bureau of Standards in Washington mit 50 bis 60 Volt Spannung an kleinen Probekörpern von 15 cm Durchmesser und 20 cm Höhe (Mischung 1 : $6^1/_2$) bei 30 cm langen, in der Richtung der Achse 18 cm tief eingebetteten Elektroden zeigten im wesentlichen dasselbe Verhalten wie bei den schwächeren Strömen. In den ersten Stunden konnte eine Temperaturerhöhung von 12 bis 25° C festgestellt werden bei einer merklichen Zunahme des Widerstandes.

Im elektrotechnischen Institut in der Technischen Hochschule in Danzig wurden Versuche über den Einfluß hochgespannter Ströme auf Eisenbeton ausgeführt, über die Lubowsky in der „Elektrotechn. Z." 1914 berichtet.

Der Beton war in einer Mischung 1 : 2 : 2 und 1 : 3 : 3 hergestellt. Ein Versuchskörper mit Eisenblecheinlagen wurde 3 Stunden lang bei 11000 Volt und 0,22 Amp. beansprucht. Der Widerstand stieg dabei auf 45000 bis 55000 Ohm. Nach 2 Stunden traten seitlich Dampfstrahlen heraus, denen Lichtbogen von 1 bis 6 cm folgten. Dieselben Erscheinungen wurden an Betonkörpern wahrgenommen, welche mit

Eisendrahtspiralen von 4 mm Durchmesser versehen waren. Bei diesen Versuchen zeigte sich, daß sich bei den Körpern mit ungeerdeter Spirale die Spannung nicht durch den trockenen Beton zur Erde mitteilte, sondern seitlich als Funke oder Lichtbogen heraussprang und durch die Luft zur Erdungsplatte übertrat. Daraus folgert Lubowsky, daß im Falle von Blitzschutz von Eisenbetonbauten, wo die Eiseneinlagen nicht durch den ganzen Bau bis zur Erde durchgehen, eine eigene Blitzschutzanlage anzuordnen wäre. Dies wird um so notwendiger sein, je älter der Beton ist. Sorgt man aber dafür, daß eine durchgehende Eisenverbindung durch das ganze Gebäude vorhanden ist, so könnte unter Umständen von einer eigenen Anlage zum Schutz gegen Blitzschläge abgesehen werden.

Beobachtungen an größeren Bauten lehren, daß Feuchtigkeit und die Berührung von elektrischen Leitungen mit Beton die Vorbedingungen für das Auftreten von Zerstörungserscheinungen durch den elektrischen Strom sind. Sind die Eiseneinlagen mit einer elektrischen Leitung in unmittelbarer Verbindung, so liegt die Möglichkeit einer Zerstörung sowohl des Eisens als auch des Betons vor.

Vagabundierende Ströme können auch durch Gas- oder Wasserleitungsrohre in einen Bau geleitet werden.

An mehreren mit Beton ausgekleideten Tunnels wurden kurz nach der Fertigstellung Zerstörungserscheinungen im Beton beobachtet. Man vermutete den schlechten Einfluß elektrischer Ströme, weshalb an verschiedenen Stellen der Tunnelwände Spannungsmessungen vorgenommen wurden, die mit einer Beobachtung der Wände und der Schienen verbunden waren. Die $1^1/_2$ jährigen Beobachtungen und Messungsergebnisse konnten nicht feststellen, ob die Zerstörungen ausschließlich auf die Wirkung der elektrischen Ströme zurückzuführen sind. Jedenfalls aber zeigten sie, daß die Beschädigungen rein örtlich waren und den Kern des Betons unberührt ließen.

Handelt es sich darum, Vorkehrungen zu treffen, um die durch die Versuche festgestellten möglichen Übelstände durch Einwirkung elektrischer Ströme zu beseitigen, so kommt es darauf an, ob es sich um bereits bestehende oder im Bau begriffene Baulichkeiten handelt.

Bei Neubauten ist ein Zusatz von Kochsalz oder Chlorkalzium zu Beton nicht zu empfehlen, wenn man die Widerstandsfähigkeit gegen elektrische Ströme vergrößern will. Im Wasser oder in feuchter Erde befindliche Betonbauteile sollen gut isoliert werden. Das gleiche gilt auch von elektrischen Leitungen und Wasserrohrleitungen und ähnlichen, die als Leiter vagabundierender Ströme gelten. Die Berührung der Leitungen mit den Eiseneinlagen ist zu vermeiden, ebenso eine Verbindung der Eisen mit dem Grundwasser.

Bei bereits bestehenden Gebäuden wird es zweckmäßig sein, die elektrischen Leitungen in durchlaufenden Röhren anzuordnen und die Isolierung der Leitungen von Zeit zu Zeit zu überprüfen.

Schließlich mag darauf hingewiesen werden, daß ein gut ausgetrockneter Beton einen sehr hohen Leitungswiderstand hat. Bei Hochbauten besteht daher im allgemeinen keine Gefahr durch elektrolytische Wirkungen, um so mehr, als man in der Regel nur mit sehr schwachen Strömen im Beton zu tun hat. Wo jedoch große Feuchtigkeit auftritt und stärkere Ströme zu erwarten sind, dürften die aus den angeführten Versuchen sich ergebenden Mittel genügen, um größere Zerstörungen zu verhüten.

7. Wasserdurchlässigkeit und Wasserdichtigkeit von Beton und Eisenbeton.

Jeder Beton ist mehr oder minder wasserdurchlässig je nach dem Grade der Porosität, die sich aus der Art der Zusammensetzung und Verarbeitung des Materials ergibt.

Neben den insbesondere bei sehr weichem Beton vorkommenden Steigkanälen sind 4 Arten von Poren zu unterscheiden:

Wasserkonzentrationsporen von kugeliger Form, im Bindemittel konzentriert, stammen aus der plastischen Betonmasse, wo das überschüssige Wasser durch seine Oberflächenspannung die Kugelform bewirkt.

Strukturporen sind unregelmäßig und entstehen bei nicht genügend plastischer Verarbeitung.

Randporen bilden sich am Übergange von Bindemittel zu Zuschlagstoffen, wie sie bei Splitt beobachtet werden können, oder wenn die Oberfläche des Zuschlages wasserabweisend ist.

Nach der Größe unterscheiden sich die Hohlräume in Feinporen und Großporen; letztere sind mit freiem Auge oder bei geringer Vergrößerung unter dem Mikroskop zu erkennen.

Zwei typische Arten von Hohlraumbildungen sind in Abb. 80 und 81 dargestellt. Die erste Form tritt an groben Kiesstücken auf, während sich bei vorwiegend feinem Korn die gleichmäßig verteilten Poren nach Abb. 81 bilden.

Versuche zeigten, daß die bei trockener Verarbeitung entstehenden Großporen die Wasserdurchlässigkeit fördern; bei plastisch verarbeitetem Beton wächst die Wasserdichtigkeit. Bei einem Überschuß von Anmachwasser und der damit verursachten Lockerung des Kittmaterials wird die Durchlässigkeit wieder größer. Die Dichte des Zementkittes wird durch den W.Z.F. bedingt; je kleiner der W.Z.F. ist, desto größer wird die Dichte.

Ein einfaches Beispiel aus anderen Untersuchungen im Institut zeigt die Abhängigkeit der Wasseraufsaugefähigkeit von der Porosität des Betons (Abb. 82). 3 Betonwürfel der gleichen Zusammensetzung von

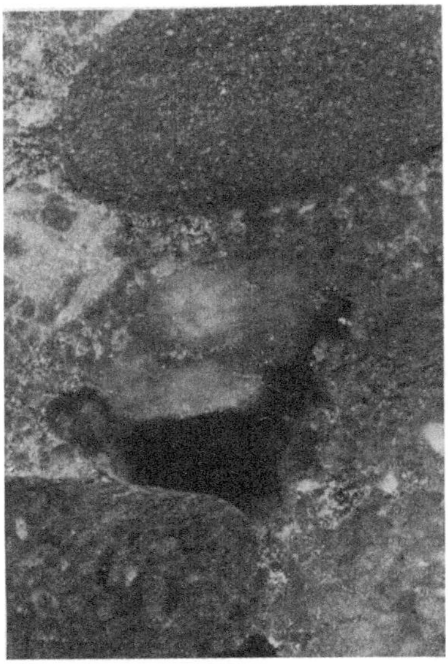

Abb. 80. Hohlraumbildung an groben Kiesstücken; Vergr. 37fach.

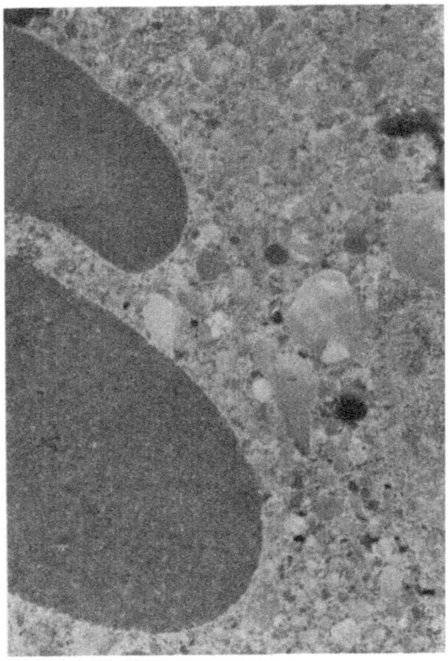

Abb. 81. Hohlraumbildung bei feinem Korn.

1 : 7,3 Gewichtsteilen Grubensandschotterbeton mit drei verschiedenen W.Z.F. von 0,95, 0,80 und 0,67 wurden 1 cm tief in Wasser getaucht. Nach 148 Stunden hatte der rechts im Bilde ersichtliche Würfel mit

W.Z.F.: 0,95 0,80 0,67

Abb. 82. Wasseraufsaugefähigkeit von Beton.

dem kleinsten W.Z.F. von 0,67 die geringste, der links im Bilde mit W.Z.F. von 0,95 die größte Wassermenge aufgesogen. Die Verschlechterung des Zementkittes durch die Steigerung des W.Z.F. vergrößerte die Porosität und damit die Wasserdurchlässigkeit des Betons.

Die Hohlräume auszufüllen bzw. ihr Volumen zu vermindern war daher schon frühzeitig das Bestreben all der Arbeiten, die sich mit der Verbesserung der Wasserdichtigkeit des Betons befaßten. Die ersten Bemühungen, dies mit wasserabweisenden oder schlämmigen Beimengungen zu erreichen, gelangen auf Kosten der Festigkeit. Natürliche hydraulische Zuschläge haben sich besser bewährt als chemische Zusätze.

Die Trennung der konstruktiven Aufgabe des Bauwerkes von der Dichtung, wobei diese einer besonderen Dichtungsschicht, einem Putz irgendwelcher Art, zugewiesen wird, kann nicht von der Notwendigkeit entbinden, das Betonmauerwerk selbst möglichst undurchlässig zu machen. Die Putze, die in der Regel zementreicher sind als der darunter liegende Beton und zudem oft erst nach Wochen aufgebracht werden, neigen dazu, rissig zu werden und sich vom Mauerwerk mit der Zeit abzulösen, um so mehr und um so rascher, je stärker sie der Sonnenbestrahlung und der trockenen Luft ausgesetzt sind.

Abb. 83.

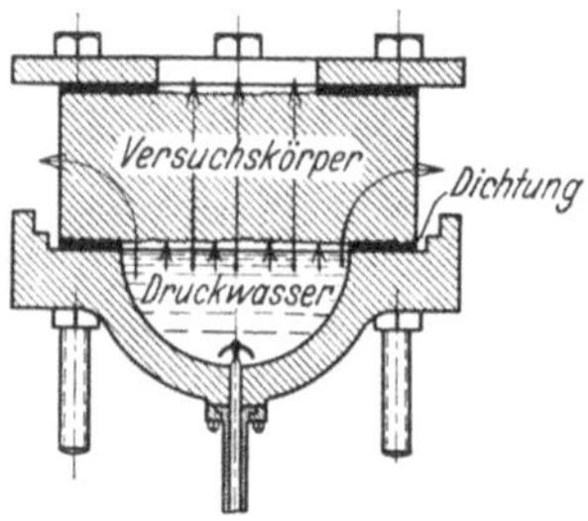

Abb. 84.

Von den zahlreichen Untersuchungen systematischer Art, die sich mit der Erforschung derjenigen Faktoren befassen, die auf die Wasserdurchlässigkeit von Beton von Einfluß sind, haben sich die meisten darauf beschränkt, bei einheitlicher Stärke der Probekörper und konstanter Druckhöhe das durchsickernde Wasser zu messen.

Die zur Durchführung der Untersuchungen im Institut des Verfassers vorhandene Einrichtung besteht im wesentlichen aus einem kippbar gelagerten Drucktopf mit der Wasserzuleitung und den nötigen Ventilen und einer ringförmigen Deckplatte, zwischen welche der Probekörper eingespannt wird (Abb. 83). Der Wasserdruck wird von unten nach oben ausgeübt. Zur Abdichtung und nachgiebigen Lagerung des Körpers wurden Gummiringe von 2 cm Breite benutzt.

Der Vorgang bei der Prüfung besteht im wesentlichen darin, daß man zuerst die Wasseraufsaugefähigkeit prüft (Abb. 84). Je poröser der Beton ist, desto rascher wird sich der Körper mit Wasser vollsaugen. Je dichter der Betonkörper ist, desto länger wird es dauern, bis der Betonkörper mit Wasser vollgesaugt ist. Als Gradmesser für die Wasserdurchlässigkeit gelten sonach die Zeit, die zum Vollsaugen notwendig ist, und der Gewichtsunterschied zwischen dem vollgesaugten und dem trockenen Körper.

Erst wenn der Betonkörper mit Wasser vollgesaugt ist, wird es möglich sein, einen gleichbleibenden Wasserdruck auf ihn einwirken zu lassen.

Die Wasserdichtigkeit ergibt sich sodann aus der Höhe des Wasserdruckes und der Dauer, bis zu der dieser gehalten werden kann, ohne daß das Wasser an irgendeiner Stelle des Betonkörpers austritt. Je wasserdichter der Körper ist, desto länger wird es dauern, bis das Preßwasser seitlich oder oben austritt. Dieser Zeitpunkt ist selbst bei dem Austritt ganz geringer Wassermengen sofort an dem Zurückgehen des Manometers zu erkennen.

Die Beurteilung der am Bauwerk verlorengehenden Wassermengen setzt die Kenntnis der Abhängigkeit zwischen Sickergeschwindigkeit, Druckhöhe und Dicke der Betonschicht voraus. In einer größeren Arbeit hat Merkle[1] in dem Institut des Verfassers es unternommen, diese Fragen zu klären. Daneben waren verschiedene andere Faktoren, wie der Einfluß der staubfeinen Teile, die Abhängigkeit von der Zuschlagart (Kiesbeton und Schotterbeton) und die Erscheinungen der Selbstdichtung des Betons zu untersuchen.

Bei den Untersuchungen wurden an 9 Reihen als Zuschlagmaterial in der Hauptsache Quetschsand und Schotter, bei 2 Reihen auch Kiessand verwendet. Das Mischungsverhältnis wurde konstant gehalten und war 1 : 7 in Gewichtsteilen, entsprechend etwa 300 kg/cm² fertigen Betons; die Konsistenzen waren plastisch bis gießfähig. Die Kornzusammensetzung des Zuschlagmaterials war nach vier verschiedenen Kurven nach Abb. 85 gewählt, bei Wasserzusätzen von 8, 9, 11,5 und 12% nach Gewicht (W.Z.F.: 0,64, 0,76, 0,88, 0,96).

Für die Durchlässigkeitsprüfungen dienten Betonzylinder von rd. 60 cm Höhe und einem Durchmesser der Querschnittsfläche von 40 cm. Die Körper wurden nur während der ersten 4 Wochen feucht gehalten, während sie später bis zur Prüfung vor Witterungseinflüssen geschützt an der Luft gelagert waren. Zur Vornahme der Durchlässigkeitsprüfung

[1] Wasserdurchlässigkeit von Beton usw. Von Dr.-Ing. Merkle. Berlin: Julius Springer 1927.

im Alter von etwa 9 Monaten und mehr wurden im allgemeinen zwei etwa 12 cm hohe Betonscheiben benutzt, welche aus der Mitte des Betonzylinders herausgesägt waren. Mit dieser Maßnahme wurde bezweckt, daß die von Zufälligkeiten abhängende, dichtende Wirkung der Zementhaut, welche sich an den Schalflächen und der Oberfläche der Körper bildet, ausgeschaltet war. Da es erwünscht war, das Wasser nicht an der Mantelfläche der Betonscheibe austreten zu lassen, wurden die Probekörper mit einem Blechmantel umgeben und der Zwischenraum zwischen Körper und Blechhülle mit einer Asphaltmasse ausgegossen.

Zur Ermittlung der relativen Durchlässigkeit wurden die Proben zunächst einem konstanten Wasserdruck von 3 Atm. ausgesetzt, welcher durch einen Gewichtsakkumulator erzeugt wurde. Das durchgesikkerte Wasser sammelte sich an der Oberfläche der Körper und wurde von Zeit zu Zeit abgesaugt und in kalibrierten Gefäßen gemessen. Um ein möglichst vollständiges Bild von der Veränderung der Durchlässigkeit mit der Dauer des Versuches zu erhalten, wurde dieser so lange fortgesetzt, bis ein Fortschreiten der Selbstdichtung nur noch in längeren Zeiträumen zu erkennen war. Dieser Zustand war im allgemeinen nach 15- bis 20tägiger Dauer annähernd erreicht.

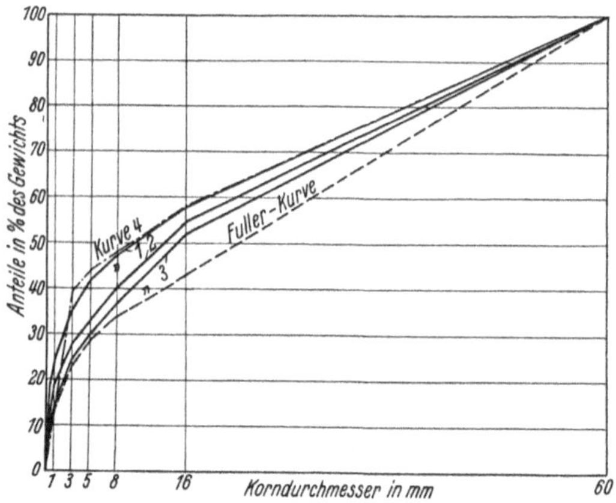

Abb. 85.

Bei Wasserdurchlässigkeitsversuchen der Schweizer Abdichtungskommission wurde an 22 cm starken Betonkörpern (398 kg Zement pro Kubikmeter Beton) von 78 cm Durchmesser nach 57tägiger Versuchsdauer eine sehr rasche Abnahme der durchfließenden Wassermengen festgestellt. Die offenbar aufgetretene Selbstdichtung führte Zschokke auf Quellungsvorgänge beim Hydratisieren des Zementes, auf Verstopfung der Poren durch die im Druckmesser enthaltenen oder vom Beton losgelösten feinkörnigen Teilchen und auf das unlösliche Kalzium- (auch Magnesium-) Karbonat zurück, das sich durch Einwirkung der im Wasser befindlichen freien Kohlensäure auf das freie Kalkhydrat bildet.

Das Durchsickern des Wassers durch den porösen Beton wird durch die Druckdifferenz zwischen Wasser- und Luftseite verursacht.

Die im Druckwasser enthaltene potentielle Energie wird dabei auf dem Weg des Wassers durch den Beton infolge der Reibung, entweder innerer oder auch Wandreibung, aufgezehrt. Im Körper stellt sich daher ein Druckgefälle ein, von dessen Größe neben Form und Größe der Porenquerschnitte die Sickergeschwindigkeit abhängt.

Um einen Einblick in die Abhängigkeit der Sickergeschwindigkeit von der Dicke der Betonschicht zu erhalten, wurden zwei im Mittel 17 cm starke Probekörper der Prüfung unter 3 Atm. unterworfen und ihre Durchlässigkeit in gewöhnlicher Weise ermittelt. Darauf wurden sie in der Mitte durchgesägt und die Hälften in derselben Richtung, jede für sich, dem gleichen Druck wieder ausgesetzt. Zwar zeigten sich die beiden Teilkörper, wie zu erwarten war, verschieden stark durchlässig. Die Annahme, daß die Sickergeschwindigkeit sich zur Dicke umgekehrt proportional verhalte, führte jedoch zu einer guten Übereinstimmung der Durchlässigkeit des ungetrennt gedachten Körpers, berechnet aus den Teildurchlässigkeiten mit dem nach den Ergebnissen der wiederholten Prüfung zu schätzenden Wert. Danach kann also mit guter Annäherung angenommen werden, daß die Durchlässigkeit proportional mit wachsender Dicke der Betonschicht abnimmt.

Die Ergebnisse der Laboratoriumsuntersuchungen, die sich mit der Wasserdurchlässigkeit von Beton befassen, lassen gewisse Schlußfolgerungen zu, die bei der Herstellung der in der Praxis als „wasserdicht" bezeichneten Beton- und Eisenbetonbauten zu berücksichtigen sind.

Die Abhängigkeit der Wasserdurchlässigkeit von Beton vom W.Z.F. und der Kornzusammensetzung des Zuschlagmaterials kann in der Weise zusammengefaßt werden, daß im allgemeinen derjenige Beton als der dichteste zu bezeichnen ist, der den geringsten (W.Z.F.) Wasseranspruch für seine Verarbeitung benötigt.

Andererseits lehren Versuche im Laboratorium und Erfahrungen aus der Praxis, daß die bei trockener Verarbeitung entstehenden Großporen die Wasserdurchlässigkeit fördern, die bei plastischem Beton durch die bessere Verteilung der Kleinporen verringert wird. Bei Überschuß an Anmachwasser tritt eine Lockerung der Struktur des Kittmaterials ein und führt gleichzeitig zur Bildung von Steigkanälen und zu einer Erhöhung der Wasserdurchlässigkeit.

Gibt man einer nicht zu fetten Mischung Feinsand unter 0,3 mm zu, so wächst die Wasserdichtigkeit, obwohl der Feinsand durch erhöhten Wasseranspruch den W.Z.F. vergrößert. Die physikalischen Eigenschaften des Feinsandes, die schon die Verarbeitbarkeit und Festigkeit durch die porenverteilende Wirkung günstig beeinflussen, sind für die Wasserdurchlässigkeit von noch größerer Bedeutung. Das Optimum der Feinsandzugabe ist erreicht, wenn die porenverteilende günstige

Wirkung der Feinteile aufhört wirksamer zu sein, als der schädliche Einfluß durch den erhöhten Wasseranspruch. Dieses Optimum liegt für die Wasserdichtigkeit höher als für die Festigkeit. Zur Erzielung eines wasserdichten Betons empfiehlt es sich, außer der Einhaltung eines bestimmten W.Z.F. den Prozentsatz der Feinteile im Sand (Zement und Feinsand unter 0,3 mm) für Kiesbeton von 25%, für Schotterbeton von 35 auf 45% heraufzusetzen.

Zu diesen Feinteilen ist auch der Traß zu rechnen, der selbst reaktionsfähig ist und z. T. den Zement ersetzt. Ein Traßzusatz ist aber nur dann wirtschaftlich, wenn diese Reaktionsfähigkeit vorhanden ist, d. h. nur bei einem Kalküberschuß. Andernfalls ist der gleiche Effekt der Porenverteilung durch Steinmehl zu erreichen. Ein Übermaß an Feinteilen durch Traßzusatz beeinträchtigt die Güte des Betons. Die nicht reaktionsfähigen Feinteile lockern dann durch ihren erhöhten Wasseranspruch die Struktur der Kittmasse.

Für wasserundurchlässigen Beton sind satte Mischungen erforderlich, in denen die Hohlräume ausgefüllt sind. Ist dieser Forderung durch die notwendigen Feinteile Genüge getan, so spielt der sog. Hohlraumfüllungsgrad keine Rolle. Die Kittmasse als Summe von Wasser und Zement kann mengenmäßig vermehrt werden und so der Füllungsgrad vergrößert werden, indem man die Wassermenge allein wachsen läßt, wie es z. B. bei übermäßig feinem Sand der Fall ist. Ein besser gekörnter Sand hat weniger Wasseranspruch und ergibt deshalb bei gleicher Bindemittelbeigabe einen niedrigeren Füllungsgrad. Es wäre eine Verschwendung, wenn man zur Verbesserung des Füllungsgrades dann die Menge der Kittmasse durch vermehrte Zementbeigabe erhöhen müßte.

Die Forderung, Beton, der wasserundurchlässig sein soll, möglichst lange feucht zu halten, ist vor allem auch für sehr naß verarbeiteten zu erheben, nicht nur, um durch Quellung des Zementkittes eine möglichst große Anzahl Poren zu verschließen, sondern auch, um das Schwinden hintanzuhalten.

Betonbauwerke, die einem hohen Wasserdruck ausgesetzt sind, werden allmählich von der Wasser- zur Luftseite zunehmend, zum größten Teil oder vollständig mit Wasser gesättigt. Je nach dem Hohlraumvolumen wird man sonach bei der statischen Berechnung infolge des entstehenden Auftriebes das Raumgewicht entsprechend vermindern müssen.

Für die Menge des durchsickernden Wassers ist die Größe des Verhältnisses zwischen Druckdifferenz von Wasser- zur Luftseite und Dicke des Betonkörpers, das Druckgefälle, maßgebend. Dementsprechend ist für Eisenbetonbauteile mit im allgemeinen kleinen Abmessungen bei hohen Wasserdrücken wegen des hohen Druckgefälles und wegen der Rostgefahr der Eisen ein besonders dichter Beton notwendig. Hier fallen die Bedingungen für die Zusammensetzung des Betons mit denjenigen zusammen, die für eine hohe Festigkeit notwendig sind. Die Eiseneinlagen wird man tiefer einbetten müssen als bei anderen Bauwerken.

Bei großen Betonmassen (z. B. Staumauern) ist das Druckgefälle niedrig und die Materialbeanspruchung verhältnismäßig gering. Die Zusammensetzung des Betons verträgt in diesem Falle eine Herabsetzung des Zementanteiles und eine Vergrößerung des W.Z.F. Man wird bei sorgfältiger Zusammensetzung und Herstellung des Betons eine besondere Dichtung durch Verputz oder andere wasserabweisende Mittel als zusätzliche Sicherheit ansehen können und eine Verringerung der Wasserdurchlässigkeit des Betonkörpers selbst durch eine plastische Verarbeitung und manchmal auch durch hydraulische Zuschläge zu erreichen suchen. Man bedenke, daß jede Art von Dichtung kostspielig ist, daß der zementreiche Verputz, der meist erst nach der Erhärtung des dahinterliegenden, weniger zementreichen Betons aufgebracht werden kann, nicht nur zu Rissebildungen Anlaß gibt, sondern sich leicht von diesem ablöst, abblättert.

Vor Beantwortung der Frage, wie man ein Betonbauwerk möglichst wasserundurchlässig macht, sollte man darauf achten, daß es nicht genügt, die Voraussetzungen für ein möglichst wasserundurchlässiges Betonmaterial zu schaffen. Jede Arbeitsfuge eines Eisenbetonbauwerkes, jede Blockfuge eines in Blöcken hergestellten Massenbetons und jede Fundamentsohle kann eine Quelle der Wasserdurchlässigkeit werden, wenn nicht geeignete konstruktive Maßnahmen vorgesehen werden.

8. Chemische Angriffe auf Beton und Eisenbeton und Mittel zu deren Verhütung.

a) Chemische Einwirkungen auf Zement und Beton.

Die Ursachen von Angriffen oder Zerstörungen auf Beton sind im allgemeinen in einem chemischen Angriff auf den abgebundenen Zement, nicht auf das Zuschlagmaterial zu suchen, da dieses so ausgewählt werden kann, daß es unangreifbar ist. Über die chemischen Vorgänge bei der Zerstörung ist man aber deshalb nur unbefriedigt unterrichtet, weil der Chemiker über die Konstitution der Zemente und damit auch über diejenige der Hydratationsprodukte noch keine Sicherheit hat erlangen können.

Zunächst mögen die den Beton zerstörenden Stoffe in ihrer Wirkungsweise auf die verschiedenen Zemente beschrieben werden.

Die Einwirkung saurer Flüssigkeiten: Da abgebundener Zement sowohl basische Stoffe ($Ca(OH)_2$ = Kalkhydrat) als auch salzartige Verbindungen (Silikate und Aluminate) enthält, ist er gegen starke Säuren nicht widerstandsfähig. Auch in großer Verdünnung vermögen ihn Salzsäure und Salpetersäure gänzlich aufzulösen. Ebenso wirkt Schwefelsäure lösend auf Zement ein; der dabei entstehende Gips ($CaSO_4$ 2 aq) gibt außerdem Anlaß zu Treibwirkungen.

Daraus folgt, daß Betonbehälter mit nicht geschützten Innenwänden zum Aufbewahren saurer Flüssigkeiten ungeeignet sind und daß saures Abwasser nicht durch Betonkanäle geleitet werden darf, ohne es zuvor mit Kalk zu neutralisieren.

Die Einwirkung saurer Salze und schwacher Säuren, insbesondere der in der Praxis häufig vorkommenden Kohlensäure, besteht wie bei starken Säuren in einem Lösungsvorgange, der sich aber sehr langsam vollzieht.

Versuche in dem Institut des Verfassers über die Zerstörung von reinem Portlandzement durch Kohlensäure führten zu dem Ergebnis, daß die Kohlensäure die Portlandzemente innerhalb eines Jahres bis zu einer Tiefe von 1 cm völlig zersetzte. Der Kalk war in der zersetzten Schicht bis zu 3 Viertel seiner ursprünglichen Menge herausgelöst worden.

Beton wird meist nur an der Oberfläche zersetzt, und in den seltensten Fällen tritt hier eine ernste Gefahr für ein Betonbauwerk ein. Wahrscheinlich hat die Kohlensäure überhaupt erst oberhalb eines bestimmten Minimalgehaltes im Wasser aggressive Eigenschaften. Der beim Angriff zunächst gebildete kohlensaure Kalk ($CaCO_3$), welcher sogar zu einer Festigkeitserhöhung des Betons führen kann, wird durch weitere Mengen freier Kohlensäure in wasserlösliches Kalziumkarbonat ($CaH_2(CO_3)_2$) verwandelt und als solches fortgespült. Je mehr freie Kohlensäure, die im Wasser gelöst ist, an den Beton herangeführt wird, desto wirksamer muß allmählich ihr Angriff sein. Fließendes Wasser ist dabei schädlicher als stehendes.

Auch organische Säuren, wie z. B. Essigsäure, Milchsäure, Buttersäure, Gerbsäure und andere, ferner Phenole, wirken im Laufe der Zeit lösend auf Beton ein[1]. Sie sind in den Abwässern gewisser Gewerbe vorhanden, z. B. im Spülwasser der Brauereien, in welchen sie durch Säuregärung der Bierreste entstehen. Teile einer Kelter, die aus Beton bestanden, Schweineströge, in denen Futterrest sauer geworden waren, zeigten Zerstörungserscheinungen. In Südfrankreich werden daher Weinbehälter aus Beton im Innern mit Glas ausgekleidet, um sie gegen die im Wein enthaltenen Säuren zu schützen. — Schott berichtete über die Zerstörung eines Betonbehälters durch gärenden Zwetschgenbrei.

Schließlich spielen die Säuren auch im Moorboden und Moorwasser eine wesentliche Rolle[2]. Insbesondere sind es die in den Moor-

[1] Dr. Bach u. Helbing: Jber. Emschergenossensch. 1918.

[2] Gerlach, Friedr.: Die elektrische Untergrundbahn der Stadt Schöneberg. Berlin: W. Ernst & Sohn 1911.

wässern unter gewissen Bedingungen frei werdenden anorganischen Säuren, zu denen hauptsächlich die durch Oxydation von Ammoniak entstehende salpetrige Säure, aber auch die durch Oxydation des im Untergrund nachgewiesenen Schwefelwasserstoffe entstehende Schwefelsäure gehören.

Hierbei ist zu beachten, daß schon geringe Mengen Säure genügen, um auf jeden Zement empfindliche Schädigungen im Laufe der Zeit hervorzurufen. Die bei der Anätzung des Zementes entstehenden Salze werden immer wieder durch die absorbierende Wirkung des Torfes zersetzt, so daß dieselbe Säuremenge immer wieder frei wird und ihre zerstörende Wirkung am Zement fortsetzen kann. Die schädliche Wirkung der bei der Verwesung des Moorbodens sich bildenden Säuren mahnen gleichfalls zur Vorsicht. Schädlich können auch die im Humus enthaltenen sog. „Humussäuren“ wirken, ferner die aus tierischen Fetten und Ölen bei deren allmählicher Zersetzung („ranzig werden“) entstehenden Fettsäuren, säurehaltige, mineralische Öle.

Die Einwirkung sehr reinen „weichen“ Wassers. Wässer, welche sehr wenig Mineralstoffe gelöst enthalten, sog. „weiche“ Wässer, besitzen ein sehr energisches Lösungsvermögen. Ohne irgendwelche Treiberscheinungen zu zeigen, vermag sehr reines Quellwasser, am wirksamsten destilliertes Wasser, den Kalk des Betons allmählich herauszulösen und den Beton zu zermürben.

Betonquader aus jungem Beton, welche bei Versuchen der Emscher Genossenschaft in destilliertes Wasser eingelegt worden waren, zeigten bereits nach einigen Tagen eine mächtige Abscheidung von weißen Massen, die im Laufe der Zeit noch zunahmen und aus kohlensaurem Kalk bestanden.

Nach Versuchen von Schott gehen von einer bestimmten Menge von Zement, die sich in einem Filter befindet, beim Betropfen mit destilliertem Wasser 30% und mehr Portlandzement in Lösung.

Dieselben chemischen Einwirkungen, welche das Herauslösen des Kalkes veranlassen, haben auch die gallertartige Abscheidung geringer Mengen Kieselsäure und Tonerde zur Folge. Dadurch entsteht auf den Wandungen des Betons eine Art Schutzdecke, eine Sielhaut, in der sich noch organische Stoffe festsetzen können und die bei der Reinigung der Kanäle und Wasserbehälter möglichst erhalten werden muß. Eine Reinigung mit scharfen Bürsten u. dgl. ist daher in solchen Fällen zu vermeiden.

Die Einwirkungen von Salzlösungen auf Beton:

Zu den gefährlichsten Feinden des Betons zählen in der Praxis die Lösungen gewisser Neutralsalze; es sind insbesondere die Sulfate (Salze der Schwefelsäure) und alle diejenigen Schwefelverbindungen, welche durch die oxydierende Wirkung des Luftsauerstoffes bei Anwesenheit von Feuchtigkeit leicht in Sulfate überführt werden, so die Sulfite

(Salze der schwefligen Säure H_2SO_3), Thiosulfate (Salze der „Unterschwefelsäure" $H_2S_2O_3$, z. B. Fixiersalz), Sulfide (Salze des Schwefelwasserstoffes, H_2S, z. B. Schwefelkies, FeS_2), Schwefelwasserstoff und fein verteilter Schwefel.

Sulfate kommen in industriellen Abwässern vor, ferner im Grund- und Moorwasser und schließlich im Meerwasser.

Die Entstehung von Sulfaten im Grundwasser sowohl wie im Moorwasser ist auf Sulfide des Bodens zurückzuführen, die bei Zutritt von Luft oxydiert werden. Insbesondere Schwefelkies kommt in allen Moorböden vor; er geht mit Luftsauerstoff bei Gegenwart von Wasser in schwefelsaures Eisenoxydul ($FeSO_4$) und freie Schwefelsäure über. Letztere wird sich im allgemeinen mit kohlensauren Salzen (z. B. $CaCO_3$) unter Abspaltung von freier Kohlensäure und Bildung von Gips umsetzen. Für die Bildung von Sulfaten kommt ferner noch die Oxydation von Schwefelwasserstoff zu Schwefelsäure in Betracht.

Auch im aufgeschütteten Boden, der Bauschutt, Schlacken und Hausmüll, organische Küchenabfälle, schwefelhaltige Rückstände von chemischen Fabriken enthält, können Sulfide und Sulfate enthalten sein und kann Schwefelwasserstoff, ähnlich wie in Moorböden, entstehen. Deshalb ist in solchen Fällen Vorsicht geboten.

Der Gehalt des Grundwassers an schädlichen Stoffen wechselt daher je nach dem Erdreich, durch das es fließt, sehr stark.

Da sich fast in allen Kohlen Pyrit vorfindet, führen auch Grubenwässer oft freie Schwefelsäure und viel Eisensulfat.

Meerwasser kann für See- und Hafenbauten wegen dessen Gehalts an Magnesiumsulfat schädlich werden.

Nach den bisherigen Forschungen über die Ursachen der zerstörenden Wirkung von Sulfaten ist anzunehmen, daß diese mit dem Kalkhydrat des Zementes unter Volumenvergrößerung zunächst Gips bilden und dabei bereits Sprengungen des Mörtelgefüges hervorrufen können.

Ferner konnte von Nitsche[1] und Passow[2] nachgewiesen werden, daß bereits früher im Laboratorium künstlich hergestellte Doppelverbindungen zwischen Tonerde und Gips, die Kalziumsulfosaluminate, auch Kalziumaluminiumsulfate (für die die unglückliche Bezeichnung „Zementbazillus" eingeführt wurde), oder Kalktonerdesulfate (K.T.S. genannt), sich im zerstörten Mörtel tatsächlich vorfinden. Dadurch gewinnt die bereits von Michaelis aufgestellte und von ihm gegen vielerlei Angriffe verfochtene Behauptung wieder sehr an Wahrscheinlichkeit, daß nämlich das erwähnte, mit einer großen Menge Wasser unter gewaltiger Volumenvergrößerung auskristallisierende Doppelsalz der eigentliche Betonzerstörer ist und daß es sich dabei, im Gegensatz zu

---

[1] Nitsche: Zement 1917, 1918, 1920.

[2] Passow u. Schönberg: Mitt. chem.-techn. Versuchsanst., Heft 1. Berlin 1917.

dem beim Säureangriff von der Oberfläche her erfolgenden Lösungsprozeß, um eine letzten Endes mechanische Sprengwirkung von innen heraus handelt, die als Treiben wahrgenommen wird.

Obgleich alle Arten von Sulfaten Schädigungen hervorrufen, so hängt doch das Ausmaß letzterer noch von den Basen ab, an welche die Schwefelsäure gebunden ist.

Als gefährlichste Sulfate gelten diejenigen des Magnesiums, der Alkalien (Natrium, Kalium) und des Kalziums (Gips, Anhydrit). Bei Magnesium- und Alkalisulfaten, ebenso wie bei reiner Schwefelsäure, muß der Bildung des K.T.S. erst die Bildung von Gips durch Reaktion mit dem Kalk des Zementes vorangehen, während bei der Einwirkung von gipshaltigem Wasser kein Angriff auf den Kalk, sondern nur auf die Tonderde des Zementes erfolgt. Vielleicht erklärt sich hieraus die stärker schädigende Wirkung der erstgenannten Schwefelverbindungen.

Das K.T.S. ist keine beständige Verbindung. In Berührung mit Salzlösungen wird es wieder zersetzt. Daraus erklärt sich, daß man K.T.S. im völlig zerstörten Beton, der ganz mit Salzlösung durchtränkt ist, nicht mehr nachweisen kann, sondern nur in solchen Betonstücken, bei denen die Zerstörung erst begonnen hat.

Außer den genannten Sulfaten werden noch dem Magnesiumchlorid ($MgCl_2$) zerstörende Eigenschaften zugeschrieben.

Die Lösungen anderer Salze, z. B. von Kochsalz (NaCl), von Sylvin (KCl), von Ammoniumchlorid (Salmiak NH_4), gelten, von ganz jungem Beton abgesehen, nicht als Betonzerstörer. Die Karbonate (Na_2CO_3), Natriumkarbonat, Soda; K_2CO_3, Kaliumkarbonat, Pottasche; $(NH_4)_2CO_3$ (kohlensaures Ammoniak) wirken günstig auf Zement ein, indem sie mit dem (freien) Kalkhydrat des Mörtels, das auch bei der Einwirkung der Luftkohlensäure entstehende, zur Verfestigung wesentlich beitragende Kalziumkarbonat (kohlensaurer Kalk) bilden. Die hierbei abgeschiedenen Basen bleiben in Lösung und bewirken alkalische Reaktion derselben.

Schädigungen des Betons können durch die Bildung von Schwefelsäure aus schwefelhaltigen Gasen, namentlich aus Schwefelwasserstoff, verursacht werden. Dieses Gas entsteht unter anderem bei der fauligen Zersetzung organischer Stoffe, kann daher in Kanälen, die fauliges Abwasser führen, namentlich wenn sie schlecht gelüftet sind, vorhanden sein, ebenso in gewissen Kläranlagen, die fauliges Abwasser verarbeiten. Es kann aber auch entstehen durch biologische Reduktion von im Wasser gelösten Sulfaten und aus Sulfiden durch Säuren.

Die Wirkung verschiedener Gase:

Insofern gewisse Gase auf feuchten Beton einwirken, gilt dasselbe, wie es oben für die Lösung der Gase im Wasser angeführt wurde (z. B. Kohlensäure, Schwefelwasserstoff).

Die Kohlensäure der Luft reagiert mit dem Kalke des Betons unter Bildung von kohlensaurem Kalk, der zur Verfestigung beiträgt.

Für Betonbauten schädliche Luft findet man in chemischen Industriewerken, unter Eisenbahnbrücken und Tunnels, in Abwasserkanälen, Jauchegruben und Faulkammern. Die schädliche Wirkung kann durch die schweflige Säure der Rauchgase verursacht werden. Es bildet sich Kalziumsulfid und daraus wieder Gips durch Oxydation an der Luft.

In der Luft von Abwasserkanälen, Jauchegruben und Faulkammern ist es der Schwefelwasserstoff, der unter gewissen, bereits erwähnten Umständen Zerstörungen verursachen kann.

Neuere Untersuchungen über die Wirkung von Chlorgas zeigten, daß kein Zement auf die Dauer diesem aggressiven chemischen Stoff zu widerstehen vermag.

Die Wechselwirkung mit verschiedenen Metallen:

Es ist für den Eisenbeton von größter Wichtigkeit, daß das Eisen in Zementmilch und im Beton nicht nur nicht rostet, sondern eher entrostet wird. Dabei wird allerdings eine so dichte Überdeckung des Eisens durch den erhärteten Beton vorausgesetzt, daß ein nachträgliches Benetzen des Eisens mit Wasser ausgeschlossen ist.

Heyn[1] veröffentlichte Versuche, die in Lichterfelde für den Deutschen Ausschuß für Eisenbeton ausgeführt wurden. Sie zeigen das Verhalten von Kupfer, Zink und Blei gegenüber Zementwasser und Beton und lehren, daß Kupfer von einem aus destilliertem Wasser mit Zement durch Schütteln hergestellten Zementwasser angegriffen wird. Dieser Angriff beginnt an der Oberfläche unter Bildung von Kupferoxyd. Zink und Blei werden von Zementwasser sehr stark angegriffen.

Probeplättchen aus Blei und besonders aus Zink, welche in Zementwürfeln eingebettet waren, wurden sehr stark angegriffen, deshalb wird es sich empfehlen, beim Zusammentreffen dieser beiden Metalle mit Beton eine entsprechende Schutzschicht dazwischenzulegen.

Wechselwirkung des Zementes mit den Zuschlagsmaterialien:

Normaler Kies und Sand, der hauptsächlich aus Kieselsäure oder kohlensaurem Kalk besteht, tritt mit dem Zement nicht in Wechselwirkung. Enthält das Zuschlagsmaterial jedoch sulfathaltige Mineralien, z. B. Gips, Anhydrit oder Sulfide, wie Schwefelkies (in Kohle stets vorhanden, also auch in Schlacken, die für Schlackenbeton verwendet werden), so ist die Gefahr für den Beton sehr groß; zahlreiche bemerkenswerte Beispiele aus der Praxis haben dies bestätigt.

---

[1] Versuche über das Verhalten von Kupfer, Zink und Blei gegenüber Zement, Beton und den damit in Berührung stehenden Flüssigkeiten, ausgeführt im Kgl. Material-Prüfungsamt in Gr.-Lichterfelde in den Jahren 1908—1910 von Prof. Heyn. Heft 8 des Deutschen Aussch. für Eisenbeton. Berlin: W. Ernst & Sohn.

In manchen Schlacken ist Pyrit enthalten, in fast allen aber Gips. Liegt z. B. eine Schlacke von nur 0,5% Gipsgehalt vor, so kommen bei einer Betonmischung von 100 g Zement und 1000 g Schlacken 5 g Gips durch die Schlacke in den Beton, die unter Umständen bei Zutritt von Wasser zerstörend wirken.

Die Schlacken bergen manchmal auch noch eine andere Gefahr in sich, die von dem aus dem Mergel stammenden gebrannten Kalk herrührt. Dieser Kalk löscht sich unter starker Volumenvergrößerung zu Kalkhydrat und führt zerstörende Treiberscheinungen herbei. Auch die Porosität des Schlackenbetons kann von Nachteil werden. — Im Sand manchmal vorkommende Humussäure kann den Zement angreifen.

Einwirkungen physikalischer Natur auf Beton:

Tierische, pflanzliche und mineralische Öle wirken auf frischen Beton ungünstig und zerstören ihn im Laufe der Zeit. Aus diesem Grund ist auch ihre Verwendung als Zusatz zur Herstellung von wasserdichtem Beton nicht angezeigt, um so mehr, als durch einen Zusatz von Öl die Festigkeit des Betons vermindert wird. Fette und Öle greifen jedoch bereits erhärteten Beton kaum an.

b) Einige Beispiele aus der Praxis.

Lange Zeit blieb es unbekannt, welchen folgenschweren Angriffen Beton ausgesetzt sein kann, bis Beispiele von Zerstörungen bekannt wurden.

Zerstörungen durch kohlensäurehaltiges Wasser, besonders wenn es „weich" ist, sind mehrfach an Wasserhochbehältern beobachtet worden[1]. Schott berichtet über Zerstörungen am Wasserreservoir in Achern, durch welches ständig Quellwasser mit einem Gehalte von 7 mg freier Kohlensäure pro Liter hindurchfloß. Fast der ganze Putz, soweit er mit dem Wasser in Berührung kam, war zerstört worden. Zwei Drittel des Kalkes waren aus dem Putz herausgelöst, während der Verlust an Kieselsäure und Tonerde nur sehr klein war.

Nach einem anderen Bericht[2] zermürbte das Leitungswasser einer Stadt, das sehr „weich" war und außerdem 9 mg freie Kohlensäure pro Liter enthielt, die Zementwände des Hochbehälters bis auf 10 cm Tiefe.

Alkalische Flüssigkeiten, z. B. Lösungen von Kali, Natron, Ätzkalk, Ammoniak usw. wirken auf Beton nicht schädigend ein. Daher greifen weder Kanalwässer noch Fäkalwässer (Jauche) den Zement an. Ein Beispiel hierfür fand Endris (veröff. im „Gesundh.-Ing.", 1911) gelegentlich eines Straßenkanalumbaues bei dem ein Betonrohr von

[1] Schott: Einwirkung von Kohlensäure auf Portlandzement und Traßmörtel. Prot. d. Ver. dtsch. Portlandzementfabriken 1897 S. 136.

[2] Pfeiffer: Welche Erscheinungen können eine Wasserleitung gefährden? Wass. u. Abwass. 1911 Nr. 96.

60 × 90 cm Lichtweite nach 32jähriger Lagerung in der Erde ein tadelloses Aussehen zeigte, obgleich während der ganzen Zeit konzentrierte Kanaljauche durchgeleitet worden war.

Über ein Beispiel für Beschädigung eines Abwasserkanals durch industrielle Abwässer berichtet Professor Mohr-Ludwigshafen a. Rh. Der Kanal, der ein U-förmiges Profil zeigte, war bis zur Decke mit 2 cm starken sog. Knauffschen Platten ausgelegt. Diese waren in eine 2 cm starke Mörtelschicht 1 : 2 eingebettet. Die Decke bestand aus Beton 1 : 4 mit Eiseneinlagen, der Beton der Wände hatte die Zusammensetzung 1 : 6, der des Unterbaues 1 : 8. Das Wasserniveau war an der untersuchten Strecke in halber Höhe des Kanals.

Der Beton hinter den Platten, hauptsächlich oberhalb des Wasserniveaus, war teils bröcklig, teils zu einer weichen, schmierigen Masse geworden, die aus den Fugen zwischen den Platten hervorquoll. In weitem Umfange zeigte die Plattenwand eine Auswölbung gegen das Innere des Kanals: viele Platten waren heruntergefallen. Von der Decke war eine untere Schicht von 1 bis 2 cm Stärke zum großen Teil herabgefallen oder doch losgelöst; stellenweise traten die Eiseneinlagen zutage und waren mit einer gelbbraunen bis braunen Kruste bedeckt.

Die Platten zeigten in der Höhe des Wasserniveaus verschiedenfarbige, meist schmierige Beläge, während sie im oberen Viertel des Profils, ebenso wie die Decke, mit einem gelben bis gelbbraunen, leicht in großen Stücken abblätternden Belag bedeckt war. An der Decke und den oberen Platten waren häufig Ausblühungen von winzigen, farblosen Kriställchen, zum Teil in Form langer Nädelchen, zu beobachten. Eine große Anzahl von Analysen, sowohl des Mörtels der Wände als auch der Decke, ergab übereinstimmend, daß eine große Anreicherung an Schwefelsäure stattgefunden hatte, die zum Grade der Zerstörung in einem direkten Verhältnisse stand und die Sprengungen veranlaßt hatte. Die gelben Abscheidungen an den Wänden und der Decke bestanden aus elementarem Schwefel, der höchstwahrscheinlich durch Oxydation von Schwefelwasserstoff (H_2S) oder Schwefelammonium $(NH_4)_2S$ durch den Luftsauerstoff im oberen Teile des Kanals gebildet worden ist. H_2S und $(NH_4)_2S$ können zum Teil als solche bereits im Abwasser enthalten gewesen und so in den Luftraum des Kanals gelangt sein, oder aber es kann H_2S durch Reduktion von im Abwasser enthaltenen Sulfaten unter Mitwirkung von Bakterien in größerer Menge entstanden sein. Die farblosen, nadelförmigen Kristalle erwiesen sich als Gips.

Es ist höchstwahrscheinlich, daß die Schwefelsäure bzw. die Sulfate, welche in den oberen Teilen des Kanals die Zerstörungen verursachten, aus Schwefelwasserstoff oder Schwefel durch Oxydation mit Luftsauerstoff entstanden sind.

Die Untersuchungen ergaben ein Verhältnis von (löslicher Kieselsäure + Tonerde + Eisenoxyd) : Kalk wie 1 : 2,71, statt 1 : 2,05 beim Portlandzement.

Von Interesse ist hier die Beobachtung, daß der magere Beton sich anscheinend widerstandsfähiger gezeigt hat als der fette Fugenmörtel, was auch an anderen Beispielen beobachtet wurde.

Zahlreich sind die Beispiele für Zerstörungen durch Moorwasser und durch Grundwasser. Einer der zuerst bekanntgewordenen Fälle ist die Zerstörung des Osnabrücker Sammelkanals. Darüber berichten Stadtbaumeister Lehmann (Dtsch. Bauztg. 1908), Dr. Framm (Protokoll d. Ver. dtsch. Portlandzementfabrikanten 1905), Dr. Thörner (Z. Nahr.- u. Genußmitt. 1905) und Dr. Römer (Chem.-Ztg. 1905).

Im Jahre 1902/03 wurde von der Stadt Osnabrück für die Entwässerung ein Hauptsammelkanal hergestellt. Der Beton der Sohle und der Wandungen hatte Mischung 1 : 4 : 7, das Gewölbe eine Mischung 1 : 3 : 6 mit einem äußeren Verputz 1 : 2 und einem inneren Verputz 1 : 1. Vorherige Bodenuntersuchungen ergaben, daß der Kanal größtenteils in Sandboden und nur zu einem geringen Teil in Moorschichten verlegt werden mußte.

Im Jahre 1904 zeigten sich an der Innenseite des Kanals Zerstörungen, welche auffallenderweise nur an denjenigen Stellen auftraten, wo Moorboden vorhanden war. Bis zur Höhe des Grundwasserstandes waren die Betonwandungen weich geworden, der Beton hatte seine Farbe geändert und die Masse zeigte auffallende Kristallisationen, die in allen Farben schillerten. Man vermutete den Einfluß des Moorwassers, und die Untersuchung bestätigte diese Annahme.

Die Bauverwaltung entschloß sich zum Bau eines Probekanals, welcher dicht neben dem zerstörten Kanal lag. Ferner wurden auch fertige Betonrohre, welche 8 Tage an der Luft gelagert hatten, verlegt. Die Rohre wurden aus denselben Mischungen (1:2:4 bzw. 1:4:7) wie der Betonprobekanal hergestellt, welcher in 8 Abteilungen ausgeführt wurde mit fünf verschiedenen erstklassigen Zementen. Nach Fertigstellung des Probekanals und Verlegen der fertigen Rohre wurde der Boden wieder aufgefüllt. Eine Freilegung nach $1^1/_2$ Jahren zeigte aber dieselben Zerstörungen wie der zuerst gebaute Kanal. Die fetteren Mischungen hatten scheinbar weniger gelitten, doch waren auch diese nicht widerstandsfähig genug. Die fertiggestellten Betonrohre zeigten das gleiche Verhalten. Die Untersuchung ergab, daß die Hauptzerstörungen im Bereiche der Grundwasserschwankungen eingetreten waren und daß diese von außen nach innen vordrangen; die Innenseite war teilweise noch gut.

Die Ursache der Zerstörung lag in der Wirkung verschiedener in der Baugrube vorhandener Schwefelverbindungen in Berührung mit dem Sauerstoff der Luft; es entstand Schwefelsäure und schwefelsaures

Eisenoxydul. Diese gelangen mit dem Grundwasser an die Wandungen des Kanals und in Berührung mit dem kohlensauren Kalk des Zementbetons. Hierbei bilden sich unter Freiwerden von Kohlensäure schwefelsaurer Kalk (Gips) und in weiterer Folge die bereits genannten Zerstörungen. Daß diese Zerstörungen in den Grundwasserhöhen besonders stark sind, ist darauf zurückzuführen, daß dort abwechselnd Luft und Wasser zur Wirksamkeit kommen.

Nach Thörner genügt ein Schwefelkiesgehalt von 10% pro Kubikmeter Moorboden, um 0,7 m^3 Beton von der Mischung 1 : 8 ganz zu zersetzen.

Über die Folgeerscheinungen bei Bildung von Schwefelsäure in der Natur, namentlich auf dem Gebiete der Wasserversorgung, macht Stadtbaurat Bredtschneider (Gesunh.-Ing. 1909) wichtige Angaben. An einem Abwasserkanal der Stadt Charlottenburg und an einer Kläranlage der Stadt Oeynhausen zeigten sich Zerstörungserscheinungen, welche man auf den Einfluß von Schwefelwasserstoff zurückführte. Es wurden deshalb Versuche ausgeführt an Betonkuchen, die in schwefelwasserstoffhaltiger Luft über Wasser lagen. Es zeigte sich hierbei Bildung von Gips in beträchtlichen Mengen. Die Wirkung trat sehr schnell ein, nicht nur bei gewöhnlichem Portlandzement, sondern auch bei Eisenportlandzement. Auch diese Angaben bestätigen die zerstörende Wirkung von Schwefelverbindungen.

Ein besonders lehrreiches Beispiel einer Zerstörung des Betons durch Schwefelsäuregehalt des Grundwassers ist der Fall der Zerstörung von Brückenpfeilern bei dem im Jahre 1914 begonnenen Bau der Sternbrücke in Magdeburg. Es handelt sich um Pfeiler, die mittels Druckluftgründung hergestellt wurden und zur Aufnahme von gewölbten Beton- und Eisenkonstruktionen dienen sollten. Bei der Entfernung der Caissonvorrichtungen eines Pfeilers wurde festgestellt, daß das Wasser in den Schachtröhren 2 bis 3 cm höher stand als das Elbwasser, was auf das Vorhandensein von sog. „artesischem" Wasser hinwies. Dieses unter Druck stehende Grundwasser stammte aus den unteren Bodenschichten, die beim Absenken der Caissons angeschnitten wurden. Da es bis dahin nicht üblich war, derartiges Wasser chemisch zu untersuchen, wurden die Schachtrohre in der üblichen Weise ausbetoniert. Nach einem Jahre zeigten sich beim Aufmauern Risse an der Außenseite der Pfeiler, die sich von Tag zu Tag erweiterten. Eine Untersuchung zeigte die Zerstörung des Betons in den Schächten, die augenscheinlich auf chemische Vorgänge zurückzuführen waren. Die Untersuchung des artesischen Wassers, die nunmehr durchgeführt wurde, zeigte, daß es etwa 1200 bis 1700 mg H_2SO_4 pro Liter Grundwasser enthielt. Dieser Säuregehalt führte zum Treiben des Zementes und in späterer Folge zu immer größer werdenden Rissen, die die Pfeiler unbrauchbar machten. Innerhalb eines Jahres konnten diese geringen Mengen Schwefelsäure durch Eindringen in einen kleinen Teil von verhältnismäßig großen Betonmassen, eine Mischung 1 : 8, zu Zerstörungen führen, deren Folgen technisch und wirtschaftlich verhängnisvoll wurden, weil die Pfeiler neu aufgebaut werden mußten. (Eingehende Berichte u. a. von Henneking, Ber. d. dtsch. Betonver. 1922, und Framm, Zement 1922.)

Schließlich sei noch auf die Zerstörungen von Betonbauwerken der Emschergenossenschaft hingewiesen, über die Baudirektor Helbing und Chemiker Dr. Bach im Jahre 1920 berichten. Die schädlichen Salze stammen hier von der Auslaugung des angeschütteten Bodens, in dem Schlacke und andere Abfallstoffe enthalten waren.

Im Jahre 1911 wurden an einem 1500 m langen Betonkanal in Hörde zum erstenmal Zerstörungen entdeckt. (Der begehbare, geschlossene Kanal ward aus 1 Teil Portlandzement zu 6 Teilen ausgewähltem Rheinkies hergestellt.) Der in offener Ausgrabung hergestellte Teil des Kanals erhielt eine Abdeckung aus Asphaltjute. Auf die ganze Länge wurde unterhalb der Sohle eine 25 cm starke Packung aus Hochofenschlacke mit einfacher Längsdrainage vorgesehen. Über Banketthöhe 20 cm waren in Entfernungen von 5 bis 6 m Drainrohre eingesetzt, um die Sickerwässer in das Innere des Kanals abzuleiten.

Der ganze Kanal liegt bis $^1/_3$ der Höhe in indifferentem Mergel; darüber war die Schutthalde in einer Höhe von 7 bis 12 m.

Nach Fertigstellung des Kanals stieg das Grundwasser bis zur halben Höhe, und als es nach einigen Monaten abgeleitet wurde, zeigten sich die ersten Betonzerstörungen an durch kristallinische Ausschwitzungen, durch Risse im Beton, durch die Wasser in den Tunnel sickerte, durch Weichwerden sowohl des Putzes wie der eigentlichen Betonmasse und durch Treiberscheinungen. Die stärksten Zerstörungen waren in der Höhe der Trennungsschicht zwischen gewachsenem Boden und der Anschüttung. Ferner zeigte sich das Ausscheiden eines grauen Schlammes an der Sohle, und auf dem Grundwasser bildete sich eine steife, kalkige Haut.

Die Untersuchungen im Winter 1911/12 ergaben, daß die Zerstörungen von außen nach innen fortgeschritten und daß auch die Asphaltjute teilweise zerstört war. Abb. 86 und 87 zeigen die Zerstörungen im Juni 1920 in den Seitenwänden der Kanalstrecke.

Die Untersuchung lehrt auch hier, daß die Zerstörungen von schwefelsauren Salzen herrührten, die durch die Auslaugung der Schutthalde über dem Tunnel beim Durchgang des Niederschlagwassers entstanden waren. Am stärksten war die Zerstörung in der Trennungsschicht von Ausschüttung und der darunterliegenden Tonschicht, weil sich dort die Sickerwässer stauten und in konzentrierter Form sich in den Beton hineinpreßten.

Die chemische Analyse ergab nachfolgende Ursachen für die Zerstörungen:

Das Vorhandensein von Schwefelsäure, außerdem Kochsalz, Chlorkalzium und Chlormagnesium (Chlorverbindungen) in Wasser gelöst.

Abb. 86.

Das Ausspülen der noch nicht karbonisierten Teile des Betons.

Die aus kohlensaurem Kalk bestehenden Ausschwitzungen an den Wänden deuten darauf hin, daß ein Überschuß an Kohlensäure in den Wässern den kohlensauren Kalk in löslichen, doppeltkohlensauren Kalk übergeführt hatten.

Auftreten von im Wasser gelösten schwefelsauren Salzen, wie schwefelsaure Magnesia, und von Alkalisulfaten.

Die im Jahre 1912 untersuchten Betonproben ergaben einen Gehalt von 11 bis 14% gebundener Schwefelsäure. Im Jahre 1919 waren die Zerstörungen an manchen Stellen so weit vorgeschritten, daß von dem 50 cm starken Beton etwa 30 cm vollkommen weich waren. Der Schwefelsäuregehalt betrug 738 bis 7624 mg/l; der Gehalt an gebundenem Chlor war von 6 bis 638 mg/l. Die Zerstörungen wurden auch an fertig verlegten Betonplatten beobachtet.

Abb. 87.

Die Untersuchung des aus dem zerstörten Beton wiedergewonnenen Zementes ergab, daß etwa 20% CaO (Kalk) gegen rd. 60% in normalem Zement 3,2 bis 7,9% Schwefelsäure (SO_3) statt höchstens 2,5% vorhanden war. Die Ursache des Treibens war die starke Gipsanreicherung.

Mohr[1] berichtet im Jahre 1925 über Zerstörungen von Zementmörtel an einem aus sog. säurenfesten Steinen hergestellten Schornstein einer chemischen Fabrik durch Salpetersäure, die sich aus der Ammoniakoxydation bei Zutritt von kondensiertem Wasserdampf bildete. Wie stark die Zerstörungen selbst durch verdünnte Lösungen von Salpetersäure werden können, zeigt Abb. 88 einer Stützmauer.

[1] Siehe Bauing. 1925.

Göbel[1] berichtete von der Zerstörung eines Betonfundamentes durch sulfathaltiges Grundwasser innerhalb des Geländes der gleichen chemi-

Abb. 88.

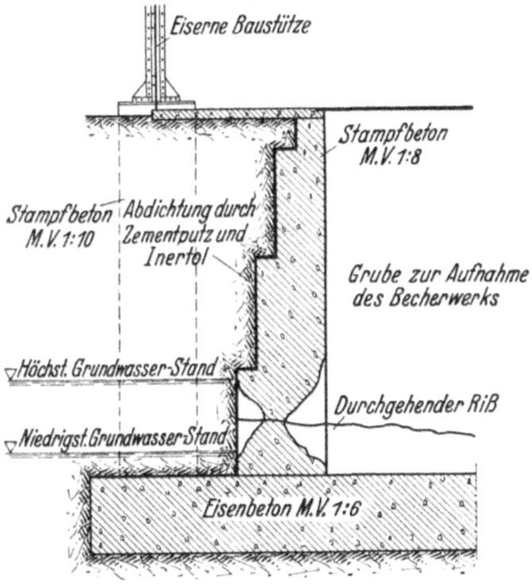

Abb. 89.

schen Betriebe. Abb. 89 zeigt, daß die Zerstörung zwischen dem höchsten und dem niedersten Grundwasserstande aufgetreten war. Angriffe konnten weder unterhalb des tiefsten noch oberhalb des höchsten Grund-

Abb. 90.

wasserstandes festgestellt werden. Daraus kann man folgern, daß der Schutz insbesondere diesen Teil der Konstruktion zu berücksichtigen hat.

Sehr stark waren noch beim Berichte die Angriffe durch Ammonsulfat innerhalb derselben chemischen Fabrik.

[1] Bauing. 1925.

Grün[1] bespricht ein Beispiel (s. Abb. 90) der Zerstörung eines aus Stampfbeton hergestellten Wellenbrechers durch Meerwasser (durch $MgSO_4$ bei 3% Salzgehalt), wobei zu beachten ist, daß die Stampffugen die Ausgangsstelle für die Zerstörungen bilden.

c) Schutzmaßnahmen gegen chemische Angriffe.

Welche Maßnahmen kommen sonach bei allen Bauwerken aus Beton oder Eisenbeton in Betracht, nachdem man einen großen Teil der Ursachen für Angriffe oder Zerstörungen erkannt hat?

Bei Eisenbetonbauwerken ist auch zu beachten, daß neben den Zerstörungserscheinungen am Beton noch durch das Rosten des Eisens und die damit zusammenhängenden Volumenänderungen Sprengwirkungen hervorgerufen werden können.

Die Gefährdung von oft sehr kostbaren Betonbauwerken durch chemische Einflüsse, wie sie geschildert wurden, verlangt eine dem Bau vorausgehende chemische Untersuchung sowohl der Wässer als auch des Erdreiches, mit denen das Bauwerk in Berührung kommt.

Ohne der chemischen Analyse durch einen Chemiker vorzugreifen, wird man sich in manchen Fällen durch einfache Mittel auf der Baustelle vergewissern können, ob Vorsicht geboten ist.

Freie Säuren im Anmachwasser oder im Grundwasser färben bekanntlich blaues Lackmuspapier rot. Die Anwesenheit von Schwefelwasserstoff erkennt man am fauligen Geruch.

Zur Prüfung auf Sulfate versetzt man eine Probe Wassers mit einigen Tropfen Salzsäure und fügt 10proz. Bariumchlorid hinzu. Bildet sich ein weißer Niederschlag, so läßt dies auf das Vorhandensein von Sulfaten schließen. In gleicher Weise kann man sich überzeugen, ob das Zuschlagmaterial frei von sulfathaltigen Stoffen (insbesondere Gips) ist. Nach Übergießen einer kleinen Probe mit 10proz. Salzsäure und Filtration der Flüssigkeit führt man die gleiche Prüfung durch.

Wichtig ist die Prüfung der Beschaffenheit des Grundwassers, ob es sauer, sulfatreich oder schwefelwasserstoffhaltig ist. Infolge der wechselnden Beschaffenheit des Bodens ändert sich das Grundwasser schon innerhalb geringer Entfernungen in seiner Zusammensetzung. Ein von Dr. P. Herrmann angeführtes charakteristisches Beispiel findet sich in Charlottenburg, wo das Grundwasser auf der östlichen Seite einer Straße 928 mg, auf der westlichen 1629 mg Gips im Liter enthält. Längs eines in einer Vorortgemeinde Berlins liegenden, teilweise zerstörten Betonkanals betrug der Gipsgehalt des Grundwassers 105, 334, 118 und 853 mg im Liter.

Es muß aber betont werden, daß die chemische Analyse allein noch kein unbedingt richtiges Urteil über den Grad der Gefährdung eines

[1] Bauing. 1928.

Bauwerkes durch Wasser oder Böden zu fällen gestattet. Derselbe Gehalt an Sulfaten oder freier Kohlensäure, der z. B. in stehenden Gewässern fast keine Rolle spielt, kann in verhältnismäßig kurzer Zeit bedeutende Schäden verursachen, wenn das Wasser fließt.

Teilweise eingetauchte Betonbauteile sind stärker gefährdet als solche, die dauernd vom Wasser bespült werden.

Der Gehalt an schädlichen Stoffen im Wasser kann sich im Laufe der Zeit ändern, zumal in den Abwässern der Industriegegenden. Durch schwefelhaltige aufgeschüttete Schutthalden können bei Durchsickerung des Regenwassers neue Gefahren entstehen. Auf diese und ähnliche, je nach den örtlichen Verhältnissen verschiedene Umstände muß bei der Beurteilung jeweils Rücksicht genommen werden.

Die Frage, wie man feststellen kann, ob Moorboden oder -wasser auf Beton zersetzend wirken kann, beantwortet Dr. Tillmanns (im Gesundh.-Ing. 1911). Er fand bei Untersuchungen von mehreren hundert Moorproben, daß keine frei von Schwefelverbindungen war. Sehr oft war der Gehalt an Schwefelverbindungen im gleichen Boden schwankend. In manchen Fällen wirkten die Proben trotz Vorhandensein von Schwefelverbindungen nicht sauer, was er darauf zurückführt, daß die frei werdenden Schwefelsäuren sich sofort mit Salzen von schwächeren Säuren verbanden. Daß die Proben nicht sauer wirken, ist noch kein Zeichen, daß sie unschädlich sind. Er schlägt folgende Untersuchungen vor:

Prüfung des Wassers und des Moorbodens mit Kongorotpapier auf das Vorhandensein von freien Mineralsäuren. (Nur diese wirken bei Kongorotpapier.)

Bestimmung des Gehaltes des Moorbodens an Sulfaten und oxydierbaren Schwefelverbindungen, an Karbonaten und sonstigen Salzen mit schwächeren Säuren, welche als Neutralisationsmittel für etwa entstehende freie Schwefelsäure wirken können.

Ermittlung des freien Kohlensäuregehaltes im Grundwasser, weil die Wirkung der freien Kohlensäure mit zunehmender gebundener Kohlensäure abnimmt.

Bestimmung des Gehaltes des Grundwassers an gebundener Schwefelsäure und an Alkali und Eisensalzen.

Kennt man die chemischen Einflüsse, so wird man auch in jedem gegebenen Falle die notwendigen Vorkehrungen treffen.

In erster Linie hat man bei der Zusammensetzung des Betons darauf zu achten, daß weder die Zuschlagstoffe noch das Anmachwasser Stoffe enthalten, die das Bindemittel angreifen könnten.

Bei der Wahl des Bindemittels wird man von der Art und Stärke des möglichen Angriffes ausgehen müssen. Hierbei ist zu beachten, daß wir zur Zeit noch kein säurebeständiges Bindemittel kennen. Säuren zerstören sonach sämtliche Zemente früher oder später.

Gegen die Zerstörung durch Sulfate sind, nachdem die schlechten Erfahrungen bekannt wurden, eine Reihe von systematischen Untersuchungen in verschiedenen Laboratorien durchgeführt worden. Arbeiten in dem Institut des Verfassers führten zu folgenden Ergebnissen nach dreijähriger Lagerung:

In 15proz. Ammonsulfatlösungen zeigte sich folgende Reihe zunehmender Widerstandsfähigkeit: Hochwertiger Portlandzement — gewöhnlicher Portlandzement und tonerdearmer Portlandzement — Hochofenzement — Portlandjurament — Tonerdezement. — Die Zerstörungen beginnen bei Normensand- und Rheinsandkörpern aus hochwertigem Portlandzement nach 3 (6) Tagen, beim gewöhnlichen Portlandzement nach 10 (30) Tagen, beim tonerdearmen Portlandzement nach 12 (15) Tagen, beim Hochofenzement nach 25 (41) Tagen, beim Portlandjurament nach 41 (45) Tagen, und beim Tonerdezement waren noch nach 700 Tagen keine Zerstörungen eingetreten. (Die Klammerausdrücke gelten für Rheinsandkies.)

In 15proz. Natriumsulfatlösungen ergab sich folgende Reihe zunehmender Widerstandsfähigkeit: Hochwertiger Portlandzement — gewöhnlicher Portlandzement — Tonerdezement — tonerdearmer Portlandzement — Hochofenzement und Portlandjurament.

In 10proz. Magnesiumsulfatlösungen zeigten die Normensand- und Rheinsandkörper bei den einzelnen Zementen folgenden Zerstörungsbeginn: Hochwertiger Portlandzement nach 80 (92) Tagen, tonerdearmer Portlandzement nach 83 Tagen, gewöhnlicher Portlandzement nach 123 (268) Tagen und Hochofenzement nach 313 Tagen. Portlandjurament und Tonerdezement sowie die Rheinsandkörper aus Hochofenzement waren nach 700 Tagen äußerlich noch unversehrt.

In gesättigten Kalziumsulfatlösungen zeigten die Körper aus hochwertigem Portlandzement nach 530 Tagen die ersten Treibrisse. Die Rheinsandkörper aus gewöhnlichem Portlandzement und ebenso alle übrigen untersuchten Zemente waren in gesättigter Kalziumsulfatlösung nach 900 Tagen noch unversehrt.

Die in 15proz. Magnesiumchloridlösung eingelagerten Körper aus Normensand und Rheinsand zeigten bei allen Zementen nach 900tägiger Lagerung keine äußerlich sichtbaren Angriffe.

10proz. Ammoniakwasser war bei allen untersuchten Zementen ohne jeden Einfluß.

In 10proz. Natronlauge zeigte der Tonerdezement nach 500 Tagen Lagerung einen erheblichen Festigkeitsrückgang; alle übrigen untersuchten Zemente hingegen waren nach 500 Tagen noch in keiner Weise beeinflußt.

Diese Reihenfolge kann sich je nach der chemischen Zusammensetzung des Bindemittels ändern. Z. B. sind kalkarme, kieselsäure- oder tonerdereiche Portlandzemente gegen Angriffe von Sulfaten widerstandsfähiger als kalkreiche oder kieselsäurearme. Die chemische Zusammensetzung des Fabrikates ist entscheidend.

Der sehr kalkarme Tonerdezement hat sich gegen Sulfate als ungewöhnlich beständig erwiesen, gegen Natriumsulfid aber nicht. Fettere Mörtelmischungen aus Tonerdezement als 1 : 3 haben sich nicht bewährt.

Unter allen Umständen ist nach den Erfahrungen ein Glattstrich aus reinem Zement zu vermeiden. Beim Glattreiben von Tonerdezementmörtel soll nicht zu lange gerieben werden, da sonst die oberste Schicht nach kurzer Zeit abblättert. In allen Fällen ist ein Mörtelputz aus Tonerdezement in den ersten Tagen naß zu halten zum Ausgleich gegen die hohen Abbindetemperaturen.

In Fällen, wo Angriffe zu erwarten sind, wird man daher diejenigen Zemente verwenden, die am widerstandsfähigsten sind. Darüber hinaus an Zusatz von Stoffen denken, die den freien Kalk des Zementes binden. Um dem zerstörenden Einfluß der Sulfate zu begegnen, hat bereits Michaelis die Anwendung hydraulischer Zuschläge empfohlen. In Betracht kommen: Traß, Santorinerde, granulierte Hochofenschlacke, Kieselgur usw. Diese Stoffe enthalten mehr oder weniger große Anteile an reaktionsfähiger Kieselsäure, die den beim Abbinden und Erhärten frei gewordenen Kalk des Zementes binden soll und so die Reaktion des Kalks mit dem Sulfat hintanhalten soll.

Daneben gibt es eine große Anzahl von Zusatzstoffen, die eine Schutzwirkung gegen chemische Einflüsse auf den Zement für sich in Anspruch nehmen, wie fettsaure Alkalien, Fluate, Oxalate u. dgl., die den Beton abdichten sollen. Es hat sich aber in der Praxis gezeigt, daß diese Mittel im allgemeinen nicht viel nützen, ja sogar im Falle der fettsauren Alkalien zu einer Beschleunigung der Zerstörung führen.

Erinnern wir uns an die Vorgänge beim Erhärten des Betons, so ist leicht einzusehen, daß man darauf bedacht sein muß, die Karbonisation des freien Kalkes zu fördern, wenn man Zerstörungen verhindern will. Man darf daher ein Bauwerk aus Beton oder Eisenbeton nicht länger als notwendig in der Schalung lassen, damit der Luftzutritt nicht gehindert wird. Aus dem gleichen Grund ist Beton, der längere Zeit erhärtet, bevor er mit den zerstörenden Wässern in Berührung kommt, widerstandsfähiger. Die Erfahrung hat z. B. gezeigt, daß Betonblöcke im Seebau sich sehr gut bewährt haben, weil sie genügend Zeit zur Erhärtung hatten, bevor sie mit dem aggressiven Meerwasser in Berührung kamen.

Wie aus den angeführten praktischen Beispielen und Untersuchungen hervorgeht, vermindert ein plastischer dichter, nichtporöser Beton in sehr erheblichem Maße die Angriffsmöglichkeiten. Weiterhin ist es wichtig, daß die Oberfläche des Betons möglichst glatt ist. Letzteres ist besonders dann von Vorteil, wenn es sich um fließende, aggressive Wässer handelt.

Wie günstig sich z. B. ein dichter Mörtel aus gut abgestuftem Rheinsand gegenüber einem aus gleichgekörntem Normensand hergestellten porösen Mörtel verhält, zeigt das Beispiel Abb. 91 aus Untersuchungen im Institut des Verfassers. Die obere Reihe ist Mörtel aus Normensand, die untere Reihe aus Rheinsand (im Verhältnis 1 : 3 in Gewichtsteilen). Nach einjähriger Lagerung in 10proz. Magnesiumsulfatlösung (links im Bilde) und in 27proz. Magnesiumfloridlösung waren die dichten Probekörper unten noch fast unversehrt, während die porösen (oberen) vollständig zerstört waren.

Schließlich sind bei jedem Entwurf konstruktive Maßnahmen zu erwägen, wenn die Möglichkeit von Angriffen oder Zerstörungen zu

a) 10% $MgSO_4$. b) 27% $MgCl_2$.

Abb. 91. Mörtel 1 : 3 in Gewichtsteilen.
(Oben: aus Normensand, unten: aus gut abgestuftem Rheinsand.)

erwarten ist. Zu diesen gehören eine gute Drainage in denjenigen Fällen, wo es möglich ist, schädliche Sickerwässer vom Beton abzuleiten.

Manchmal wird man die zerstörende Wirkung von Säuren durch Neutralisation durch entsprechende Zusätze oder dadurch verhindern, daß man mit Hilfe von baulichen Vorkehrungen die säurehaltigen Wässer von den Säuren befreit.

Betonfundamente kann man gegen Angriffe von aggressiven Wässern bei wechselndem Grundwasserstand schützen, indem man bei Grundwasserabsenkung einen gemauerten und durch Isolierung gesicherten Schutzmantel zur Aufnahme herstellt, in den das Fundament hineinbetoniert wird.

Diese und andere Schutzmaßnahmen werden aber nur dann wirksam sein, wenn sie rechtzeitig getroffen werden, bevor der Beton den zersetzenden Einflüssen ausgesetzt ist.

Dritter Abschnitt.

Die Grundlagen der statischen Berechnung.

Nach den bisherigen Darlegungen kann es sich in diesem Abschnitt nicht allein darum handeln, die Wege zu zeigen, auf denen die in Beton- und Eisenbetonquerschnitten unter bestimmten Belastungen auftretenden Spannungen heoretisch berechnet werden. Weit wichtiger ist es, den Zusammenhang zwischen Formänderungen und Spannungen sowie diejenigen Voraussetzungen und Annahmen zu überprüfen, welche der Berechnung der Spannungen zugrunde gelegt werden können.

Allgemein sagte Schwedler schon 1851 darüber: „Man wird finden, daß die Theorien für jedes Bauwerk je nach dem Baustoffe, dessen Elastizität, den Querschnitten der Teile, den Verbindungen und noch mancherlei anderen Sachen besonders richtiggestellt werden muß, wenn man nicht in Fehler verfallen will. Die Theorie gibt nur im allgemeinen ein Schema, nach welchem die Standfestigkeit des Bauwerkes durchdacht werden soll. Dem einzelnen Baumeister bleibt es danach überlassen, in jedem besonderen Fall dieses Schema mit seinen Gedanken auszufüllen."

Wie wichtig es ist, bei der Aufstellung einer Theorie für Beton und Eisenbeton deren Übereinstimmung oder Abweichung von den wirklich auftretenden Verhältnissen zu studieren, zeigt sich besonders bei der Überprüfung von größeren statischen Berechnungen, wo oft den ermittelten absoluten Zahlenwerten eine ihnen nicht zukommende Bedeutung beigelegt wird.

Demgegenüber muß betont werden, daß im allgemeinen die für Beton und Eisenbeton üblichen und bewährten Theorien der Berechnungen unter denselben Voraussetzungen durchgeführt werden, wie sie für homogenes Material, wie z. B. Flußeisen, gemacht werden.

Schon bei der Berechnung der in einem einfachen Betonbalken auftretenden Biegungsspannungen geht man von der Bernoullischen Annahme aus, daß jeder zur Stabachse senkrechte Querschnitt nach der Formänderung eben bleibt. Dies gilt nur für rein elastische Körper, solange sie dem Hookschen Gesetz folgen, aber nicht für Beton, wie im ersten Abschnitt gezeigt wurde.

Daraus folgt auch, daß die Naviersche Annahme nicht zutreffen kann, welche eine geradlinige Spannungsverteilung über den Querschnitt voraussetzt. Selbstverständlich beziehen sich alle die soeben genannten Annahmen nur auf den Fall der reinen Biegung. Beim Vorhandensein von Querkräften in einem Querschnit gelten diese Voraussetzungen nicht. Wir werden aber auch in der Folge den Fall der reinen Biegung trennen von dem Fall der allgemeinen Biegung, bei welchem in den Querschnitten zu den Normalspannungen auch Schubspannungen hinzutreten.

Neben diesen grundlegenden Voraussetzungen ist noch besonders auf die Veränderlichkeit der Elastizitätszahlen für Beton, auf das Wandern der Nullinie mit zunehmender Belastung hinzuweisen, welche bei der Ermittlung der Spannungen unberücksichtigt bleiben.

Bei der Berechnung der in Beton- und Eisenbetonquerschnitten auftretenden Spannungen ist man gezwungen, Annahmen zu machen, die von der Wirklichkeit manchmal recht erheblich abweichen. Die Wandlungsfähigkeit des sich verformenden Betons infolge der Einflüsse von Volumenänderungen beim Erhärten, der Temperaturen und der Belastung verlangt daher weniger nach einer Verfeinerung als nach Vereinfachung der statischen Methoden. Diese ist um so mehr geboten, als sie in der Erfassung der konstruktiven Zusammenhänge selbst bei dem einfachsten Eisenbetonbau begründet ist, wie dies im folgenden Abschnitt gezeigt werden soll.

IV. Die Konstruktionselemente des Eisenbetonbaues.

1. Darstellung eines typischen Eisenbetonbaues. Der Begriff der Monolität. Konstruktionselemente.

Die perspektivische Darstellung eines typischen Eisenbetonbauteiles in Abb. 92, wie er sowohl bei Hochbauten als auch bei Brückenbauten vorkommen kann, kann die Verbindung einer Geschoßdecke mit den Stützen eines Gebäudes oder die Fahrbahndecke einer auf Stützen ruhenden Brücke darstellen.

In dem Bilde kommt auch die Monolität zum Ausdruck, die Eisenbetonbauten eigen ist. Sie besteht darin, daß die Stützen und die Deckenkonstruktion einheitlich ohne Unterbrechung miteinander verbunden sind.

Die Konstruktionselemente eines einfachen Eisenbetonbaues sind: Platten, T- und ˥-Balken und Stützen. Die T-Balken (auch Plattenbalken genannt) entstehen dadurch, daß die Platten und die Unterzüge ein einheitliches Ganzes bilden. Der Steg der T-Balken wird durch den Balken und der Flansch von der Deckenplatte gebildet. Das Haupttraggerippe sind die Hauptunterzüge U, Unterzüge erster Ordnung oder auch kurz Unterzüge genannt. In diese greifen die die Platte direkt tragenden Nebenunterzüge B oder Unterzüge zweiter

Ordnung ein; sie werden auch kurz Balken genannt. Darüber lagert sich gemeinschaftlich auf Unterzüge und Balken die Deckenplatte oder auch kurz Platte P genannt.

In dem dargestellten Beispiel lagern die Unterzüge beiderseits auf Eisenbetonstützen, was immer zu empfehlen ist, weil dadurch eine einheitliche Wirkung im Bauwerk erzielt wird. Es wird aber auch Fälle geben, wo die Unterzüge auf einer Seite auf Mauerwerk gelagert werden müssen.

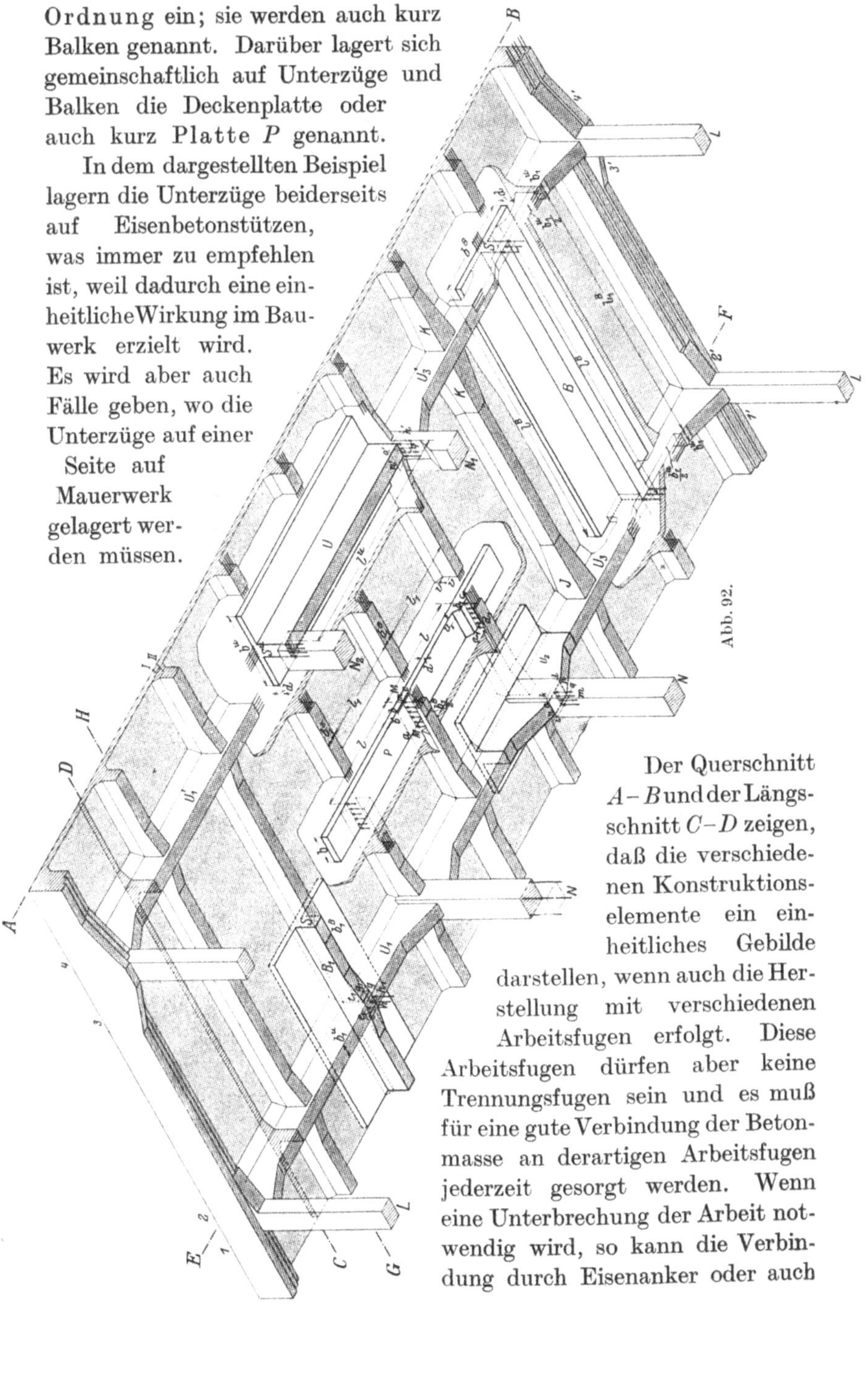

Abb. 92.

Der Querschnitt $A-B$ und der Längsschnitt $C-D$ zeigen, daß die verschiedenen Konstruktionselemente ein einheitliches Gebilde darstellen, wenn auch die Herstellung mit verschiedenen Arbeitsfugen erfolgt. Diese Arbeitsfugen dürfen aber keine Trennungsfugen sein und es muß für eine gute Verbindung der Betonmasse an derartigen Arbeitsfugen jederzeit gesorgt werden. Wenn eine Unterbrechung der Arbeit notwendig wird, so kann die Verbindung durch Eisenanker oder auch dadurch erzielt werden, daß die Oberfläche des bereits hergestellten Betons sorgfältig wieder aufgerauht, naß gemacht und mit Zementmilch begossen wird, bevor der frische Beton aufgebracht wird. Im übrigen wird man zweckmäßig dafür sorgen, derartige Arbeitsfugen an solchen Stellen anzuordnen, wo sie nicht schädlich werden können.

Im allgemeinen sind bei der Verbindung zwischen Platte und Balken, zwischen Balken und Hauptunterzug und zwischen diesen und der Stütze voutenförmige Anschlüsse vorhanden, wie dies in der Zeichnung dargestellt ist. Beim Anschluß der Deckenplatte an die Balken werden Abschrägungen der einspringenden Ecken, die sog. Vouten, teils aus statischen, teils aus architektonischen Gründen angeordnet. Die Größe dieser Abschrägungen wird in den meisten Fällen größer sein, als sie aus statischen Gründen notwendig ist.

In Abb. 92 sind Beispiele besonderer Ausbildungen von Randunterzügen in *1—1'*, *2—2'*, *3—3'* und *4—4'* dargestellt. *1*, *2*, *3*, *4* zeigen die Außenansicht, *1'*, *2'*, *3'*, *4'* die Innenansicht verschiedener Voutenbildungen. Der Randbalken besitzt drei Kröpfungen, von denen die äußerste als durchlaufendes Band zu betrachten ist. Die beiden inneren dienen zum Anschlagen der Fensterrahmen bzw. als Aussparung für eine eventuelle Ziegelausfachung zwischen den Eisenbetonstützen.

Bei *1—1'* und *2—2'* läuft das Band ohne Unterbrechung über den Stützen durch, dagegen wird in dem Fall *3—3'* und *4—4'* eine architektonische Wirkung dadurch erzielt, daß das äußere Band über den Stützen durch Vouten nach unten gezogen wird. Während nun bei den Fällen *1—1'* und *3—3'* die beiden inneren Verkröpfungen an die Stützen stumpf anstoßen, laufen sie bei *2—2'* und *4—4'* ganz oder teilweise mit den Vouten weiter.

Diese verschiedenen Anordnungen sind auch schon bei der Herstellung der Schalung zu berücksichtigen. Im Fall *1—1'* hat man die einfachste Schalung ohne irgendwelchen Holzverschnitt; bei *2—2'* zeigt die Voute nur eine Fläche, während der anschließende Balken eine doppelte Verkröpfung aufweist. Wird die Schalung nach der Voutenfläche hergestellt, so kann die innerste Aussparung im Balken durch Einlegen eines entsprechenden Brettstückes erfolgen. Im Fall *3—3'* ist die Schalung sehr einfach. Beispiel *4—4'* stellt einen gewöhnlichen Fall dar, wo der Balken in seiner ganzen Breite mit einer Voute versehen ist. In der Regel aber ist die Untersicht eine einzige ebene Fläche.

Die gewöhnliche Voutenausbildung bei Haupt- und Nebenunterzügen ist an den durchlaufenden Unterzügen *E—F* und *G—H* dargestellt. In beiden Fällen sind die Balken in gleichbleibender Breite bis an die Stützen herangeführt. Die bei dem Anschluß an die Hauptunterzüge bzw. Stützen notwendige Vergrößerung des Betonquerschnittes wird durch die Vergrößerung der Balkenhöhe nach unten erreicht. Dieses einfache Mittel zur Querschnittsvergrößerung an den Stützen läßt sich nicht immer anwenden, besonders dann nicht, wenn aus irgendwelchen Gründen die vertikalen Vouten nicht möglich sind, oder wenn die Höhe des Balkens beim Anschluß ein bestimmtes Maß nicht überschreiten darf. In diesem Falle kann der Betonquerschnitt in der Weise vergrößert werden, wie dies in der Zeichnung in *J* und *K* ersichtlich ist. Hier wird die Querschnittsvergrößerung dadurch erreicht, daß der Balken auch nach der Breite hin erweitert wird. Bei *J* geht die Deckenvoute ohne Rücksicht auf die Verbreiterung des Steges durch. Dagegen wird die Deckenvoute bei *K* parallel mit der Verbreiterung des Steges weitergeführt.

Die Bemessung der Vouten aus statischen Gründen wird einen bestimmten Grenzfall darstellen. Manchmal wird es aber auch notwendig werden, die Vouten aus architektonischen Gründen zu vergrößern, besonders bei der Verbindung zwischen Platte und Balken.

Die Ausbildung viereckiger Stützen ist an zwei Beispielen in Abb. 92 dargestellt. Die Querschnittsform der Außenstütze (*L*) ist rechteckig, für die Innenstütze ist in *N* ein quadratischer Querschnitt dargestellt. Hierzu ist zu bemerken, daß die scharfen Ecken in der Praxis gewöhnlich vermieden werden, und die Stützen abgekantet oder abgerundet werden.

Besonders hervorzuheben ist, daß die Stützen mit ihrem vollen Querschnitt bis zur Deckenunterfläche durchgeführt werden. Die Balken und Unterzüge stoßen demnach stumpf an die Stützen an. Sind Deckenvouten vorhanden, so ergeben sich Verschneidungen, wie sie bei *N* dargestellt sind.

Ein Beispiel, bei welchem die Seitenfläche der Stütze bündig mit jener Balkenfläche ist, von welcher die Voute ausgeht, ist bei *L* zu sehen, wo auch die in *N* ersichtliche Verschneidung wegfällt.

Im vorstehenden sind die allgemeinen Gesichtspunkte dargelegt worden, nach denen ein monolitischer Eisenbetonbauteil zu betrachten ist. Im folgenden soll dagegen versucht werden, den Bauteil in seine Elemente derart aufzulösen, daß deren statische Wirkung zum Ausdruck kommt. Dadurch ergibt sich die Möglichkeit, die Grundlagen festzulegen, nach denen die einzelnen Elemente je nach ihrer statischen Wirkung zu berechnen sind.

Wie in den Schnitten *A—B* und *C—D* zu ersehen ist, geht die Deckenplatte über alle Balken und Unterzüge hinweg und ist mit diesen fest verbunden. Ihre Auflagerung auf den unterstützenden Gliedern (Balken und Unterzüge) geschieht demnach längs einer ebenen Fläche, welche von der Breite der Balken abhängt. Als Auflagerfläche kann entweder *I* oder *II* angesehen werden. Zur besseren Übersichtlichkeit ist aus der Decke ein Plattenstück *P* von der Breite *b* herausgeschnitten. Die Flächen *I* und *II*, längs welcher die Auflagerung gedacht ist, sind durch punktierte Linien angedeutet. Die Auflagerflächen sind $a\,b\,c\,d$ bzw. $a_1\,b_1\,c_1\,d_1$. Die Platte stellt sonach einen Träger über mehreren Unterstützungen dar, der mit diesen durch Flächenlagerung zusammenhängt. Für die Berechnung von Eisenbetonplatten wird als Auflagerung aber an Stelle dieser Flächenlagerung eine Linienlagerung angenommen, wie sie durch die Linie M—M in Abb. 92 eingezeichnet und durch die Pfeile gekennzeichnet ist.

Als weitere Voraussetzung für die Berechnung der Platte nimmt man, ähnlich wie dies bei der Berechnung von Gewölben der Fall ist, einen Streifen von der Breite b an.

Man ersieht daraus, daß schon bei der Ermittlung der Momente und Querkräfte Annahmen gemacht werden, welche streng theoretisch nicht ganz zutreffend sind. Besonders ist dies der Fall bei Berechnung eines aus der Platte herausgeschnittenen Streifens, weil dadurch der auch nach der anderen Richtung der Platte bestehende Zusammenhang nicht berücksichtigt wird. In Wirklichkeit ist die Deckenplatte eine auf vier Seiten zwischen Balken und Unterzügen eingespannte Platte, und es sollten die Formänderungen auch nach der anderen Richtung berücksichtigt werden.

Für die Bestimmung der Stützweite l ist es gleichgültig, ob man das Vorhandensein einer Voute annimmt, ob man also die Auflagerfläche *I* oder *II* annimmt. In der Regel wird als Stützweite l der Abstand der Mittellinien der beiden Balken angenommen, zwischen denen die Platte gespannt ist. Bezeichnet man mit l_1 die lichte Weite und mit b_1 die Balkenbreite, so ist sonach die Stützweite $l = l_1 + 2\,\frac{b_1}{2} = l_1 + b_1$. Sonach ergibt sich allgemein für die Platte das größte Feldmoment: $+M = \alpha Q l$ und das größte Moment über dem Auflager: $-M = \beta Q l$. Hierbei bezeichnet Q die Gesamtlast, welche auf dem Träger ruht; α und β sind Koeffizienten, die von der Art der Auflagerung abhängig sind.

Der Querschnitt der Platte ist an allen Stellen rechteckig; die Höhe d ist gleich der Dicke der Platte, welche auch über den Stützen gleichbleibt, wenn keine Vouten vorhanden sind. Bei Voutenausbildung, wenn diese aus statischen Rücksichten vorgenommen wird, wird die Plattenhöhe über den Stützen mit $d + v$ der Berechnung zugrunde gelegt, wobei v die Höhe der Voute bezeichnet. Die Verstärkung der Platte um v ist notwendig, wenn die Plattenstärke d zur Aufnahme des Stützenmomentes $-M$ über den Stützen nicht genügt.

Manchmal wird auch beim Anschluß der Platten an die Balken eine Voute angeordnet, um die Auflagerfläche zu vergrößern, z. B. bei Randbalken. In diesem Fall ist es unwesentlich, wo eine Arbeitsfuge im Betonieren angeordnet wird, während in dem vorher genannten

Falle die Arbeitsfuge zweckmäßig nach der Fläche *II* angeordnet wird — wenn dort eine Unterbrechung beim Betonieren erfolgt —, damit die volle Höhe der Platte über den Stützen $d + v$ zur Mitwirkung herangezogen werden kann. Bei Anordnung der Arbeitsfuge in *I*, im Falle einer Voutenausbildung, liegt bei einer schlechten Verbindung die Möglichkeit einer Trennung nach *I* vor, wodurch die statische Wirksamkeit der notwendigen gesamten Höhe $d + v$ über den Auflagern in Frage gestellt wird.

Zu beachten ist noch die Annahme der Stützweiten im Endfeld der Platte. Hier wird ein Unterschied zu machen sein, ob die Platte auf Mauerwerk oder auf einem Eisenbetonbalken aufruht. Eine einheitlichere Wirkung der Konstruktion wird im letzten Falle erzielt, weshalb man es nach Möglichkeit vermeiden soll, die Platte direkt auf Mauerwerk aufzulegen. Bei Anordnung eines Randbalkens wird die Stützweite ebenso wie vorhin angenommen. Bei einer anderen Auflagerung wird man bei Ermittlung der Auflagerlänge vorerst zweckmäßig für Beanspruchung der Auflagerfläche ermitteln, welche ein zulässiges Maß nicht überschreiten darf.

In der Darstellung in Abb. 92 wird gezeigt, in welcher Weise die Wirksamkeit der Platte *P* als durchlaufender Träger über eine Reihe von Balken gedacht ist, wenn auch die Bedingung für kontinuierliche Träger, welche über den Auflagern frei beweglich und drehbar lagern sollen, nicht ganz erfüllt ist.

Die Annahme der Kontinuität für die Berechnung der Momente und der Querkräfte wird um so eher zutreffen, je kleiner die Breite der Balken im Verhältnis zur Spannweite ist. Wenn die Balkenbreite groß ist, wenn außerdem noch Voutenanschlüsse hinzukommen, wird die Annahme der Linienlagerung über den Balken nicht mehr zutreffen. Es entsteht dann eine Einspannung der Platte in den Balken, die um so größer wird, je breiter die Balken und je größer die Vouten sind. Es wird daher je nach der Konstruktion zu überprüfen sein, ob die statischen Größen nach der Theorie der über mehrere Stützen durchlaufenden oder der beiderseits eingespannten Träger zu rechnen sein werden.

Die Balken *B*, welche als Auflager für die der Platte *P* dienen, werden mit Rücksicht auf die Einheitlichkeit zwischen Balken und Platte als T-Balken (Plattenbalken) berechnet. Der hierbei angenommene Querschnitt ist in Abb. 92 in *S* gezeigt. Über die Größe *B* der mitwirkenden Platte wird noch später gesprochen werden. Die T-Form bleibt für die ganze Balkenlänge gleich.

Die Ermittlung der Stützweite ist von der Bauart der unterstützenden Glieder abhängig. In Abb. 92 sind zwei Fälle der Auflagerung dargestellt. Bei dem Balken *B* wird der seltenere Fall gezeigt, wo die Balken oder Nebenunterzüge sich an die Hauptunterzüge ohne Voutenausbildung anschließen. In dem zweiten Fall bei B_1 wird gezeigt, wie die Auflagerung bei dem Unterzug U bei Vorhandensein von Vouten gedacht ist. Es ergibt sich in beiden Fällen eine rechteckige Auflagerfläche, die in der Zeichnung mit $e\,f\,g\,h$ und $e_1\,f_1\,g_1\,h_1$ bezeichnet ist. Man ersieht auch, daß für die Annahme der Spannweite die Auflagerfläche nicht von Belang ist, weil $e\,f\,g\,h$ gleich ist $e_1\,f_1\,g_1\,h_1$.

Als Stützweite der Balken wird ähnlich wie bei den Platten der Abstand von Mitte zu Mitte derjenigen Unterzüge angenommen, auf welche sie die auf ihnen ruhende Belastung übertragen. Die Stützweite der Balken l^B ist sonach

$$l^B = l_1^B + 2\,\frac{b_1^u}{2} = l_1^B + b_1^u.$$

l_1^B ist ähnlich wie vorher die lichte Weite und b_1^u ist die Stegbreite des Hauptunterzuges.

Die Berechnung der statischen Größen wird auch hier unter der Voraussetzung durchgeführt, daß die Balken als über die Unterzüge durchlaufende Träger zu betrachten sind. Diese Annahmen sind ebensowenig einwandfrei wie bei der Berechnung der Platte. Es gelten auch hier die vorher gemachten Einwände.

Ob die Balken als durchlaufende Träger über mehreren Unterzügen oder als teilweise oder ganz eingespannt zwischen zwei Unterzügen gerechnet werden, es entstehen beim Anschluß an die Hauptunterzüge U negative Momente. Bei den im Felde auftretenden positiven Momenten ist die Mitwirkung der Platte als T-Träger außerordentlich wertvoll, weil der Flansch den zur Aufnahme der Druckspannungen notwendigen Betonquerschnitt vergrößert. Allerdings treten dann in der als Flansch angenommenen Deckenplatte Druckspannungen im Beton auf, welche senkrecht zu den in der Platte selbst wirkenden Druckspannungen wirken.

Bei der Annahme der negativen Momente an der Anschlußstelle bei den Unterzügen entstehen jedoch im Flansch Zugspannungen im Beton. Man begnügt sich, zur Aufnahme der negativen Momente den rechteckigen Balkenquerschnitt in Rechnung zu setzen, von der Stegbreite b_1^B und der ganzen Höhe des T-Balkens. Die Verringerung des Druckteiles bedingt bei größeren negativen Momenten eine Verstärkung durch Voutenausbildung, wie dies in der Zeichnung beim Balken B_1 angedeutet ist. Dadurch wird die Höhe des zur Aufnahme der negativen Momente bestimmten rechteckigen Querschnittes vergrößert.

Die Ausbildung der Unterzüge ist auch in Abb. 92 in U_1 und in U_2 dargestellt. Bei typischen Eisenbetonkonstruktionen ruhen sie auf Eisenbetonstützen auf und werden mit diesen gewöhnlich in einem hergestellt. Wie die Auflagerung der Hauptunterzüge gedacht ist, geht auch aus der Zeichnung hervor. Auch hier geschieht die Auflagerung nach einer Fläche $n\,o\,p\,q$. Die Größe der Auflagerfläche bleibt gleich, ob man Vouten anordnet oder nicht. Die Wirkung der Unterzüge als über mehrere Stützen durchlaufende Träger hängt von denselben Bedingungen ab, die vorher besprochen wurden. Da die Querschnittsausbildung dieselbe ist wie bei den Balken, so erfolgt die Berechnung nach denselben Gesichtspunkten wie bei diesen. Stützen und Unterzüge sind jedoch, wie noch gezeigt werden soll, in der statischen Wirkung vielmehr Rahmengebilde.

Bei der Berechnung der Unterzüge werden als Stützweiten die Entfernungen von Stützenmitte zu Stützenmitte angenommen. Zur Aufnahme der positiven Feldmomente wird der Querschnitt S^U, zur Aufnahme der negativen Stützenmomente auch hier wie bei den Balken der rechteckige Querschnitt von der Stegbreite b_1^u und der ganzen Höhe (einschließlich Plattenstärke) zugrunde gelegt.

In der Regel ruhen die Hauptunterzüge U auf Eisenbetonstützen. Man kann bis zu einem gewissen Grade von einer „Auflagerung" der Unterzüge auf den Stützen nur dann sprechen, wenn beim Anschluß an die Unterzüge oder auch an den Vouten eine Arbeits- und Trennungsfuge gemacht wird. In Abb. 92 ist bei der Stütze N die Arbeitsfuge in der Fläche $i\,k\,l\,m$ dargestellt. Die Auflagerfläche des Unterzuges ist $n\,o\,p\,q$. Obgleich die Eiseneinlagen auch bei den Stützen bis in die darüberliegenden Stützen durchgehen sollen, wird man aber in einem solchen Falle bis zu einem gewissen Grade von einer freien Auflagerung sprechen können. In vielen Fällen, besonders bei gleichmäßiger Belastung zu beiden Seiten der Stützen, darf eine zentrische Druckbeanspruchung mit einer gewissen Näherung angenommen werden. Bei einseitigen und hohen Belastungen kann die Kräftewirkung in den Stützen nicht mehr von derjenigen in den Unterzügen getrennt betrachtet werden. Es entsteht eine rahmenartige Wirkung, die sich in dem Auftreten von Biegungsmomenten auch in den Stützen äußert.

In der gewöhnlichen Hochbaupraxis werden zuweilen nur die Randstützen oder Frontstützen wie bei L in Abb. 92 als exzentrisch belastet gerechnet. Mit Rücksicht auf die Wirkungsweise der Eisenbetonstützen bei monolitischer Herstellung sollte man aber bei der Verteilung der Eiseneinlagen das Auftreten von Biegungsmomenten in den Stützen nicht unberücksichtigt lassen. Aus demselben Grunde wird man zur Sicherheit die Stützen auch dann mit Eiseneinlagen versehen müssen, wenn sie nach der Berechnung nicht notwendig sind.

2. Darstellung der Eiseneinlagen nach deren Wirkung in den Eisenbetonelementen.

Die Eiseneinlagen der Platte P, der Balken B und der Unterzüge U sind in Abb. 93 dargestellt; ferner sind auch in N und O die Eiseneinlagen für zwei viereckige Stützen eingezeichnet.

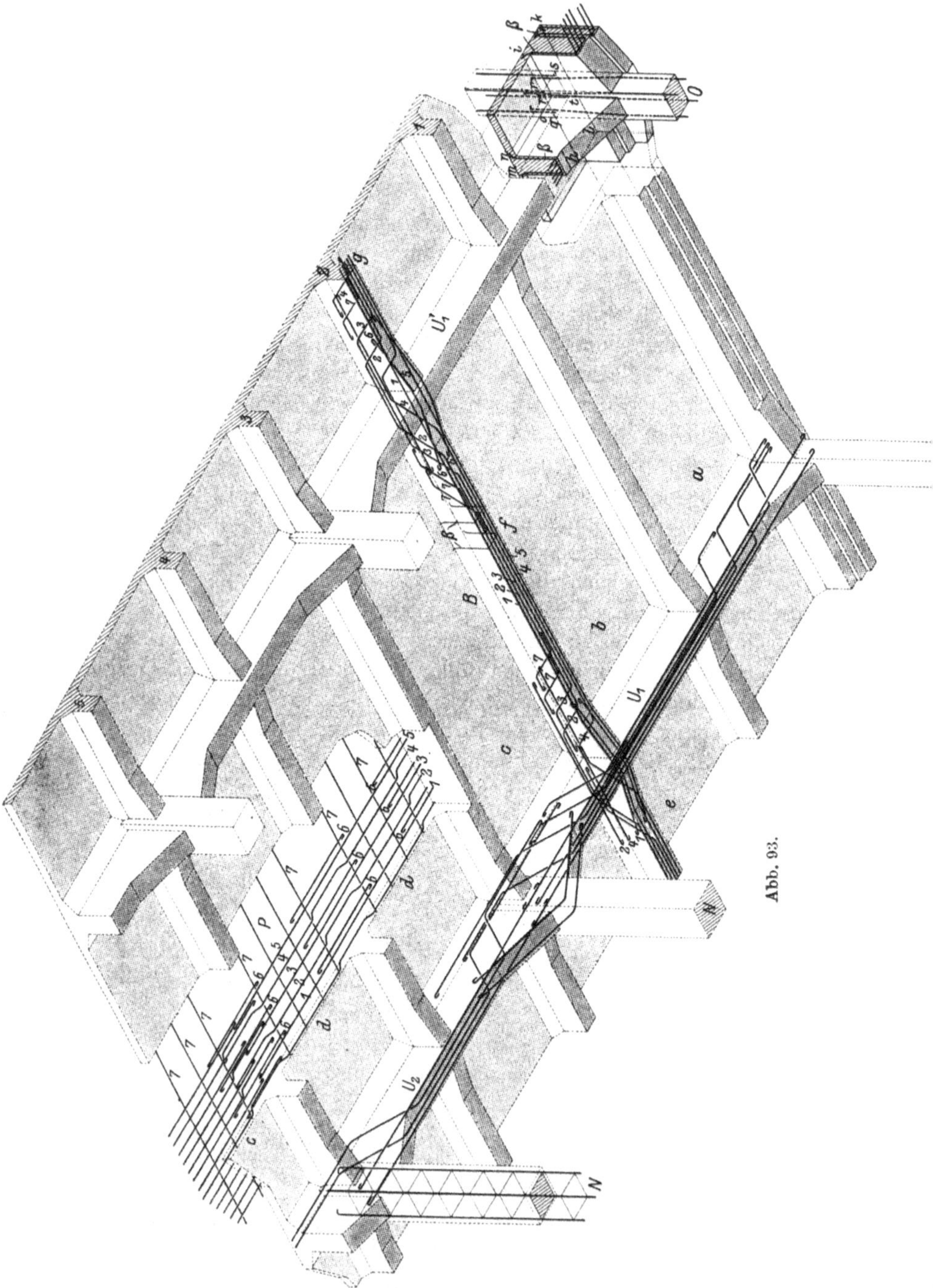

Abb. 93.

Bei dieser Darstellung ist grundsätzlich zu unterscheiden, ob die Eiseneinlagen zur Aufnahme von Zugspannungen oder zur Aufnahme der Schub- oder Hauptspannungen dienen. Für die Platte *P* ist ein charakteristischer Fall dargestellt, in welchem gezeigt wird, wie im Bereiche der positiven Feldmomente sämtliche Eiseneinlagen auf der Zugseite im unteren Teil der Platte eingelegt sind (mit *1, 2, 3, 4* und *5* bezeichnet).

Der Querschnitt dieser Eiseneinlagen wird an allen Stellen entsprechend den Biegungsmomenten ermittelt; ihre Verteilung und die Abbiegungen geschehen nach besonderen Gesichtspunkten. Ein Teil der Eiseneinlagen wird immer gerade durchlaufen müssen, wie dies bei den mit *1, 3* und *5* bezeichneten Eiseneinlagen der Fall ist. Ein anderer Teil wird so abgebogen, wie es bei *2* und *4* dargestellt wird, so daß eine Anzahl von Eiseneinlagen zur Aufnahme der positiven Feldmomente, ein Teil aber auch zur Aufnahme der negativen Stützenmomente herangezogen wird. Nur wo diese zur Aufnahme der negativen Momente nicht genügen, werden die kurzen, mit *6* bezeichneten Stücke in dem oberen Teil der Platte hinzugelegt. Senkrecht zu den Eiseneinlagen, welche man als Deckeneisen bezeichnet, werden die mit *7* bezeichneten sog. Verteilungseisen eingelegt. Die Anordnung der letzteren ist eine konstruktive Maßregel, die um so notwendiger ist, je mehr die Wirkung einer auf vier Seiten eingespannten Platte vorhanden ist. Es ist schon erwähnt worden, daß bei der Ermittlung der Plattenquerschnitte nach einzelnen Streifen die Formänderungen der Platte nach der dazu senkrechten Richtung unberücksichtigt bleiben. Dieser Mangel hat sich sehr häufig durch Auftreten von Rissen in der Mitte der Platte parallel zu den Längseisen bemerkbar gemacht. Aus diesem Grunde legt man die Verteilungseisen ein, deren Abstand in der Feldmitte kleiner als in der Nähe der Auflager sein kann.

Alle Eiseneinlagen sollen an den Enden mit Haken versehen werden, deren Wirkung am besten ist, wenn sie um 180° umgebogen werden.

Für das Randfeld *a* sind vielfach andere Eiseneinlagen erforderlich wie für die Mittelfelder *b, c, d,* weshalb die Eiseneinlagen des Endfeldes ohne Rücksicht auf das anschließende Feld *b* durchgeführt werden. Dagegen können die Felder *b, c, d, d* durchgehende Eiseneinlagen erhalten. Die Zusammenführung der Eisen vom Feld *c* und *d* ist bei Balken *3* in Abb. 93 dargestellt. Die Anordnung von durchgehenden Eiseneinlagen bei den Platten *d—d* über Balken *4* wird gleich im Anschluß daran gezeigt.

Die Verteilung der Eiseneinlagen bei einem durchlaufenden Balken *B* ist in Abb. 93 bei Balken *B* dargestellt. Die mit *1, 2, 3, 4* und *5* bezeichneten Eiseneinlagen dienen zur Aufnahme der positiven Feldmomente. Ein Teil davon (mit *2, 3* und *4* bezeichnet) wird zur Aufnahme der negativen Stützenmomente beim Anschluß an den Unterzug U_1' verwendet. Es ist immer darauf zu achten, daß ein Teil der Eiseneinlagen beim Anschluß an die Unterzüge auch durchgeht, selbst an den Stellen, wo nur negative Momente vorhanden sind (wie dies an den Eiseneinlagen *1* und *5* gezeigt wird). Die mit *2*, *3* und *4* bezeichneten, nach der Druckzone schon abgebogenen Eiseneinlagen werden gleichzeitig zur Erhöhung der Widerstandsfähigkeit gegen Schub- oder Hauptspannungen verwendet. Wo diese nicht genügen, werden noch besondere Eisen eingelegt, wie dies durch *7* dargestellt ist.

Bei Anordnung von Vouten ist für deren gute Verbindung mit den anschließenden Balken, Unterzügen und Stützen zu sorgen. Zu diesem Zwecke verwendet man eigene Eiseneinlagen, wie dies bei Balken B an dem Unterzug U_1' durch die mit *6* bezeichneten besonderen Eiseneinlagen geschieht.

Die Verteilung der Eiseneinlagen bei den Unterzügen geschieht nach ganz ähnlichen Gesichtspunkten. In U_1 und U_2 sind zwei Beispiele dargestellt. Bei U_1' wird auch gezeigt, in welcher Weise die Eiseneinlagen des Unterzuges mit denjenigen aus dem Balken B ineinander übergreifen.

Manchmal wird die Verbindung der Balkenvouten mit den anschließenden Unterzügen nicht durch eigene Eiseneinlagen hergestellt, wie dies bei U_1' gezeigt wird (mit *6* bezeichnet), sondern es werden die durchlaufenden Eiseneinlagen *1* und *5* in der Weise abgebogen, wie dies bei U_1 dargestellt ist. Zweckmäßig ist aber die Anordnung, wie sie beim Anschluß von B an U_1' gezeigt wird. Die zweckmäßige Austeilung der Eiseneinlagen, die Verwendung der nach dem Druckgurt hochgeführten Eiseneinlagen, ferner die Weiterführung dieser Eiseneinlagen in das Feld g wird bei dem Balken B gezeigt.

Beim Zusammenschlusse der Balken mit den Unterzügen wird man zweckmäßig darauf achten, daß die unteren Eisen des Balkens über den Eisen der Unterzüge liegen.

Die Eiseneinlagen bei der quadratischen Stütze N bestehen aus Längseisen und Bügeln. Der Fall stellt eine Stütze dar, die an der unteren Kante der Decke aufhört. Eine durchlaufende Stütze ist bei O gezeigt. Dieser Fall zeigt, wie die Eiseneinlagen der Stütze bis zur Voute des Unterzuges U_1' zu den Stützenkanten parallel geführt, dann nach oben hin gegen die Mitte zu abgelenkt werden. Sie reichen nur wenig über die Deckenoberfläche $qrst$ und sind am Ende abgebogen. Die Ablenkung der Eiseneinlagen gegen die Stützenachse zu ist notwendig, weil für die Eiseneinlagen der darüberliegenden Stütze Platz geschaffen werden muß. Die Ablenkung wird größer sein müssen, wenn die darüberliegende Stütze einen kleineren Querschnitt hat.

Die verschiedenen Querschnittsausbildungen bei den Stützen und die Anordnung von Umschnürungen verschiedener Art sollen in einem späteren Abschnitt erläutert werden.

3. Rissebildungen bei Eisenbetonbauten.

Will man gegen die Rißbildung oder die Erweiterung von entstehenden Rissen Maßnahmen vorsehen, so muß man sie nach Ursache, Form und Lage zu erkennen suchen.

An den Arbeitsfugen von Beton- und Eisenbetonbauten, die bei kürzerer oder längerer Unterbrechung der Betonierarbeit entstehen, lassen sich die manchmal beobachteten Risse vermeiden, wenn der bereits erhärtete Beton aufgerauht und genäßt wird, bevor der Anschluß ausgeführt wird.

Da die Entstehung von Rissen darauf zurückzuführen ist, daß die inneren Kräfte im Beton ein bestimmtes Höchstmaß überschritten, so

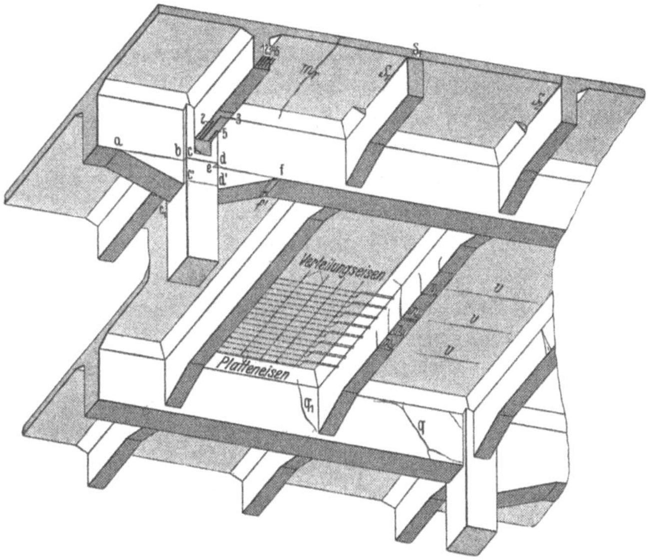

Abb. 94. Darstellung verschiedener Rißbildungen.

ergibt sich daraus, daß Eiseneinlagen Rissebildungen nicht verhindern können. Man legt zwar Eisen überall da hin, wo Risse zu erwarten sind, einmal, um die Kräfte zu übernehmen, die der Beton nicht mehr aufnehmen kann. Außerdem kann man durch gut verteilte und im Beton verankerte Eiseneinlagen die Erweiterung und Verlängerung entstandener Risse solange einschränken oder bis zu einem gewissen Grade verhindern, als die Eisen unterhalb der Elastizitätsgrenze beansprucht werden.

In der Hauptsache gibt es zwei Arten von Rissebildungen:

Risse infolge mangelhafter Ausführung und statische oder Kraftrisse, die infolge der Überbeanspruchung des Betons entstehen. In einer schematischen Darstellung in Abb. 94 sind die möglichen Rißbildungen bei einem einfachen Eisenbetonbau dargestellt.

Ein Riß nach der Linie *abcdef* ist möglich, wenn die Voute nicht gleichzeitig mit dem Unterzug, zu dem sie gehört, hergestellt wird. Fehlen außerdem die zur Verankerung üblichen Vouteneisen, so wird die Voute ihren Zweck, die Unterzughöhe über den Stützen zu vergrößern, nicht erfüllen. Dies ist zu vermeiden, wenn eine notwendige Unterbrechung der Betonierarbeit in der Stützlänge der Fuge *c,c'd'* erfolgt.

An der gleichen Stütze rechts wird gezeigt, wie beim Fehlen von Ankereisen ein Abplatzen der Voute den Unterzugquerschnitt an der Stütze vermindert.

Der Riß m_r zeigt die Form und Lage eines auf der Zugseite der Platte und m_u beim Balken durch große Biegungsmomente hervorgerufenen Kraftrisses. Ihr Verlauf ist senkrecht zur Achse der Platte oder des Balkens und senkrecht zu den Zugeisen. Wir sehen, daß in der Mitte an der Stelle der größten Biegungsmomente die Risse am weitesten und am längsten sind, daß die Risse um so kürzer und an der Unterfläche des Balkens um so feiner werden, je weiter sie sich von der Mitte gegen das Auflager hin entfernen, entsprechend den dort auftretenden kleineren Biegungsmomenten. Diese mit m_r und m_u bezeichneten Risse, die auf die Momente zurückzuführen sind, wollen wir in der Folge mit „Zugrissen“ bezeichnen.

Eine andere Art von statischen Rissen ist auf die mangelhafte Ausbildung der T-Querschnitte zurückzuführen. Diese Risse bilden sich beim Anschluß der Platte an den Steg (in der Abbildung mit S_1 und S_2 bezeichnet) bei nicht genügender Widerstandsfähigkeit gegenüber horizontalen und vertikalen Schubspannungen.

S_1 kann entweder dadurch entstehen, daß keine Anschlußverstärkung durch eine Voute vorhanden ist, wie es auf der rechten Seite vom Querschnitt gezeigt wird, oder wenn keine gute Verbindung zwischen Steg und Platte besteht.

Bei S_2 ist ein Fall dargestellt, wo sich die Platte vom Steg in vertikaler Richtung trennt, wenn der Querschnitt der Platte an der Anschlußstelle zu gering ist, wenn die Voute fehlt oder zu schwach ist.

Wenn die Eiseneinlagen von der Platte in den Steg hinübergeführt werden, so wird der Riß S_2 zumindest auf ein unschädliches Maß beschränkt werden. Die Rißbildung kann auch vollständig verhindert werden, wenn eine Verbreiterung des Steges beim Anschluß an die Platte und gleichzeitig eine feste Verbindung zwischen beiden hergestellt wird. Diese feste Verbindung entsteht, wenn die Herstellung von Platte und Steg in einem erfolgt, oder wenn man die Unterbrechung der Arbeit nicht mit dem Plattenrande, sondern mit der unteren Grenzlinie der Voute zusammenfällt.

Die mit *v* bezeichneten Risse in der Platte können dann entstehen, wenn die Verteilungseisen, wie sie im Nachbarfeld dargestellt sind, fehlen.

Endlich sind die häufig auftretenden statischen Risse zu erwähnen, die in Abb. 94 mit qq_1 bezeichnet sind, die wir in der Folge als „Schrägrisse" oder „Schiefe Zugrisse" bezeichnen wollen. Sie entstehen dort, wo sehr große Querkräfte und Biegungsmomente gleichzeitig auftreten, wodurch große Hauptzugspannungen hervorgerufen werden. Ihr Verlauf ist wesentlich verschieden von den aus den Biegungsmomenten hervorgegangenen Zugrissen m_u. Letztere entstehen dort, wo die größten Normal- (Zug-) Spannungen im Querschnitt auftreten. Dies ist bei einem auf Biegung beanspruchten Eisenbetonbalken an der Unterkante des Querschnittes. Mit zunehmender Belastung werden sie dort am größten und verlängern sich gegen die Druckseite, wo sie am feinsten sind.

Abb. 95. Rißbildung durch unrichtigen Bügelanschluß.

Die schiefen Zugrisse entstehen in der Nähe der Balkenachse und werden gegen die Ober- und Unterkante zu dünner. Mit zunehmender Belastung erweitern sich diese Risse am meisten in der Nähe der Nullinie, wie dies auch bei q schematisch dargestellt ist, entsprechend den dort auftretenden größten Hauptzugspannungen.

Schließlich soll noch darauf hingewiesen werden, daß Bügel manchmal die Ursache von frühzeitigen Rißbildungen werden können, wenn sie nicht dicht an den Längseisen anliegen und von diesen durch eine Betonschicht getrennt sind (s. Abb. 95, Bruchbild eines T-Balkens). Es ist daher notwendig, für einen guten Anschluß der Bügel an die Längseisen zu sorgen.

V. Axialer Zug und Druck.

Zur Übertragung von axialen Zugkräften wird man selten Beton oder Eisenbeton verwenden, da die Zugfestigkeit des Betons verhältnismäßig gering ist. Manchmal wendet man im Eisenbetonbau für Hängesäulen bei Brücken mit angehängter Fahrbahn oder für Zugbänder bei Bogen- oder Rahmenbindern und anderen Fällen Eisen in Form von Rundeisen oder I-Trägern an, welche zur Vermeidung von Rostgefahr mit Beton ummantelt werden. In diesem Falle kann man aber nicht von einem Eisenbetonquerschnitt sprechen, sondern von einem Eisenquerschnitt, welcher mit Beton ummantelt ist. Bei stärkeren, gewalzten

Profilen wird man daher die Vorsorge treffen müssen, daß eine gute mechanische Verbindung mit dem Beton hergestellt wird, was am zweckmäßigsten mit Hilfe eines Drahtgewebes geschieht.

Bei der Übertragung von axialen Druckkräften spielt der Eisenbeton eine sehr wichtige Rolle.

Vorerst sei auf den Unterschied zwischen Würfelfestigkeit und Prismen- oder Säulenfestigkeit hingewiesen.

Über die Würfelfestigkeit sind vorher verschiedene Angaben gemacht worden. Es wurde dort schon hervorgehoben, daß die Druckfestigkeit von Prismen kleiner werden müsse als bei Würfeln. Bach bestimmte die Druckfestigkeit an Betonprismen mit quadratischem Querschnitt (Seitenlänge $a = 32$ cm); die Höhen h betrugen 0,16, 0,32, 0,64, 1,20, 2,56 und 3,84 m. Sonach schwankte das Verhältnis h/a zwischen 0,5 und 12. Der Beton bestand aus einer Mischung von 1 Raumteil Zement, 4 Raumteilen Sand und Kies und 9,3 Gewichtsprozent Wasser, also einer plastischen Mischung.

Das Verhältnis der Prismenfestigkeit W' zur Würfelfestigkeit W betrug:

$$\frac{W'}{W} = \frac{427}{303} = 1{,}41; \quad \frac{310}{303} = 1{,}01; \quad \frac{288}{303} = 0{,}95; \quad \frac{316}{365} = 0{,}87; \quad \frac{270}{313} = 0{,}86; \quad \frac{263}{313} = 0{,}84.$$

$$\text{für } \frac{h}{a} = 0{,}5 \qquad 1 \qquad 2 \qquad 3{,}7 \qquad 8 \qquad 12$$

Wir ersehen daraus, daß das Verhältnis W'/W mit zunehmender Höhe des Prismas kleiner wird, daß aber diese Abnahme mit zunehmender Höhe h geringern wird und sich einem Grenzwert nähert, welcher ungefähr bei $0{,}8 = \frac{4}{5}$ der Würfelfestigkeit liegt. Alle diese Werte gelten nur so lange, als keine Knickgefahr eintritt. Die Darstellung in Abb. 96 zeigt deutlich die Abhängigkeit des Verhältnisses W'/W von der Höhe des Prismas.

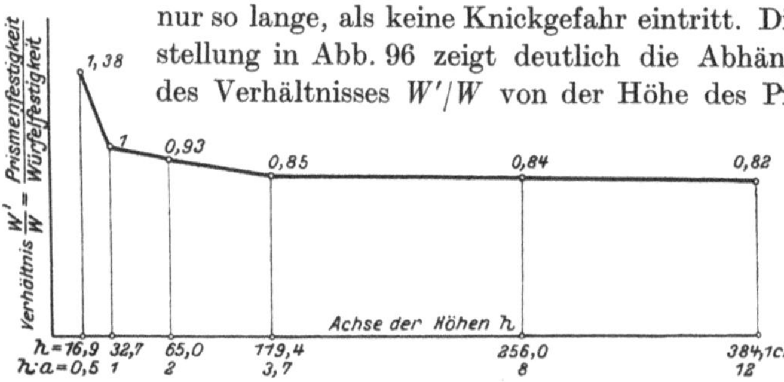

Abb. 96. Prismenfestigkeit und Würfelfestigkeit.

Darnach kann die Säulenfestigkeit oder die Druckfestigkeit von Betonsäulen mit vier Fünftel der Würfelfestigkeit angenommen werden[1].

[1] Versuche von Gehler (Bauing. 1928 S. 21ff.) zeigen, daß sich das Verhältnis W'/W verschiebt, wenn die Endflächenreibung zwischen Versuchskörper und Druckplatte beseitigt wird. Für die praktische Berechnung kann jedoch die Säulenfestigkeit mit $0{,}8\,W$ beibehalten werden.

Bei der Ausbildung von Säulen, Stützen oder Pfeilern, welche durch axialen Druck beansprucht werden, ist zu unterscheiden, ob der Beton zur Aufnahme der äußeren Kräfte mit herangezogen wird, oder ob er nur als Verkleidung einer Eisenkonstruktion dient. Im ersteren Fall hat man es mit Eisenbetonkonstruktionen zu tun, im letzteren Fall mit ummantelten Eisenkonstruktionen. Die einfachste Form beider ist im Prinzip in Abb. 97 und 98 dargestellt.

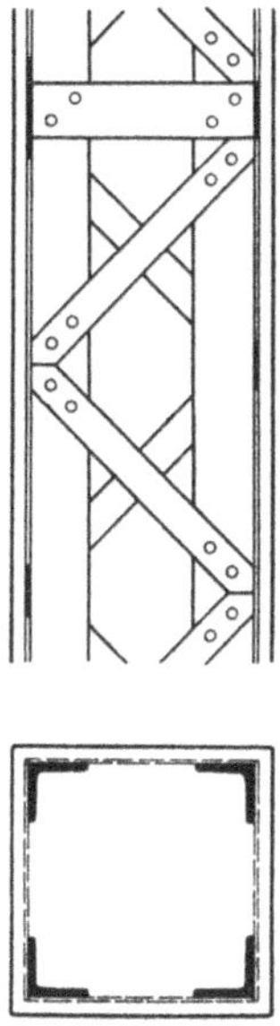
Abb. 97. Betonummantelte Eisensäule.

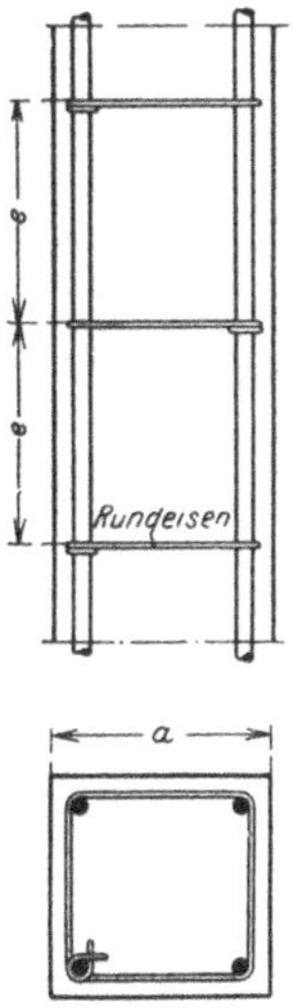

Abb. 98. Eisenbetonsäule mit Rundeisenbügeln.

Um die Tragfähigkeit von Betonquerschnitten zu erhöhen, verwendet man Eiseneinlagen, die längs des Umfanges, bei viereckigen Querschnitten gewöhnlich in den Ecken, angeordnet werden. Diese auf die ganze Länge durchgehenden Rundeisen bezeichnet man als Längseisen.

Die Längseisen werden in bestimmten Entfernungen durch Quereisen, Bügel genannt, festgehalten, um ein Ausknicken der Einzelstäbe, die ein geringes Trägheitsmoment besitzen, zu verhüten. Diese können nur dann einen Wert haben, wenn sie an die Längseisen fest und unverrückbar angeschlossen werden, so daß ein Ausknicken der Längseisen nur zwischen zwei Bügeln möglich ist. Die einfachste und am häufigsten angewendete Art von Bügeln sind Rundeisenbügel, wie sie in Abb. 98 dargestellt sind. Der Bügelabstand e sollte nicht größer als die kleinste Säulendicke und nicht größer als die zwölffache Dicke der Längseisen sein.

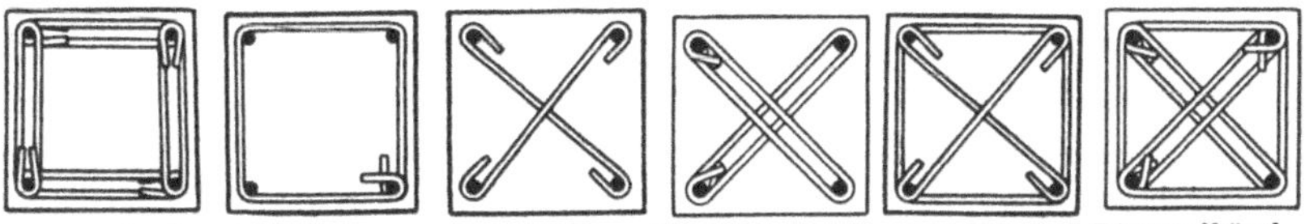
Umfangsbügel. Diagonalbügel. Umfangs- und Diagonalbügel.

Abb. 99.

Man unterscheidet Umfangsbügel, wenn sie längs des Umfanges des Betonquerschnittes verlaufen, ferner Diagonalbügel, wenn sie zwei diagonal liegende Längseisen verbinden und die Verbindung beider (Abb. 99).

Selbst bei sorgfältigster Herstellung wird es nicht immer möglich sein, die in Abb. 99 dargestellten Bügel mit den Längseisen so zu verbinden, daß an der Anschlußstelle ein fester, unverrückbarer Punkt entsteht, auch dann nicht, wenn man, wie dies in der Praxis oft geschieht, die Anschlußstelle mit Bindedraht umwickelt. Es ist in diesem

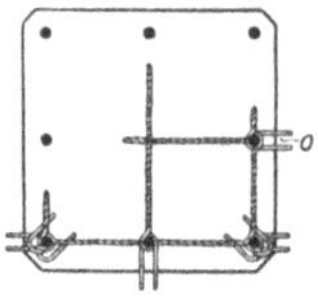

Abb. 100. Sperrbügel.

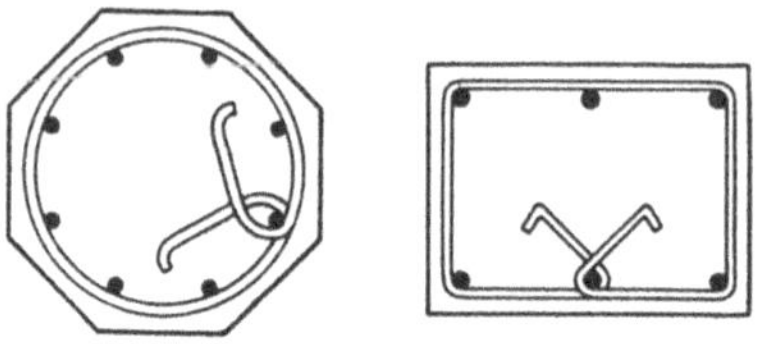

Abb. 101. Ring- und Umfangsbügel.

Falle nicht nur schwierig, ein dichtes Anliegen der Bügel an die Längseisen zu erreichen, sondern auch die Bügel in bestimmten Abständen zu erhalten, da sie sich leicht parallel zur Längsachse verschieben.

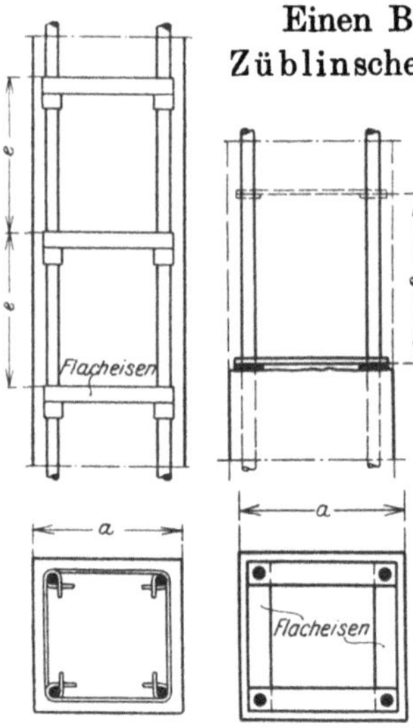

Abb. 102. Flacheisenbügel.

Einen Bügel besonderer Art zeigt Abb. 100, der sog. Züblinsche Sperrbügel. Er besteht aus zwei zusammengedrehten dünnen Rundeisen. In die offenen Schlingen werden die Längseisen eingeführt und dann die überstehenden Enden der Bügel zusammengedreht und umgebogen. Der Anschluß an die Längseisen ist hier viel sicherer wie bei den vorgenannten Beispielen.

Endlich sei noch auf eine andere Form von Umfangsbügeln hingewiesen in Form von Ringen bei kreisförmigem und achteckigem Querschnitt oder auch viereckig bei rechteckigen Querschnitten, wie sie in Abb. 101 dargestellt sind. Die überstehenden Enden werden in den Betonkern hineingeführt, wodurch eine feste Verankerung und eine Festlegung der Anschlußstelle an die Längseisen erzielt werden kann.

Die früher verwendeten Flacheisenbügel (Abb. 102) werden heute nicht mehr benutzt, da ein fester Anschluß mit den Längseisen schwer zu erzielen ist.

1. Tragfähigkeit von Eisenbetonstützen.

Einfluß der Längs- und Querbewehrung.

Unter der Annahme, daß sich eine bestimmte Achskraft P gleichmäßig auf den Beton- und Eisenquerschnitt verteilt, erhält man

$$P = \sigma_b \cdot F_b + \sigma_e \cdot F_e. \tag{1}$$

Hierbei bezeichnet F_b den Betonquerschnitt, F_e den Eisenquerschnitt, σ_b die Druckspannung im Beton und σ_e die Druckspannung im Eisen.

Man könnte sonach aus Gleichung (1) die Tragfähigkeit einer Eisenbetonsäule berechnen, wenn die Querschnitte und die Spannungen im Eisen und im Beton beim Bruch angenommen werden.

Soll man aber für eine gegebene Achslast P bei einem bestimmten Querschnitt die Spannungen ermitteln, so kann dies in folgender Weise geschehen:

Man kann annehmen, daß die Längseisen dieselben Verkürzungen erleiden wie der Beton. Aus dem Potenzgesetz rechnet sich die Verkürzung des Betons aus $\varepsilon_b = \alpha_b \cdot \sigma_b^m$. Für kleine Spannungsunterschiede darf man $m = 1$ setzen. Es ergibt sich sonach:

$$\varepsilon_b = \alpha_b \cdot \sigma_b = \frac{\sigma_b}{E_b}.$$

Da die Verkürzung im Eisen: $\varepsilon_e = \frac{\sigma_e}{E_e}$, und da $\varepsilon_b = \varepsilon_e$, ergibt sich

$$\frac{\sigma_b}{E_b} = \frac{\sigma_e}{E_e}.$$

Wenn $\frac{\sigma_e}{\sigma_b} = \frac{E_e}{E_b} = n$ gesetzt wird, ist: $\sigma_e = n \cdot \sigma_b$. (2)

Die Zahl n, das Verhältnis der Elastizitätszahlen, ist veränderlich, da der Nenner E_b veränderlich ist. Die Berechnung von σ_e kann im Allgemeinen unterbleiben, denn sie ergibt aus naheliegenden Gründen Spannungen, die immer weit niedriger sind als die zulässigen. Außerdem berücksichtigt sie nicht die plastischen Verformungen, die zu erheblich höheren Spannungen in den Eiseneinlagen führt, wie auf S. 128 erläutert wurde.

Setzt man z. B. das für einen Beton bei einer Spannung von 40 kg/cm² ermittelte $E_b = 194000$ kg/cm², so ist, wenn E_e mit 2100000 kg/cm² angenommen wird, $n = 10{,}8$. Mit zunehmender Spannung im Beton wächst n. Man wird, um annähernd den wirklichen Zustand zu berücksichtigen, n immer entsprechend der Spannung im Beton wählen müssen. Daß aber n bei einer fetteren Mischung für dieselbe zulässige Spannung noch kleiner werden kann, zeigt ein anderes Beispiel, wo sich für eine Betonmischung 1 : 4 bei einem Wasserzusatz von 8% eine Spannung von 36,7 kg/cm² E_b mit 225000 kg/cm² ergibt. Hier ist $n = 9{,}3$.

Zur Bestimmung der Druckspannung im Beton wird in die Gleichung (1) der Wert für σ_e eingesetzt. Man erhält:

$$P = \sigma_b \cdot (F_b + n \cdot F_e); \qquad F_i = F_b + nF_e$$

und

$$\sigma_b = \frac{P}{F_b + n \cdot F_e} = \frac{P}{F_i}. \tag{3}$$

Bei der Berechnung der Spannungen im Eisen und Beton nach Gleichung (2) und (3) wird es auffallen, daß auf die Anordnung der Querbewehrung gar keine Rücksicht genommen ist, obwohl sie von erheblichem Einfluß auf die Tragfähigkeit ist.

Nur bei geringeren Belastungen, in der Nähe der zulässigen Spannungen im Beton, ist die Querbewehrung, wie noch an Versuchen gezeigt werden wird, nicht von Bedeutung.

Die Berechnung von σ_e nach der Gleichung (2) für $n = 10$, ein Wert, welcher für die zulässige Spannung im Beton zutrifft, ergibt für $\sigma_b = 40$ kg/cm² nur 400 kg/cm². Daraus ersieht man, daß die Eiseneinlagen nicht ebenso ausgenutzt werden können wie der Beton, und daß für gewöhnliche Eisenbetonsäulen die gewöhnliche Längsbewehrung von untergeordneter Bedeutung ist.

Im folgenden soll an der Hand einiger Versuche gezeigt werden, in welcher Weise die Tragfähigkeit von Eisenbetonsäulen mit gewöhnlichen Querbügeln durch die Betonmischung, durch die Längs- und Querbewehrung beeinflußt wird.

Belastet man eine Säule aus Beton oder Eisenbeton mit einer in der Achse wirkenden Druckkraft P, so werden dadurch bekanntlich Verkürzungen nach der Länge und gleichzeitig Querdehnungen im Beton hervorgerufen. Werden nur Längseisen angeordnet, so tritt in dem Verhältnis der Zusammendrückungen zu den Querdehnungen des Betons keine nennenswerte Änderung ein.

Durch Hinzutreten von Bügeln ändert sich das Verhältnis der Querdehnungen zu den Verkürzungen des Betons. Dasselbe ist auch der Fall bei der Verwendung von verschiedenen Betonmischungen. Deshalb sind letztere geeignet, die Tragfähigkeit von Eisenbetonsäulen erheblich zu beeinflussen, während dies bei der Verwendung von Längseiseneinlagen allein nicht der Fall sein kann.

In dieser Hinsicht sind die Versuche der französischen Regierungskommission zu erwähnen, welche im Jahre 1907 veröffentlicht wurden.

Es wurden im ganzen neun Säulen von 5 m Länge geprüft. Die Betonmischung war 350 kg Zement auf 400 l Sand und 800 l Kies. Die Eiseneinlagen waren von derselben Art wie in Abb. 102. Vier Längseisen von verschiedenem Durchmesser mit gelochten Flacheisenbügeln, deren Abstand 50 cm betrug. Der Eisenprozentsatz der Längseiseneinlagen war 0,28 bis 3,97%.

Die aus den Bruchlasten ermittelten Säulenfestigkeiten $\left(K_b = \frac{P}{F_b}\right)$ der Eisenbetonsäulen lagen zwischen 230 und 250 kg/cm², die der nichtbewehrten Betonsäulen von derselben Art im Durchschnitt 210 kg/cm². Es folgt daraus, daß durch die Längseiseneinlagen in diesem Falle eine Erhöhung der Tragfähigkeit nicht erzielt wurde.

Rudeloff veröffentlichte in Heft 21 die Versuche des Deutschen Ausschusses für Eisenbeton über den Einfluß der Köpfe auf die Formänderungen und Festigkeiten von Eisenbetonsäulen. Es wurden 2 m lange Säulen mit einem quadratischen Querschnitt von 30 cm Seitenlänge geprüft. Die Betonmischung betrug 1 : 4. Als Eiseneinlagen wurden vier Längseisen von 30 mm Durchmesser mit 7 mm starken Bügeln verwendet (Abb. 103). Zum Vergleich wurden auch unbewehrte Säulen mit ähnlichen Köpfen ausgebildet und bewehrte Säulen ohne Verbreiterung des Kopfes, bei denen Längseisen durchgeführt wurden. Die Versuche zeigten, daß die Verbreiterung und Verstärkung der Köpfe die Bruchfestigkeiten erhöhten.

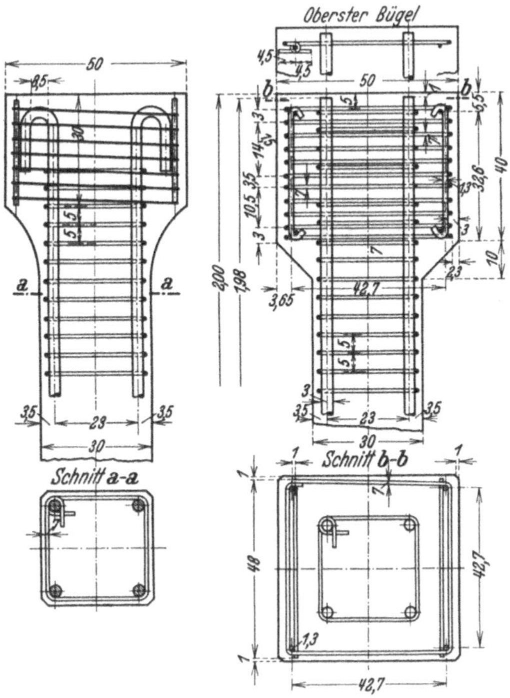

Abb. 103. Ausbildung der Köpfe bei Säulenversuchen.

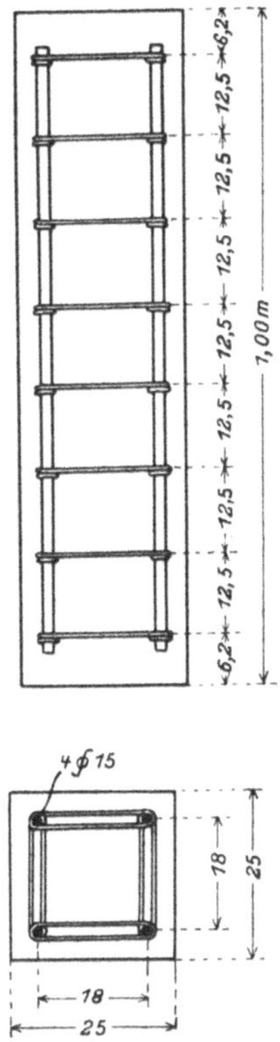

Abb. 104. Versuche über den Einfluß der Bügel.

Bei den Säulen mit nichtverstärkten Köpfen zeigte sich, daß die Bruchlast am höchsten war, wenn der Abstand der Längseisen von der Druckfläche kleiner als 1 cm gewählt wurde. Amerikanische Säulenversuche von Richart und Slater (J. Amer. Concrete Inst. April 1930, Februar/März 1931) zeigen sogar, daß ein bündiges Enden der Längseisen mit den Druckflächen einen günstigeren Einfluß auf die Höhe der Bruchlast ausübt als selbst die Verbreiterung der Stützenköpfe.

Ist ein guter Anschluß der Quereisen an die Längseisen vorhanden, so ist es möglich, die Tragfähigkeit von Eisenbetonsäulen zu erhöhen, die Querdehnungen und damit auch die Längenänderungen zu verringern.

Versuche von Bach zeigen den guten Einfluß der Bügel, welche als Umfangsbügel in Schleifenform (Abb. 104) in Abständen von 25, 12,5 und 6,25 cm ausgebildet wurden. Die Messung der Verkürzungen ergab federnde Längenänderungen von 126 Millionstel der Länge für das unterwehrte Prisma; für die gleichfalls 1 m langen Eisenbetonprismen bei 25 cm Bügelabstand 109 und bei 6,25 cm Bügelabstand 102 bei einer Spannung $\sigma_b = \frac{P}{F_b} = 32{,}3\ \mathrm{kg/cm^2}$. Die entsprechenden Längenänderungen bei $\sigma = 64{,}9\ \mathrm{kg/cm^2}$ waren 545, 415 und 379.

Die Verkürzungen des Betons infolge der an die Längseisen fest angeschlossene Bügel wurden um so mehr verringert, je kleiner der Bügelabstand war, was nur möglich sein kann, wenn die Querdehnungen kleiner werden. Es zeigte sich ferner, daß die Verringerung der Querdehnungen durch die Bügel bei größeren Belastungen noch auffallender wird. Die Wirkung der Bügel läuft in der Hauptsache auf eine Verringerung der Längenänderungen und der Querdehnungen des Betons hinaus.

Aus den gleichen Versuchen zeigte sich als eine Folgeerscheinung der verminderten Formänderungen die Erhöhung der Tragfähigkeit. Während das reine Betonprisma eine Säulenfestigkeit von 141 kg/cm² aufweist, steigt dieser Wert bei einer Längsbewehrung von vier Rundeisen 15 mm und 25 cm Bügelabstand auf 168 kg/cm², bei 12,5 cm Bügelabstand auf 177 kg/cm², bei 6,25 cn Bügelabstand auf 205 kg/cm².

Da die Würfelfestigkeit für die aus demselben Material und in derselben Art hergestellten Würfel 159 kg/cm² beträgt, so ergibt sich daraus für das Verhältnis $\frac{W'}{W} = 0{,}88$ ein Wert, der mit den vorher angegebenen Zahlen gut übereinstimmt. Man ersieht ferner, daß die Bügel in der Lage waren, die Säulenfestigkeit bis über die Würfelfestigkeit zu erhöhen.

Für die Praxis des Eisenbetonbaues ergibt sich daraus der wichtige Schluß, daß bei Anwendung von Eisenbetonsäulen die Tragfähigkeit durch Längseiseneinlagen mit gut angeordneten und fest anschließenden Querbügeln um so mehr erhöht werden kann, je geringer der Bügelabstand ist.

Der Einfluß der Querschnittsform der Längseisen ist durch die Frankfurter Versuche des Verfassers (veröffentlicht: Armierter Beton 1909) ermittelt worden; als Längseisen wurden Rundeisen, Flacheisen und T-Eisen verwendet.

Die liegend gestampften, 2,30 m langen Säulen waren aus zwei verschiedenen Betonmischungen 1 : 3 und 1 : 5 hergestellt mit 15% Wasserzusatz. Als Querbügel wurden Rundeisen und Flacheisen verwendet, welche ebenso wie die Längseisen verschiedene Querschnitte aufwiesen.

Es zeigte sich, daß Flacheisen sowohl als Längs- wie als Querbewehrung nicht so günstig wirken wie Rundeisen. Die Rundeiseneinlagen waren den T-Eisen überlegen.

Bei derselben Betonmischung, dem gleichen Querschnitt und der gleichen Bügelanordnung steigt die Tragfähigkeit mit zunehmendem Querschnitt der Längseisen.

Die geringste Bruchlast ergab sich bei einer Bewehrung von vier Rundeisen 15 mm ($\varphi = 1{,}13\%$). Bei einer Steigerung des Eisenprozentsatzes auf 2% erhöhte sich die Bruchlast nur um 7 t. Bei dem vierfachen Eisenquerschnitt bei 4,5% stieg die Bruchlast von 148 auf 194 t. Daraus folgt auch, daß die stärkere Längsbewehrung nicht wirtschaftlich ist.

Die günstigste Form der Querbügel ist der einfache Umfangsbügel, wie aus verschiedenen Versuchen hervorgeht. Bei der Anordnung von Diagonalbügeln traten Risse bei Belastungen weit unterhalb der Bruchlast auf, während bei der Verwendung von Umfangsbügeln Risse erst in der Nähe der Bruchlast auftraten. Diagonalbügel, die den Kern des Betons durchschneiden, führen zu einer Schwächung des Betonquerschnittes.

Zusammenfassend geht aus den Versuchen hervor, daß bei gewöhnlichen Eisenbetonsäulen die Tragfähigkeit durch eine Längsbewehrung nur dann erhöht werden kann, wenn sie durch Querbügel in bestimmten Abständen unverrückbar festgehalten wird. Die Tragfähigkeit wird um so größer, je geringer der Bügelabstand ist, der bei gewöhnlichen Eisenbetonstützen nicht größer als die Säulendicke angenommen wird. Selbst bei einwandfreier Ausführung unter Berücksichtigung aller besprochenen Bedingungen ist der Einfluß von gewöhnlichen Längs- und Quereiseneinlagen nicht größer, als man durch Anwendung hochwertiger Betonmischungen erreichen kann.

Eine wesentliche Erhöhung der Tragfähigkeit von bewehrten Betonsäulen kann erst erzielt werden, wenn als Querbewehrung Umschnürungen verwendet werden.

2. Tragfähigkeit von Eisenbetonsäulen mit Umschnürungen.

Als einfachste Umschnürung einer Eisenbetonsäule können die gewöhnlichen Ringbügel bezeichnet werden, wie sie in Abb. 101 dargestellt sind. Der Vorschlag, eng aneinanderliegende Ringe zur Erhöhung der Tragfähigkeit von Säulen zu verwenden, stammt von Koenen.

Eine andere Art der Umschnürung ist die Umschnürung nach Considère, die eine an den Längseisen befestigte fortlaufende Spirale bildet (Abb. 105).

Man kann die Wirkung von Umschnürungen am besten kennenlernen, wenn man das Verhältnis der Querdehnungen zu den Längenänderungen von Eisenbetonsäulen bei niedrigen Belastungen mit denjenigen in der Nähe des Bruches vergleicht.

Eine Betonsäule wird unter der Einwirkung einer in der Achse wirkenden Kraft plötzlich brechen, ohne daß vorher Risse auftreten. Bei Eisenbetonsäulen kann man selbst bei sehr großen Bügelentfernungen erst kurz vor dem Eintreten des Bruches Risse an den Kanten beobachten, welche darauf zurückzuführen sind, daß die Längseisen zwischen den Bügeln ausknicken. Bei kleineren Bügelentfernungen treten an den Seitenflächen der Säulen lange vor Eintreten des Bruches Risse auf.

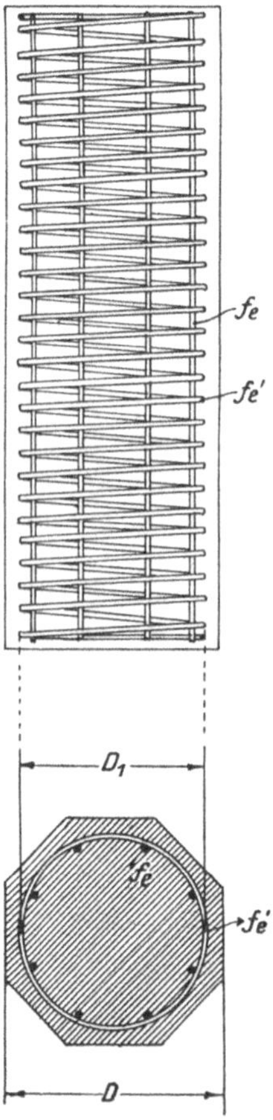

Abb. 105. Spiralförmige Umschnürung nach Considère.

Abb. 106. Eisenbetonsäulen nach dem Bruch.

Der Bruch tritt in der Weise auf, wie es in Abb. 106 in einem typischen Bild aus Versuchen des Verfassers gezeigt wird: durch Pyramidenbildung und durch Ausknicken der Längseisen zwischen den Bügeln.

Es ist schon vorher gezeigt worden, daß die Wirkung der Bügel in der Hauptsache auf eine Verringerung der Querdehnung des Betons hinausläuft. Da Umschnürungen nichts anderes sind als ganz eng aneinanderliegende Bügel, so ist zu erwarten, daß der Bruch auch in derselben Weise durch Pyramidenbildungen innerhalb einer Ganghöhe erfolgt. Der holländische Ingenieur Sanders hat dies im Prinzip im Jahre 1903 nachgewiesen durch Versuche an Betonwürfeln und Betonprismen; letztere auch mit Quereisen versehen, wie sie in Abb. 107 dargestellt sind. Hier sind weder Längseisen noch

Bügel vorhanden; einfache Eisenstäbe in Form eines Rostes sind in einzelnen Querschnittsflächen eingelegt, welche den Zweck haben, die großen Querdehnungen des Betons zu verringern.

Die Druckversuche mit diesen Prismen haben die Erscheinung gezeigt, die in Abb. 107 dargestellt ist; beim Bruch war die Pyramidenbildung immer zwischen je zwei Quereisenlagen. Das deutet darauf hin, daß die Zerstörung mit der Überwindung der Druckfestigkeit eines Prismas erfolgt, dessen Höhe gleich dem Abstand von zwei Quereisenlagen ist. Je kleiner diese Höhe im Verhältnis zur Prismendicke ist, desto größer muß aber die Säulenfestigkeit werden.

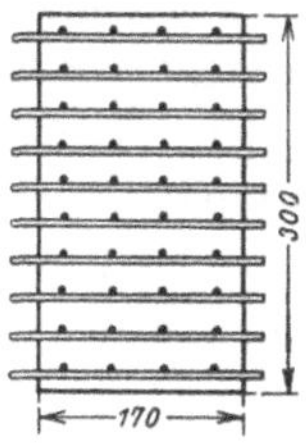

Ähnlich wird es auch bei Umschnürungen sein. Je kleiner die Ganghöhe ist, desto mehr ist es möglich, die Querdehnungen zu verringern. Je kleiner aber diese

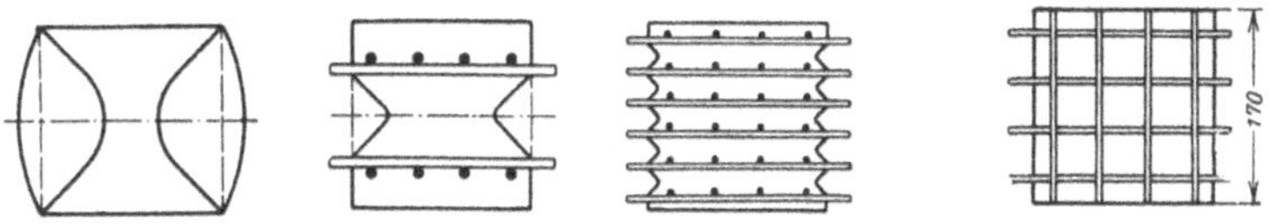

Abb. 107. Brucherscheinung bei querbewehrten Betonwürfeln.

werden, desto größere Verkürzungen kann der Beton in seiner Längsachse erleiden, bevor der Bruch eintritt. In der Tat sind bei Betonsäulen vor dem Bruch die größten Verkürzungen mit 1,5 mm/lfdm gemessen worden, während bei umschnürtem Beton unter sonst gleichen Verhältnissen die größten Verkürzungen mit über 4 mm/lfdm gemessen wurden.

Wertvolle Angaben macht der amerikanische Forscher Withey über das Verhältnis der Querdehnungen zu den Längenänderungen.

Für eine Ganghöhe von 5 cm und eine Betonmischung 1 : 2 : 3,5 fand Withey bei einer Belastung P gleich $\frac{1}{4}$ der Bruchlast für $m = \frac{\varepsilon_l}{\varepsilon_q}$ die Werte von 9 bis 12,5. (Hierbei ist mit ε_q die Querdehnung, mit ε_l die Längenänderung bezeichnet.) Bei dem Auftreten der ersten Risse an den Seitenflächen der Säulen, bei der sog. Rißlast, wurden

$$\varepsilon_q = 2010 \cdot 10^{-7} \quad \text{und} \quad \varepsilon_l = 13660 \text{ bis } 14560 \cdot 10^{-7}$$

pro Längeneinheit gemessen; dem entspricht $m = 6{,}8$ bis $7{,}25$.

Unter sonst gleichen Verhältnissen ergaben die Messungen für eine Ganghöhe von 2,5 cm folgende Werte:

Für eine Belastung gleich $\frac{1}{4}$ der Bruchlast wurde bei einer Betonmischung 1 : 3 : 6 der Wert $m = 12{,}5$, der auf 5,26 bei 1 : 1,75 : 3,25 fiel. Bei höherer Belastung wurde m kleiner.

Diese beachtenswerten Messungsergebnisse zeigen, daß der Wert m bei höheren Belastungen von der Mischung des Betons nicht abhängig zu sein scheint und daß m bei kleineren Ganghöhen kleiner wird. Mit anderen Worten, daß der Beton bei einer zentrischen Krafteinwirkung um so geringere Formänderungen erleidet, je geringer die Entfernung der Querbügel ist. Der Grenzfall würde eintreten, wenn diese Entfernung gleich Null wird, oder bei einem die Betonsäule allseits umschließenden Mantel, welcher den Beton an seiner Querdehnung um so erfolgreicher hindert, je größer die Eigenfestigkeit des Mantels ist.

Der Schweizer Geologe Heim hatte gefunden, daß in größeren Tiefen liegende Gesteinstücke weit über ihre Eigenfestigkeit hinaus belastet werden können, weil sie ringsum von stark gepreßtem Material umschlossen sind. Er folgerte daraus, daß das Gestein in diesem Zustand eine Umformung erfahren muß, denn sonst müßte es mit Erreichung der Eigenfestigkeit brechen. Bei umschnürtem Beton kommt eine ähnliche Umformung dadurch zustande, daß durch die Umschnürungen das Verhältnis der Querdehnungen zu den Längenänderungen des Betonkernes geändert wird. Trotzdem ist die Behauptung aufgestellt worden, daß der Beton innerhalb der Umschnürung, den man als Kernquerschnitt bezeichnet, mit Erreichung der Säulenfestigkeit zerstört und nur durch die Umschnürung zusammengehalten werde. Daß der Beton innerhalb des Kernes vollkommen zusammenhängend und fest bleibt, ähnlich wie dies bei den unter hohen Pressungen stehenden Gesteinen der Fall ist, hat Mörsch nachgewiesen, indem er 90 cm hohe umschnürte Eisenbetonsäulen so weit belastete, bis die Zusammendrückungen 2 bis 2,3 cm betrugen. Nach einem Jahre wurde die Umschnürung losgetrennt und der Kern der Betonsäule neuerdings Druckversuchen unterworfen. Diese zeigten, daß der Kern nicht nur seinen Zusammenhang vollkommen beibehalten, sondern auch, daß die Festigkeit des Kernbetons entsprechend dem höheren Alter gegenüber dem 45 Tage alten Beton zugenommen hat.

Die ersten Versuche, welche die höhere Tragfähigkeit von umschnürten Eisenbetonsäulen gegenüber gewöhnlichen Eisenbetonsäulen nachwiesen, stammen von Considère und von der französischen Regierungskommission. Die Versuche von Considère wurden an Prismen von nur 50 cm Länge und 32 cm Stärke mit Spiralarmierungen von 10 mm Rundeisen bei einer Ganghöhe von 8,7 cm ausgeführt. Ferner waren als Längsbewehrung acht Rundeisen 15 mm angeordnet. Während der reine Beton bei einer Säulenfestigkeit von 158 kg/cm² brach, erhielt man für das umschnürte Prisma eine Festigkeit von 652 kg/cm², bezogen auf den umschnürten Kern. Man darf aber aus diesen Versuchen keine zu weitgehenden Schlüsse ziehen, da die Abmessungen der Prismen viel zu gering sind.

Schon die späteren Versuche der französischen Regierungskommission mit 2 bis 4 m langen Prismen, einer Seitenlänge von 18 cm bei einer

Längsarmierung von 1 bis $1^1/_2$% und einer Querbewehrung von 1 bis $3^1/_2$% zeigten erheblich geringere Druckfestigkeiten.

Systematische Versuche mit umschnürten Betonsäulen sind von dem amerikanischen Forscher M. O. Withey veröffentlicht worden (Mitteilungen der Universität Wisconsin 1910), die Aufschlüsse über den Wert und den Einfluß der Quer- und Längsbewehrung auf die Tragfähigkeit von Eisenbetonsäulen geben.

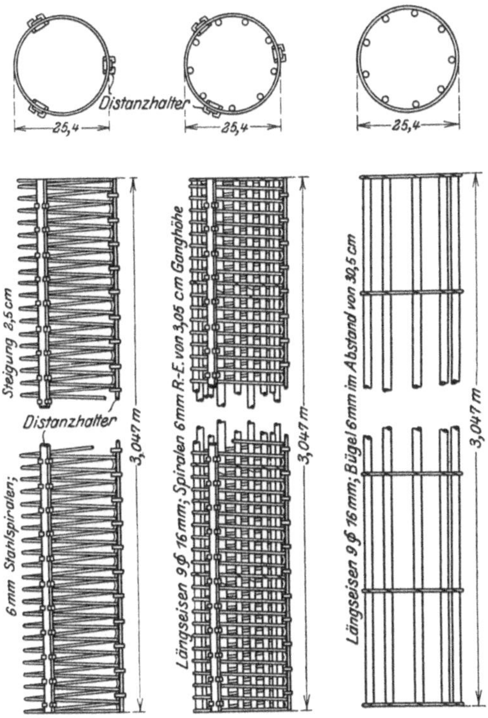

Abb. 108. Versuche mit umschnürten Eisenbetonsäulen.

Die Versuchskörper in Abb. 108 haben eine nur schwache Betonschale außerhalb der Umschnürung. Es hatte sich bei vorhergehenden Versuchen gezeigt, daß die äußere Schale bei höheren Belastungen abplatzt, daß sie also für die Bruchfestigkeit der Säule keine Bedeutung hat[1].

Zu jedem Versuchskörper wurde ein Vergleichszylinder aus demselben Material hergestellt von 46 cm Länge und 15 cm Durchmesser, welcher zur Bestimmung der Druckfestigkeit verwendet wurde. 1 bis 2 Tage nach der Herstellung wurde der Kopf angefeuchtet und mit einer dünnen Mörtellage 1 : 1 versehen. Nach 4 bis 6 Tagen wurden die Formen entfernt und der Beton noch wiederholt angefeuchtet.

Die bei mittigem Druck an 66 Säulen in Säulenmitte gemessenen Querdehnungen dienten dazu, den Einfluß des Prozentsatzes der Umschnürung, der Längseisen und der Betonmischung zu untersuchen.

[1] Schalen hoher Festigkeit und großer Dicke können unter Umständen die Bruchfestigkeit beeinflussen, wie die amerikanischen Versuche von Richart und Slater zeigen. Beim Abplatzen der 5,1 cm dicken Schalen war die Höchstlast erreicht; anschließend trat die Spirale in Tätigkeit, aber die Bruchlast erreichte nicht mehr die Höchstlast.

Die nichtbewehrten Säulen brachen plötzlich. Das gleiche trat ein, wenn nur eine Längsbewehrung vorhanden war mit Bügeln in großer Entfernung.

Je günstiger die Quer- und Längsbewehrung ist, desto deutlicher erkennt man ein Stadium vor dem Bruch, bei welchem Risse in der Schale auftreten. Der Abstand der **Rißbelastung** von der **Bruchlast** war um so größer, je besser die Bedingungen für eine gute Querbewehrung erfüllt wurden, am **größten** bei einer **guten Umschnürung**. Dieses Stadium bei Druckversuchen mit **Eisenbetonsäulen** hat große Ähnlichkeit mit der **Quetschgrenze** bei Druckversuchen mit einem homogenen Material, weshalb dieses Stadium auch als Fließ- oder Quetschgrenze bezeichnet wurde.

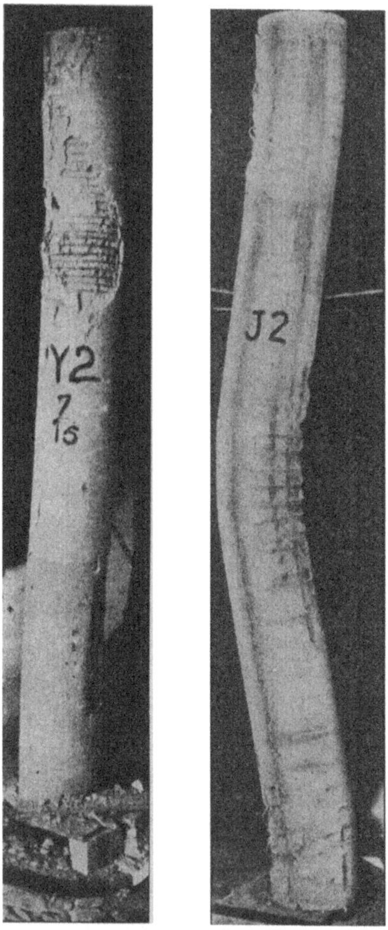

Abb. 109. Zerstörungserscheinungen vor und beim Bruch.

Bei umschnürten Säulen äußert sich die Rißbelastung in einem Abplatzen der Betonschale. Wie groß die Elastizität der Säulen durch die Umschnürung wird, zeigt sich in Abb. 109. Nur in wenigen Fällen war das Ausknicken der Längseisen die Bruchursache.

Die Spannungen in den Längseisen und der Spirale wurden aus den Längenänderungen berechnet, wobei $E_e = 2100000$ kg/cm² angenommen wurde.

Die wichtigsten Versuchsergebnisse sind in folgenden charakteristischen Zusammenstellungen enthalten (s. nächste Seite).

Während bei den Betonsäulen ohne Querbewehrung bei 3 m Länge eine Abnahme, bei 2,5 m Länge keine wesentliche Änderung der Säulenfestigkeit gegenüber der Festigkeit der Druckzylinder festzustellen ist, ist bei den **Säulen** mit **Umschnürung ohne Längseisen** eine **Zunahme** von $\sigma_b = \frac{P}{F_K}$ zu bemerken. Besonders groß ist diese Zunahme für fette Mischungen und enge Umschnürung (V_1 und V_2).

Zusammenstellung a.

Nichtbewehrte Säulen. — Alter etwa 2 Monate:

Säule Nr.	Länge in m	Quereisen in %	Mischung	Querschnittsform und Fläche F_b im cm²	Bruchlast P in t	$\frac{P}{F_b}$ kg/cm²	Druckfestigkeit der Zylinder (46 cm lang) kg/cm²
A_1	3,05		1:2:4	quadr. 929	133,3	143	171
A_2	3,05		1:2:4	„ 923	137,4	148	169
A_3	3,05		1:2:4	„ 916	132,4	145	157
A_4	3,05		1:2:4	„ 910	133,3	146	166
W_1	2,55		1:2:4	kreisrd. 559	104,8	187	183
W_2	2,55		1:2:4	„ 559	104,8	187	169
W	2,55		1:2:4	„ 559	97,29	174	158

Zusammenstellung b.

Säulen ohne Längseisen, nur mit Quereisen:

Säule Nr.	Länge in m	Quereisen in %		Mischung	Querschnittsform und Fläche F_k in cm²	Bruchlast P in t	$\frac{P}{F_k}$ kg/cm²	Druckfestigkeit der Zylinder (46 cm lang) kg/cm²
C_1	3,05	2,0	6 mm Spirale mit 2,5 cm Ganghöhe	1:2:4	achteckig 507	166,0	328	160
C_2	3,05	2,0		1:2:4	„ 507	156,5	309	154
C_3	3,05	2,0		1:2:4	„ 507	128,3	253	153
C	3,05	2,0		1:2:4	„ 507	121,6	240	151

Säule Nr.	Länge in m	Quereisen Form und Prozentsatz	Mischung	Querschnittsform des Betonkerns Fläche F_k in cm²	Bruchlast in t	$\frac{P}{F_k}$ cm²	Druckfestigkeit der Zylinder	Poissonsche Konstante
H_1	2,55	6 mm Umschnürung	1:2:3,5	kreisrd. 507	83	163	143	7,15
H_2	2,55	$m \cdot 5$ cm Steig. (0,5%)			76,2	150	103	8,76
L_1	2,55	wie H m 2,5 cm Steig. (1,0%)	1:2:3,5	„ 507	95,7	188	125	6,45
L_2	2,55				92,5	183	124	7,30
S_1	2,55	wie L	1:1:2	„ 506	212,3	418	286	6,64
S_2	2,55	wie L			205,5	405	287	8,55
V_1	2,55	wie L	1:1,29	„ 506	205,5	405	339	6,42
V_2	2,55	wie L			175,5	345	346	8,85

Die Überlegenheit hochwertiger Betonmischungen ist auffallend, wie sich dies bei den Säulen mit Querbewehrung $V_1 V_2$ gegenüber $L_1 L_2$ (Zusammenstellung b) zeigt.

Die Rißbelastung von Eisenbetonsäulen war praktisch unabhängig von dem Prozentsatz der Längsbewehrung. Wohl aber war der Eisenprozentgehalt nicht nur für die Bruchfestigkeit, sondern auch für die Querdehnungen und Verkürzungen von ausschlaggebender Bedeutung.

Bei Anwendung von Umschnürungen ohne Längseisen tritt eine Erhöhung der Bruchfestigkeit ein, wie dies Zusammenstellung b zeigt. Hierzu ist aber zu bemerken, daß man in der Praxis bei Säulen kaum in die Lage kommen wird, Umschnürungen allein anzuwenden.

Eine Längsbewehrung erhöht die Bruchlast und Steifigkeit einer umschnürten Säule. Eine 10,12proz. Längsbewehrung ergab bei einer nur 1,96proz. Querbewehrung die größte Bruchfestigkeit. Vergleicht man dieses Ergebnis mit demjenigen bei Verwendung hochwertiger Betonmischungen, so folgt daraus, daß unter Umständen aus wirtschaftlichen Rücksichten eine hochwertige Betonmischung einer sehr starken Bewehrung vorzuziehen ist. Die Grenzen hier zu ziehen wäre gefehlt, darüber muß in jedem gegebenen Falle unter Berücksichtigung der Kosten entschieden werden.

Die Versuche haben ferner gezeigt, daß unter wiederholter Belastung sich bald ein stationärer Zustand ergibt, wenn die Last kleiner als 40 bis 50% der Rißlast ist.

Zusammenfassend kann man aus diesen und anderen später angeführten Versuchen für die Wirkung von umschnürten Säulen folgendes feststellen:

Durch die Anwendung von Umschnürungen und Längseisen ist man in der Lage, die Bruchfestigkeit von Eisenbetonsäulen beträchtlich zu erhöhen. Bei Druckversuchen mit umschnürten Säulen konnte festgestellt werden, daß an den Außenflächen der Säule Risse entstehen, sog. Schalenrisse, zum Unterschied von Kantenrissen, welche bei gewöhnlichen Eisenbetonsäulen an den Kanten beim Ausknicken der Längseisen sichtbar werden. Während letztere nahezu mit der Bruchlast zusammenfallen, entstehen die Schalenrisse bei umschnürten Säulen lange vor dem Eintreten des Bruches. Bis zu dieser Rißlast sind die in den Längs- und Querbewehrungen auftretenden Spannungen verhältnismäßig gering, die Wirkung der Umschnürung also ganz unbedeutend. Nach dem Auftreten der ersten Risse beginnt erst die eigentliche Wirkung der Umschnürungen, welche darin besteht, daß sie den Beton an seiner Querdehnung hindern. Je erfolgreicher dies geschieht, desto größer wird die Bruchfestigkeit des umschnürten Betons sein. Magere Betonmischungen erleiden größere Formänderungen; mithin beginnt die Wirkung der Umschnürung schon bei einer kleineren Belastung als bei hochwertigen Mischungen.

Bei magerem Beton wird daher eine stärkere Umschnürung notwendig sein, um dieselbe Wirkung zu erzielen, wie bei hochwertigem Beton mit einer schwächeren Umschnürung.

Im allgemeinen dürfte es zweckmäßiger sein, Umschnürungen mit kleinerem Eisenquerschnitt und geringeren Ganghöhen anzuwenden als starke Umschnürungen mit größeren Ganghöhen, denn

Versuche haben gezeigt, daß die Verringerung der Querdehnungen des Betons von der Ganghöhe abhängig ist. Die Längseiseneinlagen müssen aber immer mindestens so stark sein, daß sie nicht bei zunehmender Belastung innerhalb der Umschnürung ausknicken.

Die Berechnung der Tragfähigkeit von umschnürten Betonsäulen wird bis heute auf das Bruchstadium aufgebaut.

Koenen hat im Jahre 1907 im Zentralblatt der Bauverwaltung versucht, auf theoretischem Wege die in umschnürten Eisenbetonsäulen auftretenden Spannungen zu ermitteln. Später hat Saliger dasselbe zu erreichen versucht, indem er seine Berechnung auf das Bruchstadium aufbaute. Beide Theorien können aber nicht befriedigen, wenn man bedenkt, daß für die Verhältnisse der Querdehnungen zu den Längenänderungen ebenso für die Elastizitätsverhältnisse des Betons Annahmen gemacht werden müssen, die nicht nur mit jeder Betonmischung, sondern auch mit jedem Eisengehalt veränderlich werden. Neue Wege geht Freudenthal (Verbundstützen für hohe Lasten. Berlin: W. Ernst & Sohn 1933). Die theoretischen Ergebnisse stimmen mit zahlreichen Versuchen gut überein. Im allgemeinen aber berechnet man die Tragfähigkeit von umschnürten Eisenbetonsäulen auf Grund von empirischen Formeln, deren Gültigkeit mit Hilfe von Versuchen mehr oder minder einwandfrei nachgewiesen wurde.

Der erste Vorschlag für eine Berechnnng stammt von Considère, welcher für die Bruchlast P folgende Gleichung angab:

$$P = 1{,}5 K_b F_k + \sigma_{st}(F_e + 2{,}4 F_s)\,. \tag{4}$$

Hier bezeichnet K_b die Säulenfestigkeit des nichtbewehrten Betons, F_k den Kernquerschnitt, F_e den Querschnitt der Längseisen und F_s den Querschnitt derjenigen gedachten Längseisen, deren Gewicht gleich ist dem Gewicht der Umschnürung auf die gleiche Höhe der Säule bezogen; σ_{st} ist die Fließ- oder Quetschgrenze des Eisens. Die Gleichung läßt sich auch in anderer Form schreiben:

$$P = 1{,}5 K_b F_k + \sigma_{st} F_e + 2{,}4\, \sigma_{st} F_s'\,.$$

In dieser Form zeigt die Gleichung, daß die Bruchlast sich aus drei Summanden zusammensetzt. $1{,}5 \cdot K_b F_k$ stellt den Anteil des Betons dar. Considère nahm das 1,5fache der Bruchfestigkeit des Betons an, da er aus seinen Versuchen fand, daß der Betonkern nach Entfernung der Umschnürung eine 50proz. höhere Druckfestigkeit aufweist.

Diese Annahme ist später von anderen Forschern widerlegt worden, so daß bei Anwendung der Gleichung (4) für den ersten Summanden nur $K_b F_k$ zu setzen wäre.

Der zweite Summand stellt den Anteil der Längseisen, der dritte Summand stellt den Anteil der Umschnürung dar. Man sieht, daß

Considère $\sigma_{st} \cdot F_s$ (σ_{st} Streckgrenze des Eisens) noch mit dem Faktor $k = 2{,}4$ multipliziert, da er die Wirkung der Umschnürung 2,4mal so groß als die der Längseisen annahm.

Die bereits genannten Versuche von Richart ergaben den Wert $k = 2{,}4$, während Slater für trocken gelagerte Säulen 2,35, für feucht gelagerte Säulen nur 1,67 fand. Neben den Lagerungsbedingungen ist der Prozentgehalt und die Ganghöhe der Umschnürung und besonders die Betonmischung von Einfluß.

Eine andere Art für die Berechnung der Tragfähigkeit umschnürter Säulen besteht darin, einen ideellen Betonquerschnitt F_{is} zu rechnen in folgender Form:

$$F_{is} = F_k + nF_e + knF_s. \tag{4a}$$

Hierbei ist F_k der Kernquerschnitt des Betons, F_e der Querschnitt der Längseisen und F_s der in eine Längsbewehrung umgewandelte Umschnürungsquerschnitt. Hierbei wird angenommen, daß die Wirkung der Umschnürung $k$mal so groß ist wie die der Längseisen. Danach berechnet man die Tragfähigkeit

$$P_{\text{zul}} = \sigma_b \cdot F_{is} = \frac{1}{3}\left[K_b F_k + \frac{\sigma_s}{K_b} F_e + 2{,}5 \frac{\sigma_s'}{K_b} F_s\right], \tag{5}$$

wenn $\sigma_b = \frac{K_b}{3}$ (Prismenfestigkeit) und σ_s und σ_s' durch $n\sigma_b$ ersetzt wird; $k = 2{,}5$.

Setzt man $\frac{F_e}{F_k} = \varphi$ und $\frac{F_s}{F_k} = \varphi'$, so ist

$$F_{is} = F_k \cdot [1 + n(\varphi + 2\varphi')] \quad \text{und} \quad F_k = \frac{F_{is}}{1 + n(\varphi + 2\varphi')}. \tag{5a}$$

Es ist hervorzuheben, daß bei allen Berechnungen der Tragfähigkeit von umschnürten Säulen, die ja direkt oder indirekt aus dem Bruchstadium abgeleitet werden, F_k der Kernquerschnitt und nicht F_b der volle Betonquerschnitt einzusetzen ist. Ist der Kernquerschnitt gegeben, so ist man dann in der Lage, je nach der Verwendung die Stärke des Betonmantels zu bestimmen.

Diese einfachste Form der Berechnung dürfte nach dem heutigen Stande die zweckmäßigste sein.

Im Eisenbetonbau verwendet man zuweilen das sog. umschnürte Gußeisen nach dem Vorschlage von Emperger. Eine Gußeisensäule wird, wie dies in Abb. 110 ersichtlich ist, von einer hohlen umschnürten Betonsäule umhüllt. Der Betonquerschnitt kann, wie dies in der Figur ersichtlich ist, entweder nur an der Außenseite oder auch an der Innenseite eine Umschnürung erhalten. Der Vorteil, der durch die Umschnürung des Gußeisens erreicht wird, besteht darin, daß die Gußeisensäule durch die Betonschale feuersicher gemacht wird und gleichzeitig die Tragfähigkeit erhöht werden kann. Ein anderer Vorteil besteht darin, daß man in der Lage ist, hohle Säulen herzustellen, ohne dadurch die Wirkung der Umschnürung zu gefährden. Umschnürte Gußeisensäulen zeigten eine bedeutende Erhöhung der Tragfähigkeit gegenüber Gußeisenstützen.

Wir haben schon vorher gesehen, daß die Wirkung der Umschnürung im Wesen darauf beruht, die Querdehnungen, die bei einer größeren zentrischen Belastung in Betonsäulen auftreten, zu verringern. Dadurch werden aber auch die Längenänderungen beeinflußt, und das Material ist dann in der Lage, größere Belastungen aufzunehmen, ohne zu brechen. Daß durch einen Gußeisenkern die Längenänderungen des Betons bei gleichmäßiger Verteilung der Belastung auf beide Materialien beeinflußt werden können, ist ebenso erklärlich wie die Verringerung der Querdehnungen durch die Umschnürungen.

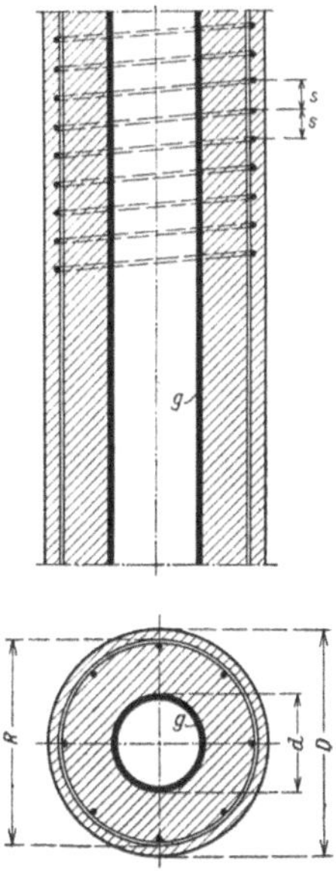

Abb. 110. Umschnürte Gußeisensäule.

3. Knickungsversuche mit Eisenbetonsäulen.

Der Einfluß des Knickens ist im allgemeinen bei Eisenbetonsäulen sehr gering, da die Ausbildung der Querschnitte verhältnismäßig hohe Trägheitsmomente bedingt. Die ersten Versuche, die sich mit der Knickungsfrage von Eisenbetonsäulen befaßten, sind von Prof. Thullie, Lemberg, durchgeführt worden[1], aus welchen er die Schlußfolgerung zog, daß bei Eisenbetonsäulen eine Berechnung auf Knickfestigkeit nicht notwendig ist, wenn das Verhältnis der Säulenhöhe zur kleinsten Säulenstärke nicht größer ist als 18 : 1. Die Versuche Thullies sind an allerdings sehr kleinen Säulenquerschnitten ausgeführt (8 × 8 cm im Quadrat). Ferner sind die Eiseneinlagen nur schwache Drähte von 5 mm Stärke, so daß eine Verallgemeinerung nicht geboten erscheint.

Knickungsversuche an Eisenbetonsäulen mit größeren Abmessungen sind von Bach durchgeführt worden (veröffentlicht in der Z. VDI 1913). Im ganzen wurden drei Versuchsreihen durchgeführt an quadratischen Säulen von 32 cm Breite und einer Höhe von 9 m. Sonach betrug das Verhältnis der Säulenbreite zur Höhe 1 : 28. Die Eiseneinlagen waren vier Längseisen ⌀ 20 und 30 mm oder $\varphi \cdot$ rd 1,2 und 2,8% F_b. Als Querbewehrung diente eine 5 mm starke Spirale von 4,5 cm Ganghöhe, welche an den Enden der Säule etwas kleiner war (s. Abb. 111). Die Mischung

[1] Versuche mit exzentrisch belasteten Eisenbetonsäulen, Heft 10 der Forscherarb. Eisenbeton 1907. Verlag Ernst & Sohn, und eine neuere Veröffentlichung. Leipzig u. Wien: Verlag Franz Deuticke 1912.

des Betons betrug 1 : 4 bei einem Wasserzusatz von 9,3%. Aus derselben Mischung mit derselben Bewehrung wurden drei 1,20 m hohe Säulen hergestellt, ferner drei nichtbewehrte Säulen von 1,20 m Höhe und neun Würfel von 30 cm Kantenlänge.

Eine dritte Versuchsreihe mit einer Mischung von 1 Raumteil Zement, 2 Raumteilen Rheinsand und 2 Raumteilen Rheinkies mit einem Zement von etwas geringeren Festigkeiten wie bei den beiden ersten Versuchsreihen. Der Wasserzusatz betrug hier 11,3%, was einem vollkommen plastischen Beton entspricht.

Das Verhältnis F_e/F_s bei den drei Reihen war 2,5 bis 5,7.

Die Versuche wurden in einer stehenden Maschine mit kugelförmig gelagerten Druckplatten durchgeführt; ein charakteristisches Bruchbild ist in Abb. 112 ersichtlich, welches zeigt, daß die Zerstörung derart erfolgt, daß vor dem Bruch die Rißbildung auf derjenigen Seite auftritt, nach welcher das Ausknicken erfolgt.

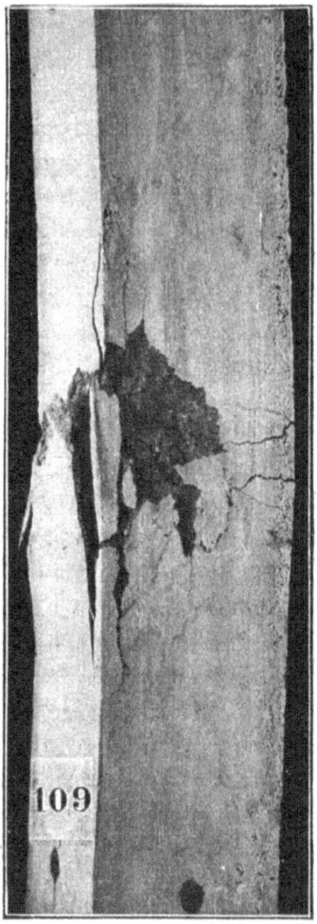

Abb. 112. Bruchbild einer auf Knickung beanspruchten Säule.

Die Bruchlasten der 45 Tage alten, 9 m langen Säulen ergaben eine Verminderung um 25 bis 27% gegenüber der Höchstlast bei der 1,20 m hohen Säule.

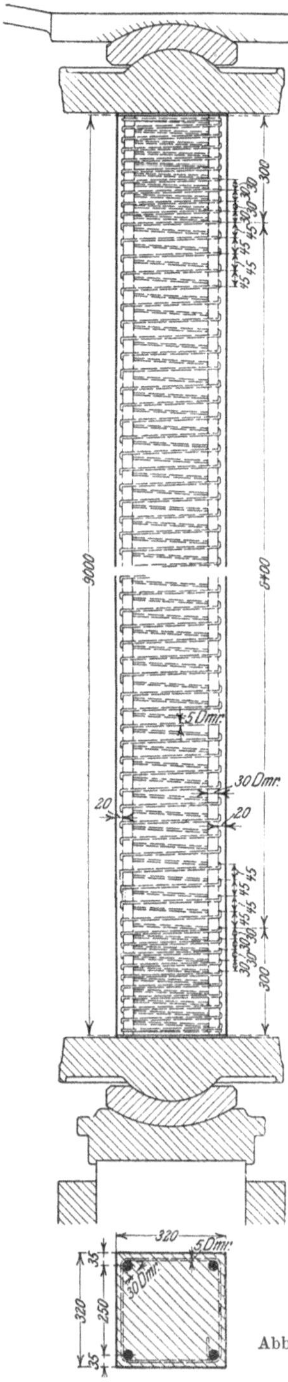

Abb. 111. Knickungsversuche an Eisenbetonsäulen.

Bei der Berechnung von Eisenbetonstützen nach der Eulerschen Gleichung in der Form $P = \frac{\pi^2}{l^2} EJ$ liegt eine große Unklarheit in der Annahme des Produktes EJ, da weder E noch J für das Berechnungsstadium einwandfrei festgelegt werden können.

Ein anderer Weg, die Knickbelastung von Eisenbetonsäulen zu berechnen, ist der nach der Navierschen Knickungsformel, welche lautet:

$$P = F_i \frac{K_d}{1 + \varkappa \frac{F_i l^2}{J}} .$$

Hierbei ist $F_i = F_b + n \cdot F_e$; K_d ist die Säulenfestigkeit des Betons in kg/cm², die mit $\frac{4}{5}$ der Würfelfestigkeit angenommen werden kann.

$\varkappa$ ist der Knickungskoeffizient, welchen Bach nach seinen Versuchen mit 0,00005 bei Eisenbetonstützen für hinreichend hält, während sonst $\varkappa$ mit 0,0001 angenommen wird.

Der Vorteil dieser Gleichung gegenüber der Eulerschen Gleichung liegt darin, daß nur eine Unsicherheit in der Annahme der Verhältniszahl n liegt, welche bei der Berechnung der Querschnittsfläche und des Trägheitsmomentes vorkommt. Die große Unsicherheit, die bei der Eulerschen Gleichung durch die Annahme des Elastizitätsmoduls in die Berechnung hineingebracht wird, entfällt hier.

Die Ungenauigkeit der Eulerschen Gleichung für spröde Stoffe wie Beton führte neuerdings zu dem praktischen und einfachen ω-Verfahren, das die Knickgefahr für schlanke Stützen durch Hinzufügen eines Faktors ω berücksichtigt.

Ursprünglich teilte man die als zulässig angenommene Spannung durch ω und erhielt so die zulässige Knickspannung; neuerdings multipliziert man die Last P mit ω, das je nach dem Schlankheitsverhältnis der Stützen verschieden einzusetzen ist. Der aus der Euler-Gleichung bekannte Schlankheitsgrad $\lambda = \frac{h}{i}$ wurde mittels eines Umrechnungsfaktors durch das Schlankheitsverhältnis h_s/d für bügelbewehrte und h_s/D für umschnürte Säulen ersetzt, wobei d die kleinste Säulendicke einer quadratischen oder rechteckigen, D den Durchmesser des Kernquerschnitts F_k bezeichnet.

Demgemäß gilt für Säulen mit Bügelbewehrung:

$$P_{\text{zul}} \cdot \omega = \sigma_b \cdot (F_b + n \cdot F_e) = \sigma_b F_i \tag{6a}$$

oder

$$P_{\text{zul}} \cdot \omega = \frac{1}{3} [K_b F_b + \sigma_s F_e] = \frac{K_b}{3} F_i , \tag{6b}$$

für umschnürte Säulen:

$$P_{\text{zul}}\, \omega = \sigma_b [F_k + n F_e + k n F_s] \tag{7a}$$

oder

$$P_{\text{zul}}\, \omega = \frac{1}{3} [K_b F_k + \sigma_s F_e + k \sigma_s F_s] = \frac{K_b}{3} F_{is} . \tag{7b}$$

Für quadratische und rechteckige bügelbewehrte Säulen wird angenommen:

$\frac{h_s}{d}$	$\omega = \frac{\sigma_{b\,zul}}{\sigma_{k\,zul}}$	$\frac{\Delta\omega}{\Delta\frac{h_s}{d}}$
15	1,0	
		0,05
20	1,25	
		0,09
25	1,70	
		0,15
30	2,45	
		0,19
35	3,40	
		0,20
40	4,40	

Für umschnürte Säulen:

$\frac{h_s}{D}$	$\omega = \frac{\sigma_{b\,zul}}{\sigma_{k\,zul}}$	$\frac{\Delta\omega}{\Delta\frac{h_s}{D}}$
13	1,0	
		0,1
20	1,7	
		0,2
25	2,7	

Die Zwischenwerte

$$\frac{\Delta\omega}{\Delta\frac{hs}{d}} \quad \text{und} \quad \frac{\Delta\omega}{\Delta\frac{hs}{D}}$$

sind geradlinig einzuschalten.

4. Beispiele.

Beispiel 1. Eine Eisenbetonstütze von 4 m Höhe sei einschließlich des Eigengewichtes mit 96 t belastet; die Last wirke mittig. Die Stütze ist als quadratischer Querschnitt zu bemessen, und zwar mit Bügeln bewehrt, mit etwa 1% Längsbewehrung bei einer als zulässig angenommenen Höchstspannung von 35 kg/cm².

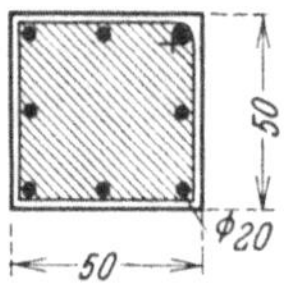

Abb. 113a.

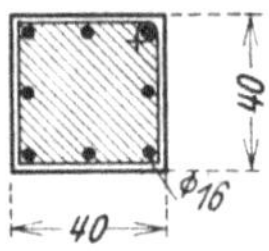

Abb. 113b.

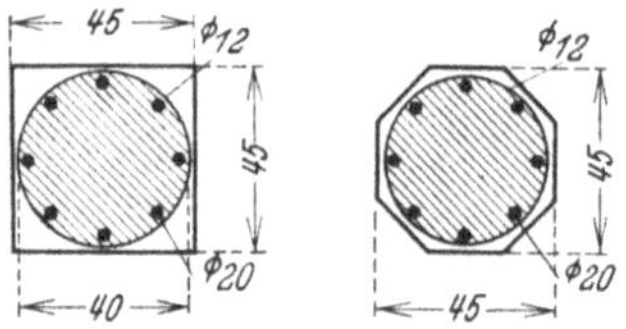

Abb. 113c.

Wenn F_b der Querschnitt des Betons, F_e der Querschnitt der Längseisen und n das Verhältnis der Elastizitätsmoduli Eisen zu Beton ist, dann ergibt sich die Spannung nach Gleichung (3):

$$\sigma_b = \frac{Q}{F_b + n \cdot F_e} = \frac{96000}{2500 + 10 \cdot 25} \cong 35 \text{ kg/cm}^2,$$

wenn der Stützenquerschnitt mit 50/50 angenommen wird. Dies ergibt mit $\varphi = 1\%$ $F_e = 0{,}01 \cdot 2500 = 25$ cm²; gewählt werden 8 ⌀ 20 mit $F_e = 25{,}12$ cm². Die berechnete Beanspruchung der Längseisen beträgt $\sigma_e = 10 \cdot 35 \cong 350$ kg/cm².

Der Abstand der mit 8 mm gewählten Bügel wird mit mindestens dem zehn- bis zwölffachen Durchmesser der Längseisen angenommen; hier 20 cm.

Das Schlankheitsverhältnis $\lambda = \frac{h}{a} = \frac{400}{50} = 8$; da $\lambda < 15$ ist, tritt keine Knickgefahr ein.

Beispiel 2. Wählt man in Beispiel 1 unter sonst gleichen Bedingungen einen hochwertigen Beton mit $\sigma_{zul} = 60$ kg/cm², so kann man die Querschnittsbreite a auf 40 cm verringern (Abb. 113b);

$$F_b = 1600 \text{ cm}^2, \quad F_e = 0{,}01 \cdot 1600 = 16{,}0 \text{ cm}^2.$$

Gewählt 8 ⌀ 16 mm = 16,08 cm².

$$\sigma_b = \frac{96\,000}{1600 + 10 \cdot 16{,}08} \cong 55 \text{ kg/cm}^2 < \sigma_{zul} = 60.$$

Beispiel 3. Erhöht man gegenüber Beispiel 2 φ auf 3% und verringert den Querschnitt noch weiter auf $a = 35$ cm, so wird

$$F_b = 35 \cdot 35 = 1225 \text{ cm}^2 \text{ und}$$

$$F_e = \frac{3{,}0 \cdot 1225}{100} = 36{,}70 \text{ cm}^2.$$

Gewählt 8 ⌀ 25 = 39,28 cm².

$$\sigma_b = \frac{96\,000}{1225 + 10 \cdot 39{,}28} \cong 58 \text{ kg/cm}^2.$$

Beispiel 4. Bei einer zulässigen Höchstspannung im Beton $\sigma_{b\,zul} = 36$ kg/cm² soll für die gleiche Belastung eine Umschnürung verwendet werden.

Der in Abb. 113c gewählte Querschnitt hat bei einem Durchmesser des Kerns $D = 40$ cm; $F_k = \frac{3{,}14 \cdot 40^2}{4}$,

$$F_e = 8 \varnothing 20 = 25{,}12 \text{ cm}^2,$$

$$F_s = \frac{\pi D f_e}{s} = \frac{3{,}14 \cdot 40 \cdot 1{,}13}{3} = 47{,}3 \text{ cm}^2,$$

wenn f_e ⌀ 12 = 1,13 cm und die Ganghöhe $s = 3$ cm.

Nach Gleichung (4a) wird

$$F_{is} = F_k + 10 F_e + 30 F_s; \text{ nach Einsetzen} = 2926 \text{ cm}^2,$$

$$\sigma_b = \frac{Q}{F_i} = \frac{96\,000}{2926} \cong 28 \text{ kg/cm}^2 < \sigma_{zul} = 35.$$

Ersetzt man in Beispiel 4 den Beton durch hochwertigen, so kann man den Querschnitt auf 30 · 30 verringern.

Beispiel 5. Verwendet man unter den gleichen Verhältnissen wie in Beispiel 4 hochwertigen Stahl St 52 mit einer Stauchgrenze von $\sigma_s = 3600$ und einer Streckgrenze von $\sigma_s' = 4500$ kg/cm² für die Umschnürung, so kann der Querschnitt auf 25 · 25 cm und der Kerndurchmesser auf 20 cm herabgesetzt werden.

$$F_e = 8 \varnothing 32 = 64{,}32 \text{ cm}^2,$$

$$F_s = \frac{3{,}14 \cdot 20 \cdot 1{,}54}{5} = 19{,}4 \text{ cm}^2,$$

wenn $s = 5$ und f_e (⌀ 14) = 1,54 cm².

$$F_k = \frac{3{,}14 \cdot 20^2}{4} = 314 \text{ cm}^2.$$

In Gleichung (7b) wird

$$F_{is} = \frac{3{,}14 \cdot 20^2}{4} + \frac{3600}{210} 64{,}32 + \frac{2{,}5 \cdot 4500}{210} 19{,}4 = 2450 \text{ cm}^2,$$

wenn die Prismenfestigkeit $K_b = 210$ kg/cm².

Das Schlankheitsverhältnis ist

$$\frac{h}{D} = \frac{400}{20} = 20 \ldots \omega = 1{,}7 .$$

Daraus ist nach Gleichung (7b) $\sigma_b = \frac{Q\omega}{F_{is}} = \frac{96000 \cdot 1{,}7}{2450} = 67$ kg/cm².

Bügel	Bügel	Bügel	Spiralbew.	Spiralbew.	Spiralbew.
$\varphi = 1\%$	$\varphi = 1\%$	$\varphi = 3\%$	$\varphi = 1{,}2\%$	$\varphi = 3{,}4\%$	
$\text{zul}\,\sigma_b = 35$ kg/cm²	$\text{zul}\,\sigma_b = 60$ kg/cm²	$\text{zul}\,\sigma_b = 60$ kg/cm²	$\text{zul}\,\sigma_b = 35$ kg/cm²	$\text{zul}\,\sigma_b = 60$ kg/cm²	$\text{zul}\,\sigma_b = 70$ kg/cm²
St 52	St 52	St 52	St 52	St 52	St 52

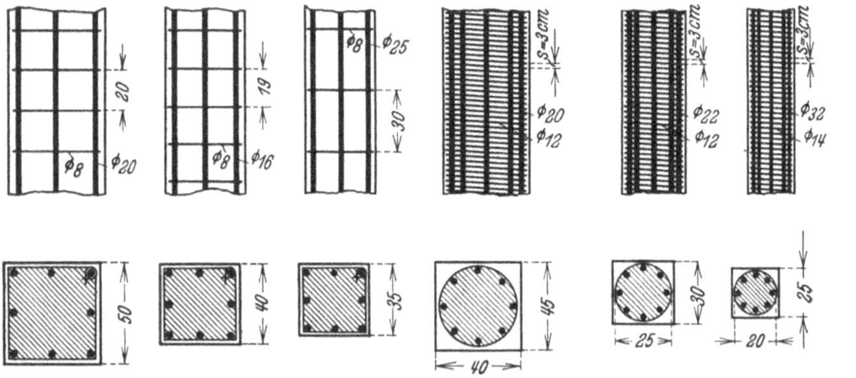

Beton:	1,0 m³	0,64 m³	0,49 m³	0,81 m³	0,36 m³	0,25 m³
F_e:	79	51	123	79	95	202
Bügel:	16	13	9			
(Umschnürung):				149	93,5	61
	95 kg	64 kg	132 kg	228 kg	188,5 kg	263 kg

Abb. 114. Nebeneinanderstellung von Eisenbetonsäulen für die gleiche Belastung.

Die Nebeneinanderstellung der fünf Beispiele zeigt, daß man durch entsprechende Bewehrung und durch hochwertigen Beton die Kantenlänge von 50 auf 25 cm bringen kann. Die Darstellung von sechs verschiedenen Fällen in Abb. 114 unter Angabe der Betonmassen und der Bewehrungsgewichte ermöglicht zugleich einen wirtschaftlichen Vergleich.

VI. Der allgemeine Fall der Biegung bei Eisenbetonträgern mit rechteckigem und T-förmigem Querschnitt.

Bei dem allgemeinen Fall der Biegung kommen die Eigenheiten des Eisenbetons stärker zum Ausdruck als bei axialem Zug oder Druck. Der Fall tritt bekanntlich dann ein, wenn die äußeren Kräfte in jedem Querschnitt ein Biegungsmoment und eine Querkraft hervorrufen, wenn also in jedem Querschnitt zugleich Normalspannungen und Schubspannungen auftreten. Will man den Zusammenhang zwischen inneren Spannungen und den äußeren Kräften verfolgen, so wird man in den meisten Fällen den Fall der reinen Biegung (wo in einem Querschnitte nur Biegungsmomente wirken) absondern müssen von demjenigen Fall, wo nur Querkräfte auftreten. Streng genommen wird sich dies nicht immer vollkommen durchführen lassen. Es ist aber möglich, einen stabförmigen Körper derart auf Biegung zu beanspruchen, daß z. B. der Einfluß der Biegungsmomnte in einem bestimmten Querschnitte überwiegt und gleichzeitig der Einfluß der Querkräfte so gering ist, daß er vernachlässigt werden kann.

Wird z. B. ein Balken, der auf zwei Stützen frei aufruht, durch zwei Einzellasten beansprucht, welche symmetrisch zur Mitte angeordnet sind, so erhält man zwischen den beiden Laststellen ein gleichbleibendes Biegungsmoment, wo der Einfluß der Querkräfte, die vom Eigengewicht herrühren, vernachlässigt werden kann.

Ferner ist grundsätzlich zu beachten, daß bei der Auswertung von Laboratoriumsarbeiten, die eine Grundlage für die Theorie bieten sollen, weder übliche Berechnungsmethoden noch bestehende Berechnungsvorschriften herangezogen werden dürfen, deren Berechtigung in der Regel erst durch die Versuche nachgewiesen werden soll. Sonst kann es leicht vorkommen, daß man zu unrichtigen Schlüssen kommt.

Bei der Berechnung der Biegungsspannungen in einem homogenen Querschnitt mit gleichbleibendem Elastizitätsmodul werden für den Fall der reinen Biegung folgende Annahmen gemacht:

a) Die ebenen Querschnitte bleiben auch nach der Biegung eben (Annahme von Bernouilli), und die Lage der Nullinie bleibt unverändert;

b) Proportionalität zwischen Längenänderungen und Spannungen (Hooksches Gesetz);

c) Proportionalität zwischen den Normalspannungen in einem Querschnitte und deren Abstand von der Nullinie. (Die Annahme von Navier.)

Keine dieser drei Annahmen trifft für die Berechnung von Spannungen in Eisenbetonquerschnitten zu, und wir können daraus folgern, daß schon aus diesen Gründen die Aufstellung einer den tatsächlichen Verhältnissen nahekommenden Theorie der Berechnungen sehr erschwert wird.

Soweit der Zusammenhang zwischen Normalspannungen mit den äußeren Kräften untersucht werden soll, beschränken wir uns dabei auf den Fall der reinen Biegung, bei welchem in den Querschnitten nur Biegungsmomente auftreten.

1. Änderung des Querschnittes nach Lage und Form. Wanderung der Nullinie.

Für Körper, die dem Hookschen Gesetz folgen, trifft die unter a) gemachte Annahme von Bernouilli im großen und ganzen zu.

Föppl hat durch Versuche an einem Steinbalken von 20 × 30 cm Querschnitt bei einer Spannweite von 1,50 m nachgewiesen, daß auch bei diesem Material, welches dem Hookschen Gesetz nicht folgt, ein Ebenbleiben der Querschnitte mit hinreichender Genauigkeit vorausgesetzt werden kann. Anders ist dies bei Eisenbetonträgern. Zum ersten Male hat Schüle darauf hingewiesen, daß die vor der Biegung ebenen Querschnitte bei zunehmender Belastung nicht eben bleiben. Richard Müller[1] hat an Eisenbeton-T-Balken von 4,50 m Spannweite und einem Querschnitte von 20 × 30 cm nachgewiesen, daß diejenigen Querschnitte, die unter dem Einfluß der Biegungsmomente stehen, nicht eben bleiben.

Da Müller die Messungen an solchen Querschnitten vornahm, bei denen der Einfluß der Querkräfte denjenigen der Biegungsmomente überwog, so war er in der Lage, nachzuweisen, daß für den Fall der reinen Biegung die Querschnitte sich verbiegen, also nicht eben bleiben, daß ferner an Stelle der großen Querkräfte eine Verbiegung nicht festgestellt werden kann.

Die Veränderung T-förmiger Querschnitte bei der Biegung konnte der Verfasser bei Versuchen studieren, die von der Versuchsanstalt in Dresden nach seinen Angaben im Jahre 1909 ausgeführt wurden.

In Abb. 115a ist ein derartiger T-förmiger Querschnitt dargestellt, an welchem an acht verschiedenen Stellen (mit s_1 bis s_8 bezeichnet) zu beiden Seiten der Mittellinie des Trägers die Längenänderungen mit Hilfe von Martensschen Spiegelapparaten bei Meßlängen von 20 bis 25 cm gemessen wurden. Der Eisenbetonträger hatte eine Spannweite von 4 m; die Belastung erfolgte durch zwei Einzellasten, welche im Abstand von 2,40 m symmetrisch zur Mitte angeordnet waren. Dadurch war ein gleichbleibendes Biegungsmoment auf eine möglichst große Strecke vorhanden und der Einfluß der Querkräfte auf die Längenänderungen innerhalb der Meßstrecke auf ein Mindestmaß beschränkt.

Diese sorgfältig durchgeführten und langwierigen Messungen wurden dann an acht verschiedenen Stellen entsprechend der Höhenlage der gemessenen Längenänderungen aufgetragen. Die Verbindungslinie der Endpunkte ergab nicht nur die Änderung des Querschnittes nach der Biegung, sondern auch im Schnitt mit der Vertikalen die Lage der Null-

[1] Neue Versuche an Eisenbetonbalken über die Lage und das Wandern der Nullinie und die Verbiegung. Von Dr.-Ing. R. Müller. Herausgegeben von Rud. Wolle, Leipzig. Berlin: Wilhelm Ernst & Sohn.

linie, wie dies in Abb. 115b aufgetragen ist. Diese Versuche zeigten, daß bei einem T-förmigen Querschnitt ebenso wie bei einem rechteckigen Querschnitt strenggenommen nicht mehr von einem Ebenbleiben der Querschnitte gesprochen werden kann, wenn auch die Abweichung von der Ebene in den unebenen Belastungsstufen nicht so in die Augen fällt wie bei den Trägern mit rechteckigem Querschnitt.

Die Veränderung in der Lage des Querschnittes kommt am besten zum Ausdruck, wenn man die neutrale Linie (oder Nullinie) mit zunehmender Belastung bestimmt.

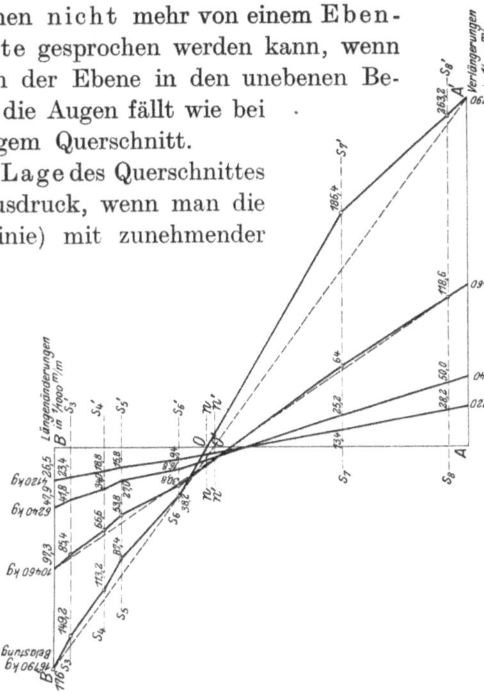

Abb. 115b.

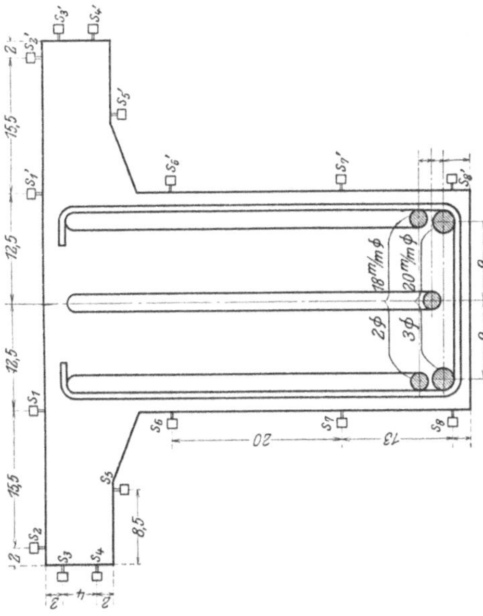

Abb. 115a.

Bestimmt man die Nullinie mit zunehmender Belastung, so zeigt sich, daß sie sich der Oberkante des Querschnittes um so mehr nähert, je größer die Belastung wird. Man bezeichnet diese Eigenschaft als das Wandern der Nullinie, das bei der Spannungsverteilung über den Querschnitt sehr zu beachten sein wird.

Die Nullinie liegt bei niedrigen Belastungen ziemlich tief und steigt bei höheren Belastungen; beim Auftreten der ersten Risse an der Zugseite wird sie ziemlich stark nach oben gerückt. Nach Erreichung eines Maximums ändert sie ihre Lage nicht wesentlich. Beim Entlasten der Versuchsbalken sinkt die Nullinie wieder; ihre Lage pendelt um eine Mittellage je nach Belastung oder Entlastung.

Bei T-förmigen Querschnitten ist die Nulllinie ziemlich tief unterhalb der Platte gelegen, wenn die Plattenbreite im Vergleich zum Steg verhältnismäßig klein ist. Je größer die Breite der Platte im Verhältnis zur Stegbreite wird, desto mehr nähert sich die Nullinie der Platte auch vor dem Auftreten der Risse im Beton.

2. Spannungsverteilung im Querschnitt.

Da für Beton das Hooksche Gesetz nicht gilt, so kann auch das Naviersche Spannungsverteilungsgesetz (Geradliniengesetz) für Beton- und Eisenbetonquerschnitte nicht gelten. In Abb. 116 sind für eine bestimmte Belastung verschiedene Spannungsverteilungslinien eingetragen unter der Annahme, daß die Randspannungen σ_{bd} und σ_{bz} und die Lage der Nullinie nn gleichbleiben.

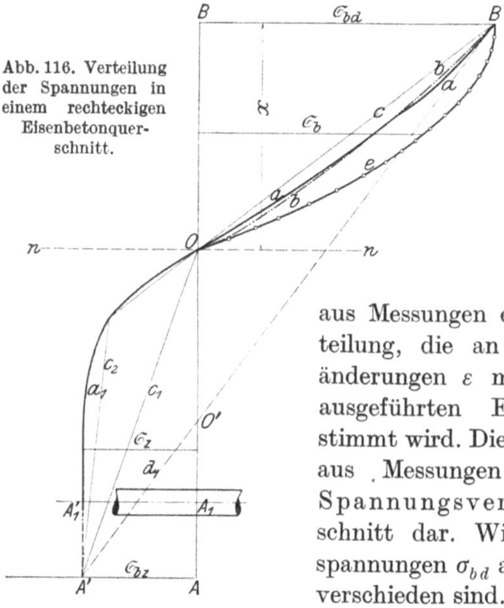

Abb. 116. Verteilung der Spannungen in einem rechteckigen Eisenbetonquerschnitt.

Die Linie aa_1 (voll ausgezogen) entspricht der aus Messungen ermittelten Spannungsverteilung, die an den gemessenen Längenänderungen ε mit Hilfe von gleichzeitig ausgeführten Elastizitätsmessungen bestimmt wird. Die Linie aa_1 stellt sonach die aus Messungen ermittelte wirkliche Spannungsverteilung über den Querschnitt dar. Wir sehen, daß die Randspannungen σ_{bd} auf Druck und σ_{bz} auf Zug verschieden sind. Wir sehen ferner, daß die Spannungsverteilungslinie im Druckquerschnitt anders geformt ist als im Zugquerschnitt. Verbindet man den Punkt A' mit B' durch eine gerade Linie, so würde die Linie $A'O'B'$ die Spannungsverteilung darstellen, wenn man die beiden Randspannungen allein aus Versuchen bestimmen würde. Wir ersehen daraus, daß die Spannungen in den äußersten Fasern bei Annahme einer geradlinigen Verteilung über den Querschnitt zu einem richtigen Bild von der Spannungsverteilung nicht genügen.

Es liegt nahe, das aus Versuchen bestimmte Spannungsbild durch Linien zu ersetzen, welche es ermöglichen, die Verteilung der Spannungen über dem Querschnitt durch ein Gesetz auszudrücken. Die Linie b entspricht dem Potenzgesetz, das zum erstenmal von Bülfinger im Jahre 1729 und Hodgkinson im Jahre 1822 in der Form $\varepsilon = \alpha \cdot \sigma^m$ vorgeschlagen wurde. Im Jahre 1897 sind die Koeffizienten m von Bach-Schüle für verschiedene Betonmischungen bestimmt worden. Wir sehen, daß die nach dem Potenzgesetz aufgetragene Linie bb sich der Linie aa ziemlich gut anpaßt.

Die Spannungsverteilungslinie nach dem hyperbolischen Gesetz, welches von Cox im Jahre 1850 und Lang im Jahre 1896 in der Form $\sigma = \frac{E\varepsilon}{1+\beta\varepsilon}$ vorgeschlagen wurde, paßt sich noch besser der aus den Messungen bestimmten Linie aa an.

Sonach wäre für die Spannungsverteilung eine Gleichung gegeben, wenn man entweder das Potenzgesetz oder das hyperbolische Gesetz anwenden würde. Es hat auch nicht an Versuchen gefehlt, die Biegungstheorie für Eisenbetonträger mit Hilfe dieser beiden Gesetze aufzustellen.

Zu erwähnen ist noch, daß von Ritter für die Spannungsverteilung eine Parabel vorgeschlagen wurde, deren Scheitel in B' liegt. Wir sehen, daß diese mit e bezeichnete Spannungsverteilungslinie von der Linie a in diesem Falle ganz erheblich abweicht.

Verschiedene Vorschläge führten jedoch zu einfacheren Annahmen für die Spannungsverteilung. So schlug Neumann vor, daß für Zug und Druck eine durchlaufende gerade Linie angenommen wird. Melan nahm für Zug und Druck zwei verschiedene Linien an, die in Abb. 116 durch cc_1 dargestellt sind. Da das elastische Verhalten von Beton für Zug und Druck verschieden ist, wie schon früher gezeigt wurde, ist die Melansche Annahme zutreffender. Ostenfeld und Thullie schlugen zwei Linien vor, die sich in der Zugzone schneiden, wie dies durch c—c_2 angedeutet ist. Dadurch sollte die Spannungsverteilung auf der Zugseite besser der wirklichen Spannungslinie a angepaßt werden.

Die Vorschläge für die Spannungsverteilungslinien auf der Zugseite gelten für Beton wie für Eisenbeton, solange die Eiseneinlagen in der Zugzone nicht zur Wirkung kommen, das ist, solange als im Beton auf der Zugseite noch keine Risse vorhanden sind. Sobald jedoch infolge der Biegungsmomente die Zugfestigkeit des Betons überwunden wird und die Eiseneinlagen teilweise oder ganz die Zugspannungen im Querschnitt aufzunehmen haben, muß sich das Spannungsbild auf der Zugseite ändern.

3. Der Einfluß der Belastung auf die Spannungsverteilung in rechteckigen und T-förmigen Querschnitten.

Ein klares Bild von dem Zusammenhang zwischen äußeren und inneren Kräften, von der Änderung des Querschnittes und der Lage der Nullinie, ferner über die Verteilung der Spannungen auf Beton und Eisen hat man mit Hilfe von Laboratoriumsversuchen erhalten.

Trägt man ${}_1\varepsilon_d$ und ${}_2\varepsilon_d$, die an einem rechteckigen Querschnitte gemessenen Verkürzungen, und ε', die gemessene Verlängerung in Abb. 117a auf, so erhält man die Lage des Querschnittes AB nach der Biegung in der Linie uno. Damit ist auch der Abstand der Nullinie von der Oberkante x gegeben. Die Spannungsverteilungslinie UNO aus den entsprechenden Spannungen ${}_1\sigma_d$, ${}_2\sigma_d$ und σ'_z ergab sich aus den Elastizitätsmessungen an Betonprismen von derselben Mischung, wo man zu jeder Längenänderung die dazugehörige Spannung abgreifen kann.

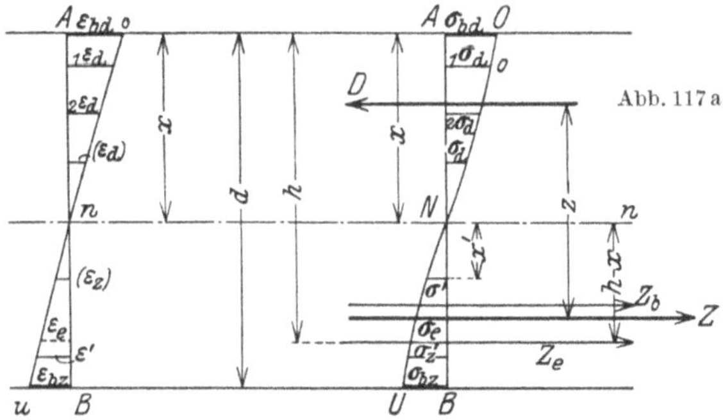

Abb. 117a.

Das in Abb. 117a dargestellte erste, rissefreie, Stadium, wo die Spannungslinie ONU sich ihrer ganzen Länge nach bestimmen läßt, ergibt sich aus den gemessenen Längenänderungen ${}_1\varepsilon_d$, ${}_2\varepsilon_d$, ε' und den entsprechenden Elastizitätsmoduli ${}_1E_d$, ${}_2E_d$ und E_z. Es ist sonach:

$${}_1\sigma_d = \frac{{}_1E_d\,\varepsilon_d}{l}$$

(l . . . Meßlänge),

$${}_2\sigma_d = \frac{{}_2E_d\,{}_2\varepsilon_d}{l}$$

und allgemein $\sigma_d = \frac{E_d(\varepsilon_d)}{l}$.

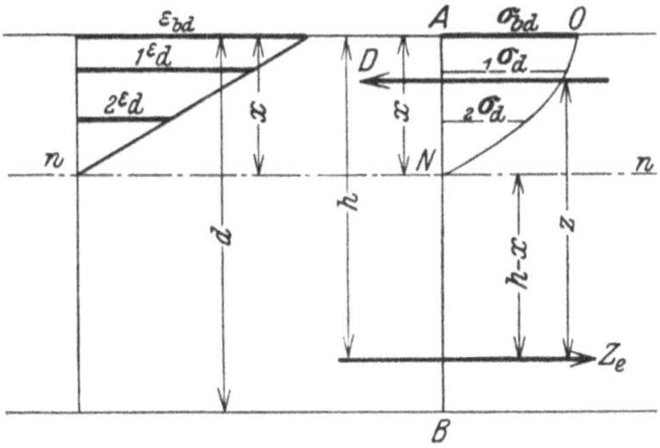

Abb. 117b.

Die Kurve für die Druckspannungen läßt sich genau ermitteln, weil die Beziehungsgleichung $\sigma_d = \frac{E_d(\varepsilon_d)}{l}$ durch die Elastizitätsmessungen festgelegt ist.

Die Randspannung ergibt sich als: $\sigma_{bd} = \frac{E_{bd}\,\varepsilon_{bd}}{l}$.

Die Druckkraft im Beton, die Mittelkraft der Druckspannungen, ist gleich dem Flächeninhalt ANO: $D = \int_0^x \sigma\,dx$.

Eine ähnliche Beziehungsgleichung besteht für die Zugspannungen im Beton: $\sigma' = \frac{E'_z(\varepsilon_z)}{l}$ (E'_z . . . Elastizitätsmodul für Zug).

Die größte Zugspannung im Querschnitt ist: $\sigma_{bz} = \frac{E_{bz}\,\varepsilon_{bz}}{l}$ und die Zugkraft im Beton gleich dem Flächeninhalt NUB, also:

$$Z_b = \int_0^{h-x} \sigma'\,dx'.$$

Z_e, die Zugkraft des Eisens auf 1 cm Breite, ist

$$Z_e = \frac{\sigma_e F_e}{b}.$$

Aus der Gleichgewichtsbedingung $D = Z_b + Z_e$ ergibt sich: $Z_e = D - Z_b$, und die spezifische Spannung im Eisen: $\sigma_e = \frac{b Z_e}{F_e}$.

Da das Eisen vor dem Eintreten von Rissen dieselben Verlängerungen mitmachen muß wie der Beton, ergibt sich eine Kontrolle für σ_e aus

$$\sigma_e = \varepsilon_e E_e$$

(E_e = Elastizitätsmodul des Eisens).

Die Zugkraft Z ist sonach: $Z = Z_b + Z_e$.

Die Lage von Z läßt sich aus Z_e und Z_b bestimmen, und als Kontrolle kann man z, den Abstand zwischen Zug- und Druckkraft, aus dem Biegungsmoment M der äußeren Kräfte rechnen, das auf die Breite von 1 cm entfällt. $M = Dz = Zz$ daraus;

$$z = \frac{M}{D} = \frac{M}{Z}.$$

Auf diese Weise lassen sich sowohl die größten Spannungen für Zug und Druck im Beton und in den Eiseneinlagen, als auch der Abstand z von Zug- und Druckmittelpunkt direkt aus den Messungen ermitteln.

Das zweite Stadium (Abb. 117b) nach dem Auftreten von Rissen im Beton:

Aus den Messungen läßt sich die Druckkraft im Beton D und σ_{bd} bestimmen; vom Beton auf der Zugseite wirkt nur noch der über den Rissen befindliche Teil mit, den man auch vernachlässigen kann.

Aus den Messungen läßt sich nur mehr σ_{bd} und D mit Sicherheit bestimmen; von einer Mitwirkung des Betons auf Zug kann nicht mehr gesprochen werden, und die Eisenspannungen lassen sich nicht direkt aus den Messungen auf der Zugseite ermitteln. Der Abstand z ergibt sich jetzt als der Abstand des Druckmittelpunktes von der Achse der Eiseneinlagen; und die Gleichgewichtsbedingung wird durch die Gleichung $D = Z = Z_e$ erfüllt; daraus wird: $\sigma_e = \frac{b Z_e}{F_e}$ gerechnet.

Dieses Verfahren wurde vom Verfasser an zwei Beispielen durchgeführt für charakteristische Belastungen, für Belastungen vor dem Auftreten der Risse, nach dem Auftreten der Risse und für Belastungen in der Nähe des Bruchstadiums.

Das Ergebnis der Untersuchungen an einem 3 m weit gespannten T-Balken ist in Abb. 118a u. b zusammengefaßt. Mit Hilfe von Längenänderungsmessungen an drei Meßstellen an Balkenmitte und gleichzeitigen Elastizitätsmessungen an Zylindern aus demselben Betonmaterial wurden die Spannungsdiagramme für verschiedene Belastungen abgeleitet. Wir erkennen aus Abb. 118b, wie zwischen den Randspannungen σ_{bd} zwischen 3 und 51 kg/cm² die Nullinie zwischen $x = 16$ und 11 cm wandert, besonders stark nach Überwindung der Biegungszugfestigkeit des Betons. Zur Bestimmung der Spannungen im Beton und nach dem Ent-

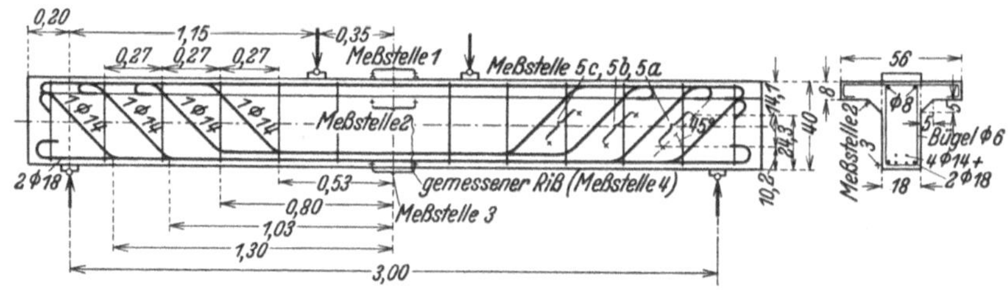

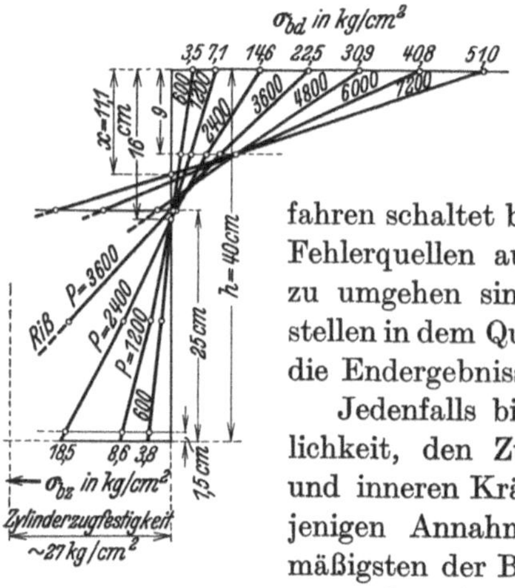

Abb. 118b.

stehen der Risse auch im Eisen wurden nur die Ergebnisse der Feinmessungen verwendet, ohne Heranziehung irgendeiner Berechnungsmethode. Das Verfahren schaltet bis auf zulässige Grenzen diejenigen Fehlerquellen aus, die bei der Berechnung nicht zu umgehen sind. Je größer die Zahl der Meßstellen in dem Querschnitt ist, desto genauer werden die Endergebnisse.

Jedenfalls bietet uns das Verfahren die Möglichkeit, den Zusammenhang zwischen äußeren und inneren Kräften genau zu verfolgen und diejenigen Annahmen zu machen, die am zweckmäßigsten der Berechnung der Normalspannungen zugrunde gelegt werden müssen.

4. Wirkung der Eiseneinlagen als Verstärkung der Zugzone.

Die weitaus wichtigste Aufgabe der Eiseneinlagen im Eisenbeton besteht darin, den Widerstand der auf Zug beanspruchten Querschnittsteile zu erhöhen. Gelegentlich der Besprechung der Dehnungsfähigkeit von Eisenbeton ist schon darauf hingewiesen worden, wie wichtig eine richtige Verteilung der Eiseneinlagen über den Querschnitt ist. Wir haben gesehen, daß die Dehnungsverteilung um so günstiger, daß die Rißbelastung um so höher wird, je besser der Eisenquerschnitt über die Zugzone verteilt wird. Die Wirkung der Verteilung der Eiseneinlagen über die Zugzone zeigt sich am besten in der Form der Zugrisse. Wenn im Falle reiner Biegung die Zugfestigkeit des Betons überwunden wird, so entstehen Risse (Zugrisse), die an der Unterfläche senkrecht zur Achse des Balkens verlaufen. Eine Beobachtung dieser Risse bei verschiedenen Balkenversuchen zeigt deutlich den Einfluß der Verteilung der Eiseneinlagen. Bei Bachschen Versuchen waren Balken bei einer verhältnismäßig großen Breite mit nur einem starken Rundeisen in der Mitte bewehrt. Hier entstanden die Risse zuerst an den Kanten, was darauf zurückzuführen ist, daß dort keine Eiseneinlagen vorhanden waren.

Betrachtet man dann die Unterfläche eines Balkens aus Versuchen des Verfassers (Abb. 119), so wird man finden, daß die gute Verteilung des Eisenquerschnittes über die Zugzone (es sind hier fünf Rundeisen auf die Balkenbreite von 16 cm verteilt) einen viel günstigeren Einfluß auf die Rissebildung hat. Die Risse sind alle durchgehend von einer Kante zur anderen, und ihre Richtung ist vorwiegend senkrecht zur Achse des Balkens, was als Beweis einer gleichmäßigen Beanspruchung angesehen werden kann. Demgegenüber waren sie bei dem vorgenannten Balken einseitig und liefen mit steigender Belastung nicht durch in demselben Querschnitt. Daraus folgt, daß man die Eiseneinlagen in der Zugzone gleichmäßig über die ganze Breite verteilen und die äußersten Eiseneinlagen möglichst nahe der Kante anordnen soll, wenn man die günstigste Wirkung erzielen will.

Ferner ist zu beachten, daß der Abstand der Eiseneinlagen voneinander nicht zu klein sein darf, damit alle Eiseneinlagen gut umhüllt werden. Als geringste zulässige Entfernung kann man die Stärke des Eisendurchmessers d ansehen.

Die Mitwirkung der Eiseneinlagen zur Aufnahme der Normalspannungen (Zugspannungen) erkennt man am besten, wenn man die in Abb. S. 122 dargestellten Schaulinien verfolgt. Bei niedrigen Belastungen, vor dem Auftreten der Risse, ist die Spannungszunahme verhältnismäßig gering. Im Stadium der ersten Rißbildung (das Auftreten der Risse ist mit einem Kreuz bezeichnet) macht die Linie eine starke Krümmung, d. h. daß die Zugspannungen im Eisen sich stärker ändern als vor

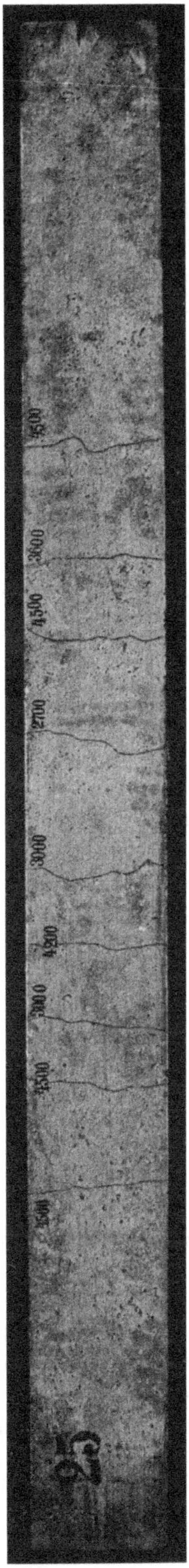

Abb. 119. Rißbildung an der Unterfläche bei guter Verteilung der Eisen über den Querschnitt.

dem Auftreten der Risse. Nach dem Auftreten der Risse, wenn der Beton keine Zugspannungen mehr aufzunehmen vermag, ist die Spannungsänderung am größten. Sie bleibt proportional der Belastung, bis die Spannungen im Eisen in die Nähe der Streckgrenze kommen. Nach Überschreiten der Streckgrenze tritt eine auffallende Erweiterung und eine Verlängerung der Risse ein, welche schließlich zur Zerstörung des Balkens führen.

Die Zerstörung durch Überschreitung der Streckgrenze der Eiseneinlagen kann sich in zweifacher Weise äußern. Bei einer sehr niedrigen Querschnitthöhe kann durch Verlängerung der Risse eine vollständige Trennung des Betonquerschnittes eintreten, und der Eisenbetonbalken biegt sich stark durch. Bei einer großen Balkenhöhe wird durch die Erweiterung und Verlängerung der Risse der Druckquerschnitt des Betons verringert. Dadurch werden die Druckspannungen auf einen kleineren Querschnitt verteilt, und es ist möglich, daß unter diesen Umständen die Randspannung im Beton sehr bald die Biegungsdruckfestigkeit des Betons erreicht.

Bei der Bestimmung der Zugspannungen im Eisen darf man die beim Entlasten durch die bleibenden Dehnungen im Beton verursachten bleibenden Zugspannungen im Eisen nicht unbeachtet lassen. Beim Entlasten eines auf Biegung beanspruchten Eisenbetonbalkens kehrt der Beton nicht in seinen Anfangszustand zurück; er behält, wie schon früher gezeigt wurde, eine ziemlich große bleibende Verlängerung. Dadurch erhalten auch die Eiseneinlagen in der Zugzone bleibende Zugspannungen.

Die Wirtschaftlichkeit einer Eisenbetonkonstruktion ist mehr von der Bemessung des Eisen- als des Betonquerschnittes abhängig. Deshalb ist es wichtig, zu erfahren, in welchem Maße die Eiseneinlagen die Verteilung der Normalspannungen in einem auf reine Biegung beanspruchten Querschnitt beeinflussen.

Versuche Schüles an Rechteckbalken zeigen, daß bis zu einem gewissen Eisengehalt die Druckfestigkeit des Betons beim Bruch nicht erreicht werden kann, mit anderen Worten, daß die Sicherheit der Konstruktion in diesem Falle durch die Streckgrenze des Eisens bedingt ist. Erst wenn der Eisengehalt größer als 3% wurde, wurde der Druckquerschnitt im Beton zerdrückt, bevor die Streckgrenze des Eisens erreicht werden konnte. Die Sicherheit der Konstruktion hängt dann von der Druckfestigkeit des Betons ab.

Bei T-förmigen Querschnitten wird die Grenze des Eisengehaltes, bis zu dem die Streckgrenze des Eisens vor der Druckfestigkeit des Betons erreicht wird, noch höher liegen, da hier der Druckquerschnitt im Beton größer wird. Da im Falle reiner Biegung bis zu einem sehr hohen Eisenprozentsatz die Sicherheit der Konstruktion von der Streckgrenze des Eisens abhängig sein wird, kann sonach die Druckfestigkeit des Betons bei T-Querschnitten nicht ausgenutzt werden.

Die wirtschaftlich günstigste Ausbildung eines Querschnittes wird sich dann ergeben, wenn der Eisenprozentsatz $\varphi = \frac{F_e}{bh}$ im Verhältnis zum nutzbaren Betonquerschnitt so gewählt wird, daß beim Eintreten des Bruches die Streckgrenze des Eisens und gleichzeitig die Druckfestigkeit des Betons erreicht werden. Bei rechteckigen Querschnitten, wie sie bei Platten vorkommen, wird sich dies durchführen lassen. Bei T-förmigen Querschnitten aber wird man im Falle wirtschaftlicher Ausnutzung der Eiseneinlagen bei Erreichung der zulässigen Spannung im Eisen für die Druckspannungen im Beton kleinere als die zulässigen Werte erhalten.

Um eine gute mechanische Verbindung der Eiseneinlagen mit dem Beton zu erhalten, ist es zweckmäßig, keine zu glatten Eisen, wenn möglich mit Walzhaut, zu verwenden. Ferner muß für eine gute Verankerung der Eiseneinlagen gesorgt werden, nicht nur für die nach der Druckzone aufgebogenen, sondern auch für die auf der ganzen Zugzone durchlaufenden Eiseneinlagen. Am besten erreicht man diese Verankerung durch Haken.

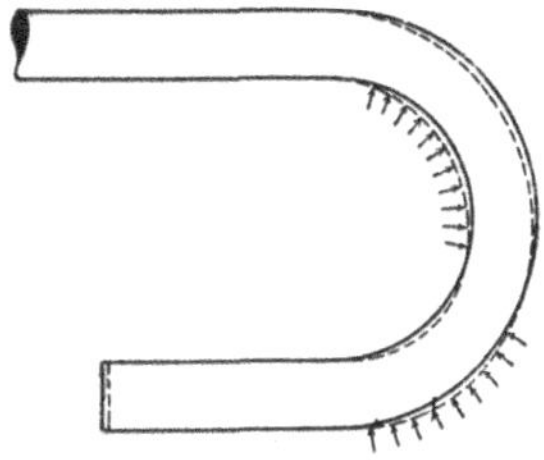

Abb. 120. Verformung eines Hakens bei sehr hohen Belastungen.

Die günstigste Verankerung der Eiseneinlagen wird durch U-Haken erreicht. In Abb. 120 ist die Formänderung eines U-Hakens bei sehr hohen Belastungen dargestellt, wie sie aus Messungen bestimmt wurde. Die gestrichelte Linie zeigt die Lage der Haken nach der Deformation. Man sieht daraus, daß dadurch sehr hohe Pressungen auf den Beton ausgeübt werden. Die Versuche haben gezeigt, daß sich diese Pressungen in einem Auseinandersprengen des Balkens äußern. Die Berechnung der Haken, falls eine solche in Ausnahmefällen notwendig werden sollte, müßte darauf Rücksicht nehmen, daß das zulässige Maß der Betonpressungen nicht überschritten wird.

Bei großen Spannweiten kommt man sehr oft in die Lage, Eiseneinlagen an verschiedenen Stellen zu stoßen, besonders wenn man nur Eiseneinlagen von einer beschränkten Länge zur Verfügung hat. Es ist dann notwendig, eine sichere Stoßverbindung zu schaffen. Man vermeide grundsätzlich die Anordnung der Stoßverbindungen an denjenigen Stellen, wo die größten Zugspannungen im Eisen auftreten, also an der Stelle der größten Biegungsmomente.

Der Verfasser hat im Jahre 1908 in Frankfurt a. M. den Einfluß verschiedener Stoßverbindungen untersucht. Die Abmessungen der

2 m langen 44—48 Tage alten Versuchsbalken wurden so gewählt (Abb. 121), daß der Bruch an der Überwindung der Streckgrenze der Eiseneinlagen eintrat. Zwei Balken wurden mit durchgehenden Eisen bewehrt, bei zwei Balken wurden alle Eiseneinlagen in der Mitte der Balken geschweißt. Die anderen drei Gruppen der Probekörper wurden mit versetzt angeordneten Stoßstellen versehen, um die mehr oder

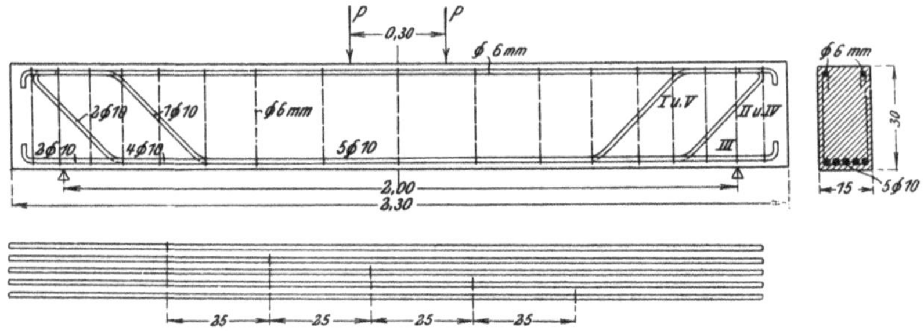

Abb. 121. Versetzt angeordnete Stoßverbindungen.

minder schwachen Stellen auf verschiedene Querschnitte zu verteilen. Die Stöße wurden durch Schweißen der Eisen, durch Schraubenverbindungen und durch Haken gebildet.

Während die Bruchlast der Balken mit durchgehenden Eiseneinlagen im Mittel 7350 kg betrug, fiel sie bei allen in der Mitte geschweißten Eiseneinlagen auf 7090 kg. Bei den versetzt angeordneten Stößen bewährten sich die zusammengeschweißten Stöße am besten. Die Bruchlast war 7280 kg. Am schlechtesten war die Stoßverbindung mit Haken. Die Bruchlast betrug 6014 kg, und gleichzeitig mit dem Bruch trat im Beton Sprengwirkung ein. Die an den Stoßstellen zusammengeschraubten Eiseneinlagen zeigten eine Bruchlast von 7089 kg. Sie verhielten sich sonach besser wie die letztgenannte Stoßverbindung.

Diese Versuche beweisen, daß sorgfältig zusammengeschweißte Eiseneinlagen beinahe dieselbe Wirkung haben wie voll durchlaufende Eisen. Sie zeigen ferner, daß kurze Haken sehr schlechte Stoßverbindungen liefern.

5. Eiseneinlagen als Verstärkung der Druckzone.

Manchmal wird es notwendig, auch den Druckquerschnitt mit Eiseneinlagen zu verstärken, wenn der Betonquerschnitt allein nicht genügt, die Druckspannungen aufzunehmen. Dies ist besonders der Fall bei rechteckigen Querschnitten mit beschränkter Höhe oder bei durchlaufenden Trägern über den Stützen, wenn die negativen Momente sehr groß werden. Im letzten Fall kann die Querschnittshöhe für die positiven Momente in der Feldmitte ausreichen, weil die Platte zur Aufnahme der Druckspannungen mit herangezogen wird; über den

Stützen genügt jedoch manchmal die Höhe nicht, selbst bei Anordnung von Vouten. Auch in diesem Fall muß man den Druckquerschnitt durch Eiseneinlagen verstärken.

Die Verstärkung kann in zweifacher Weise geschehen; durch Längseisen oder durch Umschnürungen. Nach dem bei Besprechung von Eisenbetonsäulen über den Wert der Eiseneinlagen Gesagten ist ohne weiteres einzusehen, daß die Wirkung der Eiseneinlagen erst bei höheren Spannungen zu erwarten ist. Die Längseisen werden die Verkürzungen mitmachen, die der Betonquerschnitt mit zunehmender Belastung erfährt, solange sie nicht ausknicken.

Versuche von Bach über den Einfluß der Längseiseneinlagen als Druckbewehrung[1] haben gezeigt, daß es möglich ist, die Tragfähigkeit von Eisenbetonbalken durch eine Druckbewehrung zu erhöhen.

Die Höchstlasten der Probebalken konnten durch eine Druckbewehrung gesteigert werden, am stärksten bei Verwendung von hochwertigem Stahl. Während bei den meisten anderen Probekörpern beim Bruch ein Ausknicken der Eiseneinlagen zwischen je zwei Bügeln erfolgte, zeigte sich bei höherwertigeren Stahleinlagen ein Absprengen des Betons an den Enden durch die Haken. Ein Ausknicken erfolgte hier nicht, da die Stahleinlagen eine höhere Spannung ohne bleibende Formänderungen ertragen konnten.

Je größere Verkürzungen der Beton erleidet, desto früher wird die Zerstörung eintreten. Bezeichnet ε_d die Verkürzung des Betons in Höhe der Druckeisen, so müssen die Eiseneinlagen diese Verkürzungen mitmachen. Es muß daher $\varepsilon_{ed} = \varepsilon_d$ sein. Sonach ist die in den Druckeisen auftretende Spannung: $\sigma_e = \varepsilon_{ed} E_e = \varepsilon_d \cdot E_e$. Je größer sonach ε_{ed}, desto größer wird σ_e, desto früher muß ein Ausknicken der Eiseneinlagen erfolgen.

Bei mageren Betonmischungen erleidet der Beton größere Verkürzungen. Die Eiseneinlagen werden früher die Stauchgrenze erreichen; als dies bei einer hochwertigen Betonmischung der Fall ist, bei der geringere Verkürzungen auftreten. Die Stauchgrenze des Eisens wird in letzterem Falle erst bei höheren Belastungen erreicht werden als bei mageren Mischungen. Wie bei axial beanspruchten Eisenbetonquerschnitten konnte bei Eisenbetonbalken mit einer besseren Betonmischung dieselbe Wirkung erreicht werden wie durch eine Druckbewehrung.

Es kann aber auch der Fall eintreten, daß ε_d, die Verkürzung des Betons, durch σ_{st} durch die Stauchgrenze des Eisens, je nach der Güte des Eisens, begrenzt werden kann. Es kann aber auch vorkommen, daß der Druckgurt zerstört wird, noch bevor die Biegungsdruckfestigkeit des Betons erreicht wird, wenn vorher die Eiseneinlagen ausknicken.

[1] Veröffentlicht in den Mitt. Forsch.-Arb. VDI im Heft 90/91 und Heft 122/123.

Dies tritt ein, wenn das Trägheitsmoment der Eiseneinlage klein ist und wenn die Knicklänge zu groß wird; wenn also nicht für eine entsprechende Absteifung der Druckeiseneinlagen gesorgt wird.

Ist man gezwungen, Druckbewehrung anzuwenden, so sind Eisen mit höherer Streckgrenze und kleineren Formänderungen vorzuziehen. In jedem Fall ist für eine Absteifung der Druckeisen zu sorgen, damit ein Ausknicken verhindert wird. Am zweckmäßigsten geschieht dies durch Bügel, die gleichzeitig mit den Zugeisen eine Verbindung herstellen.

Eine andere Art der Verstärkung des Druckquerschnittes kann durch Umschnürungen erzielt werden. Bekanntlich werden Umschnürungen erst bei höheren Belastungen wirksam, wenn die Querdehnungen des Betons sehr groß geworden sind. Wie bei axial beanspruchten Betonquerschnitten kann man auch bei einem auf Biegung beanspruchten Druckquerschnitte (z. B. bei einem Eisenbetonträger über einer Stütze) Umschnürungen zur Verstärkung verwerten, die die Nullinie umschließen sollen.

6. Das Verhältnis der Elastizitätszahlen.

Bei der Verteilung der Spannungen in einem Eisenbetonquerschnitt auf Beton und Eisen ist es notwendig, das Verhältnis der Elastizitätszahlen zu kennen. Das Verhältnis $n = \frac{E_e}{E_{bd}}$ ändert sich unter der Annahme, daß $E_e = 2100000$ kg/cm² gleichbleibt. Für die auf S. 60 angegebene Betonmischung wird $n \cong 9$ bei einer Spannung $\sigma_b = 50$ kg/cm² und $E_{bd} = 225000$ kg/cm². Hierbei darf man aber nicht vergessen, daß der Beton nur 7 Tage alt war.

Für die Berechnung der auftretenden Spannungen müssen wir die Elastizitäts- und Festigkeitszahlen eines 4 Wochen alten Betons annehmen. Hier wird für das gleiche Beispiel $E_{bd} = 275000$ bei $\sigma_b = 50$; dementsprechend $n \cong 7{,}6$.

Steigt σ_b auf 100 kg/cm², so wird, da E_{bd} auf 210000 fällt, $n \cong 10$. Die Zahl n ist sonach für eine Spannung, welche weit über die zulässige hinausreicht, höchstens 10. Selbstverständlich wird mit zunehmender Spannung im Beton n größer werden, mit zunehmendem Alter des Betons aber kleiner, da die Elastizitätszahlen wachsen.

Man wird sonach n bei der Berechnung des mitwirkenden Eisenquerschnittes als veränderlich ansehen müssen, entsprechend dem Belastungsstadium, für welches die Berechnung durchgeführt wird.

7. Mitwirkung der Platte bei symmetrischen T-förmigen und bei unsymmetrischen ⌉-Querschnitten.

In der Darstellung in Abb. 92 wurde gezeigt, in welcher Weise die beiden Konstruktionselemente, der symmetrische T-förmige Querschnitt und bei Randbalken der unsymmetrische ⅂-Querschnitt, entstehen. Denkt man sich einen Träger mit einer der beiden Querschnittformen herausgeschnitten, so mag es im ersten Augenblick zweifelhaft erscheinen, ob und wieweit auf eine Mitwirkung der Platte zur Aufnahme der Biegungsdruckspannungen gerechnet werden kann. Im besonderen handelt es sich darum, festzustellen, wie groß die Breite b der mitwirkenden Platte gewählt werden darf.

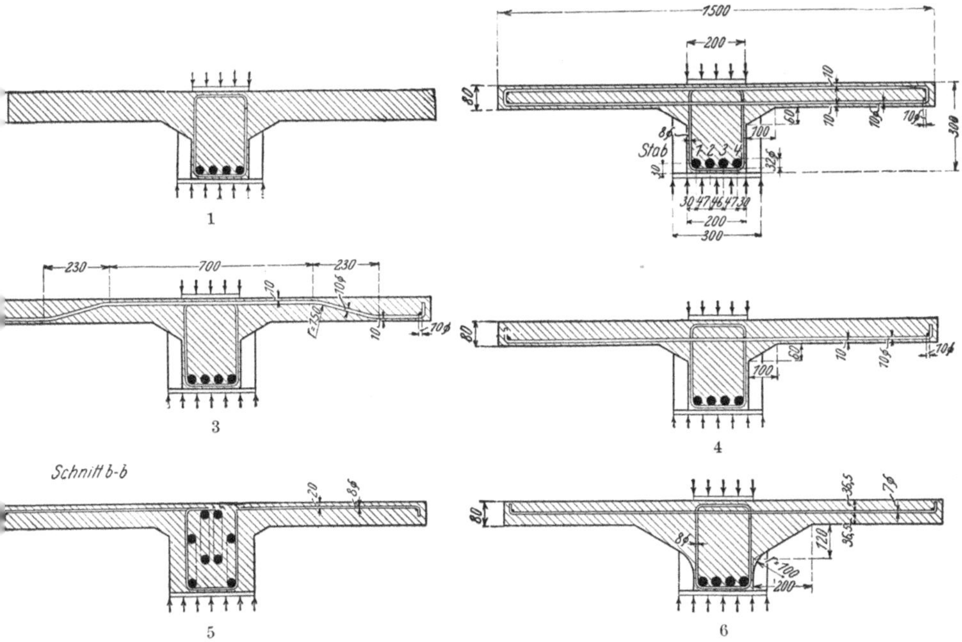

Abb. 122.

Bach hat eine größere Zahl von Versuchen mit den beiden Querschnittsformen angestellt, welche in Heft 90/91 und in Heft 122/123 der Forsch.-Arb. VDI veröffentlicht sind. Die Versuche erstreckten sich auf T-förmige Querschnitte mit verschiedenen Plattenbreiten und auf verschieden starke Abschrägungen beim Anschluß der Platte an den Steg. Zum Vergleich sind Versuche auch mit rechteckigen Querschnitten bei der gleichen Spannweite von 3 m ausgeführt worden. Der Eisenprozentgehalt war derart gewählt, daß unter der Einwirkung eines Biegungsmomentes der Bruch an der Überwindung der Biegungsdruckfestigkeit des Betons eintreten sollte.

Die Verschiedenheit in der Ausbildung der Platte ist in Abb. 122 an verschiedenen Beispielen dargestellt. Hierzu ist zu bemerken, daß eine Anzahl von T-Balken bei einer größeren Plattenbreite statt 25 cm 30 cm hoch waren und daß die Platte 8 oder 10 cm stark war.

T-Balken 1 zeigte eine Ausbildung ohne Eiseneinlagen in der Platte.

Versuchskörper 2 ist ein typisches Beispiel für die Ausbildung der Platte mit doppelten Eiseneinlagen, welche 1 cm vom oberen und unteren Rande im Abstand von 10 cm eingelegt waren.

Bei T-Balken 3 ist eine Art Konsolbewehrung in der Platte in Entfernungen von 10 cm angeordnet.

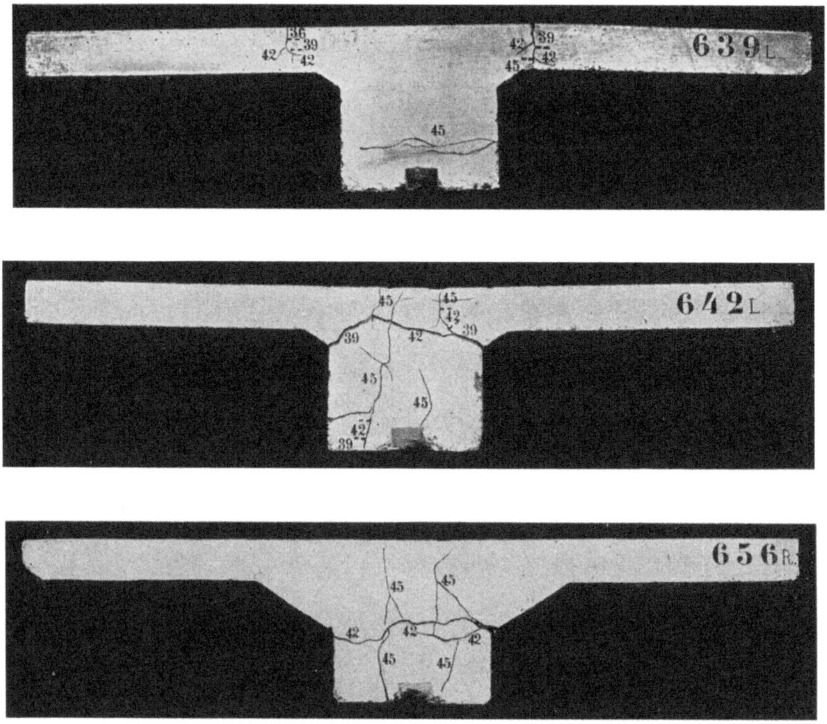

Abb. 123. Brucherscheinungen bei T-förmigen Querschnitten.

Der T-Balken 4 ist ein typisches Beispiel, in welchem die Verstärkung der Platte durch Eiseneinlagen an der unteren Seite erfolgte.

Bei T-Balken 5 wurden die Eiseneinlagen an der oberen Seite der Platte als Verstärkung eingelegt, und T-Balken 6 ist ein Beispiel einer Verstärkung durch Eiseneinlagen in der Mitte der Platte.

In Abb. 123 ist eine Anzahl von charakteristischen Brucherscheinungen dargestellt. Bei einer Plattenbreite von 1,50 m (oben) erfolgte eine Trennung des überhängenden Teiles der Platte vom Steg. Eine volle Ausnutzung der Platte zu Aufnahme der Druckspannungen ist daher durch die in der vertikalen Anschlußfläche auftretenden Schubspannungen begrenzt. Das zweite charakteristische Bruchbild in der Mitte zeigt eine

Trennung der ganzen Platte vom Steg, was auch darauf hinweist, daß die Scherfestigkeit des Betons überwunden ist. Bei diesem Probekörper waren die Eiseneinlagen in der Platte wie für einen Kragarm angeordnet (Abb. 122 bei T-Balken 3). In dem vorhergehenden Falle befanden sich die Eiseneinlagen in der Nähe des unteren Randes der Platte und verhinderten ein Abschieben des Betons in horizontaler Richtung.

Man ersieht sonach aus diesen beiden Beispielen, daß sowohl die Eiseneinlagen in der Nähe des unteren Randes der Platte als auch eine Konsolbewehrung beim Anschluß der Platte an den Steg in der Lage sind, die vollständige Abtrennung der Platte zu verhindern.

Abb. 123 (unten) zeigt ein typisches Bruchbild: den Einfluß der stärkeren Voutenausbildung zwischen Platte und Steg. Man sieht auch hier wie in dem früheren Fall eine Abtrennung der Platte vom Steg; die Trennungsfläche ist aber wegen der größeren Vouten im Steg nach unten hin verschoben.

Die Breite b der mitwirkenden Platte ist, wie aus diesen Versuchen gefolgert werden kann, bei größeren Plattenbreiten durch die Schubspannungen im Beton begrenzt, welche in der vertikalen und horizontalen Anschlußfläche der Platte an den Steg auftreten.

Die Versuche haben auch gezeigt, daß bis zu einer Plattenbreite $b = {}^1/_3$ der Spannweite auf eine volle Mitwirkung der Platte zu rechnen ist.

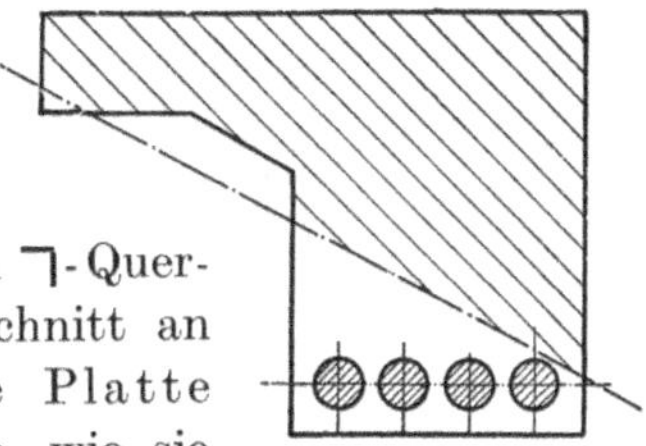

Abb. 124.

Die Versuche Bachs an unsymmetrischen ˥-Querschnitten zeigten, daß der Betondruckquerschnitt an derjenigen Seite zerstört wurde, wo die Platte fehlte, entsprechend der Lage der Nullinie, wie sie in Abb. 124 angenommen ist. Eine gleichmäßige Mitwirkung der Platte wie bei T-förmigen Querschnitten ist hier nicht zu erwarten. Die Messungen der Verkürzungen im Beton an der oberen Fläche der Platte haben gezeigt, daß die Druckbeanspruchungen nach der Seite der Platte abnehmen, daß die größte Beanspruchung an derjenigen Ecke des Querschnittes auftritt, wo auch später die Zerstörung bei der Bruchbelastung erfolgte.

Bei all diesen Untersuchungen darf nicht übersehen werden, daß der Einfluß des Zusammenhanges der Platten mit den folgenden Trägern unberücksichtigt ist. Die Ergebnisse sind daher ungünstiger als in Wirklichkeit.

8. Durchbiegungen.

Die Durchbiegung von Eisenbetonträgern ist sehr gering, besonders innerhalb derjenigen Belastungen, die als Gebrauchsbelastungen in Frage kommen. Wennman trotzdem bei fertigen Eisenbetonbauten die Durchbiegungen mißt, so geschieht dies nicht, um einen Maßstab für die Güte der Konstruktion zu bekommen, sondern weil man dadurch die Möglichkeit hat, das Vorhandensein größerer Mängel festzustellen, z. B. das Auftreten von größeren Rissen.

Die Berechnung des Trägheitsmomentes J ist von der Rißbildung, von der Zahl n und von der Lage der Nullinie abhängig, die mit zunehmender Belastung veränderlich sind. Ferner ändert sich der Elastizitätsmodul E mit zunehmender Spannung. Deshalb wäre es wertvoll, wenn man das Produkt EJ, das bei der Berechnung von Eisenbetonkonstruktionen häufig wiederkehrt, direkt ermitteln könnte. Die Messung der Durchbiegungen bietet uns diese Möglichkeit.

Zwischen der Durchbiegung und der Belastung eines Balkens besteht nach dem Satz von Mohr die Beziehung: $\delta = \frac{\mathfrak{M}}{EJ}$, wo $\mathfrak{M}$ das Moment bedeutet, das die Belastung mit der Momentenfläche an der Stelle der Durchbiegungen hervorruft. Der Wert $\mathfrak{M}$ kann sonach zu jeder Laststufe ermittelt werden; δ wird gemessen. Es ist daher: $EJ = \frac{\mathfrak{M}}{\delta}$. Dieses Verfahren könnte nicht nur für eine Reihe von Querschnitten über die ganze Länge des Balkens, sondern auch für verschiedene Belastungen durchgeführt werden.

Der Verfasser hat es auch versucht, mit Hilfe der gemessenen Durchbiegungen und Längenänderungen in verschiedenen Querschnitten die Verhältniszahl n zu bestimmen. Vor dem Auftreten der Risse ist dies auch in folgender Weise möglich.

In der Gleichung $J = \frac{\mathfrak{M}}{\delta E}$ ist $\mathfrak{M}$ und E gegeben; letzteres aus den Messungen der Längenänderungen und der gleichzeitig ausgeführten Elastizitätsmessungen; δ wurde gemessen. Da die Lage der Nullinie aus den Messungen für jede Belastung bestimmt ist, läßt sich das Trägheitsmoment J_B des Betonquerschnittes berechnen:

Die Größe des gesamten Trägheitsmoments J ist aus der Durchbiegungsgleichung bestimmt, sonach ergibt sich für den Anteil der Eiseneinlagen: $J_e = J - J_B$. Bezeichnet v den Abstand der Schwerlinie der Eiseneinlagen von der Nullinie, so ist $J_e = n F_e v^2$, und daraus ist:

$$n = \frac{J_e}{F_e v^2}.$$

Auf diesem Wege sind vom Verfasser die Zahlen n für eine Anzahl von Probekörpern, bei welchen die Durchbiegungen gemessen wurden, bestimmt worden. Es ergab sich vor dem Auftreten der Risse $n = 5$ bis 7, je nach der Güte und dem Alter des Betons, was als eine sehr gute Übereinstimmung mit den aus den Elastizitätsmessungen bestimmten Werten für die Zahl n angesehen werden kann.

Nach dem Auftreten der Risse wird man auf diesem Wege die Zahl n nicht mehr einwandfrei bestimmen können, weil das Trägheitsmoment J_B wegen der Unbestimmtheit in der Lage und der Größe der Risse nicht mehr genau festgestellt werden kann.

Die Bestimmung des Faktors EJ auf diesem Wege ist jedoch auch nach dem Auftreten der Risse möglich.

Neuerdings wurden Messungen der Durchbiegung auch zur Feststellung der plastischen Formänderungen des Betons und Eisenbetons gemacht. Untersuchungen von O. Faber an langen Balken von kleinem Querschnitt erstreckten sich über mehrere Jahre (vgl. Vorbericht über den 1. Kongreß der Intern. Vereinigung für Brückenbau und Hochbau, Paris 1932). Derartige Untersuchungen aber ergeben kein so einwandfreies Bild des plastischen Verhaltens wie Feinmessungen in der Druckzone des Betons und an den Zugeisen selbst.

Bei den meisten Versuchen sind die Durchbiegungen für den ungünstigen Fall bei einem frei aufliegenden Träger gemessen worden; bei voller oder teilweiser Einspannung werden sie noch kleiner und schwerer meßbar.

Werden daher Durchbiegungsmessungen bei der Abnahme von Brücken- oder anderen Bauwerken als Wertmaßstab verwendet, so muß man für möglichst große Maßgenauigkeit sorgen. Man soll außerdem in solchen Fällen u. a. den Einfluß der Luftbewegung, der Sonnenbestrahlung auf die Meßinstrumente berücksichtigen, wenn man sich vor unrichtigen Schlußfolgerungen schützen will.

9. Eiseneinlagen als Verstärkung gegen Hauptzugspannungen (Schubsicherung).

Im Eisenbetonbau kommt den Schub- oder Scherspannungen bzw. den aus ihnen hervorgehenden Hauptspannungen eine besondere Bedeutung zu. Die Hauptzugspannungen sind in vielen Fällen die Ursache von plötzlich auftretenden Rißbildungen, die weit gefährlicher sind als die allmählich infolge von Normalspannungen entstehenden Risse. Um ihre Entstehung erklären zu können, mögen im folgenden die Zusammenhänge an Eisenbetonbalken erläutert werden.

a) Schub- oder Scherspannungen, Schubfestigkeit und Schubelastizitätsmodul.

In Abb. 125 ist der einfache Fall dargestellt, wo ein auf zwei Stützen aufliegender Träger durch zwei Einzellasten belastet wird. Die Momentenlinie der äußeren Kräfte ist ein Trapez, entsprechend dem innerhalb der beiden Laststellen gleichbleibenden Biegungsmomente. Zwischen den Auflagern und den Laststellen machen sich neben den Biegungsmomenten auch die Einflüsse der Querkräfte geltend. Die Wirkung der Biegungsmomente vollständig auszuschalten, ist nicht möglich und kommt praktisch auch gar nicht in Frage.

Bekanntlich erzeugen Querkräfte in jedem Querschnitt und senkrecht darauf Schubspannungen, welche einander gleich sind. Treten auch Normalspannungen infolge von Biegungsmomenten hinzu, so ergibt die Resultierende in jedem Flächenelement Hauptspannungen in zwei senkrecht zueinander geneigten Richtungen. Ihre Größe ergibt sich unter der Voraussetzung, daß keine vertikalen Pressungen zwischen den Faserschichten vorhanden sind:

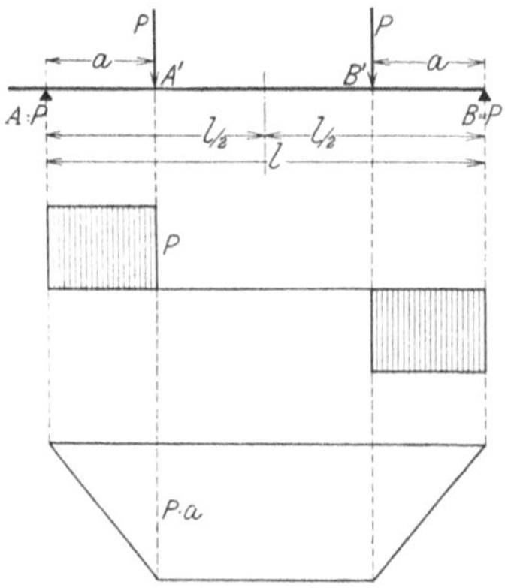

Abb. 125.

$$ {}_1\Sigma_2 = \frac{\sigma}{2} \pm \sqrt{\frac{\sigma^2}{4} + \tau^2}\,, \tag{8a} $$

wenn σ die Normalspannung und τ die Schubspannung bezeichnet.

Die Richtung der beiden Hauptspannungen gegen die Balkenachse ist gegeben durch die Gleichung

$$ \operatorname{tg} 2\alpha = -\frac{2\tau}{\sigma}\,. \tag{8b} $$

Ist $\sigma = 0$, was der Höhe der Nullinie entspricht, so wird

$$ \Sigma_1 = +\tau\,, \quad \Sigma_2 = -\tau \quad \text{und} \quad \alpha = 45^\circ\,. \tag{8c} $$

Daraus folgt der bekannte Satz, daß die Hauptspannungslinien die Nullinie unter 45° schneiden, nach der einen Richtung als Hauptzugspannungen und nach der anderen Richtung als Hauptdruckspannungen.

Nach dem bisher Gesagten wird man annehmen dürfen, daß diese für homogenes Material geltenden Sätze für Eisenbeton so lange gelten, als keine Risse auftreten.

Die Bestimmung der reinen Schub- oder Scherfestigkeit ist weniger einfach, als dies bei der Normalfestigkeit der Fall war. Es ist jedoch notwendig, sowohl die Schubfestigkeit als auch die Schubelastizität von Beton kennenzulernen, damit man beurteilen kann, wieweit ihr Einfluß gegenüber der Normalfestigkeit abzugrenzen ist.

Der Versuch von Mörsch zur Bestimmung der Schub- oder Scherfestigkeit in Abb. 126 zeigt, wie ein prismatischer Betonkörper von 18 × 18 cm Querschnitt geprüft wurde. Oben und unten werden abgehobelte Gußeisenstücke in der Weise unterlegt, daß der Zwischenraum zwischen den beiden oberen Eisenstücken genau dem darunterliegenden Eisenstück entspricht.

Mit wachsendem Druck der Presse entstand bei den nichtbewehrten Betonprismen ein Riß a, in der Mitte von oben nach unten verlaufend, der auf Biegungsbeanspruchung zurückzuführen ist. Dieser Riß führte aber nicht wie sonst bei Biegungsbeanspruchungen von reinen Betonkörpern zum Bruch, sondern mit fortschreitendem Druck der Presse entstanden die Risse *b* bei einer Belastung, welche viel höher war als die Rißbelastung für den Riß *a*. Die bei dem Riß *b* auftretende Bruchbelastung *P*, geteilt durch die Querschnittsfläche, nannte Mörsch die Scherfestigkeit des Betons und machte damit einen Unterschied zwischen Scher- und Schubfestigkeit.

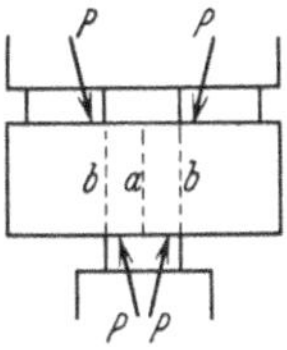

Abb. 126.

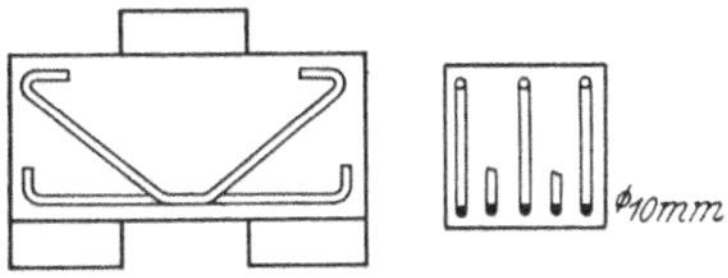

Abb. 127.

Reine Betonprismen mit einer Mischung 1 : 3 und einem Wassergehalt von 14% gaben nach 45 Tagen eine Scherfestigkeit von 31,1 kg/cm² (nach 2 Jahren war $K_s = 65{,}9$ kg/cm²). Bei Versuchen mit bewehrten Betonprismen, wie sie in Abb. 127 dargestellt sind, zeigte sich, daß die Eiseneinlagen erst wirksam werden, wenn der Schubwiderstand des Betons überwunden ist. Diese Beobachtung lehrt, daß von einer gleichzeitigen Verteilung der Scherkräfte auf Beton und Eisen nicht gesprochen werden kann, sondern daß die Eiseneinlagen erst wirken, wenn der Beton zu wirken aufgehört hat.

Durch Vergleich der Scherfestigkeit mit der Zug- und Druckfestigkeit kommt Mohr in einem Aufsatz in der Zeitschrift „Armierter Beton" zu der Gleichung für die Scherfestigkeit K_s,

$$K_s = \tfrac{1}{2}\sqrt{K_d \cdot K_z}\,, \tag{9}$$

die die Beziehung mit der Zug- (K_z) und Druckfestigkeit (K_d) ausdrückt. Mohr weist darauf hin, daß der Scherwiderstand in den Bruchflächen *bb* durch das Hinzutreten einer kleinen Druckspannung schon sehr erheblich erhöht werden kann, weil die Kräfte *P* der Druckpresse nicht durch die Kanten der Zwischenlagstücke übertragen werden, sondern etwa in der Form, wie es in Abb. 126 gezeigt wird.

Will man die Schubfestigkeit von Beton und Eisenbeton auf einwandfreiem Wege bestimmen, so muß die Wirkung der Biegungsmomente ausgeschaltet werden. Dies kann nur mit Hilfe von Verdrehungsversuchen geschehen, wo keine Axialkräfte wirken.

Föppl führte Verdrehungsversuche an Beton- und Eisenbetonwellen mit sehr kleinen Abmessungen aus[1] (s. Abb. 128); der Durchmesser der Welle war 10 cm mit 6 und 12 Eiseneinlagen von 8 mm.

Aus der Gleichung für die Schubspannungen bei Betonzylindern in der Form $\tau = ku$ ist die Schubspannung in einem Flächenelement proportional dem Abstand u von der Achse und senkrecht zum Radius,

[1] Föppl: Verdrehungsversuche an Beton- und Eisenbetonwellen. Mitt. mech.-techn. Labor. techn. Hochschule München, 32. Heft. München: Th. Ackermann.

k ist eine noch zu bestimmende Konstante. Für die Eiseneinlagen ist $\tau = n k u$.

Aus der Gleichstellung des Momentes eines Kräftepaares, zu dem sich alle Schubspannungen im Querschnitt zusammensetzen lassen, mit dem

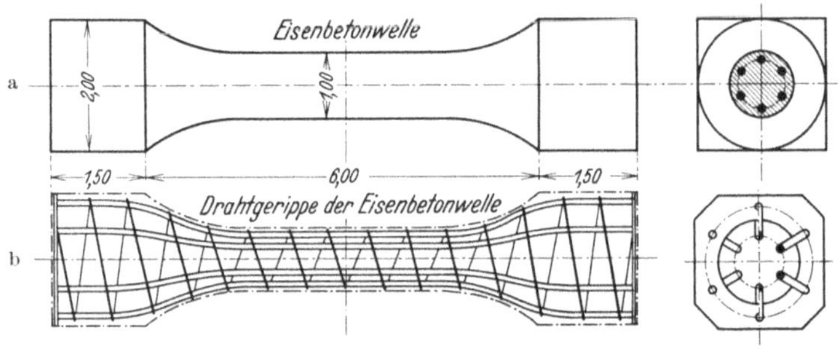

Abb. 128.

Moment der äußeren Kräfte bestimmt man den Wert für die Konstante k.

$$k = \frac{2M}{F_b r^2 + 2(n-1) F_e a^2}.$$

(F_b ist der Querschnitt der Welle, F_e ist der Querschnitt der Eiseneinlagen, r der Radius der Welle und a der Abstand der Eiseneinlagen vom Mittelpunkte.)

Sodann ergibt sich die Gleichung für die größte Schubspannung am Rande der Welle

$$\tau_{bd} = \frac{2M}{r\left[F_b + 2(n-1)\frac{a^2}{r^2} F_e\right]}.$$

Aus der Gleichung

$$k = G\frac{\varDelta\varphi}{l}$$

ergibt sich die Beziehung zwischen G und dem Verdrehungswinkel $\varDelta\varphi$, letzterer bezogen auf die Meßlänge l. Schließlich ist

$$G = \frac{2Ml}{r^2 \varDelta\varphi\left[F_b + 2(n-1)\frac{a^2}{r^2} E_e\right]}.$$

Hierbei bezeichnet G den Schubelastizitätsmodul des Betons. (Schiebungskoeffizient $\beta = \frac{1}{G}$.) Die Gleichungen gelten selbstverständlich nur unter denselben Voraussetzungen wie bei homogenen Querschnitten.

Für die eisenbewehrten Wellen nahm Föppl an, daß an den Grenzflächen zwischen Eisen und Beton eine Wechselwirkung zwischen den Schubspannungen stattfinden muß, d. h. daß die vom Eisen auf Beton übertragenen Schubspannungen ebenso groß sein müssen wie die vom Beton auf Eisen übertragenen. Er folgerte daraus, daß die Schubspannungen nicht verschieden sein können, wie dieses sich aus der Annahme ebener Querschnitte ergeben würde.

Die Schubspannung im Augenblick des Gleitens der Eiseneinlagen beim Übergang von Eisen zu Beton ergibt sich aus der Gleichung

$$\tau_{eb} = \frac{2\,M a}{F_b r^2 + 2(n-1) F_e a^2} \frac{2n}{n+1}.$$

Vergleicht man diese mit der Gleichung für τ_{bd}, so findet man, daß τ_{eb} größer ist als die Randspannung τ_{bd}. Daraus folgert Föppl, daß die Überwindung des Gleitwiderstandes der Eiseneinlagen am Beton bei einer kleineren Last erfolgen könnte als die Zerstörung des Betons durch die Schubspannungen am äußeren Rande der Welle. Es könnte sonach der Widerstand einer Welle durch die Eiseneinlagen vermindert werden. Dies kann aber nur dann eintreten, wenn die Eiseneinlagen wie bei den Föpplschen Versuchen nicht durch Abbiegungen an den Enden an der Bewegung gehindert werden, ähnlich wie dies schon bei den Versuchen zur Bestimmung der Haftkraft gezeigt wurde.

Da die Schubfestigkeit die größte Schubspannung darstellt, die das Material im Zustande der reinen Schubbeanspruchung zu übertragen vermag, so kann, da dieser Zustand nur bei Verdrehungsversuchen eintritt, die Größe der Schubfestigkeit nur durch Verdrehungsversuche ermittelt werden. Dies hat auch schon Mörsch an Beton- und Betonhohlzylindern getan und Drehungsfestigkeiten gefunden, welche kleiner waren als die vorher angeführten Schubfestigkeiten aus Biegeversuchen.

Die Versuche Föppls haben gezeigt, daß der Verlauf der ersten Risse bei den Eisenbetonwellen einer linksgängigen Schraubenlinie entspricht, wenn die Verdrehung derart vorgenommen würde, daß die Zylindererzeugenden bei Formänderung in rechtsgängige Schrauben übergehen müßten. Der Winkel der Rißlinie betrug in allen Fällen ungefähr 45° gegen die Erzeugende. Das entspricht einer Schnittfläche, für die die Zugspannung ihren größten Wert annahm, während die Schubspannung darin Null war. Daraus folgert Föppl, daß im Falle der reinen Schubbeanspruchung die Schubspannung beim Beton nicht eine maßgebende Rolle für die Bruchgefahr bildet, und daß sie nur im Zusammenhang mit der Zug- und Druckspannung im Sinne der Mohrschen Theorie für die Beurteilung der Bruchgefahr von Bedeutung ist. Gerade der letzte Fall ist aber für Eisenbetonkonstruktionen von grundlegender Bedeutung. Indirekt spielt daher auch die Schubbeanspruchung eine wichtige Rolle bei der Bruchgefahr von Eisenbetonkonstruktionen.

Aus der Gleichung

$$K_s = \tau_{\max} = \frac{2\,M_d^3}{\pi r^3}$$

bestimmte Föppl, da das größte Verdrehungsmoment M_a und der Radius r gegeben waren, die Schubfestigkeit. Er fand für die 112 Tage alten Wellen aus Trockenmörtel $K_d = 26{,}1$ kg/cm² und für die 210 Tage alten Wellen $K_d = 29{,}8$ kg/cm².

Die Druckfestigkeit des gleichen Materials wurde an 15-cm-Würfeln ermittelt, die aus den Köpfen der vorher auf Verdrehung geprüften Betonwellen herausgeschnitten wurde. Sie ergaben im Alter von 160 Tagen eine mittlere Druckfestigkeit $K_s = 245$ kg/cm². Nimmt man an, daß die Zugfestigkeit $K_z = 15$ kg/cm² betrug, so ergibt sich aus der Gleichung

$$K_s = \tfrac{1}{2}\sqrt{245 \cdot 15} \cong 30 \text{ kg/cm}^2.$$

Die Schubfestigkeit des 160 Tage alten Betons betrug 30 kg/cm², was eine gute Übereinstimmung mit dem aus direkten Drehversuchen gefundenen Werte zeigt.

Auf diesen Umstand ist besonders dann zu achten, wenn man nicht in der Lage ist, die Schubfestigkeit direkt durch Versuche, wohl aber die Zug- und die Druckfestigkeit des Betons zu bestimmen.

Den Schubelastizitätsmodul ermittelte Föppl bei denselben Versuchen nach der Gleichung

$$G = \frac{2\,M_d\,l}{\pi\,\Delta\,\varphi\,r^4}.$$

Bis zu einer Schubspannung von 13 kg/cm² war G nahezu unveränderlich, und zwar war G für feuchten Mörtel 113000 kg/cm² und für trockenen Mörtel 138000 kg/cm².

Aus den Föpplschen Versuchen folgt, daß die größte Steifheit gegen Verdrehungen die älteren Wellen zeigen, und daß die Bruchbelastung durch die Eiseneinlagen erhöht wird; bei der stärker bewehrten Welle mehr als bei der schwächer bewehrten Welle.

Die Eiseneinlagen machten die Wellen widerstandsfähiger gegen Stöße. Als zweckmäßigste Bewehrung für Eisenbetonwellen wird mit Rücksicht auf das Auftreten der Risse eine schraubenförmige Eiseneinlage mit einem Steigungsmittel von 45° empfohlen.

Umfassender sind die Verdrehungsversuche, welche von Bach und Graf für den Deutschen Ausschuß für Eisenbeton (veröffentlicht in Heft 16 der Mitteilungen) an größeren Probekörpern mit einer guten Betonmischung ausgeführt wurden. Die Probekörper hatten verschiedene Querschnittsformen; quadratische bis 30 cm Seitenlänge, rechteckige mit 21 × 42 cm Querschnitt, kreisförmige mit 40 cm Durchmesser und kreisringförmige mit demselben äußeren und 25 cm innerem Durchmesser. Ein typisches Beispiel der nichtbewehrten Probekörper mit rechteckigem Querschnitt ist in Abb. 129 dargestellt; in Abb. 130 ist ein Beispiel eines Eisenbetonkörpers mit quadratischem Querschnitt und einer spiralförmigen Querbewehrung gezeigt. Die Länge der Körper betrug rd. 2 m. Die Zuschlagstoffe waren Rheinsand bis 7 mm Korngröße und Rheinkies bis 2 cm Korngröße. Die Betonmischung war

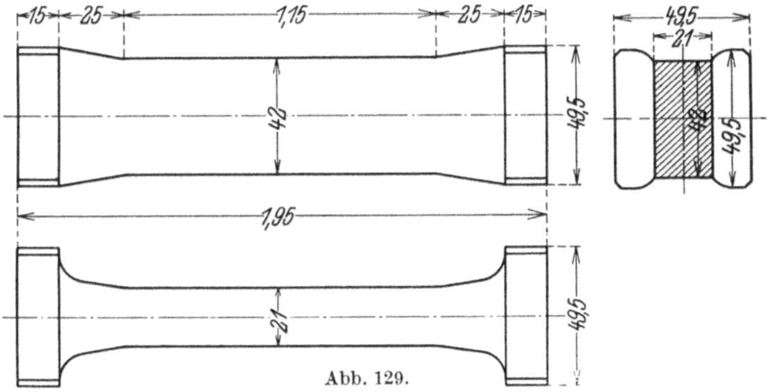

Abb. 129.

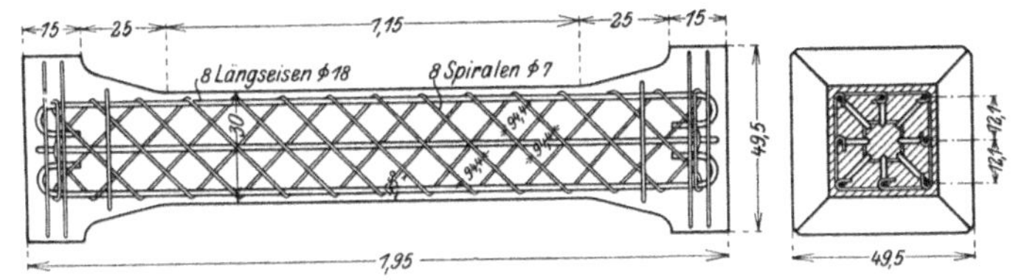

Abb. 130.

1 : 2 : 3 mit 9 Gew.-% Wasser. Die Körper blieben 2 Tage in der Form, wurden dauernd feucht erhalten und in der Regel im Alter von 45 Tagen geprüft.

Die auftretenden Risse zeigten auch hier die Neigung von 45°; die Rißlinie bildet sich hier unter 45° und der Drehrichtung entgegengesetzt.

Die Drehungsfestigkeit bei einem rechteckigen Querschnitt berechnete Bach nach der Gleichung: $K_s = \psi \frac{M_a}{b^2 a}$ (b = die kleinere Seite; a = die größere Seite; ψ = ein Koeffizient)];

für den kreisförmigen Querschnitt: $K_s = \frac{16\, M_d}{\pi D^3}$;

für den kreisringförmigen Querschnitt: $K_s = \frac{16\, M_d}{\pi \frac{D^4 - D_1^4}{D^4}}$

(D ist der äußere, D_1 ist der innere Durchmesser).

Die Voraussetzung für diese Gleichungen ist Proportionalität zwischen Dehnungen und Spannungen, welche allerdings, strenggenommen, für Beton nicht gilt.

Die Versuche an den unbewehrten Probekörpern lieferten folgende Ergebnisse:

Für	quadratischen,	rechteckigen,	kreisförmigen,	kreisringförmigen
Querschnitt bei einem Bruchmoment M_d in kg/cm²:	173500	148333	320167	182500
war K_s	30,4	32,5	25,6	17,1
$\beta = \frac{1}{G}$	$\frac{1}{136000}$ bis $\frac{1}{132000}$	$\frac{1}{142000}$ bis $\frac{1}{137000}$	$\frac{1}{141000}$ bis $\frac{1}{133000}$	$\frac{1}{131000}$ bis $\frac{1}{128000}$

bis zu einer Spannung $\sigma_{bd} = 12$ kg/cm².

Die größte Verdrehung betrug:

2,01 mm	2,28 mm	1,60 mm	1,14 mm.

Aus dieser Zusammenstellung ersieht man, daß sich die größten Verdrehungen und die Drehungsfestigkeiten ändern, je nach der Querschnittsausbildung. Beim kreisringförmigen Querschnitt sind sie am kleinsten, bei rechteckigen Querschnitten am größten.

Die Elastizitätszahlen für Zug und Druck betrugen bei dem gleichen Beton:

$E_{bz} = 353000$ bis 298000 kg/cm² für Zugspannungen σ_{bz} bis zu 12 kg/cm²,

$E_{bd} = 295000$ für eine Druckspannung $\sigma_{bd} = 12$ kg/cm² und

$E_{bd} = 251000$ kg/cm² bis zu einer Spannung $\sigma_{bd} = 96{,}7$ kg/cm².

Bei den eisenbewehrten Körpern interessieren besonders diejenigen Drehmomente, bei welchen die ersten Risse auftreten. Hierzu ist zu bemerken, daß bei den nichtbewehrten Versuchskörpern der Bruch plötzlich eintritt; bei Eisenbetonkörpern treten zuerst Risse ein, die sich allmählich bis zum Bruch erweitern.

Bei den quadratischen Querschnitten war das Rißmoment (gleichzeitig Bruchmoment) für den unbewehrten Körper 173500 kgcm; bei Verstärkung durch vier Längseisen betrug das Rißmoment 188333 kgcm, bei acht Längseisen: 197500 kgcm.

Verwendete man aber neben den acht Längseisen auch Spiralen als Querbewehrung (s. Abb. 130), so stieg das Rißmoment auf 262500 kgcm und das Bruchmoment auf 406667 kgcm.

Man ersieht daraus, daß nur bei gleichzeitiger Anwesenheit von Spiral- und Längsbewehrung nicht nur das Rißmoment, sondern auch das Bruchmoment wesentlich gesteigert werden kann.

Die Verdrehungen sind bei den Eisenbetonkörpern im Durchschnitt etwas kleiner gefunden worden als bei den nichtbewehrten Betonkörpern.

Bei rechteckigen Querschnitten sind ähnliche Beobachtungen gemacht worden, nur ist hervorzuheben, daß die ersten Risse entsprechend den Gesetzen der Elastizitätslehre in der Mitte der längeren Seite auftraten.

Zusammenfassend ergaben Bachsche Versuche die Drehungsfestigkeit K_s für quadratische Querschnitte 30,4 kg/cm², für rechteckige Querschnitte 32,5 kg/cm², für kreisförmige Querschnitte 25,6 kg/cm² und für kreisringförmige Querschnitte 17,1 kg/cm². Die Zahlen verhalten sich sonach wie

$$1{,}78 : 1{,}90 : 1{,}50 : 1.$$

Im Vergleich mit der Zugfestigkeit, welche mit 18,6 kg/cm² bestimmt wurde, sind die Drehungsfestigkeiten beim quadratischen Querschnitt 1,63-, bei rechteckigem Querschnitt 1,75-, bei kreisförmigem Querschnitt 1,38- und bei kreisringförmigem Querschnitt 0,92mal so groß als die Zugfestigkeit.

Im Verhältnis zur Würfelfestigkeit, welche mit 248 kg/cm² für dasselbe Material gefunden wurde, stellt sich die Drehfestigkeit in derselben Reihenfolge 0,12-, 0,13-, 0,10- und 0,07mal so groß als die Würfelfestigkeit.

Auch das Verhältnis der Längendehnung zur Querzusammenziehung m war je nach der Querschnittsausbildung verschieden. Für quadratische Querschnitte ist es 3,4 bis zu einer Spannung von 5 kg/cm², für den kreisförmigen Querschnitt wird $m = 6{,}3$ bis 7 bis zu einer Spannung von 12 kg/cm².

Wir erkennen aus diesen Versuchen, daß die Schubelastizitätszahl für Beton viel kleiner ist als die Elastizitätszahlen für Zug und Druck, ferner daß die Schubfestigkeit jedenfalls größer ist als die Zugfestigkeit des gleichen Materials.

Berechnet man die Schubfestigkeit nach der Gleichung:

$$K_s = {}_0\tau_{\max} = \tfrac{1}{2}\sqrt{K_d \cdot K_z} = \tfrac{1}{2}\sqrt{248 \cdot 18{,}6} \cong 33{,}5\,\text{kg/cm}^2,$$

so zeigt sich auch hier eine sehr gute Übereinstimmung mit den aus Drehversuchen mit viereckigem Querschnitt ermittelten Schubfestigkeiten.

Man kann daher im allgemeinen auf die Durchführung von Schubversuchen verzichten.

b) Spannungstrajektorien und Rissebildung.

Die aus den Hauptspannungen sich ergebenden Spannungstrajektorien ermöglichen, das Entstehen und den Verlauf derjenigen Risse bei belasteten Eisenbetonträgern zu erklären, die die Anordnung von Schubbewehrungen notwendig machen.

An einem T-Balken aus Untersuchungen des Verfassers wurde für einen bestimmten Belastungsfall an verschiedenen Stellen einer Anzahl von Querschnitten die Normalspannungen entweder aus den Messungen direkt übernommen oder, wo dies nicht möglich war, berechnet. Für dieselben Stellen wurden die Schubspannungen berechnet. Die Berechnung erfolgte in der Weise, daß vor dem Auftreten der Risse die Wirkung eines ideellen homogenen Querschnittes vorausgesetzt wurde.

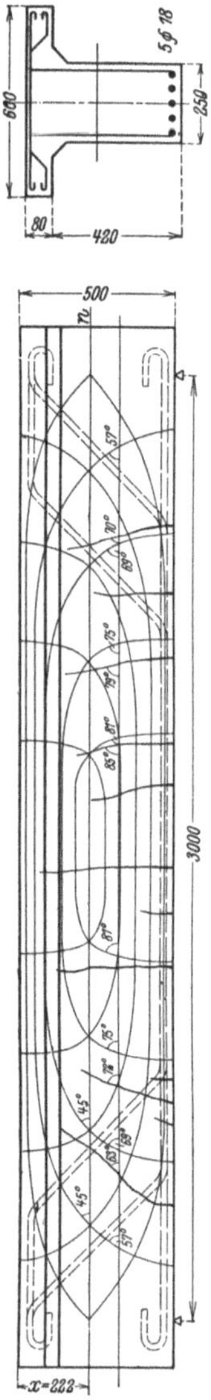

Abb. 131.

Die Lage der Nullinie wurde dort, wo es möglich war, auch direkt aus den Messungen übernommen.

Die Belastung, für welche die Spannungstrajektorien bestimmt wurden, entsprach einer Belastung kurz vor dem Auftreten der ersten schiefen Zugrisse. Dieses Belastungsstadium läßt sich bei den Versuchen ganz genau feststellen. Solange an der Stelle der größten Momente Risse auftreten, verlaufen sie senkrecht zur Balkenachse. Die ersten auftretenden schiefen Zugrisse, die durch das Hinzutreten größerer Querkräfte entstehen, werden an denjenigen Stellen sichtbar, wo die Biegungsmomente kleiner und gleichzeitig die Querkräfte größer werden.

Das Auftreten der ersten schiefen Zugrisse deutet darauf hin, daß die Zugfestigkeit des Betons in der Richtung der Hauptzugspannungen überwunden ist. Es müssen sonach in dem Stadium der ersten schiefen Zugrisse die Spannungstrajektorien dieselbe Richtung haben wie die schiefen Risse in ihrem Anfangsstadium. Mit dem Wachsen der Belastung und der Risse verändern sich selbstverständlich auch die Spannungstrajektorien, da der wirksame Querschnitt verändert wird. Eine Übereinstimmung zwischen Rissen und Spannungslinien ist daher nur in dem Stadium der ersten Rißbildung zu erwarten.

In Abb. 131 sind für einen Versuchsbalken für eine Belastung von 3 t/lfdm bei einer gleichförmig verteilten Belastung die Spannungstrajektorien und ihre Neigung gegen die Balkenachse an zwei verschiedenen Höhen des Querschnittes bestimmt worden.

Die Lage der Nullinie ergab sich aus den Versuchen $x = 22{,}2$ cm; danach wurde das statische Moment des Querschnittes in bezug auf die Nullinie bestimmt. Das statische Moment des Druckquerschnittes S_D (s. Abb. 131) wird:

$$S_n = b\,d\left(x - \frac{d}{2}\right) + \frac{b_0(x-d)^2}{2}, \qquad \begin{pmatrix} b = 60 \text{ cm}, & b_0 = 25 \text{ cm} \\ x = 22{,}5 \text{ cm}, & d = 8 \text{ cm} \end{pmatrix}$$

$$= 11260\,.$$

Die Normalspannung $\sigma = \frac{M v}{J}$ kann daher in jedem Querschnitt in verschiedener Höhe bestimmt werden.

Die Schubspannungen lassen sich vor dem ersten Auftreten der Risse nach der Gleichung für homogene Querschnitte berechnen.

$$\tau_0 = \frac{Q S_n'}{J_n b_0}.$$

Das Trägheitsmoment J_n, ebenso das statische Moment der abgeschnittenen Querschnittsteile in bezug auf die Nullinie S_n' lassen sich wie vorher bestimmen. Da die Querkraft Q und die Breite b gegeben sind, lassen sich also in verschiedenen Querschnittshöhen die Schubspannungen berechnen.

Die Berechnungen, die hier nicht ausgeführt werden sollen, sind für eine große Zahl von Querschnitten auch für andere Versuchskörper durchgeführt worden. Das Ergebnis dieser Berechnungen, die Spannungstrajektorien, sind in der Abb. 131 eingetragen.

In dieselbe Zeichnung ist auch der Verlauf der Risse eingetragen worden, wie er mit Hilfe der Versuche bekannt wurde.

Wir sehen in allen fünf angeführten Fällen, wie die Risse innerhalb der beiden mittleren Laststellen an Stelle der größten Biegungsmomente senkrecht zur Balkenachse verlaufen. Wir sehen ferner, daß die Neigung der Risse gegen die Auflager hin eine ziemlich gute Übereinstimmung mit den Spannungstrajektorien zeigt. Selbstverständlich kann man diejenigen horizontalen und schiefen Risse, die sich im Bruchstadium bilden, nicht zum Vergleich mit den Spannungstrajektorien heranziehen. Die Neigung der Risse gegen eine zur Balkenachse parallele Linie ist, ebenso die Neigung der Spannungslinien, in Graden eingetragen, so daß man überall die beiden Winkel miteinander vergleichen kann. An der Nullinie ist die Neigung der Spannungstrajektorien bekanntlich 45°.

Wir sehen in der Abb. 131, daß für den Belastungsfall der Versuche die Rißbildung sich so einstellt, wie es der Verlauf der Spannungen erwarten läßt. Die schiefen Risse treten immer in der Richtung der Hauptspannungen auf. Wie diese die Nullinie unter 45° treffen, ist es auch bei den Rissen der Fall. Je mehr sie sich dem Auflager nähern, desto mehr sind sie gegen die Balkenunterkante geneigt, je mehr sie sich der Stelle der größten Biegungsmomente nähern, desto steiler werden sie.

Die schiefen Zugrisse werden, unabhängig davon, wie die Eiseneinlagen angeordnet sind, bei nahezu derselben Schubspannung τ_0 im Beton auftreten.

Die schiefen Risse entstehen an der Stelle, wo die größten Hauptzugspannungen entstehen, an der Nullinie, und gehen quer durch den ganzen Querschnitt, im Gegensatz zu den Zugrissen infolge der Biegungsmomente. Letztere entstehen an der Stelle der größten Zugspannungen am Querschnittsrande. Mit zunehmender Belastung erweitern und verlängern diese sich gegen die Nullinie und verringern den mitwirkenden Betonquerschnitt, bis bei einer höheren Belastung die Risse bis zur Nullinie reichen. Vorher wirken immer noch Teile des Betonquerschnittes auf Zug mit.

Darin liegt der grundsätzliche Unterschied zwischen den gewöhnlichen und den schiefen Zugrissen.

Die schiefen Risse gehen sofort durch den ganzen Querschnitt.

Daraus folgt, daß eine Verteilung der Schubspannungen auf den Beton- und Eisenquerschnitt nach dem Auftreten der schiefen Risse unstatthaft ist. Nach dem Eintreten der schiefen Risse wird der Schubwiderstand von den Eiseneinlagen allein aufzunehmen sein.

Theoretisch müßten sonach in allen denjenigen Fällen, wo der Betonquerschnitt allein nicht in der Lage ist, die Hauptzugspannungen aufzunehmen, was ja in der Regel der Fall ist, die Eiseneinlagen derart angeordnet werden, daß sie in der Richtung der Hauptzugspannungen bzw. senkrecht zu den schiefen Zugrissen verlaufen. Mit anderen Worten, die zur Aufnahme der Hauptzugspannungen notwendigen Eiseneinlagen müßten in die Richtung der Spannungstrajektorien fallen.

Vorausgesetzt ist bei den vorstehenden Betrachtungen, daß die Eiseneinlagen sowohl am Ende der geraden durchlaufenden als auch

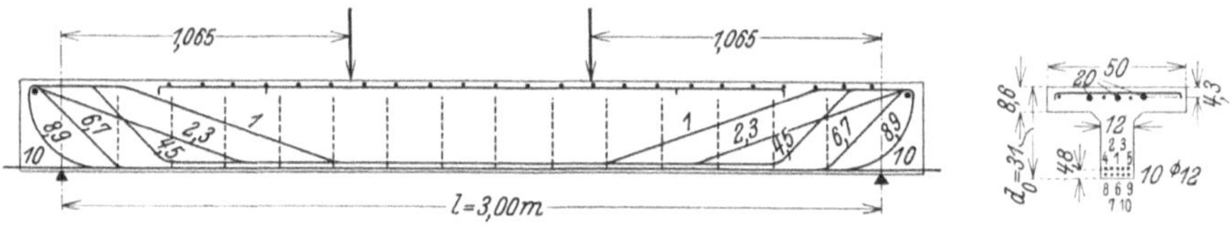

Abb. 132.

an den Enden der abgebogenen Eisen sehr gut verankert sind, und daß die zur Aufnahme der Hauptzugspannungen notwendigen Eiseneinlagen in genügender Anzahl vorhanden sind.

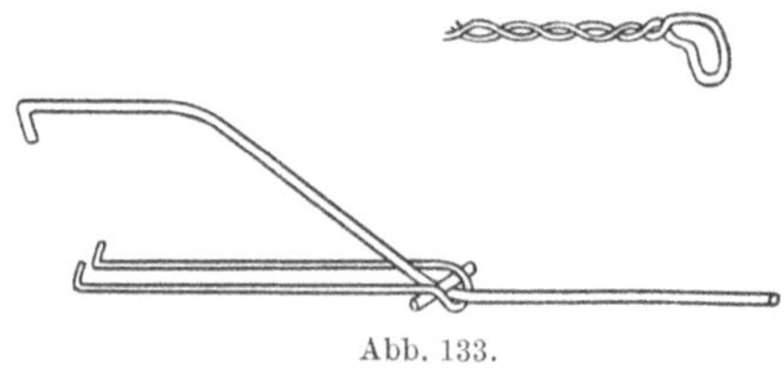

Abb. 133.

Ein sehr lehrreicher Versuch von Funke (veröffentlicht in der Zeitschrift „Armierter Beton“ 1909) zeigt den Verlauf der Rißbildung, wenn die zur Aufnahme der Hauptzugspannungen notwendigen Eiseneinlagen die theoretisch richtige Lage nach den Spannungstrajektorien erhalten. Abb. 132 zeigt den Querschnitt und die Eiseneinlagen der 3 m langen Versuchskörper. Der verwendete Beton bestand aus einer Mischung von 1 Teil Zement, $4^1/_2$ Teilen Sand und Feinschlag. Die Eiseneinlagen waren sehr gut verankert, nicht nur die Bügel, sondern auch die abgebogenen Längseisen. (In Abb. 133 wird eine feste Verbindung eines gekröpften, horizontalen Bügels mittels Bolzen an einem Haupteisen gezeigt.) Die Versuche wurden mit zwei Einzellasten und mit einer gleichförmig verteilten Belastung durchgeführt.

Der Verlauf der Risse entsprach den Spannungstrajektorien. Durch die gute Anordnung der Eiseneinlagen war es möglich, die Rißbildung auf die ganze Länge des Versuchskörpers gleichmäßig zu verteilen; die letzten schiefen Risse entstanden ganz nahe an den Auflagern. Die gute Verteilung und Verankerung der aufgebogenen Eiseneinlagen verhinderten jedoch die Zerstörung durch die Hauptzugspannungen. Vorher wurde in den Eiseneinlagen an der Stelle der Biegungsmomente die Streckgrenze überwunden, welche auch den Bruch der Probekörper herbeiführte.

c) Mittel zur Aufnahme der Hauptzugspannungen (Schubsicherungen).

Die Verstärkung von Eisenbetonträgern zur Aufnahme der Hauptzugspannungen kann in zweierlei Weise erfolgen: mit Hilfe von Bügeln oder durch schräge Eisen. Letztere werden gewöhnlich durch Aufbiegen der zur Aufnahme der Biegungsmomente nicht mehr notwendigen Zugeisen erhalten. Wo diese nicht in genügender Anzahl vorhanden sind, können auch besondere schräge Eisen eingelegt werden.

Bügel verwendet man allgemein bei Eisenbetonträgern auch dann, wenn man ihnen keine eigene statische Aufgabe zuteilt. Sie bieten ein gutes Mittel, die Längseiseneinlagen im Zuggurt oder auch, wenn Druckeisen vorhanden sind, diese in ihrer richtigen Lage festzulegen und entsprechend abzusteifen. Ferner erhöhen sie auch die mechanische Verbindung zwischen den Eiseneinlagen und dem Beton, da sie die Längseisen bei hohen Belastungen an ihrer Bewegung hindern.

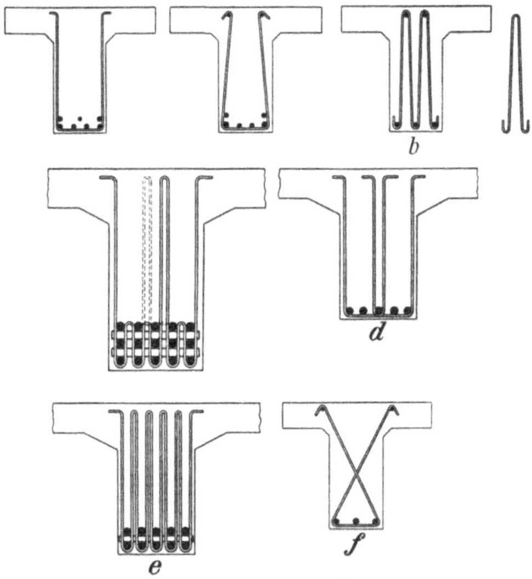

Abb. 134. Verschiedene Bügelformen.

Verschiedene Bügelformen sind in Abb. 134a bis f dargestellt.

Abb. 134a zeigt die einfachsten und gebräuchlichsten Formen der Umfangsbügel. In Abb. 134b wird gezeigt, in welcher Weise die Bügel gleichzeitig zur Absteifung der Druckeisen verwendet werden. Abb. 134c, d und e zeigen verschiedene Anwendungen von Bügeln bei einer größeren Zahl von Eiseneinlagen in der Zugzone. Die letzte Ausbildung ist nicht zu empfehlen, da sie den Betonquerschnitt schwächt. Eine andere Art von Bügeln zeigt Abb. 134f, welche sich bei Verwendung von Druckeisen sehr gut zur Erzielung einer guten Verankerung zwischen Zug- und Druckeisen bewährt haben. Sie sind aber nicht zu empfehlen, da sie besonders den Zuggurt des Betons durchschneiden und dadurch schwache Stellen hervorrufen können. In Abb. 134c wird auch gezeigt, in welcher Weise bei mehreren Reihen von Eiseneinlagen der Abstand zwischen je zwei Lagen durch in bestimmten Entfernungen eingelegte Abstandshalter festgelegt wird. Es sind kleine Stücke Rundeisen, deren Durchmesser mindestens so stark wie die Längseisen sind.

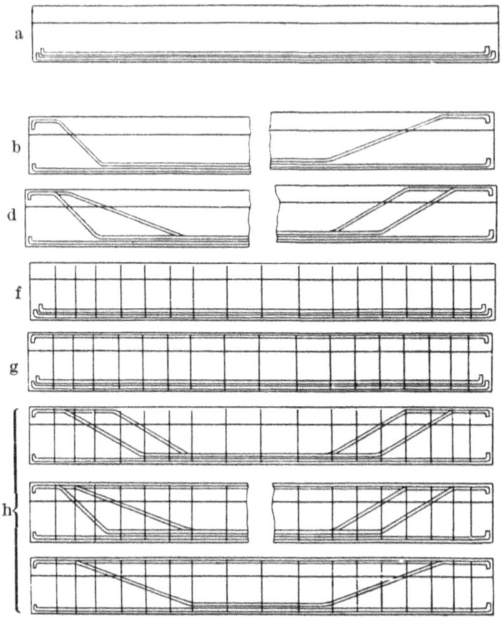

Abb. 135. Verschiedene Schubsicherungen.

Von den bei Eisenbetonträgern zur Anwendung kommenden Bügeln kann dasselbe gesagt werden wie von den Säulenbügeln. Die **günstigste Form** ist diejenige, welche den Betonquerschnitt **so wenig als möglich schwächt**. Dies trifft am besten bei den **Umfangsbügeln** nach Abbildung 134a zu.

Auf Grund zahlreicher Versuche kann man annehmen, daß richtig angeordnete Bügel geeignet sind, den Schubwiderstand von Eisenbetonträgern zu vergrößern.

Die **Wirkung der Bügel** besteht in einer **Erhöhung der Tragkraft** der Eisenbetonträger und beginnt, wie bei anderen Eiseneinlagen, erst mit der Bildung der schiefen Risse.

Die Firma Dyckerhof & Widmann hatte Versuche an der Materialprüfungsanstalt in Stuttgart ausführen lassen, welche sich mit dem Einfluß der schrägen Eisen und der Bügel befaßten. 2,80 m lange T-Balken (Abb. 135a bis h) wurden aus einem Beton bei einer Mischung von 1 Teil Zement, 2 Teilen Grubensand und 3 Teilen Basaltgrus mit einer maximalen Korngröße von 2,5 cm hergestellt. Der Querschnitt der Eiseneinlagen war bei allen Versuchskörpern in der Mitte an Stelle der größten Biegungsmomente gleich, verschieden waren nur die Form und Stärke der Bügel und die Aufbiegungen der Längseisen.

Bei einer Spannweite von 2,52 m erfolgte die Belastung durch zwei im Abstand von 0,84 m symmetrisch zur Mitte angeordnete Einzellasten.

Die Ergebnisse der Versuche lassen sich wie folgt zusammenfassen:

Bei Eiseneinlagen, welche im Zuggurt gerade durchlaufen (Abb. 135a), war die Bruchlast 14,8 t.

Durch Hochziehen einer Eiseneinlage unter 45° nach Abb. 135b wurde die Bruchlast auf 26,8 t gesteigert.

Durch Hochziehen einer Eiseneinlage nach Abb. 135c stieg die Bruchlast auf 28,4 t. Danach hatte es den Anschein, als ob ein flach hoch-

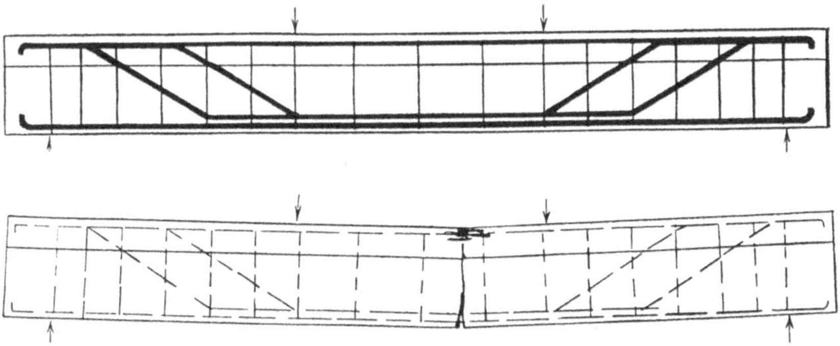

Abb. 136. Bruchbild bei richtiger Schubsicherung.

gezogenes Eisen eine bessere Wirkung habe als ein unter 45° aufgebogenes Eisen, was jedoch nicht allgemein zutrifft.

Wurde nach Abb. 135d ein Eisen unter 45° und eins flach hochgezogen, so betrug die Bruchlast 26,9 t.

T-Balken und vertikale Bügel ohne hochgezogene Eisen nach Abb. 135f ergaben eine Bruchlast von 27,2 t, sie verhielten sich ungefähr wie die Balken mit nur hochgezogenen Eisen. Bei gleichzeitiger Druckbewehrung nach Abb. 135g stieg die Bruchlast auf 30,8 t.

Die Vereinigung von Bügeln und hochgezogenen Eisen nach Abb. 135h, wie sie in der Praxis meist vorkommt, führte zu einer Bruchlast von 32 t.

Durch die Anordnung von Bügeln und hochgezogenen Eisen war es möglich, das Bruchbild vollständig zu ändern. Nicht schiefe Risse am Auflager, wie dies bei den anderen Balken der Fall war, sondern die Zugrisse an Stelle der größten Biegungsmomente haben zum Bruch geführt, wie dies in Abb. 136 gezeigt wird. Die Längseisen konnten an der Stelle der größten Biegungsmomente bis zu der Streckgrenze beansprucht werden.

Versuche von Bach und Graf für den deutschen Ausschuß für Eisenbeton (s. Veröffentlichung Heft 10) mit Bügeln nach Abb. 134a und b mit verschiedenen Bügelstärken und verschiedenen Bügelentfernungen haben gezeigt, daß bei Anwendung von Bügeln die Tragfähigkeit von Eisenbetonbalken gesteigert werden kann und daß schwächere Bügel in kleineren Abständen wirtschaftlicher sind. Es ergab sich bei Verwendung von 5 mm starken Bügeln die größte Zunahme der Höchstlast für 1 kg Bügelgewicht.

Sämtliche Versuche beweisen den großen Wert sowohl der Bügel wie der hochgezogenen Längseisen, und daß der größte Schubwiderstand durch gleichzeitige Verwendung von Bügeln und hochgezogenen Eisen erzielt wird.

Es fragt sich nun: Welches ist die günstigste Verteilung und die günstigste Richtung der schrägen Eiseneinlagen, und wie sind sie zu bemessen, damit der größte Widerstand gegen Schub- und Hauptzugspannungen erzielt wird?

Die günstigste Richtung der schrägen Eiseneinlagen ist, wie bereits vorher gezeigt wurde, die Richtung der Spannungstrajektorien, danach ist es am günstigsten, die abgebogene Eiseneinlage in der Nähe der größten Querkräfte am Auflager unter 45° gegen die Nullinie abzubiegen. Je weiter die Aufbiegungen gegen die Mitte des Trägers liegen, desto flacher können sie werden, entsprechend dem Verlauf der Spannungslinien. In der Praxis ist es einfacher und übersichtlicher, alle Eiseneinlagen unter 45° abzubiegen, in Ausnahmefällen jedoch, wenn die Zahl der aufzubiegenden Eiseneinlagen beschränkt ist, kann man die von den Auflagern entfernteren schrägen Eisen unter einem kleineren Winkel abbiegen.

Um den Wert der schrägen Eiseneinlagen zu erkennen, müssen wir die Rißbildung bis zum Stadium des Bruches verfolgen und mit dieser die Bruchursachen und die Bruchlasten vergleichen.

Die ersten Risse werden an der Stelle der größten Biegungsmomente, also in der Mitte der Versuchsbalken, entstehen, das sind die gewöhnlichen Zugrisse. Mit zunehmender Belastung bilden sich schiefe Risse an der Stelle der größeren Querkräfte. Wenn an den Orten der entstehenden schiefen Risse abgebogene Eiseneinlagen vorhanden sind, so tritt an dieser Stelle eine Entlastung ein, und es bilden sich neue schiefe Risse.

Je besser die Verteilung der schrägen Eiseneinlagen über das Balkenende ist, desto größer ist die Zahl der schiefen Risse im Bruchstadium, desto näher liegt der zum Bruch führende schiefe Riß gegen das Auflager hin.

Sind genügend schräge Eisen und Bügel vorhanden, so werden die schiefen Risse in größerer Anzahl entstehen, ohne daß sie zum Bruche führen. Der günstige Fall wird erreicht, wenn die Längseisen im Zugquerschnitt an der Stelle der größten Biegungsmomente die Streckgrenze erreichen, bevor die schiefen Risse zum Bruche führen.

Die Wirkung der Verteilung der Schrägeisen ist mit der Wirkung eines Diagonalfachwerkes verglichen worden, wobei die Zugdiagonalen aus den schrägen Eiseneinlagen und die Druckglieder aus entsprechenden Betonstreifen gebildet werden.

In Abb. 137a, b und c sind das einfache Dreieckfachwerk, das Fachwerk mit gekreuzten Diagonalen und das engmaschige Gitterwerk dargestellt. Es läßt sich aus Versuchen nachweisen, daß bei der Austeilung der Eiseneinlagen nach Abb. 137a die zum Bruch führenden schiefen Risse gerade am stärksten in der durch eine strichlierte Linie angedeuteten Druckdiagonale auftreten, daß die Erweiterung dieser Risse verhindert werden kann, wenn ein schräges Eisen quer durch den Riß geht.

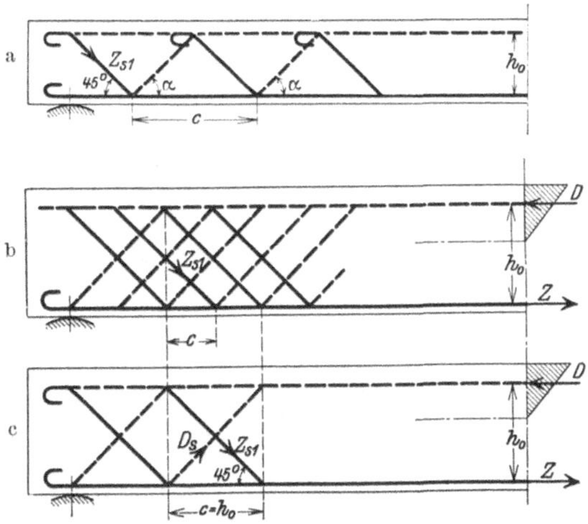

Abb. 137.

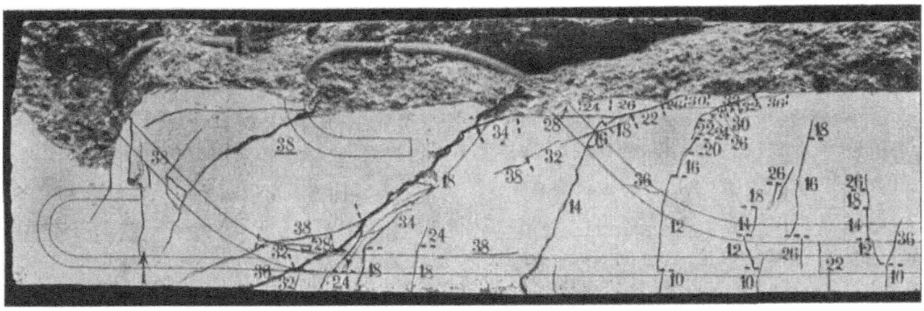

Abb. 138. Erweiterung schiefer Risse an der Stelle fehlender schräger Eisen.

Abb. 138 zeigt eine charakteristische Brucherscheinung, welche mit der Erweiterung eines schiefen Risses zusammenhängt, an einer Stelle, wo schräge Eiseneinlagen fehlen. Es folgt daraus, daß eine Wirkung nach einem Diagonalfachwerk nicht angenommen werden darf. Wäre diese vorhanden, so würde nicht der schiefe Riß zum Bruch führen, der der Richtung der Druckdiagonalen entspricht.

Endlich ist in Abb. 139[1] die Wirkung der schrägen Eiseneinlagen sowohl als auch der U-Haken beim Bruch zu ersehen. (Das Bild ist nach Wegsprengen des Betons eines T-Balkens bei den Bachschen Versuchen aufgenommen worden.) Wir erkennen hier nicht nur die Wirkung der Haken, welche einer Bewegung der Eiseneinlagen im Bruchstadium entgegenwirken, sondern auch, daß die schrägen Eiseneinlagen wie eine Verankerung an der Rißstelle wirken und eine Erweiterung der schiefen Risse verhindern, solange in den schrägen Eisen keine bleibenden Formänderungen eintreten.

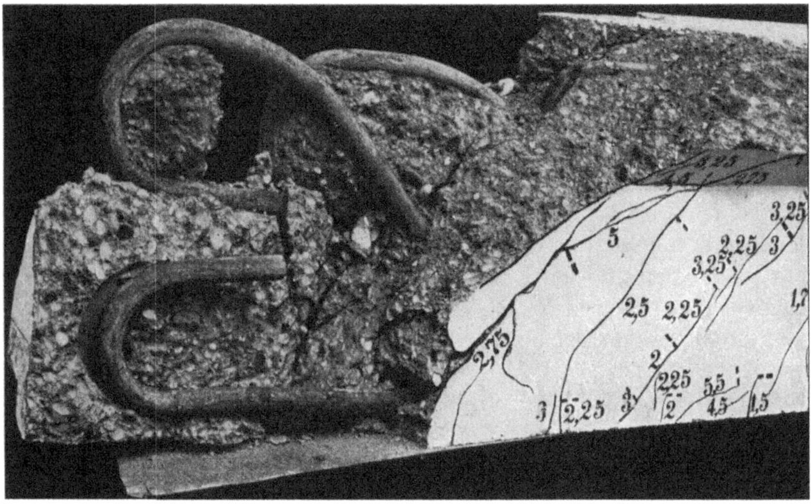

Abb. 139. Wirkung der schrägen Eiseneinlagen an einer Rißstelle.

Aus den vorstehenden Darlegungen läßt sich folgern, daß der günstigste Schubwiderstand dann erreicht wird, wenn die schrägen Eiseneinlagen gleichmäßig über das Ende des Trägers verteilt sind derart, daß jeder vertikale Schnitt durch ein schräges Eisen möglichst nahe der Balkenachse getroffen wird. Dies ist z. B. dann der Fall, wenn die Verteilung der schrägen Eisen so erfolgt, als ob sie die Zugstreben eines Gitterwerkes wären (Abb. 137c), deren Untergurt die Zugeisen und deren Obergurt nahe der Oberkante des Trägers liegt. Die Verteilung, nicht die Wirkung der schrägen Eisen soll mit den Diagonalen eines Fachwerkes verglichen werden. Die äußerste Grenze bildet die Anordnung der schrägen Eisen nach den Zugdiagonalen eines Ständerfachwerkes. Vorzuziehen ist jedoch immer, wenn sich die schrägen Eisen übergreifen, weil dann in jedem Querschnitt

[1] Entnommen Heft 20 der Veröff. Dtsch. Auß. f. Eisenb. Verlag: W. Ernst & Sohn.

entweder ein Eisen in der Nähe der Nullinie, an der Stelle der größten Hauptzugspannungen, oder zwei Eisen zu beiden Seiten der Nullinie vorhanden sind.

Eine größere Anzahl schräger Eisen mit schwächerem Durchmesser ist bei sonst gleicher Querschnittsfläche einer kleineren Anzahl mit größerem Durchmesser vorzuziehen, damit eine gute Verteilung der Schrägeisen möglich ist.

Saliger konnte mit Hilfe von Versuchen nachweisen, daß das Verhältnis des gesamten Schrägeisenquerschnittes F_{es} zum Querschnitt F_e sämtlicher Längseisen F_{es}/F_e weniger maßgebend für die Größe des Schubwiderstandes ist als die gute Verteilung der Schrägeisen über das Trägerende. Bei einem Verhältnis $\frac{F_{es}}{F_e} = 50$ bis $70\,\%$ konnte bei guter Verteilung der Schrägeisen eine bessere Wirkung erzielt werden als mit $\frac{F_{es}}{F_e} = 80\,\%$ bei einer weniger günstigen Verteilung.

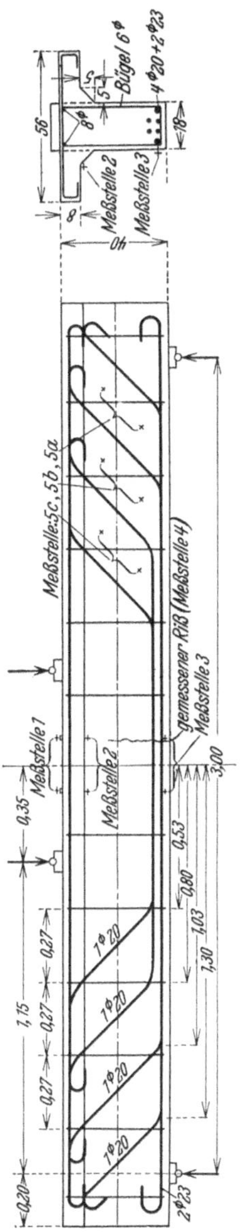

Abb. 140.

10. Das Verhalten von Eisenbetonbalken unter dauernd ruhenden und häufig wiederholten Belastungen.

Das Verhalten eines auf Biegung beanspruchten Eisenbetonbalkens unter Dauerbelastung oder häufig wiederholten Lastwechseln konnte durch umfangreiche Untersuchungen[1] im Institut des Verfassers geklärt werden. Insbesondere konnte der Einfluß der plastischen und elastischen Formänderungen des Betons auf die Rißbildung und die Mitwirkung der Eiseneinlagen erkannt werden.

Die Probebalken wurden aus einem Beton hergestellt, der nach 7 Monaten eine Zylinderdruckfestigkeit von 260, eine Zylinderzugfestigkeit von 29 und eine Würfelfestigkeit von 360 kg/cm² hatte; sie waren so entworfen, daß sie bei statischer Bruchbelastung an der Überschreitung der Streckgrenze der Längseisen zerstört wurden.

In Abb. 140 ist ein Beispiel eines der charakteristischen Probebalkens (T-Form) dargestellt, die im Alter von über 6 Monaten geprüft wurden, da durch vorausgegangene Untersuchungen an Betonprismen erwartet werden konnte, daß das Schwinden

[1] Siehe Dissertation von Treiber, auszugsweise veröffentlicht im Bauing. 1934.

abgeklungen war und eine Festigkeitszunahme während der Daueruntersuchung nicht ins Gewicht fiel.

An den in Abb. 140 angegebenen Meßstellen wurden in bekannter Weise die Längenänderungen gemessen, aus denen mit Hilfe der unter gleichen Bedingungen ermittelten Elastizitätszahlen die Spannungen direkt (nicht mit Hilfe von Berechnungen) ermittelt wurden. Ferner wurden die Rißweiten an zwei Stellen, in der Mitte und an den Enden, und die Längenänderungen in den Längseisen gemessen bei Lastwechseln mit Belastungsgeschwindigkeiten bis zu 90 Lastwiederholungen in der Minute (bei manchen Balken in einer Anzahl bis 3,9 Millionen) bis zur Erreichung eines Maximums der bleibenden Längenänderungen η oder des Beharrungszustandes.

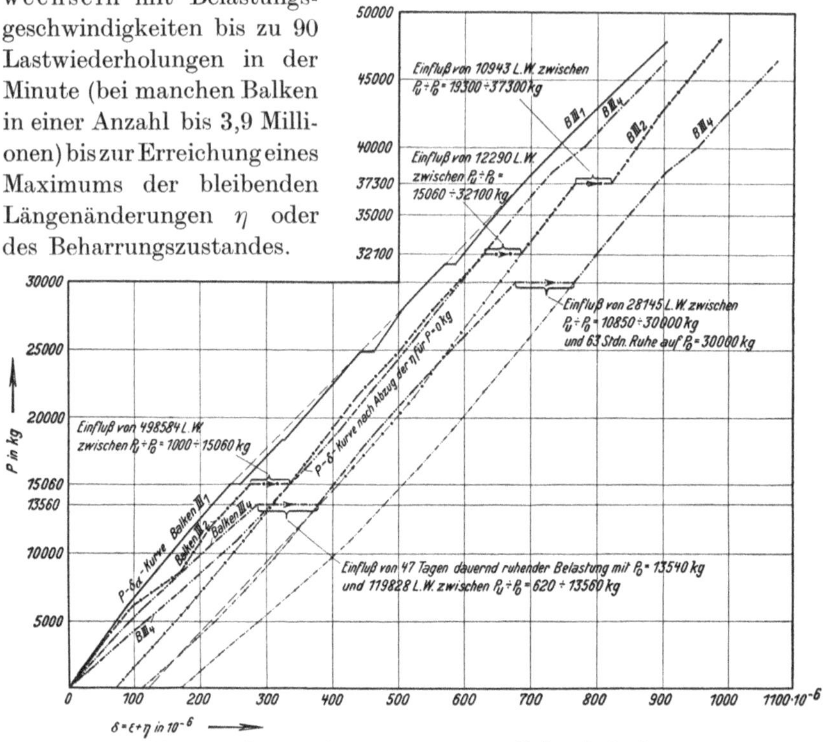

Abb. 141. Längenänderungen, gemessen an Balkenoberkante.

Zuvor wurde der Balken im statischen Versuch stufenweise bis auf P 15100 kg, die obere Grenze der Lastwiederholungen, bis etwa 30% der Bruchlast gebracht, wobei die Ursprungsfestigkeiten von Beton auf Druck und Eisen auf Zug nicht erreicht, dagegen auf Zug und Hauptzug (Schub) überschritten waren. Hierbei nahmen die Längenänderungen der Biegungsdruckzone, der Biegungszugzone und die der Eisen linear mit der Belastung zu, solange keine Risse auftraten.

Die aus den Messungen sich ergebenden Formänderungslinien der Balkenoberkante (Abb. 141) krümmten sich nach Entstehen der ersten

Risse bei zunehmender Belastung. Sie wuchsen wie die Längenänderungen der Eisen stark an, während die der Betondruckzone 9 cm unter der Balkenoberkante sich entsprechend dem Höhergehen der Nullinie mit wachsender Last verringerten.

Vor Beginn der Lastwechsel hatten die σ—ε-Linien, Spannungsdehnungslinien der Längseisen, gleichfalls nahezu geradlinigen Verlauf (Abb. 142).

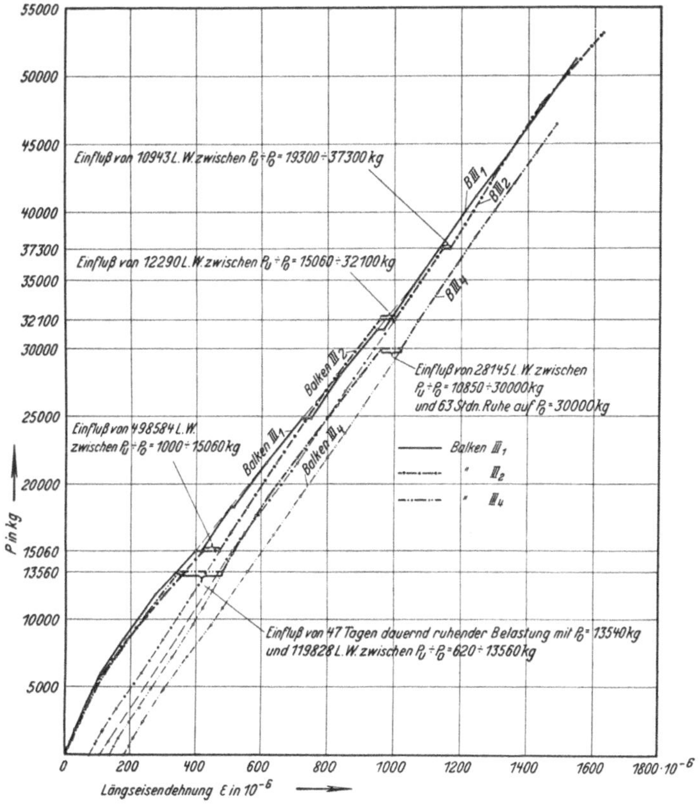

Abb. 142. Längenänderungen, gemessen an den Eiseneinlagen.

Lastwechsel zwischen $P = 1000$ bis 15100 kg wirken sich bei dem auf Druck beanspruchten Beton zunächst in ähnlicher Weise wie bei den gedrückten Betonprismen aus: Die Längenänderungen nehmen zu; die federnden erreichen vor den plastischen den Beharrungszustand.

Infolge der Rißbildung in der Zugzone und der plastischen Verformung der Druckzone nahmen mit den Lastwiederholungen die Längseisenspannungen zu. Als in einem Falle die Last 15100 kg erstmals erreicht war, betrug die Längseisendehnung $548 \cdot 10^{-6}$ ($\sigma_e = 1150$ kg/cm²) und im Beharrungszustand $649 \cdot 10^{-6}$ ($\sigma_e = 1458$ kg/cm²).

Beim Entlasten auf $P = 1000$ kg waren nur Längenänderungen von $468 \cdot 10^{-6}$ ($\sigma_e = 983$ kg pro cm²) wieder gewinnbar, obwohl die Längseisendehnungen unterhalb der Elastizitätsgrenze beansprucht waren. Der Rest von $226 \cdot 10^{-6}$ ($\sigma = 475$ kg/cm²) machte sich infolge der plastischen Verformung der Betondruckzone in den Zugeisen als eine bleibende remanente Vorspannung geltend, die bei schwächerer Bewehrung rd. 70%, bei stärkerer Bewehrung etwa 80% der gesamten Eisenspannung betrug. Das Verhältnis der bleibenden Längenänderungen des Betons an der Balkenoberkante zu der remanenten Längseisendehnung betrug zu Beginn der Lastwiederholungen 1 : 4,9 und nach Eintritt des Beharrungszustandes 1 : 4,8, ein Beweis für die Beziehung der Vorspannung in den Eisen mit dem plastischen Verhalten der Biegungsdruckzone. Die Vorspannung vermag beim Entlasten die Risse zu schließen und rückwirkend in Ruhepausen eine weitere plastische Verformung der Betondruckzone unter Last aufzuhalten.

Messungen zwischen zwei Rissen in Höhe der Längseisen ergaben so gut wie keine Formänderungen des Zugteils im Beton.

Die Wirkung der Eisenvorspannung auf die Risse scheint so lange anzuhalten, als die Längseisendehnung im elastischen Bereich bleibt. Die Risse atmeten, sie öffneten und schlossen sich nahezu vollkommen.

Im Zusammenhang mit der Rißbildung ist auch das eigenartige Verhalten der Druckzone innerhalb der Meßstrecke 9 cm unter Balkenoberkante und der Meßstelle zwischen zwei Schrägeisen zu beachten. Bei beiden Meßstellen haben die elastischen Längenänderungen im Laufe der Lastwiederholungen abgenommen, was mit einer Entlastung durch fortschreitende Rißbildung zu erklären ist.

Aus den Schrägmessungen ergab sich eine Ursprungsfestigkeit, die etwa 65% der statischen Zugfestigkeit war, also größer als bei dieser. Außerdem waren die beobachteten Längenänderungen in diesem Falle um so größer, je näher die Meßstelle dem Lastangriffspunkte lag. Demnach würden die Schrägeisen an dem Auflager in geringerem Maße beansprucht.

Ein typisches Bild über den Verlauf der Rißbildung bei einem T-Balken unter dem Einfluß von Dauerlasten oder häufig wiederholten Lastwechseln gibt Abb. 143. Wie zu erwarten ist, verlängern und erweitern sich die Risse und neue kommen hinzu. Das Gesamtbild unterscheidet sich aber nicht von dem bei statischer Belastung.

Die an der Balkenunterkante gemessenen Rißweiten waren bei einer Eisenspannung von rd. 1200 kg/cm² im Beharrungszustand nicht größer als 0,08 mm. Davon waren 0,06 mm federnd und 0,02 mm bleibend, was so viel bedeutet, daß sie sich beim Entlasten praktisch vollkommen schließen. Horizontalrisse entstanden nur bei nicht genügender Einbettung der Eiseneinlagen.

Die Beharrung in den federnden Rißweiten fiel mit der Beharrung der federnden Längseisendehnungen zusammen. Das gleiche gilt für die Rißzunahme innerhalb der Lastwechsel zwischen unterer und oberer Grenzlast, wie Abb. 144 erkennen läßt.

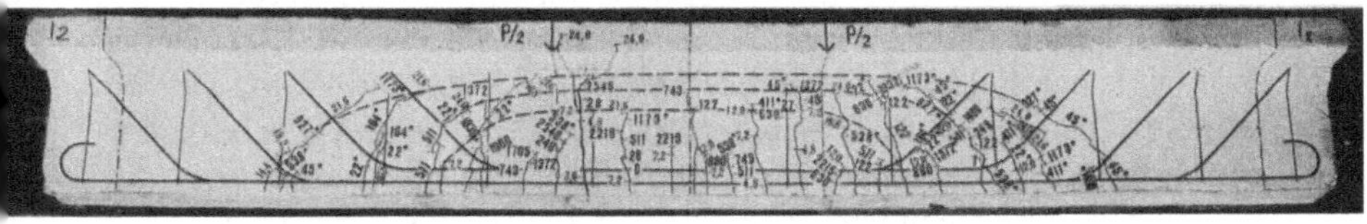

Abb. 143. Rißbildung, hervorgerufen durch die statische Vorbehandlung, durch 2678899 Lastwiederholungen zwischen $P_u - P_o = 600$ bis 7200 kg, durch 1260576 Lastwiederholungen zwischen $P_u - P_o = 600$ bis 12000 kg und durch die statische Belastung bis zum Bruch.

Die gestrichelt eingezeichneten Kurven sind die Verbindungslinien der Rißenden nach den Lastwiederholungen. Die Zahlen 3,6 bis 24,0 bedeuten die Belastung in t. Die Zahlen 6 bis 2546, jeweils × 1000, bedeuten die Anzahl der Lastwiederholungen während der Lastwechsel bis 7200 kg. Die Zahlen 22* bis 1490*, also alle mit einem * versehenen Zahlen, jeweils × 1000, bedeuten die Anzahl der Lastwiederholungen bis 12000 kg.

Die praktischen Auswirkungen der Untersuchungen an mindestens 6 Monate alten Eisenbeton-T-Balken unter dauernd ruhenden und häufig wiederholten Belastungen bis zu 50% der Tragfähigkeit lassen sich wie folgt zusammenfassen:

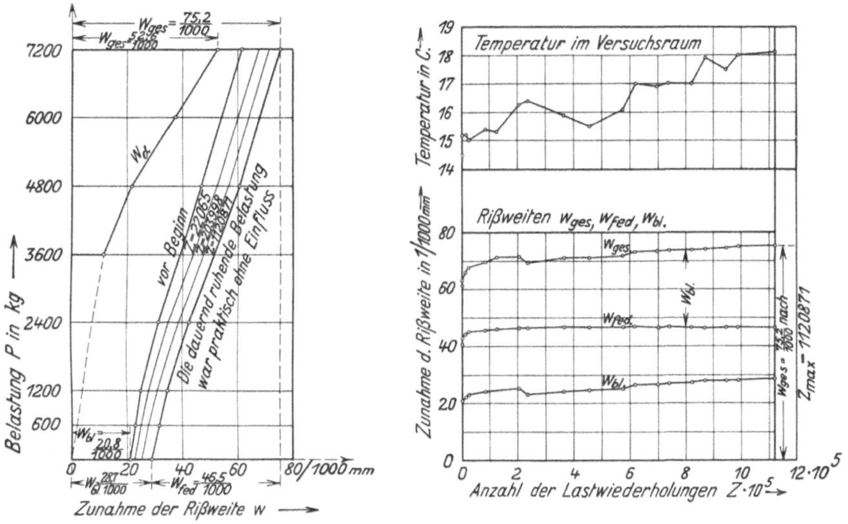

Abb. 144. Verhalten eines Biegerisses in Balkenmitte.

Die Wirkung auf die Biegungsdruckzone ist günstig und ausgleichend über die ganze Druckzone. Die mit den üblichen Berechnungsmethoden errechneten Randspannungen σ_b waren kleiner als die mit Hilfe der Messungen ermittelten. Unabhängig von der Stärke der Zugbewehrung bildet sich eine Gewölbewirkung mit den Längseisen als Zugband.

In den Ruhepausen erholen sich die bleibenden Längenänderungen im Beton, die remanenten Eisenspannungen und damit die bleibenden Rißweiten.

Dauerprüfungen bis zum Beharrungszustand unterhalb der Ursprungsfestigkeiten sind in der Wirkung auf die Formänderungen und die Rißbildung ähnlich, wenn auch etwas schwächer als Lastwechsel.

Durch das Schwinden des Betons hat die Längsbewehrung eine remanente Druckspannung erhalten, der eine remanente Zugbeanspruchung durch das Eigengewicht des Balkens gegenübersteht.

Da mit zunehmendem Alter eine Verringerung der plastischen Verformungen eintritt, so kann eine günstige Wirkung auf die Rißbildung dadurch erzielt werden, daß zwischen Fertigstellung und Inanspruchnahme des Bauwerkes eine möglichst lange Zeitspanne gewählt wird.

In jedem Falle wird der Bestand einer Eisenbetonkonstruktion auch durch eine intensivere Rißbildung nicht gefährdet — die Bruchlast blieb in allen Fällen durch die Dauerlasten und Lastwechsel unbeeinflußt —, wenn dafür gesorgt wird, daß die Eisen in bekannter Weise genügend im Beton eingebettet sind, wenn Abbiegestellen und Endhaken nicht zu scharf gekrümmt und die Endhaken der Eiseneinlagen durch eine gute Verteilung den Betonquerschnitt an keiner Stelle schwächen.

11. Platten oder trägerlose (Pilz-) Deckenkonstruktionen.

Im dritten Abschnitt IV, 1 wurden die Konstruktionselemente eines einfachen Eisenbetonbaues besprochen. Die Verbindung der Deckenplatte mit dem Balken zu dem T-Balken setzt voraus, daß Platte und Rippe einen einheitlichen Querschnitt bilden, ohne Unterbrechung insbesonders beim Übergang von der Platte zur Rippe. Diese Voraussetzung wird nicht immer einwandfrei zu erfüllen sein, schon mit Rücksicht auf die notwendigen Unterbrechungen in der Herstellung.

Je nach der Lage und Entfernung der Unterzüge muß die Platte nach verschiedenen Richtungen bewehrt werden, wie dies bereits erwähnt wurde.

Es war daher naheliegend, eine Konstruktion zu suchen, die dem Wesen der Eisenbetonbauweise besser entspricht, denn es darf nicht übersehen werden, daß die Vereinigung von Platte mit Unterzügen aus dem Holz- und Eisenbau übernommen ist, bei ganz anderen Voraussetzungen. Die dem Eisenbetonbau charakteristische Konstruktion ist die trägerlose Platte in fester Verbindung mit den an den Verbindungsstellen steif ausgebildeten Stützen nach Abb. 145a bis c.

Die theoretischen Grundlagen für die statische Berechnung sind von verschiedenen Autoren behandelt worden. Unter diesen haben

Lewe[1] und Marcus[2] Wege zur Anwendung der von ihnen vorgeschlagenen Berechnungsmethoden gezeigt; die Vorschläge von Marcus werden mit Erfolg angewendet. (Der Verfasser hat das Marcussche

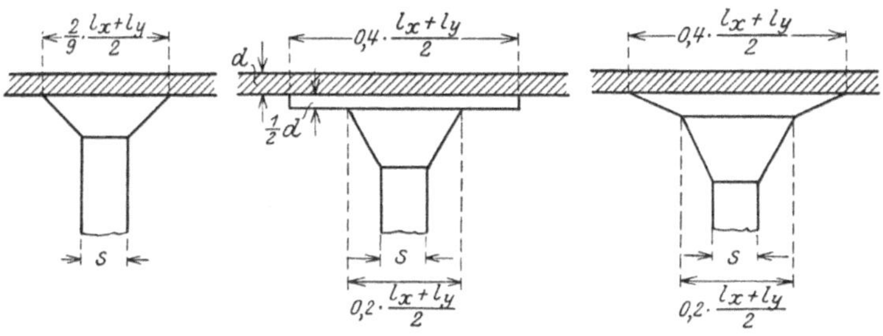

a b c

Abb. 145. Anschluß der Stützenköpfe an die Deckenplatte (l_x, l_y Spannweiten).

Verfahren im II. Bande seiner „Vorlesungen über Eisenbeton“ an einigen Beispielen aus dem Hochbau durchgeführt.)

Das Streben nach vereinfachten Methoden und später nach Überprüfung der Voraussetzungen für vorgeschlagene Berechnungsmethoden führten zu Untersuchungen im Laboratorium und am Bauwerk, die Feststellungen über Riß- und Brucherscheinungen bei belasteten Eisenbetonplatten ermöglichten. Ihre Kenntnis ist für die richtige Bewertung der Berechnung und Bemessung von Platten wesentlich. Aus diesem Grunde mögen sie im folgenden zusammenfassend dargelegt werden:

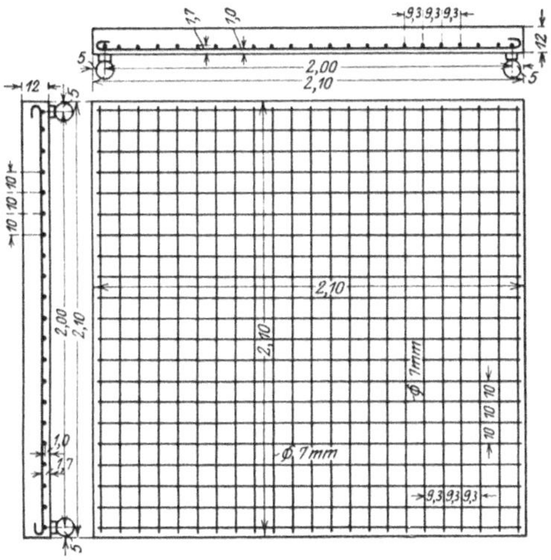

Abb. 146.

Allseitig aufliegende, 8 und 12 cm starke Eisenbetonplatten von 2,00 m Stützweite nach Abb. 146 wurden bis zum Bruch belastet[3]. Die Bewehrung war entweder parallel zu den Seiten oder parallel zu den Diagonalen und die Belastung gleichmäßig über die Platte verteilt.

[1] Lewe: Die strenge Lösung des Pilzdeckenproblems. Bauing. 1924.

[2] Marcus: Die Theorie elastischer Gewebe und ihre Anwendung auf die Berechnung biegsamer Platten. Berlin: Julius Springer 1924.

[3] Veröffentlicht von Bach und Graf in den Veröff. des D. A. f. E. Heft 41, Berlin: Ernst & Sohn 1915.

Die Rißbelastungen waren bei Diagonalbewehrung unter sonst gleichen Verhältnissen bedeutend kleiner als bei Bewehrung parallel den Seiten. Die ersten Risse an der Plattenunterseite verliefen in beiden Fällen in den Diagonalen (Abb. 147a); an der oberen Fläche hatten sie in der Nähe der Bruchlast einen ringförmigen Verlauf (Abbildung 147b). Die verschiedenen Bewehrungen hatten auf die schließliche Entwicklung der Risse keinen erheblichen Einfluß. Die Ecken der Platten hoben sich allmählich von den Auflagerkanten bedeutend ab, so daß die Auflagerung nur noch an den Kantenmitten vorhanden war.

Abb. 147a.

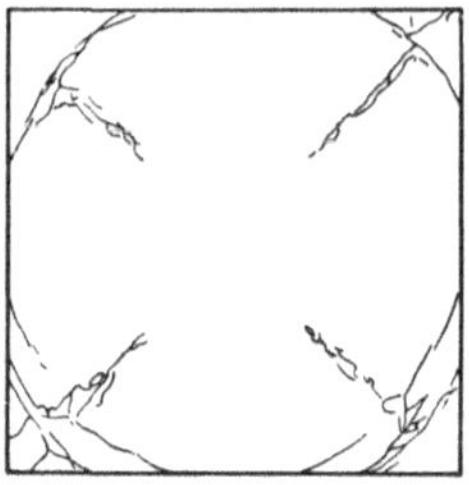

Abb. 147b.

Bei den rechteckigen Platten mit $2{,}0 \times 4{,}0$ m Stützweite, in der gleichen Weise wie die quadratischen Platten ausgebildet, verliefen die ersten Risse im allgemeinen alle parallel zu den langen Seiten. Unter höheren Lasten öffneten sich einzelne Risse, zuerst solche, welche im

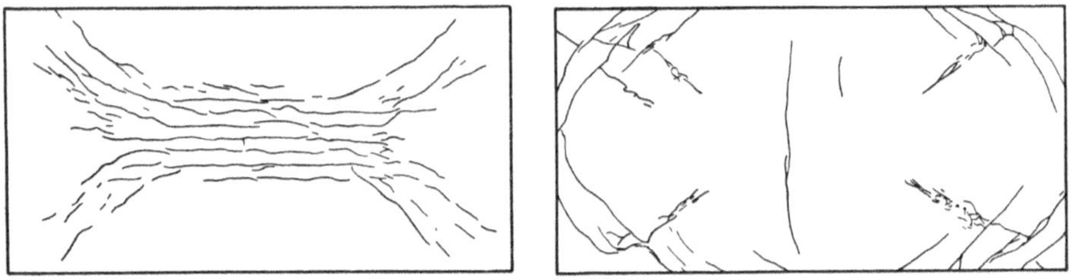

Abb. 148.

mittleren Teil der Platte parallel den langen Seiten verliefen; später wurden auch die anschließenden, gegen die Ecken verlaufenden Risse klaffend (Abb. 148).

Die Zerstörung erfolgte dadurch, daß sich die Eckteile der Platten mehr und mehr von der Platte trennten, und indem in der Nähe der Viertelspunkte der Diagonalen der Beton zerdrückt wurde. Unter sonst gleichen Verhältnissen waren die rechteckigen Platten im Bruchstadium unter der Höchstlast verhältnismäßig widerstandsfähiger.

Die Verteilung der Eiseneinlagen bei gleichem Bewehrungsgehalt war am wirksamsten, wenn kleinere Eisenquerschnitte auf den Betonquerschnitt gut verteilt wurden.

Eine Bewehrung parallel zu den Seiten ergab höhere Rißlasten als die Diagonalbewehrung. Bei der Bruchbelastung war die Richtung der Bewehrung nicht von besonderem Einfluß.

Die trägerlosen Deckenkonstruktionen sind bewehrte Eisenbetonplatten, die in fester Verbindung mit den an ihren Enden sehr steif ausgebildeten Stützenköpfen sind (s. Abb. 145).

Versuche an 4 Wochen alten, 15,24 cm starken Eisenbetonplatten (Pilzdecken wegen der Art der Bewehrung genannt) von rd. 3,7 m Spannweite, von Eddy und Turner, die in ihrer Auswertung später mit Recht angefochten wurden, zeigten schon die schwachen Stellen der Bauart, die nach der pilzartigen Ausbildung der Säulenköpfe Pilzdecke genannt wurde (Abb. 149).

Der wesentliche Einfluß der Steifigkeit des Kopfes und der Anordnung der Eiseneinlagen der Platte geht aus einem Parallelversuch mit einer Platte nach Bauart Abb. 150 hervor. Diese parallel zu den Seiten

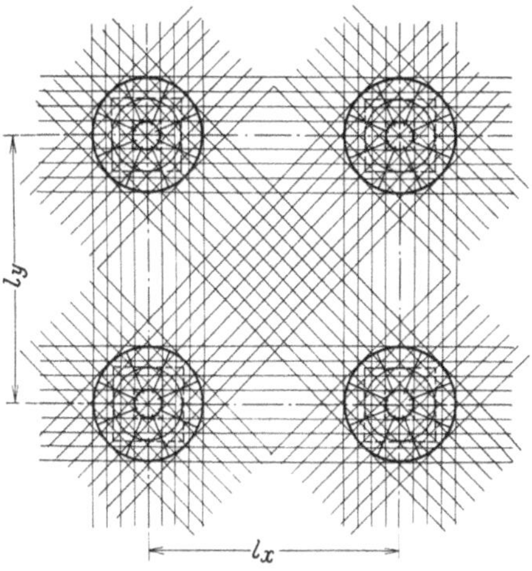

Abb. 149.

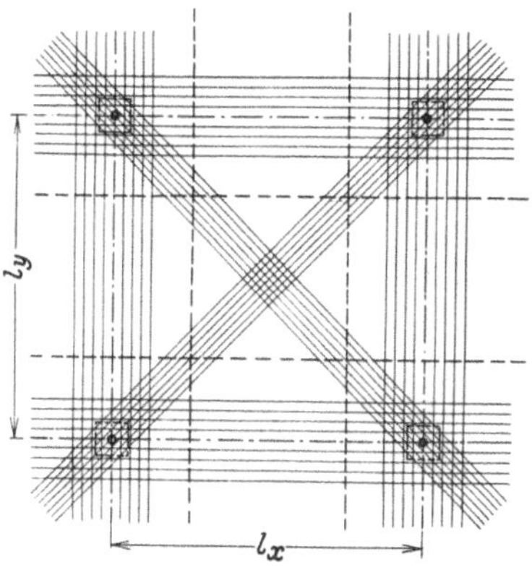

Abb. 150.

bewehrte Platte brach unter der Bruchlast plötzlich zusammen, was auf die vollkommen ungenügende Verbindung der Platte mit den Stützenköpfen und deren geringe Steifigkeit zurückzuführen ist.

Versuche an durchlaufenden trägerlosen Deckenkonstruktionen wurden von Lord im dritten Stockwerk eines zehnstöckigen Eisenbetonbaues durchgeführt unter Messungen von charakteristischen Spannungen in den Eisen und von Durchbiegungen. Die Platten, deren Spannweiten 5,69 bzw. 5,83 m betrugen, waren 27,6 cm stark und mit 11,1 mm starken Rundeiseneinlagen bewehrt. Die Decke war für eine Nutzlast von 1150 kg/m² berechnet, und die aufgebrachte Höchstlast betrug 1720 kg/m², was ungefähr einer anderthalbfachen Nutzlast entsprechen würde.

Der Verlauf der Rißbildungen insbesondere am Rande der Säulenköpfe läßt erkennen, daß die schwächste Stelle der Konstruktion der Säulenkopfrand ist (Abb. 151).

Da in den unbelasteten Feldern Durchbiegungen und Spannungen im Beton und im Eisen gemessen werden konnten, so folgte daraus, daß eine kontinuierliche Wirkung vorhanden ist.

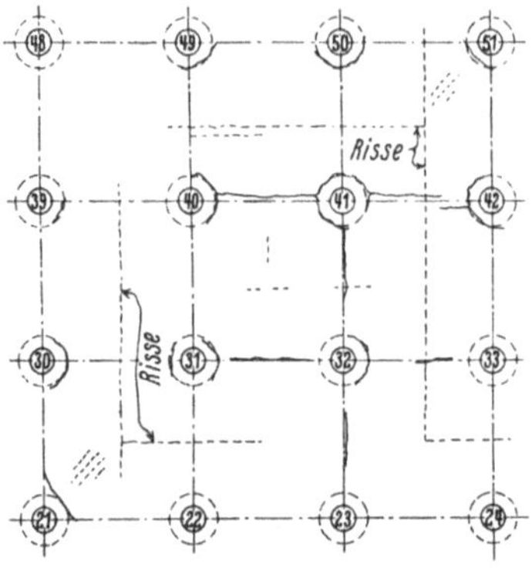

Abb. 151. Verlauf der Rißbildung bei Pilzdecken.

Der Verfasser hatte Gelegenheit, Messungen an einem Bauwerk in Rotterdam auszuführen, mit dem Ziele, brauchbare Näherungsmethoden für die statische Berechnung zu suchen.

Der im Jahre 1924 ausgeführte Lagerhausbau, dessen Säulenabstände 6,15 in der einen und 5,84 in der anderen Richtung betrugen, wurde im 2. Stockwerk mit einer Streifenbelastung (Nutzlast von $P = 2200$ kg/m²) belastet (Abb. 152a). Die Spannungen an den besonders stark beanspruchten Querschnitten wurden mit Hilfe von Feinmessungen bestimmt. Durchbiegungsmessungen dienten zur Kontrolle. (Einzelheiten sind vom Verfasser mit H. Butzer im Bauing. 1925 veröffentlicht.)

Die Auswertung der Ergebnisse dieser Messungen an einem Bauwerk bestätigte zunächst, daß die für die Berechnung der Decke ungünstigen Momente am Stützenkopf und in Gurtstreifenmitte auftreten.

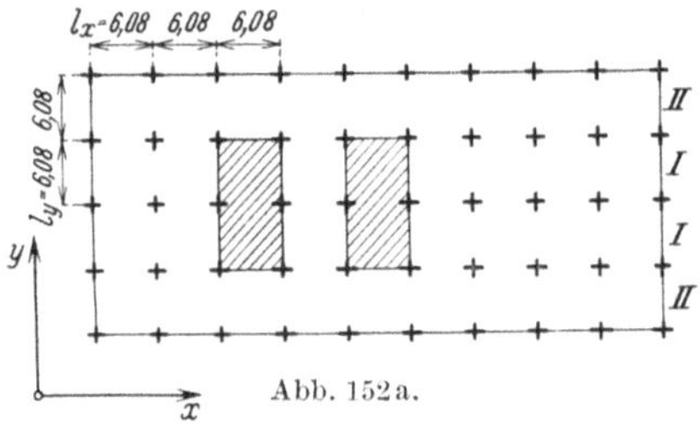

Abb. 152a.

Deutlich zeigte sich die Wirkung wie bei einer durchgehenden Rahmenkonstruktion, wonach die Stützen auf Biegung und Druck zu berechnen sind.

Ein Vergleich der aus den Messungen direkt ermittelten charakteristischen Biegungsmomente mit denjenigen, die auf Grund der Berechnungsvorschläge von Lewe und Marcus unter den gleichen

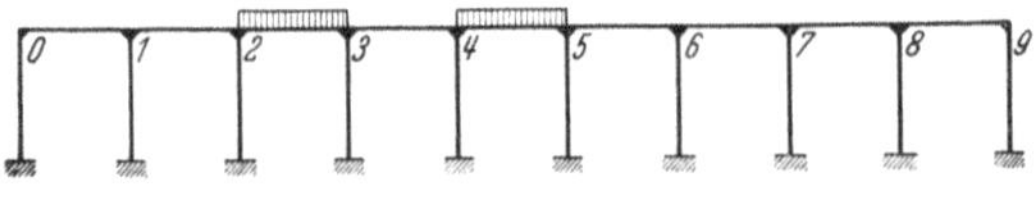

Abb. 152b.

Bedingungen durchgeführt wurden, gibt nachfolgende Biegungsmomente (Abb. 152b):

Bei Annahme einer Totalbelastung q, die ebenso wie l gegeben ist, erhält aus den durch Messung ermittelten Momenten der inneren Kräfte $M = \frac{gl^2}{\alpha}$ bzw. $\frac{pl^2}{\alpha}$.

Daraus ergaben sich α-Werte:

	Am Stützenkopf		in der Gurtmitte: in der Richtung der Stützenachse		in der Gurtmitte: quer zur Stützenachse	in der Feldmitte	
	p	g	p	g	p	p	g
Aus den Messungen	17,8		20,5	26,2	84,5	44,0	—
Nach Lewe	13,1	14,3	16,2	20,2	34,0	22,0	39,7
Nach Marcus	15,2	19,6	15,3	27,6	54,0	23,0	41,3

Auf Grund des Vergleichs der Meßwerte mit den aus beiden Berechnungsmethoden sich ergebenden Momente wurden folgende Näherungswerte gewählt:

für das Moment über der Stützenachse: $M_{St} = -\frac{ql^2}{16}$,

in Gurtmitte: $M_G = \frac{gl^2}{25} + \frac{pl^2}{18}$

und in Feldmitte: $M_F = \frac{gl^2}{32} + \frac{pl^2}{25}$.

Die daraus berechneten ungünstigen Spannungen im Beton und im Eisen blieben unterhalb der mit Hilfe der Messungen bestimmten. Sie bieten sonach die notwendige Sicherheit.

Wenn auch Messungen dieser Art aus naheliegenden Gründen nicht bis zum Bruchstadium möglich sind, so führen sie doch zu brauchbaren Näherungsberechnungen. (Anwendungsbeispiele s. Bd. II „Vorlesungen . . .“ des Verf.)

VII. Berechnung der Normalspannungen und Schubspannungen in Eisenbetonquerschnitten.

Wir haben im vorigen Kapitel gesehen, daß die der allgemeinen Biegungstheorie zugrunde gelegten Voraussetzungen für Eisenbeton in mancher Hinsicht Änderungen erfahren. In erster Linie handelt es sich um die Annahme der Spannungsverteilung über den Querschnitt und die Lage der Nullinie mit zunehmender Belastung. Allein aus diesem Grunde müssen die Spannungen im Beton und im Eisen von den wirklich auftretenden Spannungen mehr oder minder abweichen.

Die Berechnungen sollen für zwei verschiedene Belastungsstadien durchgeführt werden:

a) für Belastungen, welche keine Risse im Beton hervorrufen;

b) für Belastungen, welche unschädliche Risse an der Zugseite hervorrufen, bei welchen die Druckspannungen im Beton und die Zugspannungen im Eisen in der Nähe der als zulässig angenommenen Spannungen liegen.

Mithin liegt das unter b) angenommene Belastungsstadium zwischen dem Stadium der ersten Risse und dem Bruchstadium.

1. Berechnung der Normalspannungen σ_{bd}, σ_{bz} und σ_e bei rechteckigen Querschnitten.

Allgemeiner Fall:

Der Zug- und Druckgurt seien durch Eiseneinlagen verstärkt (Abbildung 153a und b).

Wir bezeichnen:

E_{bd} Druck-, E_{bz} Zug- } Elastizitätsmodul des Betons,

E_e = Elastizitätsmodul der Eiseneinlagen.

Wir setzen für: $\frac{E_{bz}}{E_{bd}} = n'$; $\frac{E_e}{E_{bd}} = n$.

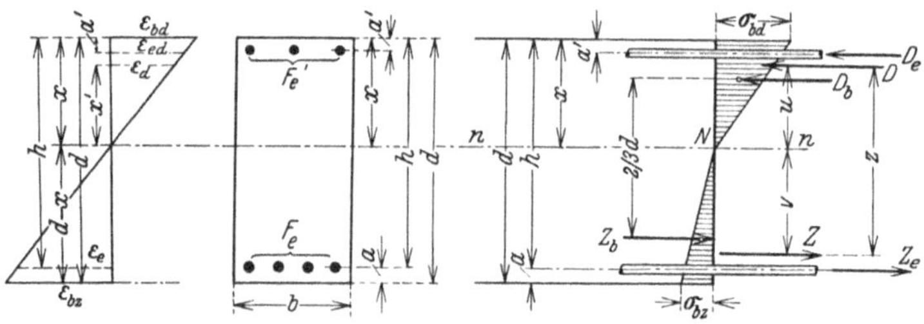

a Abb. 153. b

Nach der Gleichgewichtsbedingung, daß das Moment der äußeren Kräfte gleich ist dem der inneren Kräfte, ergibt sich:

$$M = D \cdot z = Z \cdot z; \tag{1}$$

ferner ist die algebraische Summe der horizontalen Kräfte gleich Null.

$$Z = D. \tag{2}$$

Da wir voraussetzen, daß die Querschnitte eben bleiben, ergibt sich für die Längenänderungen an einer Stelle des Querschnittes nach Abb. 153a

$$\varepsilon_d = \frac{\varepsilon_{bd}}{x} x'. \tag{3}$$

Bei geradliniger Spannungsverteilung gilt die Gleichung

$$\varepsilon = \frac{\sigma}{E}. \tag{4a}$$

Mithin ist auch

$$\frac{\sigma}{E} = \frac{\sigma_{bd}\, x'}{E_{bd}\, x}. \tag{4}$$

Unter der Annahme, daß die Druckeisen die Längenänderungen des Betons mitmachen, erhält man: $\varepsilon_{ed} = \varepsilon_d$

oder

$$\frac{\sigma_{ed}}{E_e} = \frac{\sigma_{bd}}{E_{bd}} \cdot \frac{x - a'}{x},$$

$$\sigma_{ed} = \frac{E_e}{E_{bd}} \sigma_{bd} \frac{x - a'}{x} = n\, \sigma_{bd} \frac{x - a'}{x}. \tag{5}$$

In der Achse der Zugeisen muß wegen des angenommenen Ebenbleibens der Querschnitte

$$\sigma_{ez} = \frac{E_e}{E_{bd}} \cdot \sigma_{bd} \frac{d - a - x}{x} = n \cdot \sigma_{bd} \frac{h - x}{x}. \tag{6}$$

An der Unterfläche des Querschnittes wird ähnlich

$$\sigma_{bz} = \frac{E_{bz}}{E_{bd}} \cdot \sigma_{bd} \cdot \frac{d - x}{x} = n' \cdot \sigma_{bd} \frac{d - x}{x}. \tag{7}$$

Im folgenden wollen wir vernachlässigen, daß der Betonquerschnitt um den Querschnitt der Eiseneinlagen zu vermindern ist. Wollte man das berücksichtigen, so wäre zu setzen:

$$D_e = (n - 1) F'_e \cdot \sigma_{ed} \quad \text{und} \quad Z_e = (n - 1) F_e \sigma_{ez}.$$

Aus den Momentengleichungen, bezogen auf $n - n$, erhalten wir:

$$D \cdot u = D_e \cdot (x - a') + D_b \cdot \tfrac{2}{3} x.$$

Da $\quad D_e = F'_e \sigma_{ed} \quad$ und $\quad D_b = \sigma_{bd} \cdot \frac{x}{2} \cdot b\;$ ist,

ist:

$$D u = F'_e \sigma_{ed}(x - a') + \sigma_{bd} \cdot \frac{x}{2} b \frac{2x}{3} = F'_e \sigma_{ed}(x - a') + \sigma_{bd} \frac{b x^2}{3}. \tag{8}$$

Entsprechend wird, wenn v = Abstand der Zugmittelkraft Z von $n - n$,

$$\left.\begin{aligned} Z v &= F_e \sigma_{ez}(d - x - a) + \sigma_{bz} \frac{b(d - x)}{2} \frac{2(d - x)}{3} \\ &= F_e \sigma_{ez}(d - x - a) + \sigma_{bz} \frac{b(d - x)^2}{3}. \end{aligned}\right\} \tag{9}$$

Hierbei ist: $Z = Z_e + Z_b$, $Z_e = \sigma_{ez} F_e$ und $Z_b = \sigma_{bz} b \frac{d - x}{2}$.

Durch Addition der beiden Gleichungen (8) und (9) erhält man:

$$D u + Z v = F'_e \sigma_{ed}(x - a') + \sigma_{bd} \frac{b x^2}{3} + F_e \sigma_{ez}(h - x) + \sigma_{bz} b \frac{(d - x)^2}{3}. \tag{10}$$

Nach Gleichung (2) ist $Z = D$.

Die linke Seite dieses Ausdruckes wird, da $u + v = z$,

$$Du + Zv = D(u + v) = Dz = M.$$

Wenn wir in die Gleichung (10) die Werte aus (5), (6) und (7) einsetzen, erhalten wir:

$$M = F_e' n \sigma_{bd} \frac{x - a'}{x}(x - a') + \sigma_{bd} \frac{b x^2}{3} + F_e n \sigma_{bd} \frac{(h - x)^2}{x} + \sigma_{bd} \frac{n'}{x} \frac{(d - x)^3}{3} b; \quad (11)$$

$$M = \sigma_{bd} \left(\frac{n F_e'(x - a')^2}{x} + \frac{b x^2}{3} + n F_e \frac{(h - x)^2}{x} + n' \frac{(d - x)^3}{3x} b \right). \quad (11\text{a})$$

Ohne Berücksichtigung des Betonzugteiles wird $n' = 0$, und die Gleichung (11a) geht über in:

$$M = \sigma_{bd} \left[\frac{b x^2}{3} + \frac{n F_e'(x - a')^2}{x} + n F_e \frac{(h - x)^2}{x} \right]. \quad (11\text{b})$$

Ohne Druckbewehrung wird, da $F_e' = 0$ (Abb. 154),

$$M = \sigma_{bd} \left(\frac{b x^2}{3} + n F_e \frac{(h - x)^2}{x} + \frac{n'(d - x)^3}{3x} b \right). \quad (11\text{c})$$

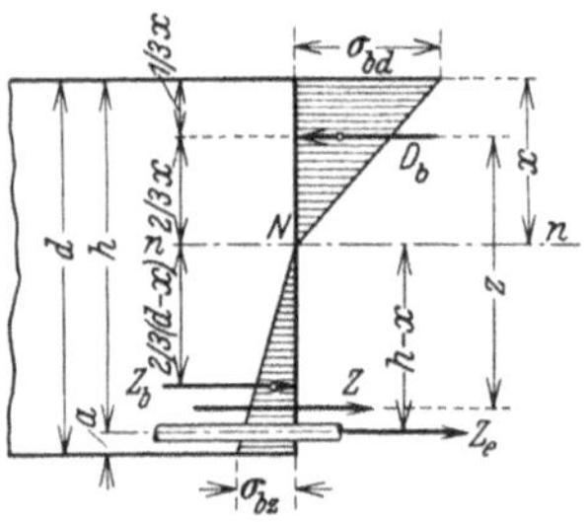

Abb. 154.

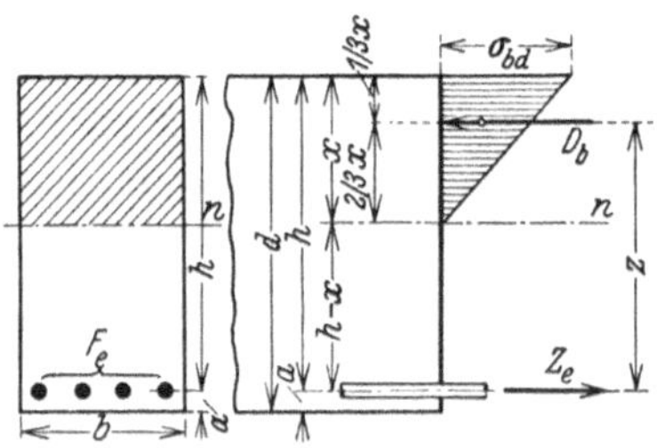

Abb. 155.

Ohne Berücksichtigung des Betonzugteiles und ohne Druckeisen (Abb. 155) wird

$$n' = 0 \quad \text{und} \quad F_e' = 0,$$

$$M = \sigma_{bd} \left(\frac{b x^2}{3} + n F_e \frac{(h - x)^2}{x} \right). \quad (11\text{d})$$

Ferner ist:

$$Z = Z_e + Z_b = F_e \sigma_{ez} + \sigma_{bz} \frac{(d - x)}{2} b,$$

$$D = D_e + D_b = F_e' \sigma_{ed} + \sigma_{bd} \frac{b x}{2}.$$

Setzt man $Z = D$ und führt man die Spannungen für die Gleichungen (5), (6), (7) ein, so erhält man:

$$n F_e \sigma_{bd} \frac{h - x}{x} + n' \sigma_{bd} \frac{(d - x)}{x} \frac{(d - x)}{2} b + n F_e' \sigma_{bd} \frac{x - a'}{x} + \sigma_{bd} \frac{x}{2} b. \quad (12)$$

Aus dieser Gleichung fällt σ_{bd} heraus, und x kann errechnet werden.

Nimmt man alle Querschnittsabmessungen als gegeben an, so kann man dann σ_{bd} berechnen. Oder nimmt man σ_{bd} an und das Verhältnis von F_e zu F'_e, so kann man F_e errechnen, wenn man die äußeren Abmessungen des Trägers als gegeben voraussetzt.

Schließlich kann man auch σ_{bd}, F_e, F'_e und d oder b als gegeben annehmen und die anderen Größen errechnen.

Wir nehmen alle Querschnittsabmessungen als gegeben an und berechnen zunächst x. Dazu formen wir die Gleichung (12) um und erhalten:

$$\emptyset = nF_e(d - a - x) + \frac{n'b}{2}(d^2 - 2dx + x^2) - nF'_e(x - a') - \frac{bx^2}{2};$$

$$\left.\begin{aligned} \emptyset = nF_e(d-a) + \frac{n'bd^2}{2} + nF'_e a' \\ - x(nF_e + n'bd + nF'_e) + x^2\left(\frac{b}{2}(n'-1)\right). \end{aligned}\right\} \quad (12\text{a})$$

Somit wird:

$$x^2 - \frac{2x}{(n'-1)b}(nF_e + n'bd + nF'_e) - \left[nF'_e a' + \frac{n'bd^2}{2} + nF_e h\right]\frac{2}{b(n'-1)} = \emptyset.$$

Aus dieser quadratischen Gleichung erhalten wir x. Wir sehen also, daß bei der Annahme des Ebenbleibens der Querschnitte die Nullinie von den Spannungen unabhängig wird.

Die Lösung der quadratischen Gleichung von der Form:

$$x^2 + ax + b = 0$$

ist

$$x = -\frac{a}{2} \pm \sqrt{\frac{a^2}{4} - b}.$$

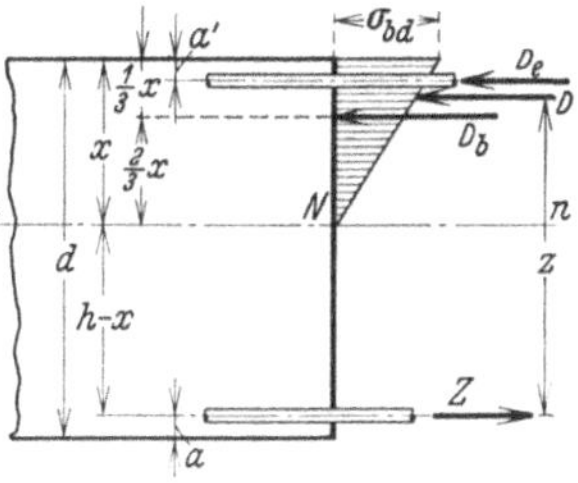

Abb. 156.

In unserem Falle wird also:

$$x = +\frac{nF_e + n'bd + nF'_e}{b(n'-1)} -$$

$$-\sqrt{\frac{(nF_e + n'bd + nF'_e)^2}{b^2(n-1)^2} - \left(nF'_e a' + \frac{n'bd^2}{2} + nF_e h\right)\frac{2}{b(n'-1)}};$$

$$x = \frac{(nF_e + n'bd + nF'_e)}{b(n'-1)}\left(+1 - \sqrt{1 - \frac{[2nF'_e a' + n'bd^2 + 2nF_e h](n'-1)b}{(nF_e + n'bd + nF'_e)^2}}\right). \quad (13)$$

Wird auf die Mitwirkung des Betonzugquerschnittes verzichtet, so wird $n' = 0$ (Abb. 156). Wir erhalten:

$$x = -\frac{n}{b}(F_e + F'_e)\left(+1 - \sqrt{1 + \frac{b[F'_e a' + F_e h]2}{n(F_e + F'_e)^2}}\right). \quad (14)$$

Wird $F'_e = F_e$ und $a' = a$, so ist:

$$x = \frac{2nF_e}{b}\left(-1 + \sqrt{1 + \frac{bd}{2nF_e}}\right). \quad (15)$$

Wird die Druckbewehrung fortgelassen, so wird $F'_e = 0$ und

$$x = \frac{n F_e}{b}\left(-1 + \sqrt{1 + \frac{2 b h}{n F_e}}\right). \tag{16}$$

Ohne Druckbewehrung mit Berücksichtigung der Betonzugspannungen wird $F'_e = 0$ und $a' = 0$

$$x = \frac{n F_e + n' b d}{b(n'-1)}\left(+1 - \sqrt{1 - \frac{[n' b^2 d^2 + 2 n b F_e h](n'-1)}{(n F_e + n' b d)^2}}\right). \tag{17}$$

Wird $E_{bd} = E_{bz}$ und $F_e = F'_e = 0$ gesetzt, so wird $n' = 1$ und $n' - 1 = 0$.

Aus der Gleichung (12a) erhalten wir dann:

$$\frac{b h^2}{2} - x b h = 0.$$

$x = \frac{h}{2}$, wie es für einen homogenen Querschnitt der Fall sein muß.

Nachdem x aus einer der Gleichungen (13) bis (17) errechnet wird, kann es in (11a) bis (11d) eingesetzt werden.

Der Übersichtlichkeit wegen wollen wir die einzelnen möglichen Fälle noch einmal zusammenstellen:

1. Fall. Bei doppelseitiger Bewehrung mit Berücksichtigung des Betonzugteiles gelten folgende Gleichungen:

$$x = \frac{(n F_e + n' b d + n F'_e)}{b(n'-1)}\left(+1 - \sqrt{1 - \frac{b[2 n F'_e a' + n' b d^2 + 2 n F_e h](n'-1)}{(n F_e + n' b d + n F'_e)^2}}\right), \tag{13}$$

$$\sigma_{bd} = \frac{M}{n F'_e \frac{(x-a')^2}{x} + \frac{b x^2}{3} + \frac{n'(d-x)^3 b}{3x} + \frac{n F_e (h-x)^2}{x}}, \tag{11a}$$

$$\sigma_{bz} = n' \sigma_{bd} \frac{d-x}{x}, \quad (7) \qquad \sigma_{ez} = n \sigma_{bd} \frac{h-x}{x}, \tag{6}$$

$$\sigma_{ed} = n \sigma_{bd} \frac{x-a'}{x}. \tag{5}$$

2. Fall. Berücksichtigung des Betonzugteils ohne Druckbewehrung. $F'_e = 0$ wird in die obenstehenden Gleichungen eingesetzt.

3. Fall. Mit Druckeisen ohne Berücksichtigung des Betonzugteils: $n' = 0$

$$x = \frac{n(F_e + F'_e)}{b}\left(-1 + \sqrt{1 + \frac{2b[F'_e a' + F_e h]}{n(F_e + F'_e)^2}}\right). \tag{14}$$

4. Fall. Ohne Druckeisen und ohne Berücksichtigung des Betonzugteils: $F'_e = 0$ und $n' = 0$

$$x = \frac{nF_e}{b}\left(-1 + \sqrt{1 + \frac{2bh}{nF_e}}\right), \tag{16}$$

$$\sigma_{bd} = \frac{Mx}{nF_e(h-x)^2 + \frac{bx^3}{3}}. \tag{11d}$$

Für den letzten Spezialfall läßt sich eine Vereinfachung für σ_{bd} und σ_e ableiten.

Die Momentengleichungen für den Druck- und Zugmittelpunkt (Abb. 155) sind:

$$\sigma_e F_e\left(h - \frac{x}{3}\right) = M, \qquad \sigma_e = \frac{M}{F_e\left(h - \frac{x}{3}\right)}; \tag{16a}$$

$$\sigma_{bd}\frac{xb}{2}\left(h - \frac{x}{3}\right) = M, \qquad \sigma_{bd} = \frac{2M}{xb\left(h - \frac{x}{3}\right)}. \tag{11e}$$

Hiermit lassen sich alle im Querschnitt auftretenden Spannungen berechnen, wenn die Abmessungen des Querschnittes gegeben sind.

Für die Prüfung der im Querschnitt auftretenden Spannungen lautet die Gleichung für x, wenn man $\varphi = \frac{F_e}{bd}$ setzt:

$$x = \frac{n}{b}\cdot\varphi\cdot bd\left[\sqrt{1 + \frac{2bd}{n\varphi bd}} - 1\right] = nd\varphi\left[\sqrt{1 + \frac{2}{n\varphi}} - 1\right],$$

$$x = \underbrace{n\varphi\left[\sqrt{1 + \frac{2}{n\varphi}} - 1\right]}_{R} d = Rd, \qquad [16a]$$

$$\left.\begin{aligned} \sigma_{bd} &= \frac{2M}{bRd\left(d - \frac{R}{3}d\right)} = \frac{6}{R(3-R)}\cdot\frac{M}{bd^2} \\ \text{und}\quad \sigma_e &= \frac{3}{(3-R)\varphi}\cdot\frac{M}{bd^2} = \frac{R}{2\varphi}\sigma_{bd}. \end{aligned}\right\} \qquad [11d]$$

Diese drei Gleichungen kommen in Anwendung bei gegebenem M, d, b und F_e, wenn man die auftretenden größten Spannungen im Beton und Eisen bestimmen will. Die Beigrößen R können aus Tafeln entnommen werden.

Will man aus den zulässigen Spannungen im Querschnitte die Werte h und F_e berechnen, so bestimmt man aus Gleichung (6):

$$\frac{\sigma_{bd}}{x} = \frac{\sigma_e}{n(h-x)}, \qquad \sigma_{bd}nh - \sigma_{bd}xn - \sigma_e x = 0, \qquad x = \frac{n\sigma_{bd}h}{n\sigma_{bd} + \sigma_e}.$$

x in die Gleichungen (5b) und (11e) eingesetzt, gibt:

$$\sigma_e = \frac{M}{F_e\left(h - \frac{x}{3}\right)} \quad \text{und} \quad \sigma_{bd} = \frac{2M}{x b\left(h - \frac{x}{3}\right)}$$

und erhält:

$$\sigma_e F_e h - \sigma_e F_e \frac{n\sigma_{bd} h}{3(n\sigma_{bd} + \sigma_e)} = M,$$

daraus

$$\frac{n h \sigma_{bd}^2}{n\sigma_{bd} + \sigma_e} b h - \sigma_{bd}^2 \frac{n h}{n\sigma_{bd} + \sigma_e} \cdot b \cdot \frac{n\sigma_{bd} h}{3(n\sigma_{bd} + \sigma_e)} = 2M.$$

Hieraus wird:

$$h^2 = \frac{2M}{\frac{\sigma_{bd}^2 n b}{n\sigma_{bd} + \sigma_e} - \frac{\sigma_{bd}^3 n^2 b}{3(n\sigma_{bd} + \sigma_e)^2}},$$

$$h^2 = \frac{2M}{\frac{\sigma_{bd}^2}{(n\sigma_{bd} + \sigma_e)^2} n b (n\sigma_{bd} + \sigma_e) - \frac{\sigma_{bd}^3 n^2 b}{3(n\sigma_{bd} + \sigma_e)^2}},$$

$$h = \frac{n\sigma_{bd} + \sigma_e}{\sigma_{bd}} \sqrt{\frac{6M}{n b(3n\sigma_{bd} + 3\sigma_e - n\sigma_{bd})}},$$

$$h = \frac{n\sigma_{bd} + \sigma_e}{\sigma_{bd}} \sqrt{\frac{6M}{n b(3\sigma_e + 2n\sigma_{bd})}}$$

und

$$F_e = \frac{M}{\sigma_e h - \frac{\sigma_e n \sigma_{bd} h}{3(n\sigma_{bd} + \sigma_e)}},$$

$$F_e = \frac{3M(n\sigma_{bd} + \sigma_e)}{3\sigma_e n\sigma_{bd} h + 3\sigma_e^2 h - \sigma_e \sigma_{bd} n h}, \qquad F_e = \frac{3M(n\sigma_{bd} + \sigma_e)}{\sigma_e(3\sigma_e h + 2n\sigma_{bd} h)}.$$

Für die Dimensionierung des Querschnittes bei gegebenem M, σ_{bd} und σ_e schreibt man h in der Form:

$$h = \underbrace{\left[\frac{n \cdot \sigma_{bd} + \sigma_e}{\sigma_{bd}} \sqrt{\frac{6}{n(3\sigma_e + 2n\sigma_{bd})}}\right]}_{r} \sqrt{\frac{M}{b}} = r\sqrt{\frac{M}{b}}. \tag{16b}$$

Da $\sigma_e = n\sigma_{bd}\frac{(h-x)}{x}$ und $x\sigma_e = n\sigma_{bd} h - n\sigma_{bd} x$,

$$x = \underbrace{\frac{n\sigma_{bd}}{\sigma_e + n\sigma_{bd}}}_{s} h = s h.$$

Sonach wird

$$F_e = \frac{M}{\sigma_e h\left(1 - \frac{s}{3}\right)} = \frac{M}{\sigma_e r\sqrt{\frac{M}{b}}\left(1 - \frac{s}{3}\right)} = \underbrace{\frac{1}{\sigma_e r\left(1 - \frac{s}{3}\right)}}_{t} \sqrt{M b},$$

$$F_e = t\sqrt{M b}, \tag{16c}$$

$$\frac{F_e}{h} = b\frac{t}{r}.$$

Die Koeffizienten r, s, t sind lediglich Funktionen von σ_{bd}, σ_e und n und sind in beistehender Zusammenstellung berechnet.

Zusammenstellung der Koeffizienten r, s und t für verschiedene σ_e und σ_{bd} für $n = 10$.

(Die Klammerwerte gelten für $n = 15$.)

	$\sigma_e = 1200$		
σ_{bd}	r	s	t
60	0,336 (0,301)	0,333 (0,429)	0,002790 (0,00323)
55	0,360 (0,321)	0,314 (0,407)	0,002587 (0,00300)
50	0,388 (0,345)	0,294 (0,385)	0,002380 (0,00277)
45	0,422 (0,375)	0,272 (0,360)	0,002158 (0,00253)
40	0,468 (0,411)	0,250 (0,333)	0,001950 (0,00228)
35	0,523 (0,457)	0,226 (0,304)	0,001722 (0,00203)
30	0,595 (0,519)	0,200 (0,273)	0,001487 (0,00177)
25	0,702 (0,604)	0,172 (0,238)	0,001260 (0,00150)
20	0,854 (0,732)	0,143 (0,200)	0,001016 (0,00122)

Sind die zulässigen Spannungen und h gegeben, so ist:

$$M = \sigma_e F_e \left(h - \frac{x}{3}\right).$$

Nimmt man für die überschlägige Bestimmung von F_e $x = \frac{h}{2}$, so wird aus Gleichung (16a): $M = \sigma_e F_e \frac{5h}{6}$, der Abstand a wird angenommen, sonach ist $h = d - a$ gegeben, und

$$F_e = \frac{6M}{5h\sigma_e}.$$

Diese Gleichung kann bei einer gegebenen Höhe zur Bestimmung des Gesamtquerschnittes der Eiseneinlagen F_e dienen.

Ein anderer Weg zur Berechnung der Spannungen im Querschnitt ist folgender:

Unter der Voraussetzung, daß die Querschnitte eben bleiben, ist nach den Gleichungen (5), (6) und (7):

$$\sigma_{ed} = n\,\sigma_{bd}\frac{x - a'}{x}, \qquad \sigma_{ez} = n\,\sigma_{bd}\frac{h - x}{x}, \qquad \sigma_{bz} = n'\,\sigma_{bd}\frac{d - x}{x}.$$

Anstatt wie oben mit dem einfachen Eisen- und Betonzugquerschnitt zu rechnen, ersetzt man das Eisen durch den n-fachen und den Betonzugteil durch den n'-fachen Querschnitt. Wir erhalten dadurch einen ideellen homogenen Querschnitt. Für diesen homogenen gedachten Querschnitt kann man ebenso vorgehen wie bei jedem homogenen Querschnitt. Dieser Weg empfiehlt sich für weniger einfache Querschnitte.

Für die Bestimmung der Nullinie haben wir die Bedingung, daß sie durch den Schwerpunkt des Querschnittes gehen muß. Es wird das statische Moment des Druckgurtes gleich sein dem statischen Moment des Zugquerschnittes (s. Abb. 153a und b).

$$\frac{b\,x\,x}{2} + n\,F'_e(x - a') = n'\,\frac{(d - x)^2}{2}\,b + n\,F_e(h - x)\,.$$

Hieraus entsteht:

$$\frac{b\,x^2 - n'\,b\,x^2}{2} + n\,F'_e\,x + d\,b\,n'\,x + n\,F_e\,x - n\,F'_e\,a' - n\,F_e(d - a) - \frac{n'\,b\,d^2}{2} = \emptyset\,.$$

Dieselbe Form hat Gleichung (12a), so daß die Gleichungen für x unverändert bleiben.

Das Trägheitsmoment des Querschnittes wird in bezug auf die Nulllinie $n - n$

$$J_n = \frac{b\,x^3}{3} + \frac{n'\,b\,(d - x)^3}{3} + n\,F'_e(x - a')^2 + n\,F_e(h - x)^2\,. \tag{18}$$

Wir können auch x auf die Weise erhalten, daß wir das statische Moment des ganzen Querschnittes in bezug auf die obere Kante dem statischen Moment der Teile gleichsetzen. Wir erhalten:

$$x[n(F'_e + F_e) + x\,b + n'(d - x)\,b] = \frac{b\,x^2}{2} + n'\,b(d - x)\,\frac{h - x}{2} + n\,F'_e\,a' + n\,F_e\,h.$$

Hieraus erhalten wir:

$$\frac{x^2\,b}{2} - \frac{x^2\,n'\,b}{2} + x\,n\,(F'_e + F_e) + n'\,x\,b\,d - \frac{n'\,b\,d^2}{2} - n\,F'_e\,a' - n\,F_e\,h = \emptyset\,.$$

Das ist dieselbe Gleichung wie (12a). Bezeichnet man den gedachten homogenen Querschnitt mit F_i und das statische Moment in bezug auf die obere Kante mit S, dann erhält man die Gleichung in der folgenden Form:

$$x\,F_i = S \qquad \text{und} \qquad x = \frac{S}{F_i}\,.$$

Das Trägheitsmoment in bezug auf die obere Achse J_1 ist:

$$J_1 = n\,[F'_e\,a'^2 + F_e\,(d - a)^2] + \frac{b\,x^3}{3} + n'\,b\,\frac{d^3 - x^3}{3}\,.$$

Das Trägheitsmoment für die Nullinie wird:

$$J_n = J_1 - F_i\,x^2 = J_1 - S\,x\,.$$

Die Werte für J_1 und S_i eingesetzt, gibt

$$J_n = n\,F'_e\,a'^2 + n\,F_e\,h^2 + \frac{b\,x^3}{3} + \frac{n'\,b\,d^3}{3} - \frac{n'\,b\,x^3}{3}$$
$$- \frac{b\,x^3}{2} - \frac{n'\,b}{2}\,(d^2 - x^2)\,x - n\,F'_e\,a'\,x - n\,F_e\,h\,x\,.$$

Für die Spannung an irgendeiner Stelle, welche x' von der Nulllinie entfernt ist, gilt dann:

$$\sigma = \frac{M x'}{J_n}. \tag{19}$$

Um die Spannung im Eisen oder im Betonzugteil zu erhalten, sind diese Spannungen mit n oder n' zu multiplizieren.

Bei Verstärkung des Druckteils durch eine Umschnürung nehmen wir an, daß die Wirkung der Umschnürung dahin gehe, die Druckspannung über die ganze Druckzone gleichmäßig zu verteilen, und umschnüren daher den ganzen Betondruckteil (Abb. 157).

Da die Umschnürung erst bei sehr hohen Spannungen im Beton zur Wirkung kommt, wird der Zugquerschnitt des Betons nicht mehr mitwirken, und es gilt eine Spannungsverteilung nach Abb. 157.

Es ist

$$M = D_b\left(h - \frac{x}{3}\right) = \frac{\sigma_{bd}\, x\, b}{2}\left(h - \frac{x}{3}\right).$$

Da

$$D_m = F_{is}\,\sigma_m = D_b \quad \text{wird} \quad M = D_m\left(h - \frac{x}{2}\right) = F_{is}\,\sigma_m\left(h - \frac{x}{2}\right). \tag{20}$$

F_{is} ist der ideelle umschnürte Querschnitt, $F_{is} = F_k + n\left(\sum f_e' + 2 f_e\right)$.

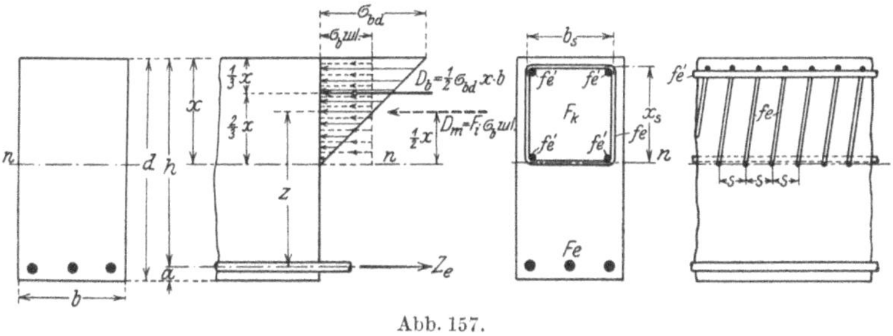

Abb. 157.

Der Durchschnittswert σ_m darf die zulässige Druckspannung im Beton σ_{bd} nicht überschreiten.

Mithin wird:

$$F_{is} = \frac{M}{\left(h - \frac{x}{2}\right)\sigma_{\text{zul.}}}.$$

Für die Annahme der Abmessungen der Umschnürungen gilt dasselbe, was auf S. 210 gesagt wurde.

Die Berechnung erfolgt nach den vorher abgeleiteten Gleichungen (16) und (11d). Ergibt sich für σ_{bd} ein größerer Wert als zulässig, so ist die Annahme einer Umschnürung gerechtfertigt.

Mit Rücksicht auf die Unsicherheit einer einwandfreien Ausführung wird neuerdings empfohlen, von der Verstärkung der Druckzone durch eine Umschnürung abzusehen, es sei denn, daß es sich um einen Auflagerquerschnitt eines durchlaufenden Trägers handelt.

2. Normalspannungen im ⊤-Balken.

Wir gehen wieder von dem allgemeinsten Fall aus. Berücksichtigung der Zugspannungen im Beton; Zug- und Druckgurt seien mit Eiseneinlagen verstärkt.

1. Fall: Die Nullinie fällt in die Platte; $x < d$ (Abb. 158).

Wir denken uns einen ideellen homogenen Querschnitt und erhalten wie vorher:

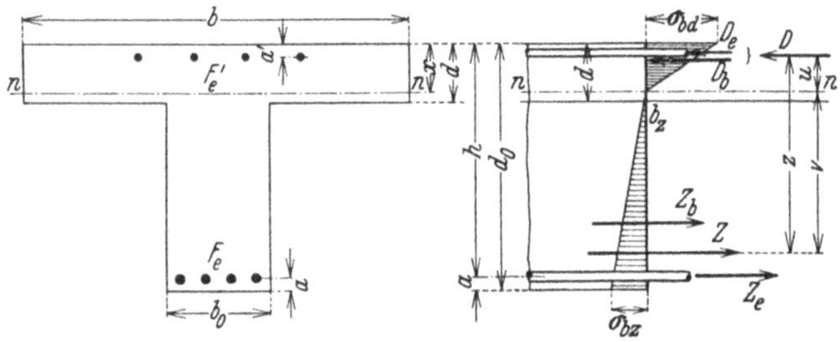

Abb. 158.

$$F_i = b\,x + n'b\,(d - x) + n'b\,(d_0 - d) + n\,(F_e' + F_e),$$

$$S = b\,\frac{x\,x}{2} + \frac{n'b}{2}\,(d - x)\,(d + x) + \frac{n'b}{2}\,(d_0 - d)\,(d_0 + d) + nF_e'a' + nF_e h,$$

$$x = \frac{S}{F_i}.$$

Setzt man F_i und S in die Gleichung $F_i x = S$ ein, so erhält man:

$$b\,x^2 + n'b\,d\,x - n'b\,x^2 + n'b_0(d_0 - d)\,x + n\,x\,(F_e + F_e') +$$

$$= \frac{b\,x^2}{2} + \frac{n'b\,d^2}{2} - \frac{n'b\,x^2}{2} + \frac{n'b_0\,d_0^2}{2} - \frac{n'b\,d^2}{2} + n\,F_e'\,a' + n\,F_e\,h$$

$$\frac{x^2 b}{2}\,(n' - 1) - x\,[n'b\,d + n'b\,(d_0 - d) + n\,(F_e' + F_e)] +$$

$$+ \frac{n'}{2}\,[b\,d^2 + b_0\,d_0^2 - b_0\,d^2] + n\,F_e'\,a' + n\,F_e(d - a) = 0\,.$$

Hieraus erhält man:

$$x = + \frac{n'b\,d + n'b_0(d_0 - d) + n\,(F_e' + F_e)}{b\,(n' - 1)} \pm$$

$$\pm \sqrt{\frac{[n'b\,d + n'b_0\,(d_0 - d) + n\,(F_e' + F_e)]^2}{b^2\,(n' - 1)^2} - \frac{[n'(b\,d^2 + b_0\,d^2 - b_0\,d^2) + 2\,n\,F_e'a' + 2\,n\,F_e h]}{b\,(n' - 1)}},$$

$$\left.\begin{aligned} x &= \frac{n'b\,d + n'b_0(d_0 - d) + n\,(F_e' + F_e)}{b\,(n' - 1)} \\ &\left(1 - \sqrt{1 - \frac{[2\,n\,F_e'a' + n'(b\,d^2 + b_0\,d^2 - b_0\,d^2) + 2\,n\,F_e(d_0 - a)]\,(n' - 1)\,b}{[n\,F_e + n'b\,d + n'b_0(d_0 - d) + n\,F_e']^2}}\right). \end{aligned}\right\}$$

Setzen wir $b = b_0$, $d_0 = d$, so wird

$$x = \frac{n'bd + nF'_e + nF_e}{b(n'-1)}\left(1 - \sqrt{1 - \frac{[2nF'_e a' + n'bd^2 + 2nF_e h](n'-1)b}{(nF_e + n'bd + nF'_e)^2}}\right).$$

Das ist dieselbe Gleichung für die einfache Platte.

Verzichtet man auf die Mitwirkung des Betonzugteiles (Abb. 159), so wird $n' = \theta$, und

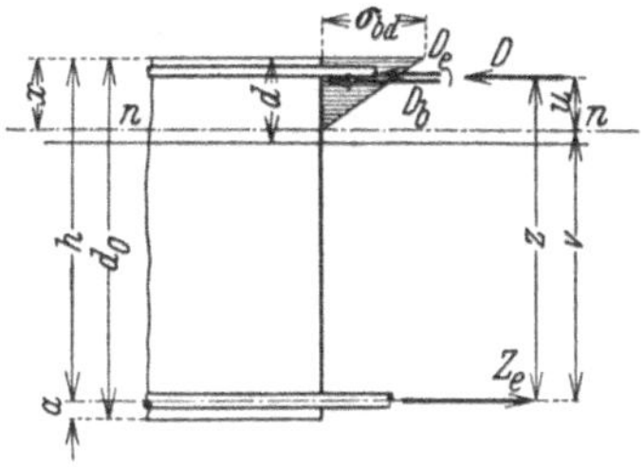

Abb. 159.

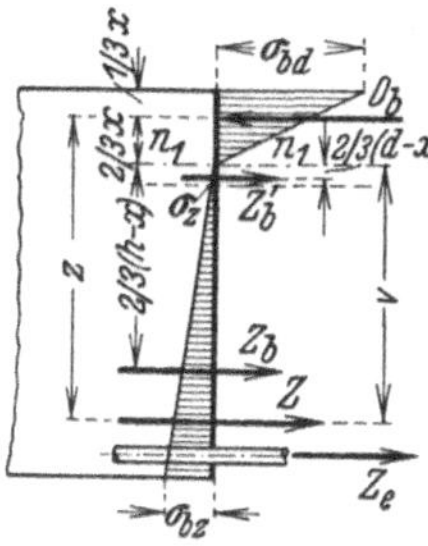

Abb. 160.

$$x = \frac{n(F'_e + F_e)}{b}\left(-1 + \sqrt{1 + \frac{[2F'_e a' + 2F_e h]b}{n(F_e + F'_e)^2}}\right),$$

ebenso wie beim rechteckigen Querschnitt.

Ist keine Druckbewehrung vorhanden (Abb. 160), so wird:

$$\left.\begin{aligned} x &= \frac{n'bd + n'b_0(d_0 - d) + nF_e}{b(n'-1)} \\ &\left(1 - \sqrt{1 - \frac{[n'(bd^2 + bd^2 - b_0 d^2) + 2nF_e h](n'-1)b}{[nF_e + n'bd + n'b(d_0 - d)]^2}}\right). \end{aligned}\right\}$$

Ist keine Druckbewehrung vorhanden und wird auf die Mitwirkung des Betonzugteiles verzichtet, so wird:

$$x = \frac{nF_e}{b}\left(-1 + \sqrt{1 + \frac{2(d_0 - a)b}{nF_e}}\right), \quad d_0 - a = h$$

wie beim rechteckigen Querschnitt [Gleichung (16)].

Bei der weiteren Berechnung gelten dieselben Gleichungen wie bei dem rechteckigen Querschnitt.

Die Druckspannungen σ_{bd} lassen sich auf kürzerem Wege berechnen, wenn man $F'_e = 0$ und nur eine Mitwirkung der Betonzugspannungen annimmt.

Der ideelle Querschnitt sei F_i, das statische Moment S, wie vorher. Es ist ferner:

$$J_1 = \frac{bx^3}{3} + n'b\left(\frac{d^3 - x^3}{3}\right) + n'b_0\frac{d_0^3 - d^3}{3} + nF_e h^2,$$

$$J_n = J_1 - Sx = J_1 - Fx^2,$$

$$\sigma_{bd} = \frac{Mx}{J_n}, \qquad \sigma_{bz} = \frac{n'M(d-x)}{J_n}, \qquad \sigma_e = \frac{nM(h-x)}{J_n}.$$

2. Fall: Die Nullinie fällt in den Steg: $x > d$ (Abb. 161).

$$F_i = bd + b_0(x - d) + n'b(d_0 - x) + n(F'_e + F_e),$$

$$S = \frac{bd^2}{2} + b_0\frac{(x-d)(x+d)}{2} + n'b_0(d - x)\frac{(d_0 + x)}{2} + nF'_e a' + nF_e h,$$

$$x = \frac{S_i}{F_i}$$

eingesetzt, gibt

$$bdx + b_0x^2 - b_0dx + n'b_0dx - n'b_0x^2 + n(F'_e + F_e)x =$$
$$= \frac{bd^2}{2} + \frac{b_0x^2}{2} - \frac{b_0d^2}{2} + \frac{n'b_0d^2}{2} - \frac{n'b_0x^2}{2} + nF'_e a' + nF_e(d - a),$$

$$\left.\begin{aligned}&\frac{x^2b_0}{2}(n' - 1) - x[bd - b_0d + n'b_0d_0 + n(F'_e + F_e)] + \\ &\quad + \left(\frac{bd^2}{2} - \frac{b_0d^2}{2} - \frac{n'b_0d^2}{2} + nF'_e a + nF_e h\right) = 0.\end{aligned}\right\}$$

Hieraus erhalten wir:

$$x = +\frac{bd - b_0d + n'b_0d_0 + n(F'_e + F_e)}{b_0(n' - 1)} -$$
$$- \sqrt{\frac{[bd - b_0d + n'b_0d_0 + n(F'_e + F_e)]^2}{b_0^2(n' - 1)^2} - \frac{2\left(\frac{bd^2}{2} - \frac{b_0d^2}{2} + \frac{n'b_0d_0^2}{2} + nF'_e a' + nF_e h\right)}{b_0(n' - 1)}}.$$

$$\left.\begin{aligned}&x = \frac{bd - b_0d + n'b_0d + n(F'_e + F_e)}{b_0(n' - 1)}\cdot \\ &\left(1 - \sqrt{1 - \frac{[bd^2 - b_0d^2 + n'b_0d_0^2 + 2nF'_e a' + 2nF_e h](n' - 1)b_0}{(nF_e + bd - b_0d + n'b_0d + nF'_e)^2}}\right).\end{aligned}\right\}$$

Setzen wir $b = b_0$, $d_0 = d$, so wird:

$$x = \frac{n'bd + n(F'_e + F_e)}{b(n' - 1)}\left(1 - \sqrt{1 - \frac{[2nF'_e a' + n'bd^2 + 2nF_e h](n' - 1)b}{(nF_e + n'bd + nF'_e)^2}}\right).$$

Diese Gleichung ist, wie zu erwarten war, dieselbe für rechteckigen Querschnitt.

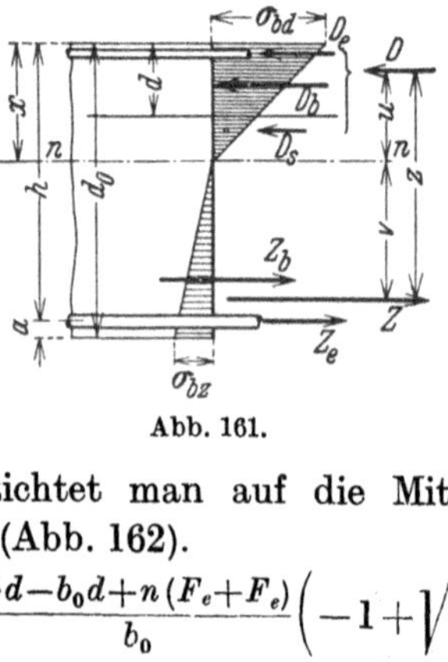

Abb. 161.

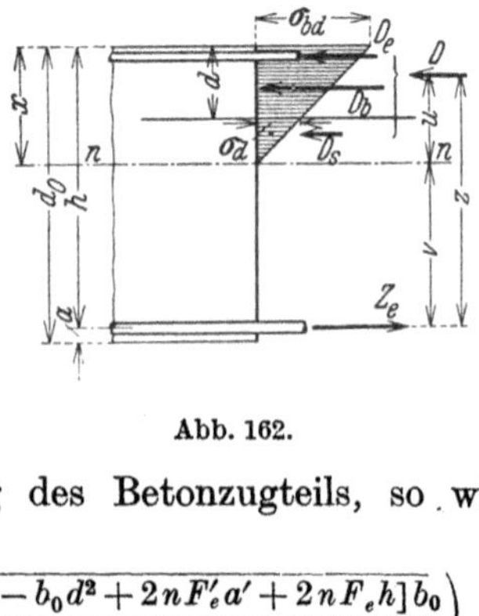

Abb. 162.

Verzichtet man auf die Mitwirkung des Betonzugteils, so wird $n' = 0$ (Abb. 162).

$$x = \frac{bd - b_0d + n(F_e + F_e)}{b_0}\left(-1 + \sqrt{1 + \frac{[bd^2 - b_0d^2 + 2nF'_e a' + 2nF_e h]b_0}{(nF_e + bd - b_0d + nF'_e)^2}}\right).$$

Ist keine Druckbewehrung vorhanden, so wird unter Berücksichtigung des Betonzugteils:

$$x=\frac{bd-b_0d+n'bd_0+nF_e}{b_0(n'-1)}\left(1-\sqrt{1-\frac{[bd^2-b_0d^2+n'b_0d^2+2nF_eh](n'-1)b_0}{(nF_e+bd-b_0d+n'b_0d)^2}}\right).$$

Verzichtet man außerdem noch auf die Mitwirkung des Betonzugteils, so wird:

$$x=\frac{bd-b_0d+nF_e}{b_0}\left(-1+\sqrt{1+\frac{[bd^2-b_0d^2+2nF_eh]b_0}{(nF_e+bd-b_0d_0)^2}}\right). \qquad (21)$$

Für $b=b_0$ wird:

$$x=\frac{nF_e}{b}\left(-1+\sqrt{1+\frac{2hb}{nF_e}}\right),$$

wie beim rechteckigen Querschnitt.

Bei Berechnung der Spannungen gehen wir wieder vom ideellen homogenen Querschnitt aus.

Es sind:

F_i die Fläche des ideellen Querschnittes,

S das statische Moment des Querschnittes in bezug auf seine Oberkante,

J_1 das Trägheitsmoment des homogenen Querschnittes in bezug auf seine Oberkante.

Dann wird das Trägheitsmoment in bezug auf die Nullinie

$$J_n = J_1 - Sx$$

und an irgendeiner Stelle

$$\sigma = \frac{Mx'}{J},$$

wo x' den Abstand dieser Stelle von der Nullinie bedeutet.

Die Berechnung von J_1 und J_n erfolgt wie vorher.

Wenn die Nullinie in den Steg fällt, empfiehlt es sich, eine weitere Vereinfachung vorzunehmen, nämlich die Vernachlässigung des Beitrags durch den gedrückten Steg.

Nimmt man eine Druckbewehrung an, so wird (Abb. 158)

$$F_i = bd + nF'_e + nF_e,$$

$$S = \frac{bd^2}{2} + nF'_e a' + nF_e h,$$

$$xF_i = S,$$

$$bdx + x(nF'_e + nF_e) = \frac{bd^2}{2} + n[F'_e a' + F_e h],$$

$$x = \frac{\frac{bd^2}{2} + n[F'_e a' + F_e h]}{bd + n[F'_e + F_e]}. \qquad (22)$$

Ist $F'_e = 0$, so wird

$$x = \frac{\frac{b d^2}{2} + n F_e h}{b d + n F_e}. \tag{23}$$

Wenn keine Druckbewehrung vorhanden ist, ergibt sich durch Zerlegen der Spannungsfläche in zwei Dreiecke:

$$D_3 = D_2 - D_1.$$

Setzt man $Z = D$, so wird, wenn $n' = 0$ und $F'_e = 0$ (s. Abb. 163),

$$\sigma_e F_e = \sigma_{bd} \frac{x b}{2} - \sigma_{bu} \frac{(x-d) b}{2}.$$

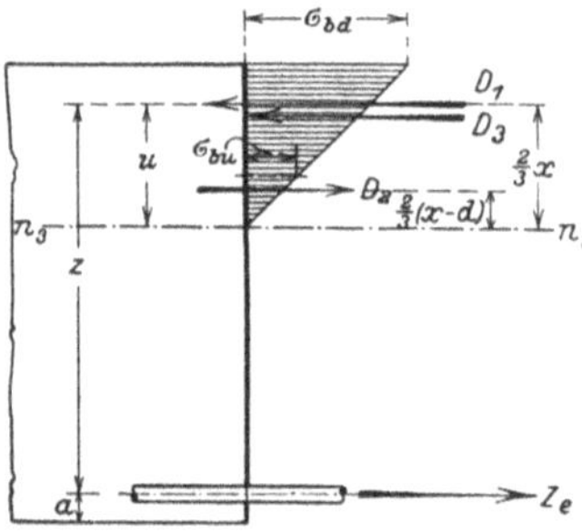

Abb. 163.

Die Spannung am unteren Plattenende

$$\sigma_{bu} = \sigma_{bd} \frac{x-d}{x}$$

und

$$n \sigma_{bd} \frac{h-x}{x} F_e = \sigma_{bd} \frac{b x}{2} - \sigma_{bd} \frac{(x-d)^2 b}{2 x}$$

und

$$n h F_e - n x F_e + \frac{b x^2}{2} - d b x + \frac{d^2 b}{2} = 0.$$

Daraus erhält man:

$$x = \frac{\frac{d^2 b}{2} + n h F_e}{d b + n F_e},$$

$$M = \sigma_{bd} \frac{b x}{2}\left(h - \frac{x}{3}\right) - \sigma_{bu} \frac{b(x-d)}{2}\left(h - d - \frac{x-d}{3}\right)$$

$$= \sigma_{bd} \frac{b x}{2}\left(h - \frac{x}{3}\right) - \sigma_{bu} \frac{b(x-d)}{2}\left(h - \frac{2}{3} d - \frac{x}{3}\right),$$

Da $\sigma_{bu} = \sigma_{bd} \frac{x-d}{x}$, wird

$$M = \sigma_{bd}\left[\frac{b x}{2}\left(h - \frac{x}{3}\right) - \frac{b(x-d)^2}{2x}\left(h - \frac{2}{3} d - \frac{x}{3}\right)\right],$$

$$\sigma_{bd} = \frac{M}{\frac{b x}{2}\left(h - \frac{x}{3}\right) - \frac{b(x-d)^2}{2x}\left(h - \frac{2}{3} d - \frac{x}{3}\right)}, \tag{24}$$

$$\sigma_e = n \sigma_{bd} \frac{h-x}{x}.$$

Zerlegt man die Druckspannungsfläche in zwei Dreiecke nach Abb. 164, so erhält man, wenn $F'_e = 0$ und $n' = 0$ angenommen wird,

$$M = \sigma_{bd} \frac{d b}{2}\left(h - \frac{d}{3}\right) + \sigma''_{bd} \frac{d b}{2}\left(h - \frac{2}{3} d\right).$$

Da die Druckspannung σ_{bd}^u in der Unterkante der Platte:

$$\sigma_{bd}^u = \sigma_{bd}\,\frac{x-d}{x}.$$

ergibt sich nach Einsetzen

$$M = \sigma_{bd}\left[\frac{db}{2}\left(h - \frac{d}{3}\right) + \frac{db}{2}\left(h - \frac{2}{3}d\right)\frac{x-d}{x}\right]$$

und

$$\sigma_{bd} = \frac{M}{\frac{db}{2}\left(h - \frac{d}{3}\right) + \frac{db}{2}\left(h - \frac{2}{3}d\right)\frac{x-d}{x}} \qquad (25)$$

und

$$\sigma_e = n\,\sigma_{bd}\,\frac{h-x}{x}$$

oder aus der Gleichung

$$M = \sigma_e F_e z,$$

$$\sigma_e = \frac{M}{F_e z}.$$

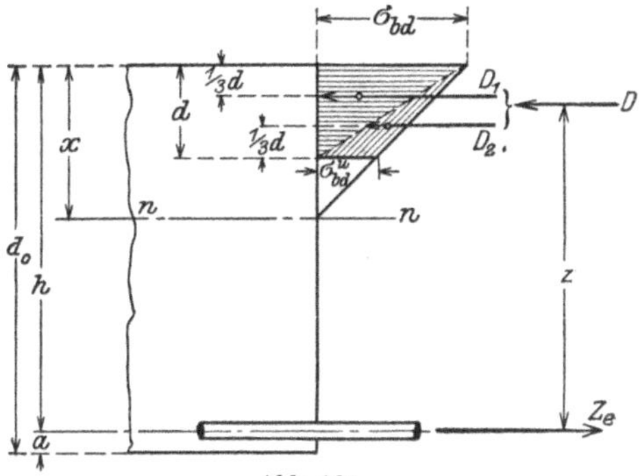

Abb. 164.

3. Fall: Die Nullinie fällt in die Unterkante der Platte: $x = d$. Die Verteilung der Spannungen und deren Mittelkräfte ergeben

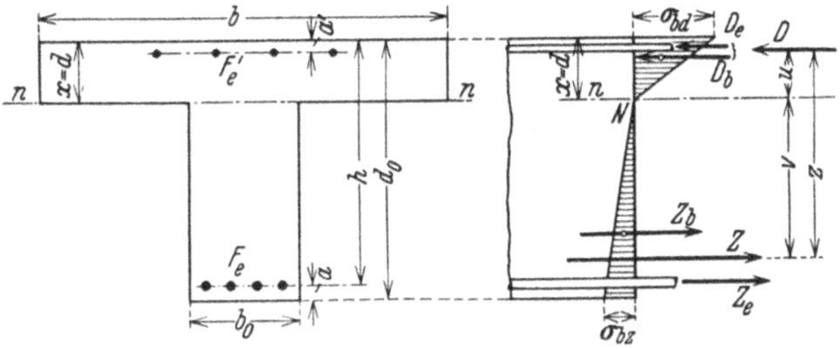

Abb. 165.

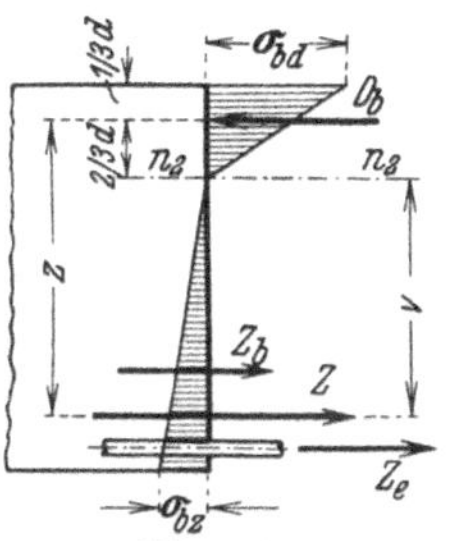

Abb. 166.

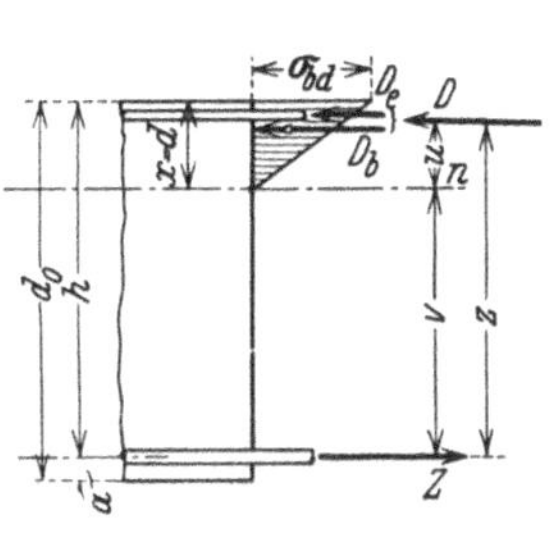

Abb. 167.

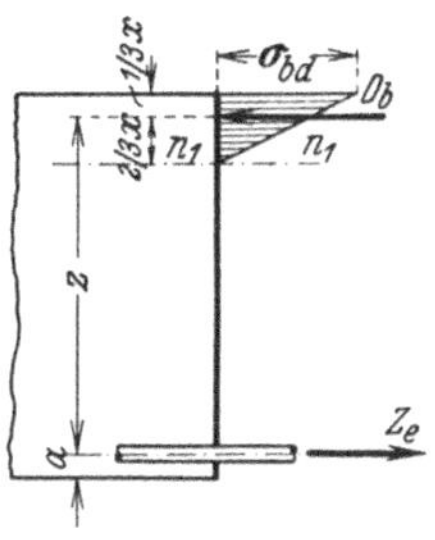

Abb. 168.

sich nach Abb. 165, ohne Druckbewehrung in Abb. 166. Die Spannungsverteilung für die gleichen Fälle ohne Berücksichtigung des auf Zug beanspruchten Betons sind in den Abb. 167 und 168 dargestellt. Für die Berechnung der Spannungen im Beton und im Eisen sind sinngemäß die bereits abgeleiteten Gleichungen anzuwenden, indem man für $x = d$ setzt.

3. Nebenspannungen.

Da Unterzüge und Platten bei Eisenbetonkonstruktionen als einheitliches Ganzes wirken, treten gewisse Nebenspannungen auf, die gewöhnlich bei der Berechnung der in den Querschnitten auftretenden Spannungen nicht berücksichtigt werden. In Abb. 169 ist an vier Stellen (mit ①, ②, ③ und ④ bezeichnet) dargestellt, welche Arten von Spannungen auftreten.

Stelle ①. Die mit p bezeichneten Spannungen treten in der zwischen den Unterzügen eingespannten Platte auf. Hier treten die Spannungen p

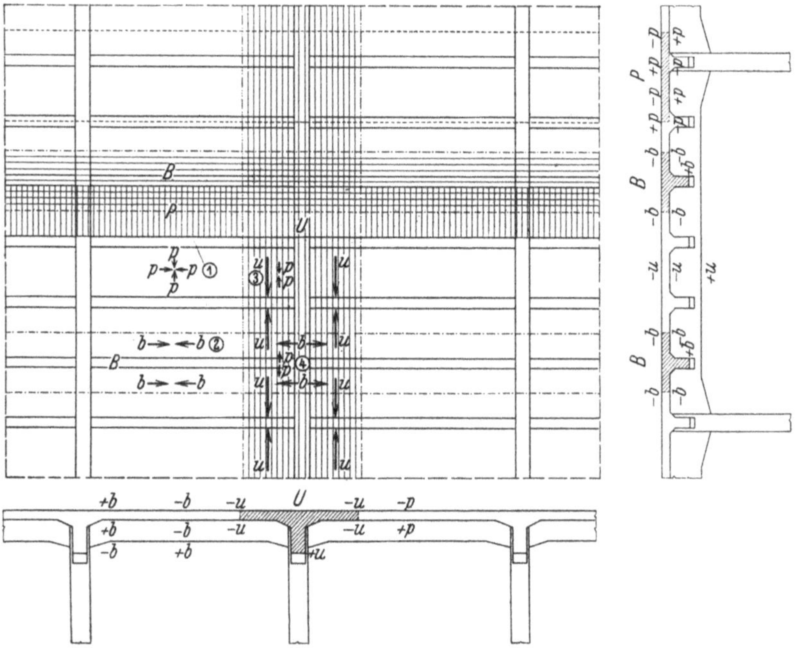

Abb. 169.

nach zwei Richtungen auf. Bei Platten, deren Dimensionen nach der einen Richtung viel größer sind als nach der anderen Richtung, kommt nur diejenige Spannung in Betracht, welche senkrecht zur Richtung der Nebenunterzüge wirkt.

Die Spannungen p werden in Feldmitte an der Oberfläche der Platte Druckspannungen (—), über den Nebenunterzügen Zugspannungen (+) sein.

Stelle ②. Hier treten Spannungen b auf (mit den mittellangen Pfeilen bezeichnet), die in der Platte als Querschnittsteil des Nebenunterzuges B wirken.

Man sieht auch ohne weiteres, daß die vorher mit p bezeichneten Spannungen senkrecht zu den Spannungen b auftreten. Es wird

$$\sigma_{b\,d} = \sigma_{(b)} - \frac{1}{m}\,\sigma_{(p)}\,.$$

Bei verschiedenen Vorzeichen von $\sigma_{(b)}$ und $\sigma_{(p)}$ wird die resultierende Spannung σ_{bd} größer. Der Zuwachs ist aber nicht sehr beträchtlich, wenn m groß ist. Nimmt man z. B. für $m = 8 : \sigma_{(b)} = 30\ \text{kg/cm}^2$ und $\sigma_{(p)} = 40\ \text{kg/cm}^2$, so würde sich $\sigma_{b\,d}$ auf $35\ \text{kg/cm}^2$ erhöhen.

Stelle ③. Die mit den langen Pfeilen bezeichneten Spannungen u entstehen in der Platte als Teil des Querschnittes, welcher zum Hauptunterzug U gehört. An dieser Stelle wird die Spannungsverteilung in der Platte gezeigt, soweit sie zu dem Querschnitt des Hauptunterzuges U gerechnet wird. Es wirken die Spannungen p und u in der Oberfläche, beide nach derselben Richtung als Druckspannungen; sie addieren sich also. Die Wirkung ist aber in Wirklichkeit infolge der Monolität nicht sehr groß; sie kann größer werden, wenn die Hauptunterzüge näher aneinanderliegen.

Stelle ④. In der Oberfläche der Platte wirken die Spannungen b und u senkrecht zueinander. Der geringe Einfluß von p kann hier vernachlässigt werden. Es gilt dann für die resultierenden Spannungen wieder die Gleichung

$$\sigma_{b\,d} = \sigma_{(u)} - \frac{1}{m}\,\sigma_{(b)}\,.$$

Da nun $\sigma_{(u)}$ und $\sigma_{(b)}$ verschiedene Vorzeichen haben, so wird die resultierende Spannung größer. Eine Berücksichtigung kann in der Weise erfolgen, daß man an dieser Stelle höhere zulässige Beanspruchungen des Betons gestattet.

Die Berechnung der auftretenden Spannungen nach den vorgeschlagenen Verfahren liefert größere Werte als die mit Hilfe von Messungen gefundenen w i r k l i c h auftretenden Spannungen, wie im folgenden gezeigt wird, deshalb kann man in der Regel die Nebenspannungen unberücksichtigt lassen.

4. Vergleich zwischen berechneten und wirklich auftretenden Normalspannungen.

Es ist bereits gezeigt worden, wie mit Hilfe einer größeren Zahl von Messungen in den Querschnitten mit größtem Biegungsmoment die Normalspannungen $\sigma_{b\,d}$, $\sigma_{b\,z}$ und σ_e direkt aus den Versuchen ohne Zuhilfenahme irgendwelcher Berechnungsverfahren bestimmt wurden. Für je einen rechteckigen und T-förmigen Querschnitt sollen im folgenden die Normalspannungen mit Hilfe der abgeleiteten Gleichungen berechnet werden, um die Ergebnisse mit den aus den Messungen sich ergebenden vergleichen zu können.

In Abb. 170 ist ein rechteckiger Eisenbetonbalken aus Versuchen des Verfassers dargestellt. Für vier verschiedene Belastungen vor und nach dem Eintreten der Risse werden die Normalspannungen berechnet.

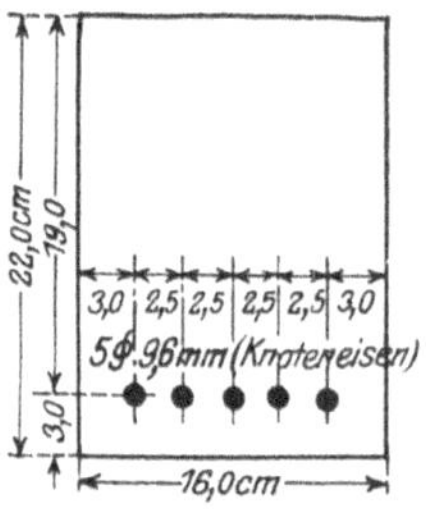

Abb. 170.

Bei einer Belastung $P = 600$ kg, lange vor dem Auftreten der Risse, mit $n' = \frac{E_{bz}}{E_{bd}} = 1{,}2$ (nach den Elastizitätsmessungen).

P ist symmetrisch zur Mitte im Abstand 50 cm bei einer Spannweite von 1,50 m.

Setzt man $b = 16$ cm, $a = 3$ cm, $d = 22$ cm, $F_e = 3{,}12$ cm² und $n = \frac{E_e}{E_{bd}} = 7$ (nach den Elastizitätsmessungen), so erhält man:

nach Gleichung (7)	$x = 11{,}8$ cm,	Aus den	$x = 10{,}60$,
nach Gleichung (11a)	$\sigma_{bd} = 21$ kg/cm²,	Versuchen	$\sigma_{bd} = 20{,}9$ kg/cm²,
nach Gleichung (7)	$\sigma_{bz} = 21{,}8$ kg/cm²,	ergibt	$\sigma_{bz} = 10$ kg/cm²,
nach Gleichung (6)	$\sigma_e = 90$ kg/cm².	sich:	$\sigma_e = 123{,}5$ kg/cm².

Für die Belastung $P = 900$ kg, kurz vor dem Eintreten der Risse, kann man n' aus den Versuchen nicht mehr zuverlässig bestimmen, da E_{bs} viel kleiner geworden ist. Wir nehmen $n' = 0{,}5$ an, was ungefähr einem $E_{bz} = 50000$ kg/cm² entspricht.

Aus der Berechnung nach den vorstehenden Gleichungen ergibt sich:

$x = 9{,}9$ cm,	Aus den	$x = 10{,}30$ cm,
$\sigma_{bd} = 38$ kg/cm²,	Versuchen	$\sigma_{bd} = 28{,}2$ kg/cm²,
$\sigma_{bz} = 23{,}3$ kg/cm²,	ergibt	$\sigma_{bz} = 10{,}8$ kg/cm²,
$\sigma_e = 245$ kg/cm².	sich:	$\sigma_e = 303$ kg/cm².

(In beiden Fällen wie in den folgenden wird das Eigengewicht nicht berücksichtigt. Man kann die Ergebnisse als die von der Nutzlast hervorgerufenen Spannungen ansehen.)

Der Vergleich zeigt, daß vor der Rißbildung bei rechteckigen Querschnitten die Annahme der Nullinie in der halben Höhe $\left(\frac{h}{2} = 11 \text{ cm}\right)$ des Querschnittes befriedigend ist, weil dies mit den Versuchen besser übereinstimmt als das berechnete x.

Die Berechnung von σ_{bd} zeigt bei der kleineren Belastung eine gute Übereinstimmung; bei der höheren Belastung ist σ_{bd} der Berechnung größer als aus den Versuchen.

Die Berechnung von σ_{bz} zeigt in beiden Fällen einen beinahe doppelt so großen Wert, als die Messungen ergaben. Das erklärt sich zum Teil aus der nicht ganz zuverlässigen Annahme von n', zum Teil auch durch die nicht ganz zuverlässigen Dehnungsmessungen im Beton am Rande des Zugquerschnitts.

Die Spannungen im Eisen σ_e sind, wie bereits an früherer Stelle gezeigt wurde, vor dem Eintreten der Risse ziemlich klein.

Bei höheren Belastungen, wenn Risse im Beton eingetreten sind, muß man für denselben Fall annehmen:

$$n' = 0; \qquad n = 10.$$

Die Berechnung ergibt für $P = 1200$ kg:

nach Gleichung (16)	$x = 6{,}5$ cm,	Aus den	$x = 9{,}5$ cm,
nach Gleichung (11d)	$\sigma_{bd} = 61{,}5$ kg/cm²,	Versuchen	$\sigma_{bd} = 40$ kg/cm²,
nach Gleichung (5b)	$\sigma_e = 1140$ kg/cm².	ergibt sich:	$\sigma_e = 615$ kg/cm².

Wir sehen hier sehr erhebliche Unterschiede zwischen den berechneten und den aus den Messungen abgeleiteten Werten. Die berechneten Spannungen sind bedeutend größer.

Die Lage der Nullinie ist nach der Berechnung hauptsächlich infolge der Annahme ebener Querschnitte viel zu hoch. Die wirkliche Lage der Nullinie, die gemessen wurde, ist tiefer. Daraus folgt, daß auch die Druckspannungsfläche verschoben wird. Wie weit dies auf die Randspannungen Einfluß hat, zeigt Abb. 171.

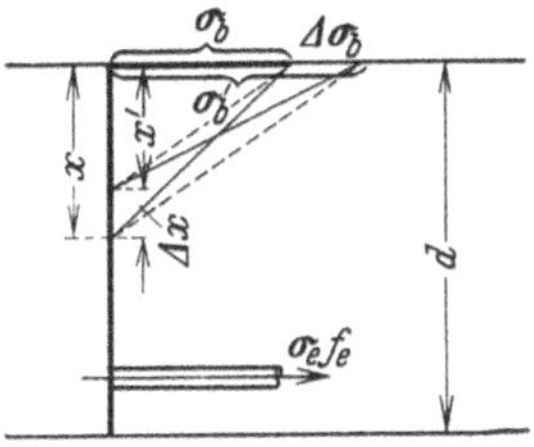

Abb. 171.

Bezeichnet D die Mittelkraft der Druckspannungen, so ist:

$$D = \frac{\sigma_b x}{2} b.$$

Verschiebt sich x um Δx nach oben, so wird:

$$D' = \frac{\sigma_b' x'}{2} b = \frac{(\sigma_b + \Delta\sigma_b)(x - \Delta x) b}{2}.$$

Sonach ist, wenn $D = D'$,

$$\frac{\sigma_b x b}{2} = \frac{(\sigma_b + \Delta\sigma_b)(x - \Delta x) b}{2}$$

und

$$\Delta\sigma_b(x - \Delta x) = \sigma_b \Delta x, \qquad x' \Delta\sigma_b = \sigma_b \Delta x \qquad \text{und} \qquad \Delta\sigma_b = \frac{\sigma_b \Delta x}{x'}.$$

Setzt man in unserem Fall $\Delta x = 3$ cm und $x' = 6{,}5$ cm, so wird $\Delta\sigma_b = \frac{40 \cdot 3}{6{,}5} = 18{,}5$ kg/cm².

In dem vorher besprochenen Fall beträgt die Differenz zwischen dem berechneten und dem Versuchswert $\sigma_b = 61{,}5 - 40 = 21{,}5$ kg/cm².

Wir erhalten sonach aus der Berechnung infolge der sich ergebenden höheren Lage der Nullinie immer größere Druckspannungen im Beton.

Die aus der Berechnung sich ergebenden Zugspannungen im Eisen sind auch erheblich größer. Dies ist zum Teil auf die unrichtige Lage der Nullinie, zum Teil auch auf die vollkommene Vernachlässigung des Betonzugquerschnittes zurückzuführen. Wir haben schon bei einer früheren Gelegenheit gesehen, daß ein großer Teil des Betonzugquerschnittes bis zu sehr hohen Belastungen mitwirkt, weil die Risse sich nur allmählich der Nullinie nähern. Dies ersieht man auch daraus, daß bei höheren Belastungen die Differenz zwischen dem errechneten und gemessenen σ_e kleiner wird. Für denselben Querschnitt erhält man bei einer Belastung:

$P = 2250$ kg; $\sigma_e = 2138$ kg/cm² aus der Berechnung,

$\sigma_e = 1730$ kg/cm² aus den Versuchen, letzteres allerdings ohne Berücksichtigung der aus den plastischen Verformungen des Betons sich ergebenden remanenten Eisenspannungen.

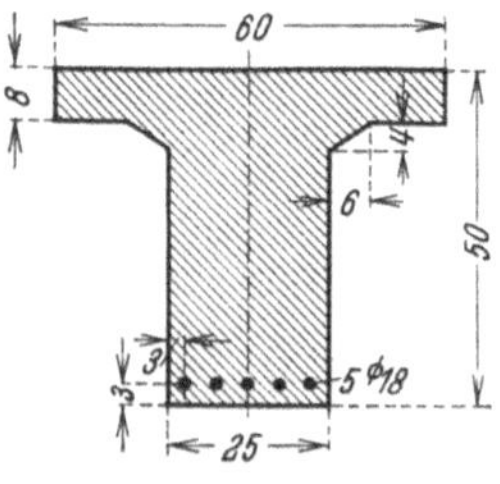

Abb. 172.

Für den T-förmigen Querschnitt wählen wir zum Vergleich den in Abb. 172 dargestellten Querschnitt aus den anderen Versuchen des Verfassers. Die Belastung des Trägers von 3 m Spannweite war gleichförmig verteilt.

Für drei charakteristische Belastungen werden die mit Hilfe der abgeleiteten Gleichungen berechneten mit den aus den Messungen abgeleiteten Werten verglichen. Bei einer Belastung q ergeben die Versuche:

q t/lfm	x cm	σ_{bz} kg/cm²	σ_{bd} kg/cm²	σ_e kg cm²
2,51	22,8	17,9	13,6	—
(½ Rißlast)				
4,16	23,6	28,4	23,8	—
(¼ Bruchlast vor Eintreten der Risse)				
6,68	14,6	—	46,4	1420
(nach dem Eintreten der Risse).				

Die Rißlast betrug 5,03 t/lfdm.

Die Berechnung ergab für dieselben Belastungen:

x cm	σ_{bz} kg/cm²	σ_{bd} kg/cm²	σ_e kg/cm²
24,3	15,9	20,3	105
19	23,7	29	300
12,6	—	52,5	1440

Da bei der geringen Plattenbreite anzunehmen war, daß die Nullinie in den Steg fällt, wurde die Berechnung nach den für diesen Fall abgeleiteten Gleichungen durchgeführt. Hierbei wurde $n' = \frac{E_{bz}}{E_{bä}}$ für die niedrigste Belastung nach den Elastizitätsmessungen mit 1,2 angenommen, für die Belastung 4,16 t/m kurz vor dem Eintreten der Risse wurde $n' = 0{,}5$ geschätzt. $\frac{E_e}{E_{bd}} = n$ ist aus den Elastizitätsmessungen bestimmt worden: $n = 7$ vor und $n = 10$ nach dem Auftreten der ersten Risse.

Wir sehen, daß bei T-förmigen Querschnitten nach dem Auftreten der Risse eine bessere Übereinstimmung zwischen den berechneten und den Versuchswerten herrscht.

Jedenfalls sind hier wie beim rechteckigen Querschnitte die berechneten Spannungen größer.

Der Unterschied ist bei höheren Belastungen geringer, weil die Vernachlässigung des vollen Betonzugquerschnittes erst dann berechtigt ist.

Der Vergleich der berechneten mit den aus den Messungen abgeleiteten Spannungen im Beton und im Eisen zeigt uns, daß bei Annahme eines Ebenbleibens der Querschnitte und einer geradlinigen Spannungsverteilung die Berechnung nach den abgeleiteten Gleichungen eine etwas größere Sicherheit bietet.

Bedenkt man, daß durch die monolithische Bauweise nicht nur bei rechteckigen, sondern auch bei T-förmigen Querschnitten eine viel günstigere Wirkung auf die Verteilung der Spannungen erzielt wird als bei den einfachen, vom Ganzen getrennten Versuchskörpern, so wird man daraus folgern können, daß die im Bauwerk wirklich auftretenden Spannungen noch geringer sind als die Versuche zeigten. Die Sicherheit, welche uns die Berechnung bietet, wird dadurch erhöht.

---

5. Berechnung der Schub- und Hauptspannungen.

Die Berechnung der in Eisenbetonträgern auftretenden Schub- und Hauptspannungen und die Bemessung der notwendigen Eiseneinlagen zur Erhöhung des Schubwiderstandes kann von folgenden Gesichtspunkten aus geschehen.

Solange keine schrägen Risse im Beton auftreten, lassen sich die Schubspannungen wie beim homogenen Querschnitt berechnen nach der Gleichung:

$$\tau_0 b = \frac{Q S_n'}{J_n}. \tag{26}$$

Hierbei bezeichnen:

τ_0 die Schubspannung pro Flächeneinheit,
b die Breite des Querschnittes,
Q ist die Querkraft,
S_n' das statische Moment des abgetrennten Querschnittsteiles,
J_n das Trägheitsmoment der ideellen Querschnittsfläche. Letztere ist der Betonquerschnitt, vermehrt um den n-fachen Querschnitt der Eiseneinlagen (S_n' und J_n bezogen auf die Nullinie).

Vor der Rißbildung ist man berechtigt, die Schubspannung nach der Gleichung für homogene Querschnitte zu berechnen, da die Wirkung der Eiseneinlagen ebenso wie bei reiner Zugwirkung erst nach dem Auftreten der Risse zu erwarten ist.

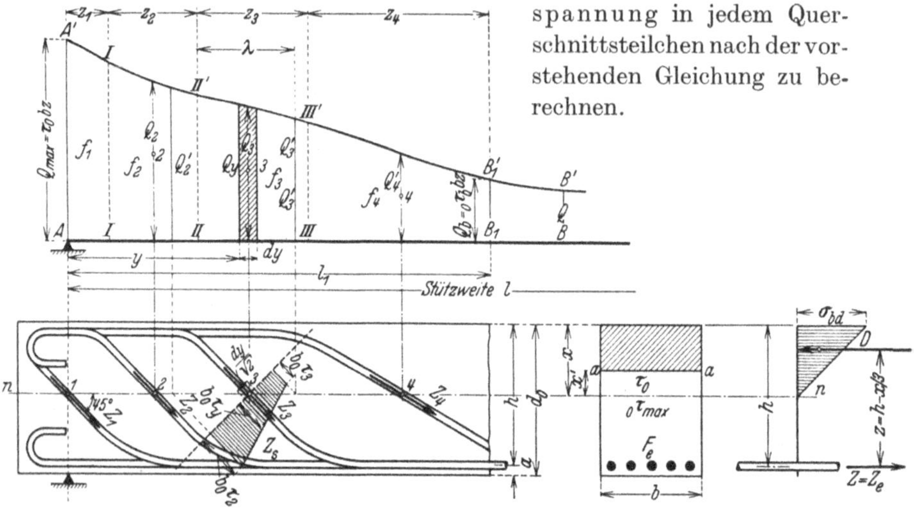

spannung in jedem Querschnittsteilchen nach der vorstehenden Gleichung zu berechnen.

Abb. 173. Berechnung und Verteilung der schrägen Eisen.

a) Berechnung der Schubspannungen im rechteckigen Querschnitt.

Bei einem rechteckigen Querschnitt ist

$$S'_n = \frac{b}{2}(x^2 - x'^2) \quad \text{(Abb. 173).}$$

Für die Nullinie ist, da $x' = \theta \ldots S'_n = \frac{b\,x^2}{2}$, also

$$\max \tau_0 = \frac{Q\,x^2}{2\,J_n}. \tag{27}$$

Im allgemeinen Fall ist:

$$J_n = \frac{b\,x^3}{3} + \frac{n'\,b\,(d-x)^3}{3} + n\,F'_e(x-a')^2 + n\,F_e(h-x)^2.$$

Es wird also:

$$\max \tau_0 = \frac{Q\,x^2}{2\left(\frac{b\,x^3}{3} + \frac{n'\,b\,(d-x)^3}{3} + n\,F'_e(x-a')^2 + n\,F_e(h-x)^2\right)}. \tag{28}$$

Für den Fall, daß keine Druckbewehrung vorhanden ist, braucht man hier nur $F'_e = 0$ zu setzen. Es wird dann:

$$\max \tau_0 = \frac{Q\,x^2}{2\left(\frac{b\,x^3}{3} + \frac{n'\,b\,(d-x)^3}{3} + n\,F_e(h-x)^2\right)}. \tag{28a}$$

Nimmt man bei Vernachlässigung des Betonzugquerschnittes $n' = 0$, so wird:

$$\max \tau_0 = \frac{Q x^2}{2\left[\frac{b x^3}{3} + n F_e (h - x)^2\right]}. \tag{28b}$$

Aus den Gleichungen (28), (28a) und (28b) folgt, daß τ_0 am größten wird, wenn man ohne Druckbewehrung und ohne Betonzugquerschnitt rechnet. Die Sicherheit wird dadurch erhöht.

Ein anderer Weg zur Bestimmung von $\tau_{\max}$ ist folgender: Setzt man

$$\sigma_{bd} = \frac{M x}{J_n}$$

und

$$J_n = \frac{M x}{\sigma_{bd}}.$$

Bei Vernachlässigung des Betonzugquerschnittes ist:

$$M = \sigma_{bd} \frac{x b}{2} z.$$

Setzt man M in die vorstehende Gleichung ein, so wird

$$J_n = \frac{x^2 b z}{2}.$$

Man erhält dann durch Einsetzen in Gleichung (27):

$$\max \tau_0 = \frac{Q}{b z}. \tag{29}$$

Für den Fall, daß die Betonzugspannungen vernachlässigt werden, ergibt sich:

$$z = h - \frac{x}{3}. \quad \text{Im allgemeinen ist} \quad z = \frac{M}{D} = \frac{M}{Z}.$$

Da

$$Z = \sigma_e F_s + \sigma_{bz} \frac{b(d - x)}{2};$$

wird dann:

$$z = \frac{M}{\sigma_e F_e + \sigma_{bz} \frac{b(d - x)}{2}}.$$

Die Hauptzugspannung ergibt sich aus der Schubspannung, wie vorher gezeigt wurde:

$${}_1\Sigma_2 = \pm \tau.$$

Daraus folgt, daß es genügt, die größten in dem Querschnitt auftretenden Schubspannungen des Betons zu berechnen, um die Größe der Hauptzugspannungen kennenzulernen.

Denkt man sich in Abb. 173 für einen Eisenbetonträger mit rechteckigem Querschnitt bei einer gegebenen Belastung die Querkraftverteilung nach einer dort bezeichneten Linie. Q_b sei diejenige Stelle, bis zu welcher der Beton allein in der Lage ist, den ganzen Schubwiderstand aufzunehmen. Er ergibt sich aus der Gleichung (29):

$$Q_b = {}_0\tau_b b z.$$

Sonach läßt sich die Stelle für Q_b jederzeit bestimmen.

Im Bruchstadium darf an der Stelle Q_b die Schubfestigkeit des Betons nicht überschritten werden; das Auftreten schiefer Risse ist dort nicht zu erwarten. Der andere Teil der Querkraftsfläche zwischen Q_b und $Q_{\max}$ erzeugt in jedem Querschnitt größere Schubspannungen. Im Bruchstadium bilden sich dort die schrägen Risse, deren Neigung um so größer wird, je mehr sie sich $Q_{\max}$ nähern. Daher müssen zwischen Q_b und $Q_{\max}$ schräge Eiseneinlagen angeordnet werden.

An der Stelle Q_y wirkt bei einer Schubspannung ${}_0\tau_y$ auf die Länge dy die Mittelkraft der Hauptzugspannungen dZ in der Nullinie des Querschnittes

$$d\,Z \quad {}_0\tau_y b = \frac{dy}{\sqrt{2}} = \frac{Q_y\,dy}{z\sqrt{2}}$$

(s. Abb. 173).

Nimmt man nun an, daß bei einer sehr guten Verteilung der schrägen Eiseneinlagen und der Bügel eine gleichmäßige Wirkung zwischen $Q_{\max}$ und Q_b hervorgerufen wird, so wird die auf die ganze Länge l_1 wirkende Hauptzugkraft von allen schrägen Eiseneinlagen aufzunehmen sein.

$$Z = \frac{b}{\sqrt{2}}\int_0^{l_1} {}_0\tau_y\,dy = \frac{b}{\sqrt{2}} \quad \text{[Schubspannungsfläche]}$$

$$Z = \int \frac{Q_y\,dy}{z\sqrt{2}} = \frac{(A\,B_1\,B_1'\,A')}{z\sqrt{2}}. \tag{30}$$

$A\,B_1\,B_1'\,A$ ist die entsprechende Querkraftfläche.

Teilt man die Querkraftfläche in Trapeze von den Höhen z_1, z_2, $z_3 \ldots z_n$ ein, so würden die in jeder Trapezfläche in den Schwerpunkten wirkenden mittleren Querkräfte Q_1, Q_2, $Q_3 \ldots Q_n$ Hauptzugkräfte Z_1, $Z_2, Z_3 \ldots Z_n$ hervorrufen, die von den schrägen Eiseneinlagen aufgenommen werden müssen. Die Lage der schrägen Eisen ist bestimmt, sie liegt im Schnitt, der durch die Trapezschwerpunkte $1, 2, 3 \ldots n$ gehenden Vertikalen mit der Nullinie in den Punkten $1, 2, 3 \ldots n$. Es wird

$$Z_1 = \frac{Q\,z_1}{z\sqrt{2}}, \quad Z_2 = \frac{Q\,z_2}{z\sqrt{2}} \quad \ldots \quad Z_n = \frac{Q_n z_n}{z\sqrt{2}}.$$

Bei der Berechnung der in den Eiseneinlagen wirkenden Hauptzugkräfte Z_1, Z_2 wird zur Vereinfachung angenommen, daß die Eiseneinlagen alle unter 45° abgebogen sind.

Die Beanspruchung der schrägen Eisen ist dann

$${}_1\sigma_{es} = \frac{Z_1}{{}_1f_e}, \quad {}_2\sigma_e = \frac{Z_2}{{}_2f_e}; \tag{30a}$$

${}_1f_e$ und ${}_2f_e$ sind die Querschnitte der entsprechenden schrägen Eiseneinlagen.

Die günstigste Verteilung der schrägen Eiseneinlagen erhält man in folgender Weise: An der Stelle der größten Querkräfte über dem Auflager wird man zweckmäßig, wie dies in Abb. 173 geschieht, das erste aufgebogene Eisen im Schnitt der Nullinie mit der Auflagervertikalen anordnen. Wo dies aus konstruktiven Gründen nicht möglich ist, legt man das erste schräge Eisen so nahe als möglich vom Auflager. Eine fehlerhafte Anordnung ist z. B. die in Abb. 174a, weil das Fehlen von Schrägeisen zwischen den letzten aufgebogenen Eisen und dem Auflager immer die Ursache von Rißbildungen sein wird.

Sodann teilt man die Querkraftfläche bis zu der Stelle Q_b, bis zu welcher die Schubkräfte vom Beton allein aufgenommen werden können, in möglichst flächengleiche Trapeze. Die schrägen Eiseneinlagen gehen dann durch den Schnitt der Schwerpunktsvertikalen mit der Nullinie durch die Punkte 1, 2, 3 und 4.

Es ist aber nach Möglichkeit dafür zu sorgen, daß die schrägen Eiseneinlagen einander übergreifen, wie dies in Abbildung 174c gezeigt wird.

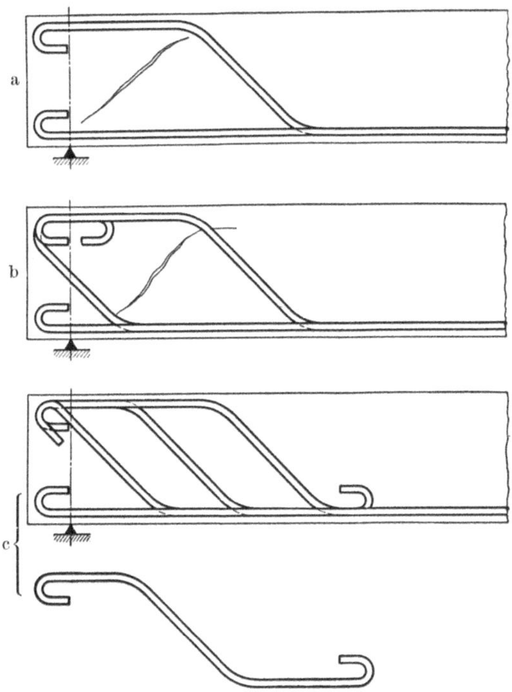

Abb. 174a—c. Falsche (a und b) und richtige (c) Verteilung der schrägen Eisen.

Eine Anordnung, wie sie in Abb. 174b dargestellt ist, führt zwischen den schrägen Eiseneinlagen zu Rissebildungen.

Wenn man auch der Einfachheit wegen alle Eiseneinlagen unter 45° abbiegen wird, so wird man doch manchmal aus den vorher angegebenen Gründen den schrägen Eiseneinlagen, die näher gegen die Mitte liegen, eine andere Neigung geben können, wie dies in Abb. 173 gezeigt wird. Die Grundbedingung muß aber eingehalten werden, daß die schrägen Eiseneinlagen möglichst nahe oder zu beiden Seiten der Nullinie den Querschnitt schneiden, damit die resultierende Zugkraft der schrägen Eiseneinlagen in der Nähe der an der Nullinie auftretenden größten Hauptzugspannungen liegt.

Über die Zahl der notwendigen schrägen Eiseneinlagen lassen sich keine allgemeinen Angaben machen. Wir haben aus den Versuchen gesehen, daß die Größe des Schubwiderstandes nicht immer von dem Querschnitt der schrägen Eiseneinlagen abhängig ist. Gewöhnlich berechnet man zuerst den zur Aufnahme der normalen Zugspannungen an der Stelle der größten Biegungsmomente erforderlichen Eisenquerschnitt. Je nach der Trägerausbildung und dem Belastungsfalle kann man entsprechend der Momentenlinie die zur Aufnahme der Biegungsmomente entbehrlichen Eiseneinlagen zur Aufnahme der schiefen Zugkräfte aufbiegen. Wenn sie nicht hinreichen, so können besondere schräge, sog. schwimmende Eisen eingelegt werden, die jedoch ebenso wie alle anderen Eiseneinlagen an ihren Enden sehr gut verankert werden müssen, wie dies in Abb. 174c gezeigt wird.

Von einer Berechnung der Bügel kann gewöhnlich abgesehen werden aus den vorher angegebenen Gründen. Will man jedoch die in den Bügeln auftretenden Zugkräfte berechnen, so geschieht dies nach der vorher abgeleiteten Gleichung, wobei jedoch dy zu setzen ist an Stelle von $dy\sqrt{2}$. Demnach ist

$$Z = \frac{(A\,B_1\,B_1'\,A')}{z}.$$

Die auf einen Bügel entfallende Zugkraft ist:

$$Z_1 = \frac{Q_1 z_1}{z} \quad \text{und} \quad {}_1\sigma_{eb} = \frac{Z_1}{f_{b_1}}, \tag{30b}$$

wenn f_{b1} den Querschnitt eines Bügels bezeichnet.

Die Austeilung der Bügel erfolgt nach denselben Gesichtspunkten wie die Austeilung der schrägen Eiseneinlagen. Gewöhnlich aber begnügt man sich damit, Bügel, deren Stärken von der Größe des Betonquerschnittes und der Belastung abhängig sind (in Stärken von 6 bis 10 mm), über die ganze Länge des Balkens verteilt anzuordnen, derart, daß ihr gegenseitiger Abstand in der Nähe der Auflager kleiner ist als gegen die Mitte des Trägers.

b) Berechnung der Schubspannungen im T-förmigen Querschnitt.

Es gilt wieder die Gleichung für den homogenen Querschnitt

$$\tau_0 = \frac{Q\,S_n'}{b\,J_n}.$$

Wenn x größer als d ist, so treten die gefährlichsten Schubspannungen im Steg auf. Ist $x < d$, so treten sie in der Platte auf. Bei dem Fall $x = d$ ist der gefährlichste Querschnitt in A—A' beim Übergang vom Steg zur Platte (s. Abb. 175 und 176). Ferner müssen die Stegbreite und der Anschluß des Steges so stark sein, daß die Platte weder nach AA' noch nach $A'A''$ abgeschert werden kann.

Wir wollen den einfachen Fall untersuchen, daß die Nullinie mit dem unteren Rande der Platte zusammenfällt. Wir haben dann $x = d$.

Dieser Fall ist zugleich der ungünstigste, denn er setzt voraus, daß zur Aufnahme der Schubspannungen der Querschnitt AA' (Abb. 175),

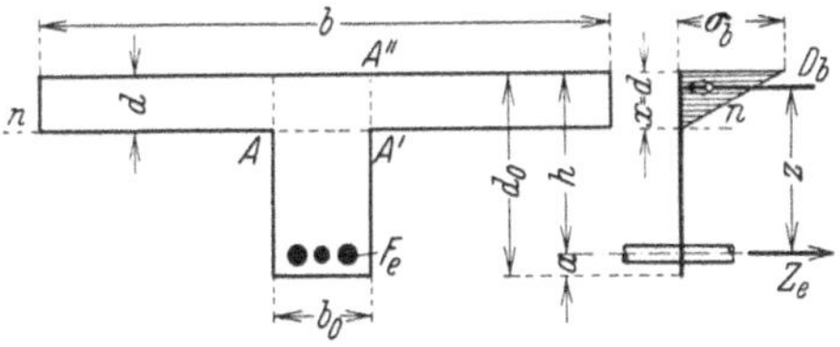

Abb. 175.

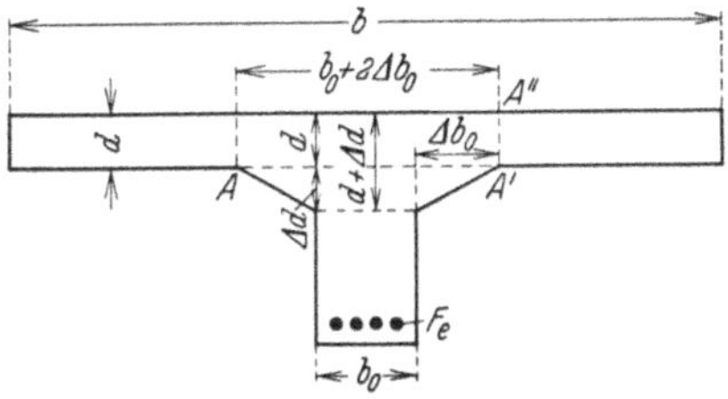

Abb. 176.

die Stegbreite allein zur Aufnahme der gefährlichsten Schubspannungen dient.

Für den allgemeinen Fall gilt:

$$\max \tau_0 = \frac{Q\, S_n'}{b\, J_n}.$$

Wenn keine Druckbewehrung vorhanden ist und die Nullinie in die Platte fällt, so ist:

$$S_n' = \frac{b\, x^2}{2}; \qquad J_n = \frac{M\, x}{\sigma_b}; \qquad M = \sigma_b \frac{x\, b}{2} z.$$

Mithin ist

$$J_n = \frac{x^2 b\, z}{2};$$

dann wird nach Einsetzen von J_n und S_n

$$\max \tau_0 = \frac{Q}{b_0 z}$$

wie beim rechteckigen Querschnitt.

Für den Grenzfall, daß $x = d$ ist, wird

$$z = h - \frac{d}{3} \quad \text{und} \quad \max \tau_0 = \frac{Q}{b\left(h - \frac{d}{3}\right)}. \tag{31}$$

Aus dieser Gleichung geht hervor, daß bei gegebener Höhe des Querschnittes und einem gegebenen zulässigen Wert für τ_0 die Breite des Steges b_0 von der Querkraft Q abhängig wird. Man könnte sonach, wenn man nur den Betonquerschnitt zum Widerstand gegen Schubkräfte heranziehen wollte, b_0 vergrößern, entsprechend den größer werdenden Querkräften. Das geschieht auch manchmal in der Nähe der Auflager durch Verbreiterung des Steges.

Beim Anschluß des Steges an die Platte wird, wenn AA' oder $A'A''$ zur Aufnahme der Schubspannungen nicht genügen, die Verbreiterung des Steges durch Vouten erzielt (s. Abb. 176). Dadurch wird b_0 um $2\Delta b_0$ und d um Δd vergrößert.

Um ein Abschieben der Platte vom Steg nach AA' zu verhindern, untersucht man $\tau_0 = \frac{Q}{b\,z}$.

Ist τ_0 größer als zulässig, so verbreitert man b_0 um $2\Delta b_0$ und erhält dann ${}_0\tau_{\text{zul}} = \frac{Q}{z(b_0 + 2\Delta b_0)}$.

Bei größeren Schubspannungen dienen die schrägen Eisen und die Bügel zur Verstärkung.

Will man bei einer gegebenen Stegbreite b_0 die mitwirkende Plattenbreite b berechnen unter der Bedingung, daß keine Trennung der Platte vom Steg durch Schubkräfte erfolgen kann, so geschieht dies in folgender Weise: Unter der Voraussetzung, daß die Zugspannungen im Beton nicht mitgerechnet werden, kann man das Moment durch die Gleichung ausdrücken:

$$M = n\,F_e\left(h - \frac{x}{2}\right)\sigma_e\,.$$

Ferner ist auch:

$$\sigma_e = \frac{M(h-x)}{J_n}\,,$$

wenn man sich einen ideellen homogenen Querschnitt mit dem Trägheitsmoment J_n denkt.

σ_e in M eingesetzt ergibt:

$$M = n\,F_e\left(h - \frac{x}{3}\right)(h-x)\frac{M}{J_n}\,.$$

Daraus ergibt sich

$$J_n = n\,F_e\left(h - \frac{x}{3}\right)(h-x)\,.$$

Setzt man J_n und $S_n = \frac{b\,d^2}{2}$ in die Gleichung $\tau_0 = \frac{Q\,S_n}{b_0 J_n}$, so erhält man:

$$\tau_0 = \frac{Q\,b\,d^2}{2\,b_0\,n\,F_e\left(h - \frac{x}{3}\right)(h-x)} = \frac{Q}{b_0\,z}\,\frac{b\,d^2}{2\,n\,F_e(h-x)}\,.$$

Bei $x = d$ für den ungünstigsten Fall wird:

$$\tau_0 = \frac{Q\,b\,d^2}{2\,b_0\,n\,F_e(h-d)\left(h - \frac{d}{3}\right)}\,.$$

Soll τ ein zulässiges Maß nicht überschreiten, so erhält man aus dieser Gleichung die Beziehung:

$$\frac{b}{b_0} \lesseqgtr \frac{2\,{}_0\tau_{\text{zul}}\,n\,F_e(h-d)\left(h - \frac{d}{3}\right)}{Q\,d^2}\,,$$

$$b \lesseqgtr \frac{2\,{}_0\tau_{\text{zul}}\,n\,F_e(h-d)\left(h - \frac{d}{3}\right)}{Q\,d^2}\,b_0\,. \qquad (32)$$

c) Verteilung und Berechnung der Schubbewehrung.

Die im vorstehenden entwickelten Rechnungswege sind Näherungen, die den Vorteil der Einfachheit bei großer Sicherheit bieten.

Die auf S. 253 u. 289 dargelegten Richtlinien für die Verteilung der aus schrägen Eisen und Bügeln bestehenden Sicherung gegen große Schub- oder Haupztugspannungen sehen Schubsicherungen überall dort vor, wo τ_0 größer als zulässig ist. Wie dies geschieht, wird noch an einem Beispiel gezeigt werden.

Zur Nachprüfung der Richtlinien ließ der Verfasser in seinem Institut Versuche über Schubsicherungen an sieben T-Balken (1 bis 7) von 3,50 m Spannweite und an drei T-Balken (A bis C) durchführen[1].

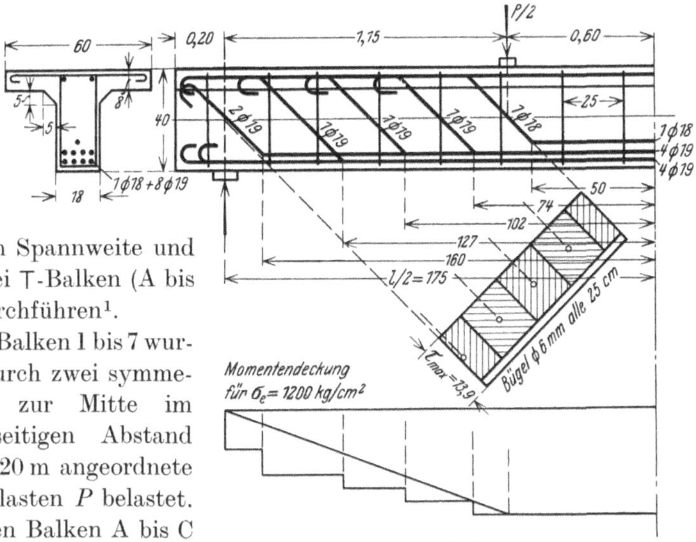

Abb. 177. Balken 3.

T-Balken 1 bis 7 wurden durch zwei symmetrisch zur Mitte im gegenseitigen Abstand von 1,20 m angeordnete Einzellasten P belastet. Bei den Balken A bis C betrug dieser Abstand 0,70 m. Es herrschte sonach auf eine Balkenlänge von 1,15 m eine aus der Nutzlast P sich ergebende gleichbleibende Schubspannung τ_0. Die Querschnittsabmessungen waren so gewählt, daß die τ_0-Werte möglichst groß wurden. Einer Spannung von $\sigma_e = 1200\ \mathrm{kg/cm^2}$ in den Längseisen entsprach im allgemeinen ein τ_0 von rd. $14\ \mathrm{kg/cm^2}$. Die Unterschiede der zehn Balken bestanden in der Bewehrung.

Die Balken wurden in Laststufen von rd. 1 t vor dem Auftreten der ersten vertikalen Biegerisse, von da in Stufen von 2 t bis zu den ersten Schrägrissen und schließlich in Stufen von 3 t bis zum Bruch belastet.

Balken 1 war in den Längseisen überdimensioniert. Das Verhältnis der Schrägeisen zu den Längseisen in der Mitte F_{es}/F_e betrug 0,71 (ohne

[1] Einzelheiten s. S. 208 u. f., Jg. 1931, und S. 243 u. f., Jg. 1932 der Veröffentlichung des Verfassers im Bauingenieur.

Einbeziehen der Bügel). Ein Schrägriß führte bei einer Last von 46,6 t zum Bruch.

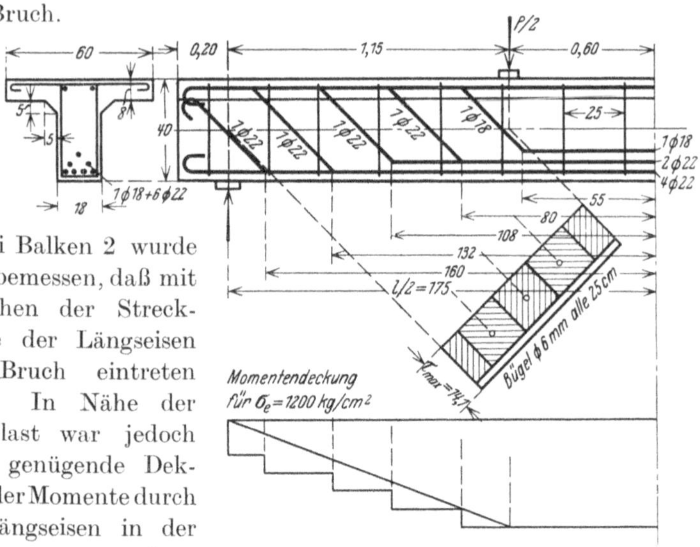

Abb. 178. Balken 4.

Bei Balken 2 wurde F_e so bemessen, daß mit Erreichen der Streckgrenze der Längseisen der Bruch eintreten sollte. In Nähe der Einzellast war jedoch keine genügende Deckung der Momente durch die Längseisen in der Biegungszone vorhanden, was zu einem frühzeitigen Bruch bei 35,2 t an einem Biegeriß an dieser Stelle führte.

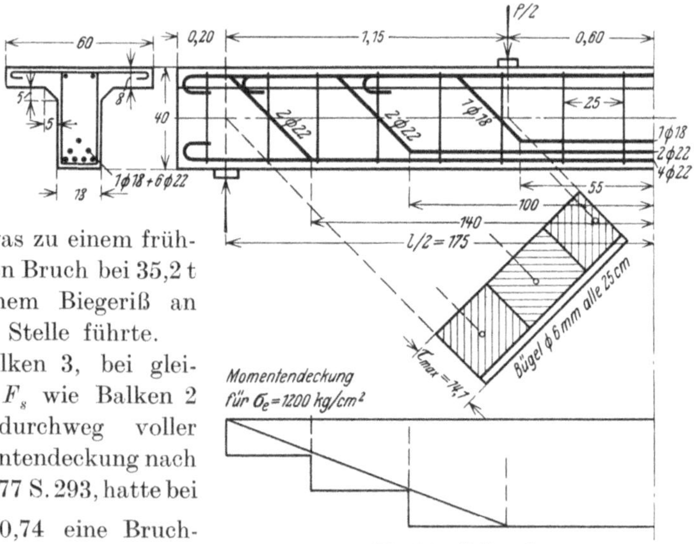

Abb. 179. Balken 5.

Balken 3, bei gleichem F_s wie Balken 2 mit durchweg voller Momentendeckung nach Abb. 177 S. 293, hatte bei $\frac{F_{es}}{F_e} = 0{,}74$ eine Bruchlast von 42,7 t.

Balken 4, bei vollständiger Momentendeckung nach Abb. 178 eine zwischen Auflager und Einzellast nach den Richtlinien gut verteilte Schrägbewehrung, erzielte mit $\frac{F_{es}}{F_e} = 0{,}78$ eine Bruchlast von 41,9 t an der Stelle eines Biegerisses.

Balken 5 unterschied sich von Balken 4 nur durch eine andere Verteilung der Schrägeisen (s. Abb. 179). Da entsprechende Bügel vorhanden waren, änderte sich weder die Bruchlast noch das Bruchbild wesentlich.

Bei Balken 6 wurde die Schrägbewehrung stark $\left(\frac{F_{es}}{F_e} = 0{,}35\right.$, s. Abb. 180), bei Balken 7 weniger stark verringert $\frac{F_{es}}{F_e} = 0{,}45$.

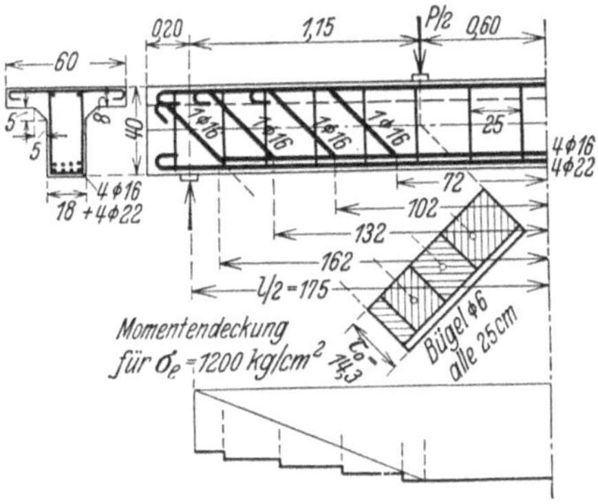

Abb. 180. Balken 6.

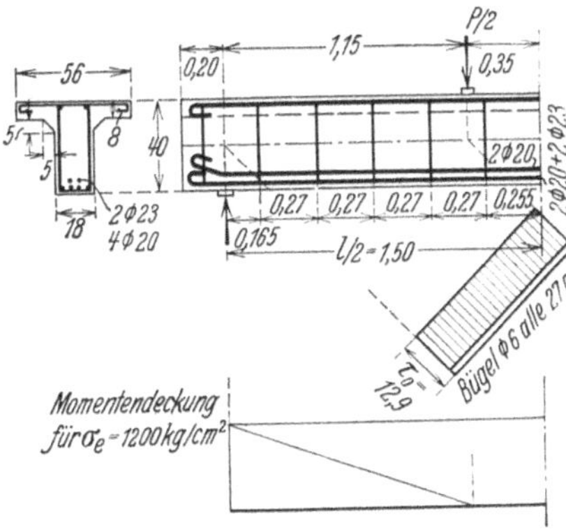

Abb. 181. Balken A.

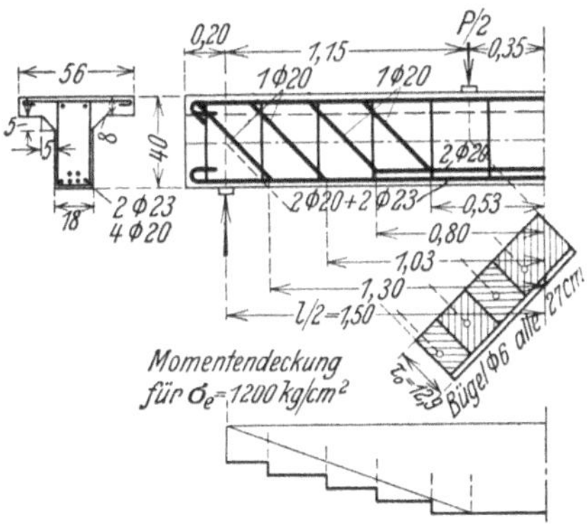

Abb. 182. Balken B.

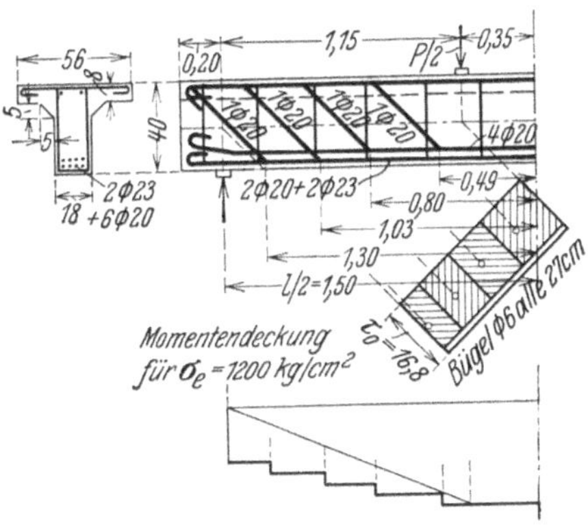

Abb. 183. Balken C.

Balken A hatte überhaupt keine Schrägbewehrung (Abb. 181). Die Balken B und C erhielten gleiche Schrägbewehrung (Abb. 182 und 183). Die Längsbewehrung von C wurde jedoch durch Zulagen verstärkt, so daß $\frac{F_{es}}{F_e} = 0{,}46$ wurde gegenüber 0,71 bei Balken B.

Das Studium von Rißbildung und Bruchursache läßt den Wert Wert der einzelnen Bewehrungen erkennen.

Das Bruchbild von Balken A (Abb. 184) bei fehlenden Schrägeisen zeigt den Bruch an einem Schrägriß bei einer Bruchlast von 33,8 t.

Durch Aufbiegen von vier Schrägeisen in Balken B konnte unter sonst gleichen Umständen wie bei A die Bruchlast auf 42,8 t gesteigert werden. Der Bruch ging von vertikalen Biegerissen aus.

Die Schubbewehrung des Balkens C war durch die Erhöhung des Längseisenquerschnittes der relativ schwächere Teil. Dennoch trat der Bruch bei einer höheren Bruchlast von 57,3 t in Balkenmitte ein.

Bei Balken 4 (Abb. 178) entstanden die Bruchrisse außerhalb der Lastangriffspunkte als Vertikalrisse und sind auf die Überwindung der

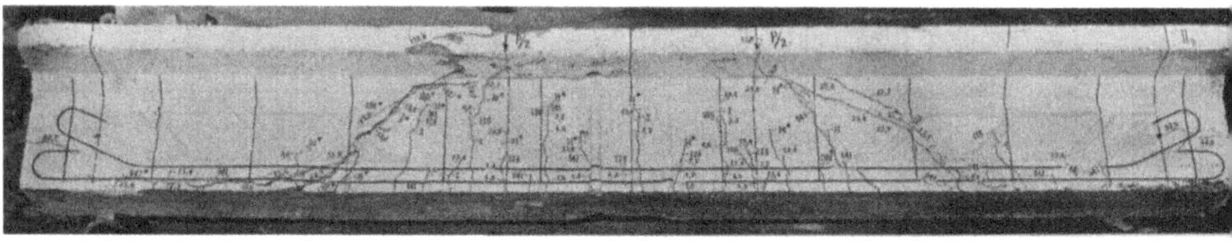

Abb. 184. Bruchbild bei Balken A.

Streckgrenze der Längseisen zurückzuführen. Die Schubbewehrung war der relativ stärkere Teil.

In Fällen wie bei Balken 1, die in der Biegungszugzone überdimensioniert waren, erreichten die Schrägeisen ihre Streckgrenze, und ein Schrägriß führte zum Bruch.

Wie wichtig die Verteilung der Schrägeisen ist, zeigte Balken 5 (s. Abb. 179) im Vergleich mit 3 und 4. Die Bruchursache des Balkens 5, dessen Schubbewehrung schlecht verteilt war, waren Schrägrisse, die des Balkens 4 mit guter Verteilung Vertikalrisse.

Der Vergleich mit Balken 3, bei dem der Schrägeisenquerschnitt kleiner als bei 5 war, zeigt, daß eine an Querschnitt geringere, aber besser verteilte Schrägbewehrung imstande war, den Bruch in den Bereich des größten Biegemomentes zu verlegen.

Balken 2 war so gebaut wie Balken 4; das erste Schrägeisen war jedoch in 74 cm statt 80 cm Abstand von Balkenmitte aufgebogen, womit ungenügende Momentendeckung verbunden war. Die Schubbewehrung konnte sich nicht voll auswirken: Der Balken versagte bei niedrigerer Bruchlast infolge eines Biegerisses, der am Knie des zu früh aufgebogenen Eisens entstanden war. Die Wirkung guter Schubbewehrung vermochte den Fehler ungenügender Momentendeckung nicht wettzumachen.

Bei Balken 6 führte die starke Verringerung der Schrägbewehrung an einem Schrägriß zum Bruch (Abb. 185), während bei Balken 7 infolge der kleinen Verstärkung des Schrägeisenquerschnittes ein Biegeriß die Bruchursache war (Abb. 186).

Die Versuche beweisen, daß bei gleicher Sicherung gegen Biegung und Schub die Schubbewehrung der stärkere Teil ist. Das

Auftreten der ersten Biegerisse ist immer eher festzustellen als das Auftreten der Schrägrisse. Die Schubspannungen τ_0, die beim Entstehen der Schrägrisse nach Gleichung (29) bei den 28 Tage alten Versuchsbalken mit rd. 15 kg/cm² berechnet wurden, stimmen mit der aus Zugversuchen ermittelten reinen Zugfestigkeit des Betons überein. Da die

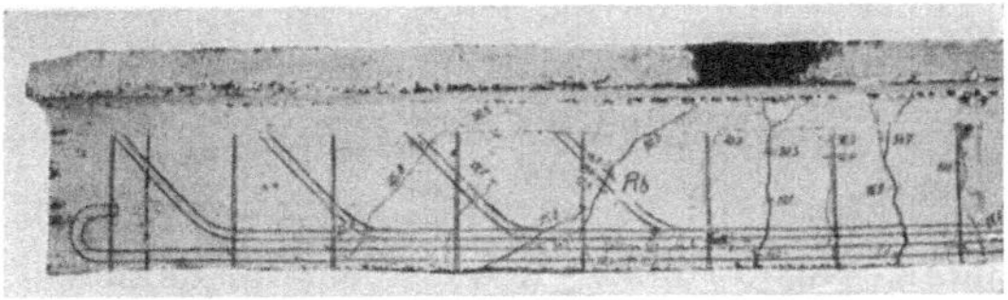

Abb. 185. Bruchbild bei Balken 6 (linke Hälfte).

Schrägrisse immer später als die Biegerisse erschienen, so folgt daraus, daß die Schrägeisen später als die Längseisen zur Wirkung kommen.

Die Schubsicherung hat die Aufgabe, die Erweiterung auftretender Schrägrisse zu hindern. Da mit Schrägrissen überall dort zu rechnen ist, wo große Hauptzugspannungen entstehen, ergibt sich die Not-

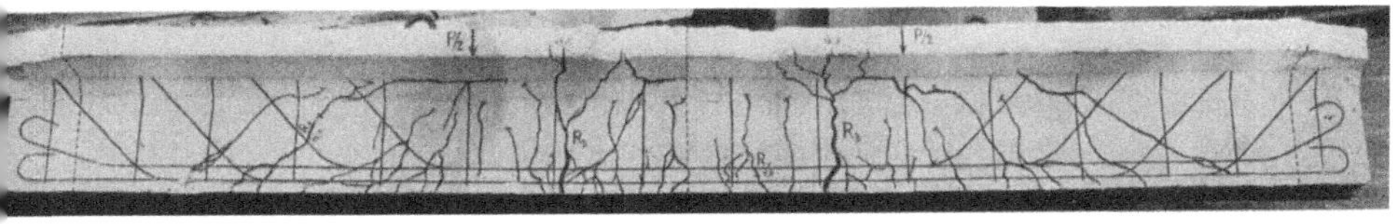

Abb. 186. Bruchbild bei Balken 7.

wendigkeit, die Schrägeisen so zu verteilen, daß die Sicherung gegen die zu erwartenden Risse tatsächlich erfolgt. In jedem Vertikalschnitt muß daher mindestens ein Schrägeisen getroffen werden. Die Verteilung auf das Balkenstück, innerhalb dessen Schrägrisse zu erwarten sind, ist wesentlicher als die Größe des Querschnittes der Schubsicherung (F_{es}).

Die übliche und für den Nachweis der Sicherheit genügende Berechnung der Schrägeisenspannungen σ_{es} nach Gleichung (30) oder (30a) kann im Bruchzustand nicht befriedigen. Die Berechnung ergab bei mehreren Versuchsbalken Werte, die höher als die Streckgrenze der Eisen sind. Die Beobachtungen und die Berechnung der σ_e in den Längseisen beweisen, daß die Schrägeisen in diesen Fällen ihre Streckgrenze nicht erreicht haben können.

Schrägrisse entstanden nur da, wo τ_0 größer als zulässig war. Es ist daher nicht notwendig, die Schubsicherung auch auf die Trägerquerschnitte auszudehnen, wo τ_0 kleiner als zulässig ist, weil dort nach sämtlichen Versuchen Schrägrisse nicht zu erwarten sind.

VIII. Biegung und Axialkraft.

Wir denken uns allgemein die Bewehrung durch den n-fachen Querschnitt ersetzt und haben dann einen ideellen homogenen Querschnitt mit folgenden Größen:

$F_i =$ Querschnittsfläche,

$S =$ statisches Moment, bezogen auf eine Kante,

Aus $S = F_i \cdot u$ ergibt sich $u = \frac{S}{F_i}$, hierdurch ist die Schwerlinie bestimmt.

$J_1 =$ Trägheitsmoment, bezogen auf die Außenkante,

$J_s =$ Trägheitsmoment, bezogen auf die Schwerlinie,

$J_s = J_1 - F_i \cdot u^2 = J_1 - S \cdot u$.

Die Kernradien ergeben sich:

$$\left.\begin{aligned} k_1 &= \frac{J_s}{F_i \cdot v}, \\ k_2 &= \frac{J_s}{F_i \cdot u}. \end{aligned}\right\} \tag{33}$$

Nehmen wir an, daß die Belastung des Querschnittes eine Normalkraft ist, die nicht in den Schwerpunkt fällt, aber in der Symmetrieebene wirkt, daß wir nur in einer Ebene Momente erhalten, und außerdem mit einer axialen Kraft zu rechnen haben.

Es werden verschiedene Fälle zu unterscheiden sein.

1. Fall: N liegt innerhalb der Kernpunkte $K_1 K_2$ (Abb. 187).

Es entstehen nur Druckspannungen.

Wir haben dann:

$$\left.\begin{aligned} \sigma_{bd} &= \frac{N \cdot w_2 \cdot u}{J_s} = \frac{N \cdot w_2}{F_i \cdot k_2}, \\ \sigma'_{bd} &= \frac{N \cdot w_1 \cdot v}{J_s} = \frac{N \cdot w_1}{F_i \cdot k_1}. \end{aligned}\right\} \tag{34}$$

Aus den Randspannungen kann man die Spannungen im Eisen erhalten. Man braucht aber in diesem Fall die Spannungen nicht nachzurechnen, da $n \cdot \sigma_{bd\,\text{zul}}$ für Eisen stets zulässige Werte ergibt.

2. Fall: N liegt außerhalb des Kerns.

Die Normalkraft N kann durch eine im Mittelpunkt O des Betonquerschnittes angreifende Normalkraft N und ein Kräftepaar $M = N \cdot c$ ersetzt werden, welches dem Moment der äußeren Kräfte in bezug auf den Mittelpunkt des Querschnittes gleich ist.

a) Es entstehen daher auf einer Seite des Querschnitts Zugspannungen, die zunächst berücksichtigt werden sollen:

In bezug auf die Nullinie ist (Abb. 188):

$$\left.\begin{aligned} M = N(e - x) = \sigma_{bd}\frac{b(d-x)^2\cdot 2}{2\cdot 3} + \sigma_{bz}\frac{b\,x^2\cdot 2}{2\cdot 3}\\ + \sigma_{ed}F'_e(d - x - c_1) + \sigma_{ez}F_e(x - c_2)\,;\\ c_1 = \frac{d}{2} - e\,;\qquad c_2 = \frac{d}{2} - e\,;\qquad e = e'. \end{aligned}\right\}\quad (35)$$

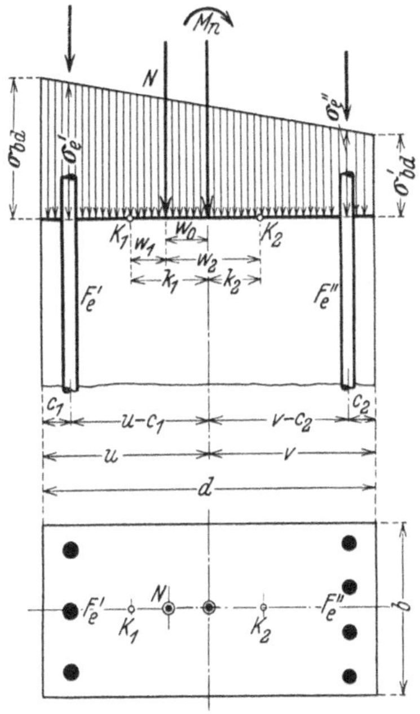

Abb. 187.

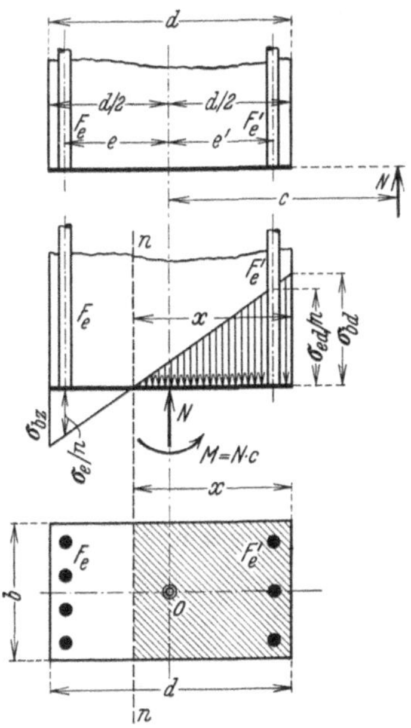

Abb. 188.

Die Lage der Schwerlinie ist abhängig von der Art der Belastung. Ändert sich x mit der Belastungsart, so ändert sich auch das Verhältnis des Betondruckteils zum Betonzugteil. Es ist ferner:

$$F_i = (d - x)\cdot b + n'\cdot x\cdot b + n(F_e + F'_e)\,;$$

$$S = \frac{(d-x)^2 b}{2} + n' x b\left(d - \frac{x}{2}\right) + n F_e c_1 + n F'_e(d - c_2)\,;$$

$$u = \frac{S}{F_i}\,;$$

$$\left.\begin{aligned} \sigma_{bd} = \frac{\sigma_{bz}(d-x)}{n'x}\,;\qquad \sigma_{bz} = n'\sigma_{bd}\frac{x}{d-x}\,;\\ \sigma_{ed} = n\sigma_{bd}\frac{(d-x-c_1)}{(d-x)}\,;\qquad \sigma_{ez} = n\sigma_{bd}\frac{(x-c_2)}{(d-x)}\,; \end{aligned}\right\}$$

$$\sigma_{bd}\frac{(a-x)}{2}b - \sigma_{bz}\frac{x\cdot b}{2} + \sigma_{ed}F'_e - F_e\sigma_{ez} = N.$$

In Gleichung (35) eingesetzt erhält man:

$$\Big[\sigma_{bd}\frac{(d-x)}{2}b - n'\sigma_{bd}\frac{b\cdot x}{2}\frac{x}{d-x} + F'_e\cdot\sigma_{bd}\frac{n(d-x-c_1)}{d-x}$$
$$- F_e\sigma_{bd}n\frac{(x-c_2)}{d-x}\Big](e-x) = \frac{\sigma_{bd}b(d-x)^2}{3} + \frac{n'b\,x^2}{3}\sigma_{bd}\frac{x}{d-x} +$$
$$+ F'_e(d-x-c_1)\,\sigma_{bd}n\frac{(d-x-c_1)}{(d-x)} + F_e(x-c_2)\sigma_{bd}\frac{n(x-c_2)}{d-x}.$$

Aus dieser Gleichung fällt σ_{bd} heraus. Es bleibt als einzige Unbekannte x.

$$\left.\begin{aligned}&\frac{(d-x)^2}{2}(e-x)b - \frac{n'b\,x^2}{2}(e-x) + n\,F'_e(d-x-c_1)(e-x)\\&- n\,F_e(x-c_2)(e-x) = \frac{b(d-x)^3}{3} + \frac{n'b\,x^3}{3} + n\,F'_e(d-x-c_1)^2\\&+ n\,F_e(x-c_2)^2.\end{aligned}\right\}\quad(36)$$

Der Ausdruck gibt für x eine Gleichung dritten Grades.

Wenn x bekannt ist, kann man F, S, J, die Kernradien und Spannungen errechnen.

b) Die Betonzugspannungen werden nicht zur Mitwirkung herangezogen:

x bedeute den Abstand der Nullinie vom gedrückten Rand, e und e' die Entfernung der Eiseneinlagen von der Querschnittsmitte.

Die äußeren Kräfte müssen gleich den inneren sein, das Moment der äußeren Kräfte muß gleich dem der inneren sein; dann ergibt sich (Abb. 188)

$$\left.\begin{aligned}N &= \frac{\sigma_{bd}}{2}\cdot b\,x + F'_e\,\sigma_{ed} - F_e\sigma_e\,,\\M &= \frac{\sigma_{bd}b\,x}{2}\left(\frac{d}{2}-\frac{x}{3}\right) + F'_e\sigma_{ed}\,e' + F_e\sigma_e e\,.\end{aligned}\right\}\quad(37)$$

Geradlinige Spannungsverteilung vorausgesetzt, erhält man:

$$\left.\begin{aligned}\sigma_e &= \frac{n\,\sigma_{bd}}{x}\left(e+\frac{d}{2}-x\right)\\\text{und}\qquad \sigma_{ed} &= \frac{n\,\sigma_{bd}}{x}\left(e'-\frac{d}{2}+x\right).\end{aligned}\right\}\quad(38)$$

Ersetzt man den Quotienten M/N durch c, so ergibt sich aus den vier Gleichungen (37) und (38) die Gleichung dritten Grades für x:

$$\left.\begin{aligned}&x^3 - 3\,x^2\left(\frac{d}{2}-c\right) + x\frac{6\,n}{b}\left[F_e(c+e) + F'_e(c-e')\right]\\&-\frac{6\,n}{b}\left[F_e\left(e+\frac{d}{2}\right)(c+e) + F'_e\left(\frac{d}{2}-e'\right)(c-e')\right] = 0\,.\end{aligned}\right\}\quad(39)$$

Diese Gleichung kann durch Probieren oder durch das Näherungsverfahren der Cardanischen Formel aufgelöst werden. Nach der letzteren setzt man in der allgemeinen kubischen Gleichung

$$x^3 + a\,x^2 + b\,x + c = 0$$

für x den Wert $x = z - {}^1/_3 a$, so entsteht die reduzierte kubische Gleichung

$$z^3 + p \cdot z + q = 0,$$

woraus

$$z = \sqrt[3]{-\frac{q}{2} + \sqrt{\left(\frac{q}{2}\right)^2 + \left(\frac{p}{3}\right)^3}} + \sqrt[3]{-\frac{q}{2} - \sqrt{\left(\frac{q}{2}\right)^2 - \left(\frac{p}{3}\right)^3}}.$$

Nach Auflösung folgt:

$$x = z + \frac{d}{2} - c.$$

(Die Bestimmung von x mit Hilfe von Tabellen oder Tafeln wird in dem folgenden Beispiel 9 gezeigt.)

Die Randspannung des Betondruckteils wird:

$$\sigma_{bd} = \frac{N}{\frac{b x^2}{2} + \frac{n F_e'}{x}\left(e' - \frac{d}{2} + x\right) - \frac{n F_e}{x}\left(e + \frac{d}{2} - x\right)}$$

oder auch:

$$\sigma_{bd} = \frac{M}{\frac{b x}{2}\left(\frac{d}{2} - \frac{x}{3}\right) + \frac{n F_e'}{x} e'\left(e' - \frac{d}{2} + x\right) + n F_e e\left(e + \frac{d}{2} - x\right)}. \qquad (40)$$

Die erste Gleichung ist bei größerer Exzentrizität empfindlich gegenüber kleinen Ungenauigkeiten von x, die bei näherungsweiser Auflösung der kubischen Gleichung meist vorhanden sind. Der Grund hierfür liegt darin, daß bei großer Exzentrizität Zähler und Nenner verhältnismäßig klein werden und der Nenner sich als eine Differenz darstellt, in der die Ungenauigkeit von x vervielfältigt zum Ausdruck kommt. Im Gegensatz dazu ist in der zweiten Gleichung der Nenner eine Summe von drei Größen und ändert sich deshalb nur wenig, wenn x vom genauen Wert etwas abweicht.

Die Spannung der Zugeisen wird

$$\sigma_e = \frac{n \sigma_{bd}}{x}\left(e + \frac{d}{2} - x\right). \qquad (40\text{a})$$

Die Spannung der Druckeisen wird

$$\sigma_{ed} = \frac{n \sigma_{bd}}{x}\left(e' - \frac{d}{2} + x\right). \qquad (40\text{b})$$

3. Fall: Spannungsberechnung bei Biegung mit axialem Zug. Bei der Berechnung von Silozellen kommt es vor, daß die exzentrisch wirkende Normalkomponente N der Resultierenden der äußeren Kräfte eine Zugkraft ist. Diese kann durch die im Mittelpunkt O des Querschnittes angreifende Zugkraft N und ein Kräftepaar $M = N \cdot c$ ersetzt werden, das gleich dem Moment der äußeren Kräfte in bezug auf O ist.

Infolge Gleichgewichts der inneren und äußeren Kräfte ist (Abb. 189)

$$\left.\begin{aligned} N &= F_e \sigma_e - \frac{b\,\sigma_{bd}}{2} x - F'_e \sigma_{ed}\,, \\ M &= \frac{\sigma_{bd}\, b x}{2}\left(\frac{d}{2} - \frac{x}{3}\right) + F'_e \sigma_{ed} e' + F_e \sigma_e e\,, \\ \sigma_e &= \frac{n\,\sigma_{bd}}{x}\left(e + \frac{d}{2} - x\right), \\ \sigma_{ed} &= \frac{n\,\sigma_{bd}}{x}\left(e' - \frac{d}{2} + x\right). \end{aligned}\right\} \tag{41}$$

Die kubische Gleichung für x ergibt sich:

$$\left.\begin{aligned} & x^3 - x^2 \cdot 3\left(\frac{d}{2} + e\right) - \frac{x \cdot 6n}{b}\left[F_e(c - e) + F'_e(c + e')\right] \\ & + \frac{bn}{b}\left[F_e\left(e + \frac{d}{2}\right)(c - e) + F'_e\left(\frac{d}{2} - e'\right)(c + e')\right] = 0. \end{aligned}\right\} \tag{42}$$

Sie entspricht der Gleichung (39) bei Biegung mit Axialdruck, wenn dort N bzw. $c = \frac{M}{N}$ negativ eingesetzt wird.

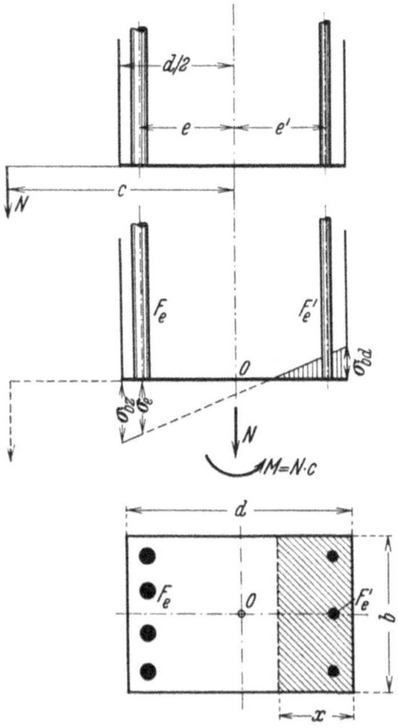

Abb. 189.

Bei Biegung mit Axialzug kann x negativ werden, wenn die Exzentrizität gering ist. Dann treffen die obigen Formeln nicht mehr zu, und man hat nur noch F_e und F'_e als auf Zug wirkend anzunehmen, während N proportional auf die Eisen verteilt wird. Bei geringer Exzentrizität müssen also zwei Eiseneinlagen vorhanden sein, da sonst kein Gleichgewicht denkbar ist, wenn man von der Betonzugfestigkeit absieht.

Der Grenzwert für die Exzentrizität liegt bei $x = 0$. Setzt man in der kubischen Gleichung $x = 0$, so erhält man den Grenzwert für c, unterhalb welchem keine Druckspannungen σ_{bd} auftreten:

$$c = \frac{F_e \cdot e\left(\frac{d}{2} + e\right) - F_e e'\left(\frac{d}{2} - e'\right)}{F_e\left(\frac{d}{2} + e\right) + F_e'\left(\frac{d}{2} - e'\right)}.$$

IX. Graphisches Verfahren zur Ermittlung der Spannungen in Eisenbetonquerschnitten.

Bei Querschnitten besonderer Art kann man zur Berechnung der Lage der Nullinie und des Trägheitsmomentes manchmal mit Vorteil das graphische Verfahren anwenden. Eine Berücksichtigung des auf Zug beanspruchten Querschnitteils ist hier leicht möglich.

1. Fall: Der Querschnitt sei durch ein Moment in der Symmetrieachse beansprucht. Die Risse seien bis zur Linie r vorgedrungen (Abb. 190 auf der folgenden Seite).

Es sollen die Betonzugspannungen berücksichtigt werden und außerdem der Unterschied von E_{bz} und E_{bd} zum Ausdruck kommen.

Wir zerlegen den wirksamen Querschnitt in Flächenstreifen, die wir als Kräfte auffassen.

Dadurch, daß wir den Eisenquerschnitt mit $n = \frac{E_e}{E_{bd}}$ und den Betonzugquerschnitt mit $n' = \frac{E_{bz}}{E_{bd}}$ multiplizieren, erhält man einen ideellen homogenen Querschnitt.

Zunächst finden wir die Nullinie aus der Bedingung, daß sie durch den Schwerpunkt geht und also die Momente der Flächen oberhalb und unterhalb gleich sind. Wir zeichnen daher das Seilpolygon a und b zu den Kräfteplänen α und β (Abb. 190). Der Schnittpunkt gibt an, wieweit die Flächen den einzelnen Kräfteplänen zuzuordnen sind und wo die Nullinie liegt.

In unserem Beispiel ist gewählt worden $f_e = (1 \varnothing 30\,\text{mm}) = 3{,}142\ \text{cm}^2$, $n = 10$ und $n' = 0{,}75$.

Nachdem wir so die Nullinie gefunden haben, finden wir die Spannungen mit Hilfe des Trägheitsmomentes des gedachten homogenen Querschnittes.

Dieses Trägheitsmoment ergibt sich aus der Zeichnung

$$J_n = 2H\ [\text{Fläche}\ ABC].$$

Es ließe sich nach dem bekannten Mohrschen Verfahren J_n auch zeichnerisch ermitteln.

Wenn J_n und x bekannt sind, so ergibt sich bei einem bestimmten M

$$\sigma_{bd} = \frac{M \cdot x}{J_n}, \qquad \sigma_e = \frac{n \cdot M(h - x)}{J_n}.$$

Wenn man h so rechnet, wie es in der Abbildung eingezeichnet ist, ergibt sich die Spannung der verschiedenen Eisenlagen verschieden groß. Wenn man σ_e überall gleich annehmen will, muß man h bis zum Schwerpunkt aller Eiseneinlagen zählen.

2. Fall: Der Querschnitt ist beansprucht durch eine Normalkraft N, die im Abstand a von der Nullinie in der Sym-

metrieachse angreift: Wir wollen in diesem Fall die Betonzugspannungen vernachlässigen.

Nach dem Verfahren von Guidi (Royen) wird in Abb. 191 die Nullinie bei Biegung und Axialdruck wie folgt bestimmt:

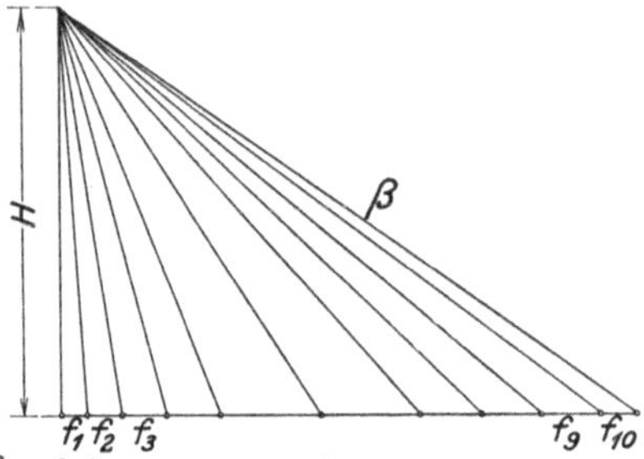

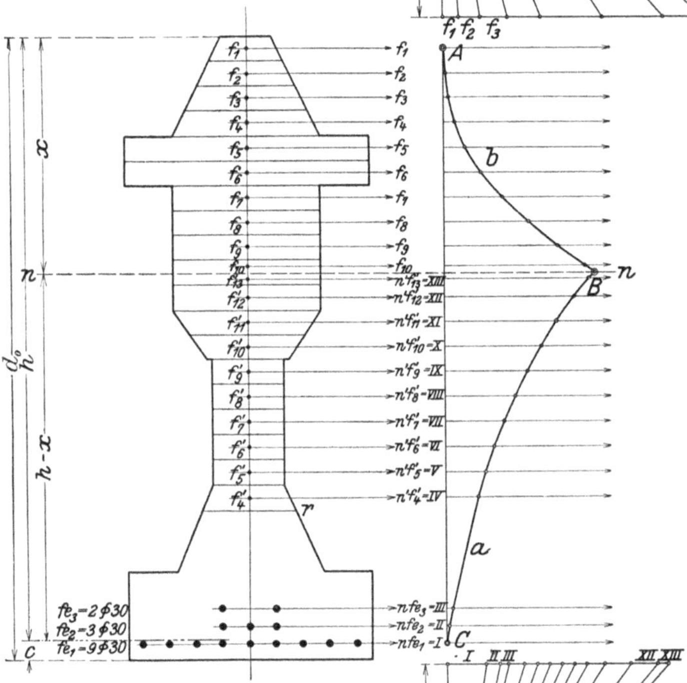

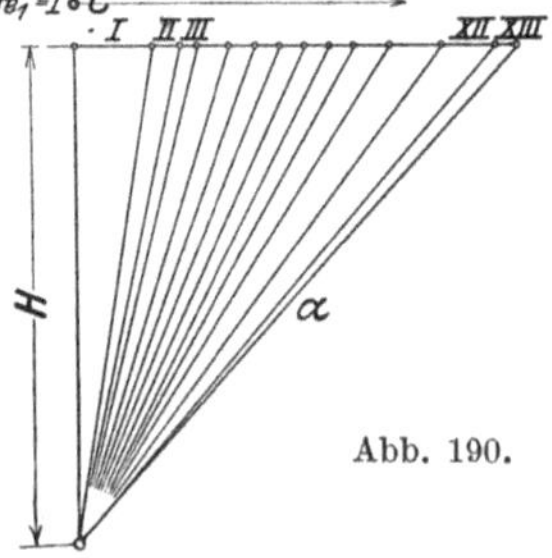

Im Krafteck werden die Betonquerschnitteinheiten und diejenigen der n-fachen Eisenquerschnitte getrennt aufgetragen.

Das Seilpolygon $ABODL$ wird derart gezeichnet, daß bei A mit nF_e begonnen wird. Der erste Seilstrahl ist AC usw.

Abb. 190.

Ist die Lage der Nullinie bekannt, so ist:

$$N = \sum \sigma d f = \frac{\sigma b d}{x} \sum d f x = \frac{\sigma b d}{x} S_n .$$

$$Na = \sum \sigma d f x = \frac{\sigma b d}{x} \sum d f x^2 = \frac{\sigma b d}{x} J_n \text{ und}$$

$$a = \frac{J n}{S n}.$$

$$J_n = 2HFl(ABDE) = 2HF;$$

$$S_n = H\eta; \quad \text{daraus}$$

$$a = \frac{2HF}{H\eta} = \frac{2F}{\eta}.$$

$$F = \frac{\eta a}{2} = Fl(ABDE).$$

Nun ist F der Flächeninhalt des Dreiecks CED; mithin ist $Fl(ABDE) = Fl(CED)$. Die Dreiecksfläche EOD ist beiden gemeinschaftlich, und wenn man sie von beiden Flächen abzieht, so bleibt:

$$Fl(BOA) = Fl(OCD).$$

Diese Gleichheit der in Abb. 191 schraffierten Flächen benutzt man zur Bestimmung der Nullinie. Man zieht die Linie CD so, daß das Dreieck ODC der bekannten Fläche (BOA) gleich wird. Im Punkte D erhält man die Lage der Nullinie.

Verlängert man die letzte Seilpolygonseite DG bis zum Schnitt G mit der ersten Seilpolygonseite AC, so erhält man die Lage des Schwerpunktes S des Querschnittes in der Linie $s—s$.

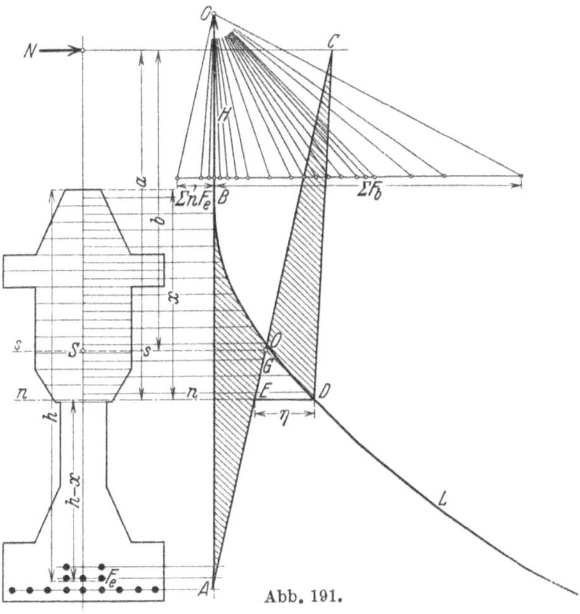

Abb. 191.

Das Trägheitsmoment J_s des Querschnittes, bezogen auf $s—s$, ist:

$$J_s = 2H \cdot Fl(ABDG)$$

$$Fl(ABDG) = (BAO) + (OGD) = (ODC) + (OGD) = (\triangle CGD).$$

Mithin ist $J_s = 2HFl(CGD) = 2H\frac{\eta a}{2} = H\eta a, \quad J_s = H\eta a.$

Die Spannungen im Beton und Eisen ergeben sich:

$$\left.\begin{aligned}
\sigma_{bd} &= \frac{Mx}{J_n} = \frac{Nax}{J_n} = \frac{Nax}{S_n \cdot a} = \frac{Nx}{S_n}, \\
\sigma_e &= \frac{nM(h-x)}{J_n} = \frac{nN(h-x)}{S_n}. \\
S_n &= H\eta, \quad J_n = J_s + F_i(a-b)^2 = H\eta a + F_i(a-b)^2, \\
F_i &= F_b + nF_e,
\end{aligned}\right\} \quad (43)$$

X. Mittel zur Bestimmung der zulässigen Spannungen im Beton und im Eisen in einem Bauwerk.

Vor Bearbeitung eines Entwurfes wird man Voraussetzungen für die Beschaffenheit des Materials und dessen zulässige Spannungen für ein bestimmtes Alter machen, für den Zeitpunkt, in dem das Bauwerk in Gebrauch genommen wird.

Diese Voraussetzungen sollten bei jedem größeren Bauwerke unter den Verhältnissen, wie sie bei der Herstellung des Bauwerkes vorliegen, nachgeprüft werden.

Der Sicherheitsgrad von Eisenbetonkonstruktionen muß entsprechend den Eigenheiten des Materials anders beurteilt werden als bei homogenem Material. Zu diesem Zweck betrachten wir die an verschiedenen Untersuchungen beobachteten Brucherscheinungen.

Die Zerstörung von zentrisch beanspruchten Eisenbetonsäulen erfolgt nach Erreichung der Prismenfestigkeit des Betons, vorausgesetzt, daß die Eiseneinlagen diejenigen Bedingungen erfüllen, die eine richtige Wirkung gewährleisten.

Bei Eisenbetontragteilen, die auf Biegung beansprucht werden, kann die Zerstörung in verschiedener Weise erfolgen:

a) durch die Erreichung der Biegungsdruckfestigkeit des Betons,

b) durch die Überschreitung der Streckgrenze der Eiseneinlagen,

c) durch Überwindung des Schubwiderstandes.

Diese drei Ursachen können auch gleichzeitig die Zerstörung herbeiführen. Wo dieser Fall eintritt, ist der Beweis erbracht, daß das Material und die Konstruktion bis zur äußersten Grenze ausgenutzt sind.

Die Bestimmung der zulässigen Druckspannungen im Beton bei zentrisch beanspruchten Tragteilen geschieht unter Annahme eines bestimmten Sicherheitskoeffizienten aus Druckversuchen an Betonwürfeln oder -prismen unter der Voraussetzung, daß sie unter denselben Verhältnissen hergestellt werden wie der Bauteil.

Hat man die Würfelfestigkeit W bestimmt, so ist die Prismenfestigkeit W' mit $^4/_5\,W$ gegeben. Findet man z. B. aus Versuchen[1] $_{28}W_b = 300$ kg/cm^2, so ist die Prismenfestigkeit $W' = 240$ kg/cm^2. Bei einer vierfachen Sicherheit wird sonach die zulässige Druckspannung im

[1] $_{28}W_b$ ist die Würfelfestigkeit im Alter von 28 Tagen. Bei höherer 28-Tage-Festigkeit und in Fällen, wie im Brückenbau, wo das Bauwerk im höheren Alter in Gebrauch genommen werden kann, läßt sich die zulässige Druckspannung im Beton weiter steigern, wie dies bis zu 100 kg/cm^2 bereits geschehen ist.

Beton $\sigma_{b\,d\,\mathrm{zul}} = 60\ \mathrm{kg/cm^2}$ anzunehmen sein. Mit zunehmendem Alter des Betons steigt die Festigkeit und damit die Sicherheit.

Im allgemeinen sollte die Größe der zulässigen Druckspannung bei zentrisch beanspruchten Beton- oder Eisenbetongliedern von der Güte des verwendeten Betons abhängig gemacht werden. Es genügt, die Größe des Sicherheitskoeffizienten festzulegen.

Bei der Bestimmung der zulässigen Druckspannungen im Beton bei einem auf Biegung beanspruchten Bauteil kann die Heranziehung der Würfelfestigkeit unter Umständen ein ganz falsches Bild geben.

Um die zulässigen Biegungsdruckspannungen im Beton zu bestimmen, verwendet man mit Vorteil die Balkenprobe an sog. Kontrollbalken.

Ein Kontrollbalken ist ein Eisenbetonbalken, der bei irgendeiner Belastung an der Stelle der größten Biegungsmomente durch Erreichung der Biegungsdruckfestigkeit des Betons zerstört wird.

Es muß daher die Biegungsdruckfestigkeit erreicht werden, bevor der Schubwiderstand des Balkens erschöpft ist und bevor die Streckgrenze der Eiseneinlagen erreicht wird.

Der einfachste Fall einer Kontrollbalkenprobe ist bei einem rechteckigen Querschnitt eine Belastung durch eine Einzellast in der Mitte. An der Laststelle entsteht das größte Biegungsmoment, welches die Zerstörung des Betons infolge Erreichung der Biegungsdruckfestigkeit herbeiführt. Die Probe kann auf dem Bau oder im Laboratorium ausgeführt werden.

Eine zweckmäßige Ausbildung von Kontrollbalken, welche sich bewährt hat, ist in Abb. 192 dargestellt.

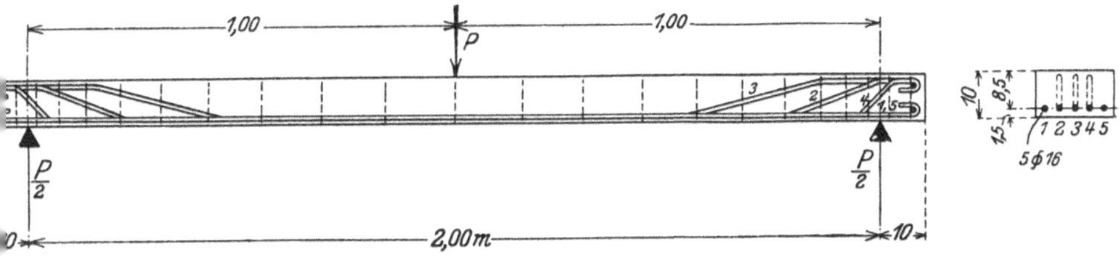

Abb. 192. Kontrollbalken.

Versuche zeigten, daß die Biegungsdruckfestigkeit des Betons mit Zunahme der Balkenhöhe abnahm. Bei Anordnung von zwei Einzellasten war die Biegungsdruckfestigkeit etwas kleiner als bei Anordnung von nur einer Einzellast. Ein Einfluß der Spannweite konnte nicht festgestellt werden. Andere Versuche zeigten, daß die Biegungsdruckfestigkeit des Betons durch Verdoppelung der Querschnittsabmessungen nicht nennenswert beeinflußt wird.

Damit die Kontrollbalken leicht befördert werden können, wird man die Abmessungen so klein wie möglich wählen. Bei einer Spannweite von 2 m wird ein Querschnitt von 15 × 10 cm genügen. Die Eiseneinlagen müssen nicht nur gut verankert, sondern auch vom Beton gut eingehüllt sein. Es ist daher nicht gut, die Eiseneinlagen an der Unterseite ohne jede Umhüllung zu lassen, weil dadurch das Zusammenwirken von Beton und Eisen nicht genügend gewährleistet ist.

Für eine Einzellast P ist das größte Biegungsmoment $M = \frac{Pl}{4}$. Die größte Druckspannung im Beton ergibt sich für eine Belastung nahe dem Bruchstadium, wo von einer Mitwirkung der Zugspannungen des Betons nicht mehr gesprochen werden kann, nach der Gleichung (11e)

$$\sigma_{bd} = \frac{2M}{bx\left(h - \frac{x}{3}\right)}.$$

Diese Gleichung gilt auch angenähert für die Berechnung der Biegungsdruckfestigkeit K_{bd}, wenn auch die der Berechnung zugrunde gelegten Annahmen nicht mehr vollständig zutreffen.

Nimmt man z. B. einen Kontrollbalken von 2 m Spannweite und 15 × 10 cm Querschnitt als Normalprobekörper an, so wird $M = 50\,P$ kgcm. Nimmt man ferner $x = \frac{h}{2}$ an, so erhält man für die Biegungsdruckfestigkeit

$$K_{bd} = \frac{40\,P}{\frac{bh^2}{6}}.$$

Unter Einsetzen der Werte für $b = 15$ cm, $h = 9$ cm ergibt sich:

$$K_{bd} \cong \frac{P}{5}.$$

Auf diesem Wege ist man in der Lage, mit ziemlicher Annäherung die Biegungsdruckfestigkeit des Betons K_{bd} zu bestimmen.

Aus allen Versuchen geht hervor, daß die Biegungsdruckfestigkeit größer ist als die Würfelfestigkeit. Das Verhältnis von K_d/W ist veränderlich je nach der Güte der Betonmischung. Es ist abhängig von dem Wasserzusatz, von der Lagerung, ob die Balken trocken oder feucht gelagert werden. Kennt man nur die Ergebnisse von Würfelproben, so wird man als Durchschnittswert setzen können:

$$K_{bd} = 1{,}25\,W.$$

Will man die zulässige Druckspannung im Beton in einem auf Biegung beanspruchten Bauteil bestimmen, so ermittelt man zuerst die Biegungsdruckfestigkeit K_{bd} mit Hilfe von Kontrollbalkenversuchen oder auch mit Hilfe von Würfelproben mit einer Betonmischung, die unter denselben Verhältnissen wie im Bauwerk hergestellt wird.

Auch hier empfiehlt es sich, die Größe der zulässigen Spannungen von der Güte der verwendeten Betonmischung abhängig zu machen.

Bei einer gewöhnlichen Deckenplatte wird man die zulässige Druckspannung im Beton vollkommen ausnutzen können, besonders wenn die Platte nicht zu dünn ist. Bei der Berechnung von T-förmigen Querschnitten ist eine Ausnutzung der zulässigen Spannungen nicht möglich. Für Querschnitte über Stützen bei durchlaufenden Trägern, an Stelle der negativen Momente, ist eine Vergrößerung der zulässigen Druckspannung im Beton möglich, weil dort der Druck von allen Seiten gegen den Kern des Querschnittes erfolgt, wie bei Besprechung der Nebenspannungen bereits gezeigt wurde.

Die Bestimmung der zulässigen Zugspannungen im Beton für reine Zugglieder, die sehr selten in Frage kommt, kann aus den Ergebnissen direkter Zugversuche erfolgen. Wenn es sich aber um die zulässigen Biegungszugspannungen handelt, so kann man diese nur mit Hilfe von Biegeversuchen bestimmen.

Die nach der Gleichung

$$\sigma_{bz} = \frac{M(d-x)}{\frac{b}{3}[x^3 + (d-x)^3] + nF_e(h-x)^2}$$

berechneten größten Zugspannungen des Betons wurden aus Versuchen bis zu einer Größe von 45,6 kg/cm² ermittelt. Angenähert läßt sich die Biegungsfestigkeit aus der Gleichung

$$K_{bz} = \frac{M}{\frac{bh^2}{6}}$$

berechnen.

Man könnte zur Bestimmung der Biegungszugfestigkeit auch Kontrollbalken verwenden, doch müßten diese einen anderen Querschnitt aufweisen als vorher. Zweckmäßig wäre ein Querschnitt, dessen Höhe etwa zweimal so groß ist wie die Breite.

Bestimmt man die Biegungszugfestigkeit K_{bz} aus Versuchen an unbewehrten Betonbalken, so findet man, daß diese kleiner ist als die Biegungszugfestigkeit K_{bz}, die aus Versuchen mit Eisenbetonbalken beim Auftreten des ersten Risses bestimmt wird.

Ergibt sich aus Balkenversuchen mit nichtbewehrtem Beton eine Biegungsfestigkeit

$$K_{bz} = 20\,\text{kg/cm}^2,$$

so wird man, um eine rechnerische Rißsicherheit zu erhalten, $\sigma_{bz\,\text{zul}} = 15 - 10\,\text{kg/cm}^2$ rechnen können.

Eine Erhöhung der zulässigen Biegungszugspannungen ist möglich bei Eisenbetonkonstruktionen unter Wasser, oder wenn sie sehr naß gehalten sind. Ferner ist eine Erhöhung von $\sigma_{bz\,zul}$ berechtigt, wenn die Eiseneinlagen in der Zugzone auf irgendeine Art eine Vorspannung erhalten. Versuche haben gezeigt, daß in diesem Falle die Rißbelastung bis zu 50% erhöht wird. σ_{bz} kann dann mit 20 bis 25 kg/cm² der Berechnung zugrunde gelegt werden.

Die Bestimmung der zulässigen Schubspannungen τ_0 wird ebensowenig aus direkten Schub- oder Scherversuchen abzuleiten sein, wie dies bei den Zugspannungen der Fall war.

Die direkten Schub- und Verdrehungsversuche haben uns gezeigt, daß die Schubfestigkeit größer ist als die Zugfestigkeit des Betons. Will man die bei Eisenbetonträgern zulässigen Schubspannungen kennenlernen, so kann dies auch mit Hilfe von Biegeversuchen geschehen. Man berechnet sie nach der Gleichung

$$\tau_0 = \frac{Q}{b z}.$$

τ_0 stellt die bei Eisenbetonträgern beim Auftreten des ersten Schrägrisses errechneten Schubspannungen dar.

Die Schubspannungen τ_0, die mit der Größe der Hauptzugfestigkeit identisch sind, sind diejenigen, welche bei fehlenden Schrägeisen zum Bruch führen oder bei genügender Schubbewehrung die ersten schrägen Risse herbeiführen. Diese sind der Bemessung der zulässigen Schubspannungen des Betons zugrunde zu legen. Sie wurden aus verschiedenen Versuchen mit $\tau = 12 - 20$ kg/cm² ermittelt, je nach der Güte der Betonmischung. Bei einer vierfachen Sicherheit dürfte eine zulässige Schubspannung ${}_0\tau_{zul}$ 4 bis 5 kg/cm² als guter Durchschnittswert anzusehen sein, wobei zu beachten ist, daß dieser Wert bei einer sehr guten Betonmischung eine kleine Erhöhung erfahren kann.

Bei den auf S. 293 u. f. vom Verfasser dargestellten Versuchen mit T-Balken wurde τ_0 beim Auftreten der ersten Schrägrisse mit durchschnittlich 14 kg/cm² berechnet; τ_0 stieg je nach der Güte der Bewehrung bei der Bruchlast auf 30 bis 55 kg/cm².

Man wird daher eine von schiefen Rissen freie Konstruktion erhalten können, wenn man den Querschnitt so ausbildet, daß die Berechnung von τ_0 Werte kleiner als 12 bis 20 kg/cm² ergibt, je nach der Güte des Betons und der Bewehrung. Ist τ_0 größer, so sagt dies, daß der Sicherheitsgrad gegen das Eintreten schiefer Risse kleiner ist als 4, wenn ${}_0\tau_{zul} = 4$ ist. In diesem Falle kann man den Betonquerschnitt vergrößern, wenn man den Sicherheitsfaktor nicht verkleinern will.

Im Gegensatz zu den zulässigen Spannungen im Beton kann man für die den Eiseneinlagen zulässigen Spannungen feste Zahlen annehmen. Die Bemessung erfolgt auf Grund der Streckgrenze. Obgleich diese veränderlich ist, wenn auch nicht in dem Maße wie die Festigkeit von Betonmischungen, so wird man doch für Flußeisen und Stahl gute Durchschnittswerte annehmen können: Für St 37 etwa 2400 kg/cm² und für hochwertigen Stahl mehr. Dementsprechend wird bei einer zweifachen Sicherheit für St 37 $\sigma_{e\,\mathrm{zul}} = 1200$ kg/cm² und für hochwertigen Stahl $\sigma_{e\,\mathrm{zul}}$ bis zu 2000 kg/cm² bei entsprechend höheren Streckgrenzen und Zugfestigkeiten.

XI. Beispiele.

Im nachfolgenden soll an einer Anzahl von Beispielen gezeigt werden, in welcher Weise die in dem vorigen Kapitel abgeleiteten Grundgleichungen angewendet werden. (Wirtschaftliche Dimensionierungs-

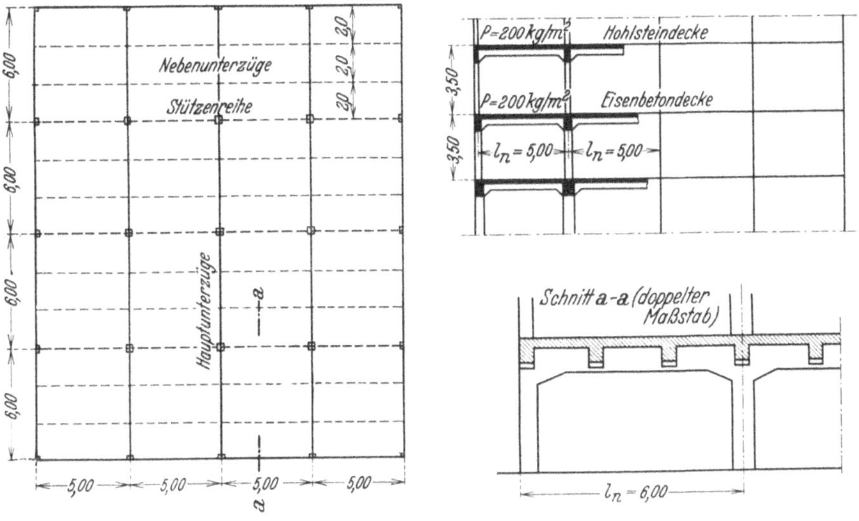

Abb. 193.

methoden, Entwerfen und Konstruieren werden im Bd. II der „Vorlesungen über Eisenbeton" besprochen.)

Abb. 193 zeigt einen Teil des Grundrisses und Querschnittes einer typischen Eisenbetonkonstruktion, deren Hauptträger überall auf Eisenbetonstützen auflagern, der die folgenden Beispiele entnommen werden.

1. Beispiel. Berechnung einer Eisenbetondecke (Abb. 194).

Ständige Belastung für einen 100 cm breiten Streifen

der Platte: 0,07 · 2400	= 168 kg/m²
Putz und Belag	= 60 „
Nutzlast p	= 200 „
Gesamtlast q	= 428 kg/m²

$$M_{\text{Endfeld}}: \frac{ql^2}{11} = 0{,}428\,\frac{2{,}00^2}{11} = 0{,}156 \text{ mt.}$$

$$M_{\text{Mittelfeld}}: = 0{,}428\,\frac{2{,}00^2}{15} = 0{,}114 \text{ mt.}$$

$$M_{\text{Mittelauflager}}: = -0{,}428\,\frac{2{,}00^2}{10} = -0{,}171 \text{ mt.}$$

$$M_{\text{Endlager}}: = -0{,}428\,\frac{2{,}00^2}{9} = -0{,}190 \text{ mt.}$$

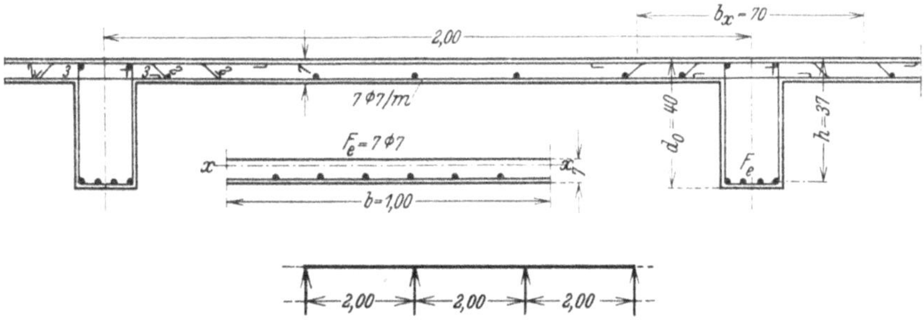

Abb. 194.

Nach Gleichung (16b) wird mit Hilfe der Zusammenstellung S. 271

im Endfeld: $F_e = 0{,}0019\sqrt{15600 \cdot 100} = 2{,}37 \text{ cm}^2$,

gewählt: 7 ⌀ 7 mm = 2,70 cm²;

im Mittelfeld: $F_e = 0{,}0016\sqrt{11400 \cdot 100} = 1{,}71 \text{ cm}^2$,

gewählt: 7 ⌀ 7 mm;

über dem Endauflager: $F_e = 0{,}0021\sqrt{19000 \cdot 100} = 2{,}89 \text{ cm}^2$,

gewählt: 8 ⌀ 7 mm = 3,08 cm²;

über einem Mittelauflager: $F_e = 0{,}020\sqrt{17000 \cdot 100} = 2{,}42 \text{ cm}^2$,

gewählt 7 ⌀ 7 mm.

Spannungsnachweis:

Endfeld: Nach Gleichung (16) wird nach Einsetzen ($n = 10$):

$$x = \frac{10 \cdot 2{,}70}{100}\sqrt{-1 + \frac{2 \cdot 600 \cdot 6{,}0}{10 \cdot 2{,}70}} = 1{,}55 \text{ cm.}$$

Nach Gleichung (11e):

$$\sigma_b = \frac{2 \cdot 156000}{1{,}55 \cdot 100\left(6{,}0 - \frac{1{,}55}{3}\right)} = 37 \text{ kg/cm}^2,$$

nach Gleichung (16a):

$$\sigma_e = \frac{156000}{2{,}70\left(6 - \frac{1{,}55}{3}\right)} = 1060 \text{ kg/cm}^2.$$

Über einem Endauflager nach denselben Gleichungen:

$$M = -190000\ \mathrm{kg\,cm}; \quad F_e = 3{,}08; \quad \text{gewählt: } 8 \varnothing\ 7\ \mathrm{mm};$$

$$x = 1{,}65; \quad \sigma_b = 42\ \mathrm{kg/cm^2}; \quad \sigma_e = 1130\ \mathrm{kg/cm^2}.$$

2. Beispiel: Berechnung einer Zellendecke.

An Stelle einer Eisenbetondecke wählt man manchmal zur Erhöhung der Schall- und Wärmeisolierung Hohl- oder Hohlsteindecke. Verwendet man Rahmenzellen nach Abb. 195, so erhält man:

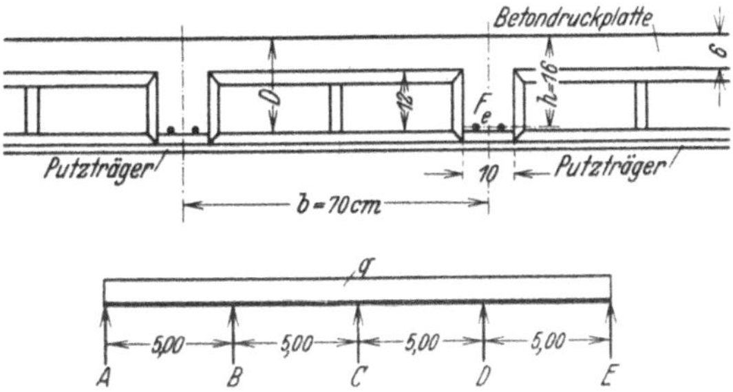

Abb. 195.

Eigengewicht:	Hohlkörper (nach Angabe)	=	5 kg/m²
	Rippen: $\frac{0{,}10 \cdot 0{,}12}{70} \cdot 2400$	=	41 ,,
	Betonplatte (6 cm): 0,06 · 2400	=	144 ,,
	Putz, Belag	=	60 ,,
	Nutzlast	=	200 ,,
	Gesamt	q =	450 kg/m²

Belastung pro Rippe: 450 · 0,70 = 315 kg/lfdm.

$$M_{\text{Endfeld}}: \quad = \quad 0{,}315 \cdot \frac{5{,}00^2}{11} = 0{,}72\ \mathrm{mt};$$

$$M_{\text{Mittelfeld}}: \quad = \quad 0{,}315 \cdot \frac{5{,}00^2}{15} = 0{,}53\ \mathrm{mt};$$

$$M_{\text{Außenstütze}}: = -0{,}315 \cdot \frac{5{,}00^2}{9} = -0{,}88\ \mathrm{mt};$$

$$M_{\text{Mittelstütze}}: = -0{,}315 \cdot \frac{5{,}00^2}{10} = -0{,}79\ \mathrm{mt}.$$

Für $h = 16$ und $n = 10$ wird aus Gleichung (16b) und der dazugehörenden Zusammenstellung:

Endfeld: $$r = \frac{16}{\sqrt{\frac{72000}{100}}} = 0{,}50; \quad \sigma_b = 37\ \mathrm{kg/cm^2};$$

Mittelfeld: $$r = \frac{16}{\sqrt{\frac{53000}{70}}} = 0{,}58; \quad \sigma_b = 31\ \mathrm{kg/cm^2};$$

Außenauflager: $r = \frac{16}{\sqrt{\frac{88000}{70}}} = 0{,}45; \quad \sigma_b = 41\,\mathrm{kg/cm^2};$

Mittelauflager: $r = \frac{16}{\sqrt{\frac{79000}{70}}} = 0{,}475; \quad \sigma_b = 40\,\mathrm{kg/cm^2}.$

Wie vorher werden entsprechend:

F_e (Endfeld) $= 0{,}0018\sqrt{72000 \cdot 70} = 4{,}01\,\mathrm{cm^2};$

$1 \varnothing 14 + 1 \varnothing 18 = 4{,}08\,\mathrm{cm^2}.$

F_e (Mittelfeld) $= 0{,}0015\sqrt{53000 \cdot 70} = 2{,}88\,\mathrm{cm^2}; \; 2 \varnothing 14 = 3{,}08\,\mathrm{cm^2}.$

F_e (Außenstütze) $= 0{,}0020\sqrt{88000 \cdot 70} = 4{,}96\,\mathrm{cm^2};$

$2 \varnothing 14 + 2 \varnothing 18 = 5{,}62\,\mathrm{cm^2}.$

F_e (Mittelstütze) $= 0{,}0019\sqrt{79000 \cdot 70} = 4{,}47\,\mathrm{cm^2};$

$2 \varnothing 14 + 1 \varnothing 14 = 4{,}62\,\mathrm{cm^2}.$

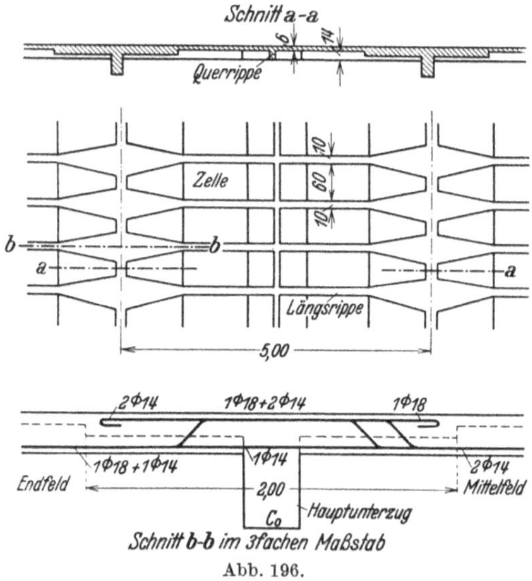

Abb. 196.

Der Spannungsnachweis wird in derselben Weise wie bei Beispiel 1 geführt.

Am Auflager der Decke über dem Unterzug wird ein Vollbetonstreifen notwendig (Abb. 196) zur Aufnahme der Schubspannungen und für die negativen Momente. Nimmt man den Momentennullpunkt in den Viertelspunkten der Stützweite an, so wird man bei einer Spannweite von $l = 5$ m diesen Streifen 2 m lang, also je 1 m zu beiden Seiten des Unterzuges, annehmen können.

3. Beispiel: Berechnung einer Hohlsteindecke. (Hierzu Abb. 197.)

An die Stelle der Rohrzellen treten Hohlsteine (z. B. aus Bimsbeton):

Belastung:	Druckbetonplatte 5 cm : 0,05 · 2400 . .	=	120 kg/m²
	2 Rippen: 2 · 0,10 · 0,14 · 2400	=	67 ,,
	10 Hohlsteine: 16 · 20 · 50 cm (nach Angabe)	=	70 ,,
	Putz, Belag	=	60 ,,
	Nutzlast	=	200 ,,
		q ≅	520 kg/m²

Die Momente, wie in Beispiel 2 berechnet, ergeben:

$$M_E = 1{,}18; \quad M_M = 0{,}87; \quad M_E = -1{,}45; \quad M_M = -130\,\text{mt}.$$

Mit $h = 17$ cm und $n = 10$ und nach Einsetzen der Momentwerte werden mit Hilfe der r-Werte

σ_b mit 31 bis 42 kg/m² berechnet.

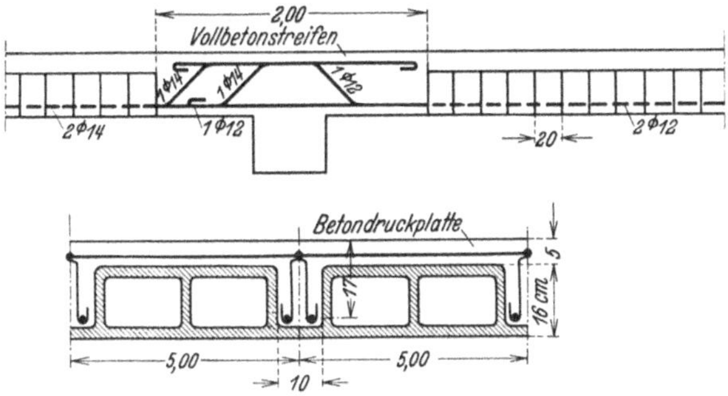

Abb. 197.

Die Berechnung der F_e wie früher für 100 cm (zwei Rippen) ergeben im:

Endfeld: 2 ⌀ 14 = 3,08 cm², im Mittelfeld: 2 ⌀ 12 = 2,26 cm²; über dem Außenauflager: 2 ⌀ 14 + 1 ⌀ 12 = 3,08 + 1,13 = 4,21 cm²; über dem Mittelauflager: 2 ⌀ 12 + 1 ⌀ 14 = 2,26 + 1,54 = 3,80 cm².

Würde die Decke nach der größeren Spannweite (6,00 m, s. Abb. 193) gespannt, so läßt sich nachrechnen, daß der Beton- und Eisenverbrauch wesentlich größer werden. Deshalb spannt man Eisenbetonrippendecken nach der kürzeren Spannweite.

4. Beispiel: Berechnung eines Nebenunterzuges (Abb. 198).

Bei der Ermittlung der Last, die von der Platte auf die Nebenunterzüge übertragen wird, werden die Wirkungen der Kontinuität vernachlässigt.

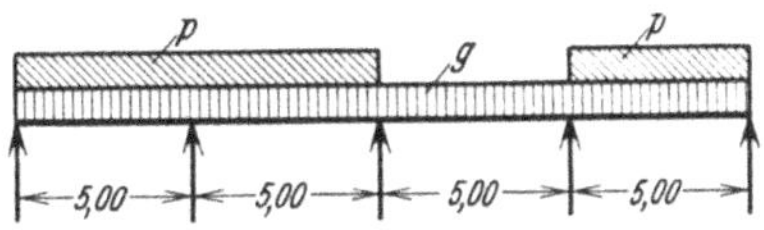

Abb. 198.

Belastung:

Ständige Last (aus Beispiel 1): 0,228 · 2,00	= 0,456	t/lfdm
Steg: (0,40 — 0,07) 0,20 · 2,4	= 0,158	,,
	g = 0,614	t/lfdm
Nutzlast: 0,200 · 2,00	p = 0,400	,,

Momente und Querkräfte für Träger auf fünf Stützen (Beiwerte α und β aus Tabellen entnommen).

$$M_{\text{Endfeld}} = (\underset{\alpha}{0{,}077} \cdot \underset{g}{0{,}614} + \underset{\beta}{0{,}100} \cdot \underset{p}{0{,}400})\, \underset{l^2}{5{,}00^2} = 2{,}18 \text{ mt}$$

$$M_{\text{Mittelfeld}} = (0{,}036 \cdot 0{,}614 + 0{,}081 \cdot 0{,}400)\, 5{,}00^2 = 1{,}36 \text{ ,,}$$

$$M_{\text{Außenauflager}} = -(0{,}107 \cdot 0{,}614 + 0{,}121 \cdot 0{,}400)\, 5{,}00^2 = -2{,}86 \text{ ,,}$$

$$M_{\text{Innenauflager}} = -(0{,}071 \cdot 0{,}614 + 0{,}107 \cdot 0{,}400)\, 5{,}00^2 = -2{,}16 \text{ ,,}$$

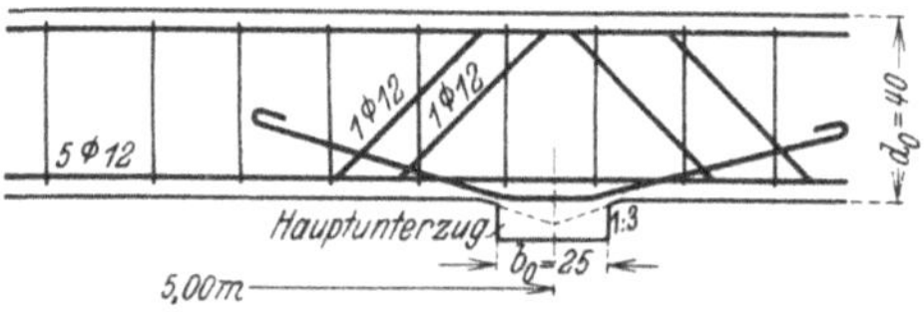

Abb. 199.

Nimmt man $b = 12d + b_0 = 12{,}7 + 20 = 104$ cm, so wählt man b kleiner $= 70$ cm, $b_0 = 20$ cm; $d_0 = 40$ cm, so wird die Nullinie in der Platte liegen, und man wird für $h = 37$ und $n = 10$ für das Endfeld wie bei Beispiel 2 und 3 mit $M = 218000$ cmkg aus der Zusammenstellung.

$$r = \frac{37}{\sqrt{\frac{218000}{70}}} = 0{,}663; \quad \text{entsprechend } \frac{\sigma_b}{\sigma_e} = \frac{27}{1200}.$$

Über der Endstütze wird (Abb. 199)

$$r = \frac{46}{\sqrt{\frac{286000}{20}}} = 0{,}388 \quad \text{mit } \frac{\sigma_b}{\sigma_e} = \frac{50}{1200}.$$

Für das Endfeld wird $F_e = 0{,}00135\sqrt{218000 \cdot 70} = 5{,}28 \text{ cm}^2$;
gewählt: $5 \varnothing 12 = 5{,}65 \text{ cm}^2$.

Über der Endstütze: $F_e = 0{,}00238\sqrt{286000 \cdot 20} = 5{,}70 \text{ cm}^2$;
gewählt: $5 \varnothing 12$.

Im Mittelfeld ist $M = 136000$ cmkg; $F_e = 0{,}00102\sqrt{136000 \cdot 70} = 3{,}15 \text{ cm}^2$; gewählt: $3 \varnothing 12$ $F_e = 3{,}39$.

Spannungsnachweis: nach den Gleichungen wie in Beispiel 1. Im Endfeld wird

$$x = \frac{10 \cdot 5{,}65}{70}\left[-1 + \sqrt{1 + \frac{2 \cdot 70 \cdot 37}{10 \cdot 5{,}65}}\right] = 6{,}95 \text{ cm},$$

$$\sigma_b = \frac{2 \cdot 218000}{6{,}95 \cdot 70\left(37 - \frac{6{,}95}{3}\right)} = 26 \text{ kg/cm}^2,$$

$$\sigma_e = \frac{218000}{5{,}65\left(37 - \frac{6{,}95}{3}\right)} = 1120 \text{ kg/cm}^2.$$

Über dem Endauflager wird mit $M = 286000$ kg cm

$$x = \frac{10 \cdot 5{,}65}{20}\left[-1 + \sqrt{1 + \frac{2 \cdot 20 \cdot 46}{10 \cdot 5{,}65}}\right] = 13{,}6 \text{ cm},$$

$$\sigma_b = \frac{2 \cdot 286000}{13{,}6 \cdot 20\left(46 - \frac{13{,}6}{3}\right)} = 51 \text{ kg/cm},$$

$$\sigma_e = \frac{286000}{5{,}65\left(46 - \frac{13{,}6}{3}\right)} = 1220 \text{ kg/cm}^2.$$

Die Berechnung der Schubbewehrung wird beim nächsten Beispiel gezeigt.

5. Beispiel: Berechnung eines Hauptunterzuges.

Belastung (s. Abb. 200a): Eigengewicht des Steges: $b_0 = 25$; $d_0 = 50$; $l = 6{,}00$ m; $g = 0{,}25(0{,}50 - 0{,}07)2{,}4 = 0{,}26$ t/m.

Abb. 200a.

Abb. 200b.

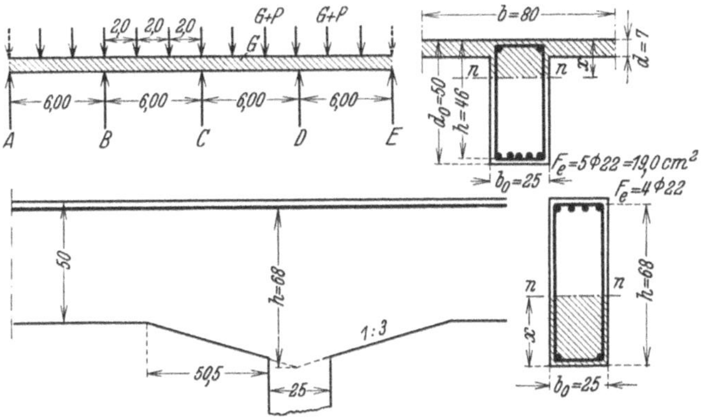

Einzellasten durch die Nebenunterzüge:

Ständige Last: $G = 0{,}614 \cdot 5{,}00 = 3{,}1$ t

Nutzlast: $P = 0{,}400 \cdot 5{,}00 = 2{,}0$ t.

Momente M und Querkräfte Q für kontinuierliche Träger auf fünf Stützen:

$$M_{\text{Endfeld}} = 0{,}077 \cdot 0{,}26 \cdot 6{,}00^2 + 0{,}238 \cdot 3{,}1 \cdot 6{,}00 + 0{,}286 \cdot 2{,}0 \cdot 6{,}00 = 8{,}57 \text{ mt},$$

entsprechend $M_{\text{Mittelfeld}} = 5{,}06$ mt;

$M_{\text{Endstütze}} = -10{,}17$ mt; $M_{\text{Mittelstütze}} = -7{,}64$ mt.

Querkräfte:

$$A = 0{,}393 \cdot 0{,}26 \cdot 6{,}00 + 0{,}714 \cdot 3{,}1 + 0{,}857 \cdot 2{,}0 = 4{,}5 \text{ t},$$

entsprechend B_{links}: 7,6 t; B_{rechts}: 6,8 t; C_{links}: 5,9 t.

Da die Nullinie für den Querschnitt (Abb. 200a) in den Steg fällt, wird für das Endfeld bei $M = 857000$ cmkg:

F_e nach Gleichung $\frac{M}{\sigma_e z} = F_e$; z angenähert $h - \frac{d}{2} = 46 - 3,5 = 42,5$;

$$F_e \backsim \frac{857000}{1200 \cdot 42,5} \cong 17,2; \qquad \text{gewählt: } 5 \varnothing 22\ F_e = 19,0 \text{ cm}^2.$$

Nach Gleichung (23) wird mit $b = 80$, $b_0 = 25$; $h = 46$ und $n = 10$:

$$x = \frac{\frac{80 \cdot 7^2}{2} + 10 \cdot 19,0 \cdot 46}{80 \cdot 7 + 10 \cdot 19,0} = 14,3 \text{ cm},$$

$$J_i = \frac{b\,x^3}{3} + n\,F_e(h - x)^2 - \frac{6(x - d)^3}{3}$$

$$= \frac{80 \cdot 14,3^3}{3} + 10 \cdot 19,0(46 - 14,3)^2 - \frac{80(14,3 - 7)^3}{3} = 258600 \text{ cm}^4,$$

$$\sigma_b = \frac{M}{J_i}x = \frac{857000 \cdot 14,3}{258600} = 47,5 \text{ kg/cm}^2,$$

$$\sigma_e = n\frac{M}{J_i}(h - x) = 10\,\frac{857000}{258000}(46 - 14,3) = 1055 \text{ kg/cm}^2.$$

Für den rechteckigen Stützenquerschnitt (Abb. 200b)

$$M = -1017000 \text{ kgcm} \quad \text{und} \quad \frac{\sigma_b}{\sigma_e} = \frac{60}{1200} \text{ kg/cm}^2$$

wird wie früher

$$h = 0,336\sqrt{\frac{1017000}{25}} = 68 \text{ cm},$$

$F_e = 0,00279\sqrt{1017000 \cdot 25} = 14,0 \text{ cm}^2$. Gewählt: $4 \varnothing 22 = 15,20 \text{ cm}^2$.

Der Spannungsnachweis ergibt: $x = 23,4$ cm,

$\sigma_b = 58$ kg/cm²,

$\sigma_e = 1110$ kg/cm².

6. Beispiel: Die Berechnung der Schubbewehrung soll an dem Hauptunterzug aus Beispiel 5 links von der Stütze *B* gezeigt werden (Abb. 201).

Für die berechnete Querkraft $Q_{Bl} = 7600$ kg berechnet man nach Gleichung (31), wenn $b_0 = 25$ und $z \cong 0,9\,h$ ($h = 68$ nach Abb. 201):

Über Stützenachse:	${}_{Bl}\tau_0 = \frac{7600}{25 \cdot 0,9 \cdot 64} = 5,0$ kg/cm²,	Q aus der Querkraftfläche
am Rande der Stütze:	$\tau_0 = \frac{7570}{25 \cdot 0,9 \cdot 64} = 5,3$,,	
am Voutenende:	$\tau_0 = \frac{7440}{25 \cdot 0,9 \cdot 46} = 7,2$,,	
am Nebenunterzug:	$\tau_0 = \frac{7080}{25 \cdot 0,9 \cdot 46} = 6,8$,,	

Mit diesen Werten wird Schubspannungsfläche in der in Abb. 201 ersichtlichen Weise aufgetragen.

Ein Teil der Schubspannungen soll durch zweischnittige Bügel Durchmesser 10 mm ($f_e = 0{,}79$ cm²) im Abstand $e = 25$ cm aufgenommen werden; mithin Zugkraft Z eines Bügels:

$$Z = 2\,f_{\text{Bügel}} \cdot \sigma_e = 2 \cdot 0{,}79 \cdot 1200 = 1900 \text{ kg}.$$

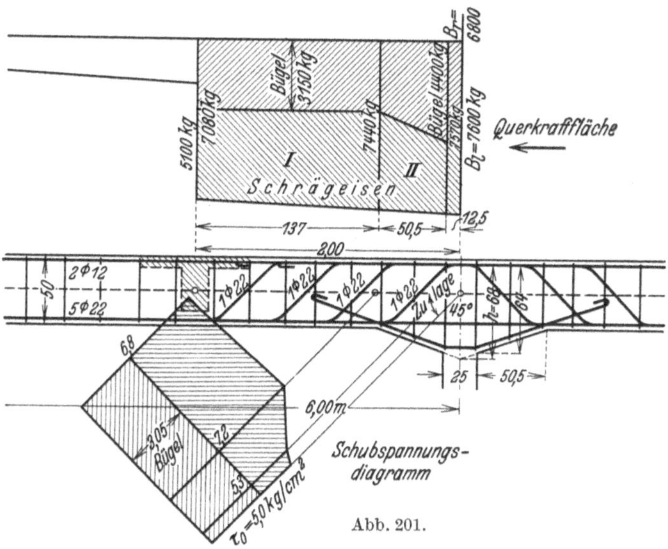

Abb. 201.

Die von den Bügeln aufgenommene Querkraft:

$$Q_{\text{Bügel}} = \frac{Z \cdot z}{e}.$$

Mithin im Feld: $$Q_{B_1} = \frac{1900 \cdot 0{,}9 \cdot 46}{25} = 3150 \text{ kg},$$

am Rande der Stütze:

$$Q_{B_2} = \frac{1900 \cdot 0{,}9 \cdot 64}{25} = 4400 \text{ kg}.$$

Die von den Bügeln aufgenommene Schubspannung ist sonach:

$$\tau_0 = \frac{Q}{b_0 z} = \frac{3150}{25 \cdot 0{,}9 \cdot 46} = 3{,}05 \text{ kg/cm}^2.$$

Diese wird in der Abbildung von der Schubspannungsfläche (bzw. Querkraftsfläche) abgezogen. Der Rest wird den Schrägeisen zugeteilt.

Die Querkraftfläche I (Abb. 201 oben):

$$\frac{(7440 - 3150) + (7080 - 3150)}{2}\,137 = 562000\,.$$

Querkraftfläche II:

$$\frac{(7570 - 4400) + (7440 - 3150)}{2} \cdot 50{,}5 = 188000\,.$$

Die Schrägbewehrung

$$F_{es} = \frac{\text{Querkraftfläche}}{\sigma_e \sqrt{2} \cdot z} \quad \text{[nach Gleichung (30 und 30a)].}$$

Mithin ist

$$F_{es_I} = \frac{562000}{1200 \cdot \sqrt{2} \cdot 0{,}9 \cdot 46} = 8{,}05 \text{ cm}^2.$$

$$F_{es_{II}} = \frac{188000}{1299 \sqrt{2} \cdot 0{,}9 \cdot \frac{46 + 64}{2}} = 2{,}25 \text{ ,,}$$

$$\text{zusammen: } F_{es} = 10{,}30 \text{ cm}^2.$$

Erforderlich: 3 ⌀ 22 = 11,40 cm².

Aus konstruktiven Gründen werden zur besseren Austeilung vier Schrägeisen gewählt.

7. Beispiel: Bemessung eines Brückenträgers. (Hierzu Abb. 202a.)

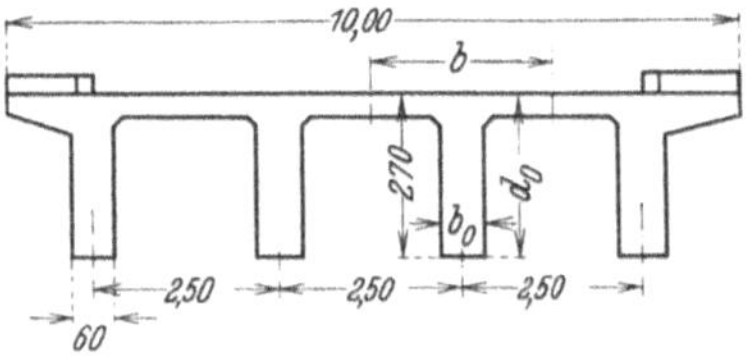

Abb. 202a.

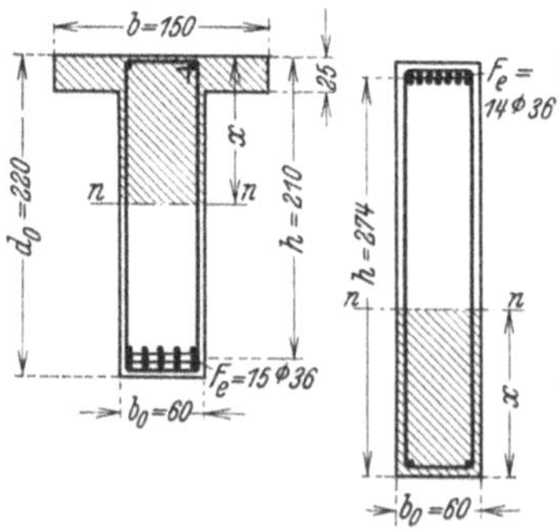

Abb. 202b.

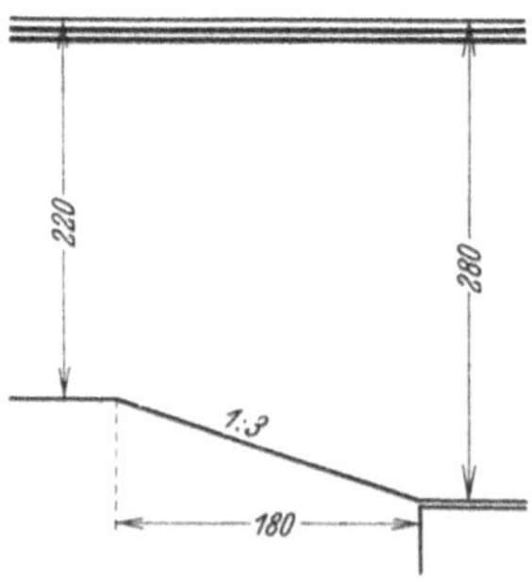

Abb. 202c.

Gegeben sei: $M = 300$ mt in Trägermitte (202b).

$d = 25$ cm; $d_0 = 220$ cm; $b_0 = 60$ cm; $b = 150$ cm; $h = 210$ cm.

$$F_e \text{ in Feldmitte} \cong \frac{30000000}{1200 \cdot 0{,}9 \cdot 210} \cong 158 \text{ cm}^2.$$

Gewählt: 15 ⌀ 36 = 152,7 cm².

a) Bei Berücksichtigung des Betonzugquerschnittes wird, da die Summe der statischen Momente des Querschnittes, bezogen auf die Nullinie, Ø sein muß,

$$b\,d\left(x-\frac{d}{2}\right)+\frac{b_0(x-d)^2}{2}=n'\frac{(d_0-x)^2}{2}\cdot b_0+n\,F_e(h-x)\,.$$

Setzt man $n'=0{,}5$ und $n=10$, so wird

$$150\cdot 25\,(x-12{,}5)+\frac{60\,(x-25)^2}{2}=0{,}5\cdot\frac{(220-x)^2}{2}\cdot 60+10\cdot 152{,}7\,(210-x)$$

oder $x^2+690\,x-71\,500=\emptyset$; daraus $x=92$ cm.

$$J_x=\frac{150\cdot 92^3}{3}-\frac{90\cdot 63^3}{3}+0{,}5\,\frac{60\,(220-92)^3}{3}+10\cdot 152{,}7\cdot 118^2$$

$$=72\,300\,000\ \text{cm}^4,$$

$$\sigma_{b\,d}=\frac{M}{J_x}\,x=\frac{30\,000\,000}{72\,300\,000}\,92=38\ \text{kg/cm}^2,$$

$$\sigma_{b\,z}=n'\,\frac{M}{J_x}\,(d_0-x)=0{,}5\,\frac{30\,000\,000}{72\,300\,000}\,128=26{,}5\ \text{kg/cm}^2,$$

$$\sigma_e=\frac{n}{n'}\,\frac{h-x}{d_0-x}=26{,}5\,\frac{10}{0{,}5}\cdot\frac{118}{128}=490\ \text{kg/cm}^2.$$

b) Ohne Berücksichtigung des Betonzugquerschnittes wird

$$b\,d\left(x-\frac{d}{2}\right)+\frac{b_0(x-d)^2}{2}=n\,F_e(h-x)\,,$$

$$150\cdot 25\left(x-\frac{25}{2}\right)+\frac{60^2\,(x-25)^2}{2}=10\cdot 152{,}7\cdot(210-x)\,,$$

$$x^2+126\,x-11\,600=\emptyset\,,\qquad x=62\ \text{cm},$$

$$J_x=\frac{150\cdot 62^3}{3}-\frac{(150-60)\,(62-25)^3}{3}+10\cdot 152{,}7\,(210-62)=43\,900\,000\ \text{cm}^4,$$

$$\sigma_b=\frac{30\,000\,000}{43\,900\,000}\,62=42{,}5\ \text{kg/cm}^2,$$

$$\sigma_e=\frac{30\,000\,000}{43\,900\,000}\,148=1015\ \text{kg/cm}^2.$$

c) Der Stützenquerschnitt habe ein $M=-400$ mt.

α) Anordnung einer Voute ohne Druckberechnung (Abb. 202c).

Für $\frac{\sigma_b}{\sigma_e}=\frac{60}{1200}$ kg/cm² wird wie vorher

$$h=0{,}336\sqrt{\frac{40\,000\,000}{60}}=274\ \text{cm}\,,$$

$$F_e=0{,}00279\sqrt{40\,000\,000\cdot 60}=137\ \text{cm}^2.$$

Gewählt 14 ⌀ 36 = 142,52 cm².

Spannungsnachweis:

$$x = \frac{10 \cdot 142{,}52}{60}\left[\sqrt{-1 + \sqrt{\frac{2 \cdot 60 \cdot 274}{10 \cdot 142{,}52}}}\right] = 93 \text{ cm},$$

$$\sigma_b = \frac{2 \cdot 40\,000\,000}{93 \cdot 60\left(274 - \frac{q\,3}{3}\right)} = 59 \text{ kg/cm}^2,$$

$$\sigma_e = \frac{40\,000\,000}{142{,}52\left(274 - \frac{q\,3}{3}\right)} = 1160 \text{ kg/cm}^2.$$

β) Ohne Voute, aber mit Druckbewehrung (Abb. 203a)

$$h = 212; \qquad F_e = \frac{40\,000\,000}{1200 \cdot \frac{7}{8}\,212} = 176 \text{ cm}^2.$$

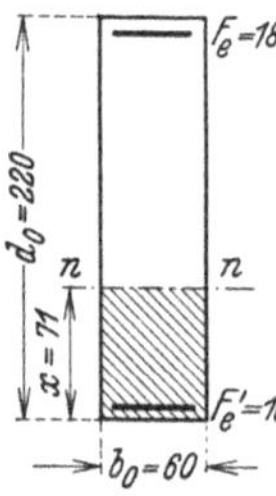

Abb. 203 a.

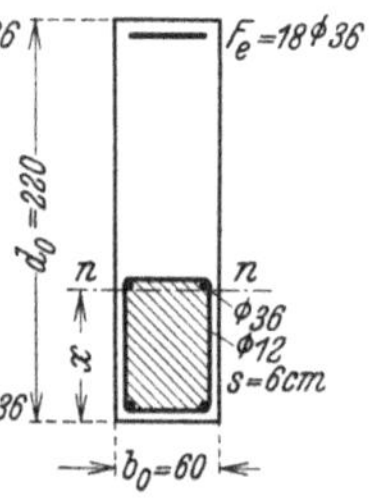

Abb. 203 b.

Gewählt: 18 ⌀ 36 = 183,24 cm².

Wenn $\frac{\sigma_b}{\sigma_e} = \frac{60}{1200}$ und $h = 212$ $= 0{,}336\sqrt{\frac{M}{60}}$, so nimmt der Beton des Druckgurtes auf:

$$\frac{2{,}12^2}{0{,}336^2} \cdot 60 = 24\,000\,000 \text{ cmkg}.$$

Das Restmoment $M_1 = 40 - 24 = 16\,000\,000$ cmkg ist durch Druckbewehrung aufzunehmen.

Mithin ist $\frac{M_1}{z} = \frac{16\,000\,000}{\frac{7}{8}\,212} = 86\,000$ kg,

$$x = sh = 0{,}333 \cdot 212 = 71 \text{ cm},$$

$$x - a = 71 - 8 = 63 \text{ cm},$$

$$\sigma_{ed} = n\,\sigma_b\,\frac{x-a}{x} = 10 \cdot 60\,\frac{63}{71} = 540 \text{ kg/cm}^2.$$

Die Druckbewehrung $F'_e = \frac{\frac{M_1}{z}}{\sigma_{ed}} = \frac{86\,000}{540} = 15 \text{ cm}^2.$

Gewählt: 16 ⌀ 36 = 162,88 cm².

γ) Ohne Voute; die Druckbewehrung wird durch eine Umschnürung ersetzt (Abb. 203b)

$$F_k = (b_0 - a)(x - a) = (60 - 8)(71 - 8) = 3270 \text{ cm}^2,$$

$$F_e = 4 \text{ ⌀ } 36 = 40{,}72 \text{ cm}^2.$$

Die Umschnürung bestehe aus $f_e = 12 = 1{,}13\ \text{cm}^2$. Bei einer Ganghöhe $s = 6$ cm wird

$$F_s = \frac{2(52 + 63)}{6}\,1{,}13 = 43{,}5\ \text{cm}^2,$$

$$F_{is} = 3270 + 10 \cdot 40{,}72 + 2 \cdot 10 \cdot 43{,}5 = 4547\ \text{cm}^2,$$

$$P = \frac{M}{z} = \frac{40\,000\,000}{\frac{7}{8}\,212} = 215\,000\ \text{kg},$$

$$\sigma_b = \frac{P}{F_{is}} = \frac{215\,000}{4547} \cong 48\ \text{kg/cm}^2.$$

Die Schubbewehrung wird in derselben Weise bestimmt wie in Beispiel 6.

8. Beispiel: a) Die Randstütze eines Hochbaues von 4,00 m Höhe, die am Kopfe von einem Biegungsmoment von $M_0 = 94\,000$ cmkg und einer Axialkraft $N = 48\,000$ kg beansprucht wurde, soll berechnet werden. (Hierzu Abb. 204a.)

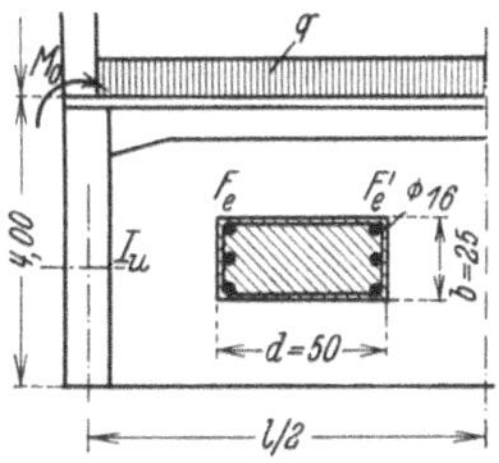

Abb. 204 a.

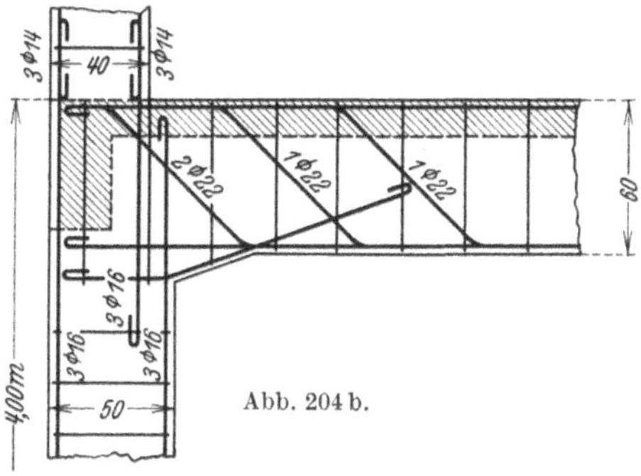

Abb. 204 b.

Gegeben $b \cdot d = 25 \cdot 50$ cm;

$$F_e = F_e' = 3 \varnothing 16\ \text{mm} = 6{,}03\ \text{cm}^2,$$

$$F_e + F_e' = 12{,}06\ \text{cm}^2,$$

$$_1\sigma_2 = \frac{P}{F_i} \pm \frac{M_o}{W_i},$$

$$F_i = bd + n(F_e + F_e') = 25 \cdot 50 + 10 \cdot 12{,}06 = 1370\ \text{cm}^2,$$

$$J_i = \frac{bd^3}{12} + n(F_e + F_e')\left(\frac{d}{2} - a\right)^2 = \frac{25 \cdot 50^3}{12} + 10 \cdot 12{,}06 \cdot 23{,}0^2$$

$$= 324\,000\ \text{cm}^4,$$

$$W_i = \frac{J_i}{\frac{d}{2}} = \frac{324\,000}{25} = 13\,000\ \text{cm}^3,$$

$$\frac{P}{F_i} = \frac{48\,000}{1370} \cong 35{,}1\ \text{kg/cm}^2,$$

$$\frac{M}{W_i} = \frac{94\,000}{13\,000} = 7{,}2\ \text{kg/cm}^2.$$

$$_1\sigma_2 = 35{,}0 \pm 7{,}2 \cong 42\ \text{bzw.}\ 28\ \text{kg/cm}^2.$$

b) Derselbe Querschnitt sei durch ein größeres Moment $M_0 = 324000$ kgcm und eine kleinere Normalkraft $N = 30000$ kg beansprucht. Es sind unter diesen Umständen Zugspannungen zu erwarten.

$$_1\sigma_2 = \frac{30000}{1370} \pm \frac{320000}{13000},$$

$$\sigma_1 = 46{,}5 \text{ kg/cm}^2,$$

$$\sigma_2 = -2{,}5 \text{ kg/cm}^2 \text{ Zug.}$$

Den Anschluß an den Hauptträger zeigt Abb. 204b.

9. **Beispiel:** Der rechteckige Querschnitt einer Rahmenecke habe ein $M = -49{,}9$ mt und eine Normalkraft $N = 24{,}7$ t aufzunehmen. Wie groß sind die Spannungen im Beton und im Eisen bei einem Querschnitt nach Abb. 188 (S. 299).

$$b = 40 \text{ cm}; \quad d = 130 \text{ cm}; \quad e = e' = 0{,}45\, d = 0{,}45 \cdot 130 = 59 \text{ cm}.$$

Gewählt $F_e = 8 \varnothing 22 = 30{,}4 \text{ cm}^2$,

$F'_e = 5 \varnothing 22 = 19{,}0 \text{ cm}^2$.

Nach Einsetzen der Werte in Gleichung (39), wobei $n = 10$ angenommen wird, erhält man:

$$x^3 + 411\, x^2 + 15900\, x - 1600000 = \emptyset\,.$$

Mit Hilfe des Probierverfahrens wird $x \simeq 44$ cm.

Nach der Cardanischen Formel mit: $x = z - \frac{a}{3} = z - 137$ wird nach Einsetzen $z^3 - 40800 z + 1380000 = \emptyset$

$$p = 40800 \qquad \frac{p}{3} = 13600,$$

$$q = 1380000 \qquad \frac{q}{3} = 690000.$$

Da $\left(\frac{p}{3}\right)^3 > \left(\frac{q}{3}\right)^2$ läßt sich die Cardanische Formel nicht anwenden. Die Gleichung müßte mit Kreisfunktionen gelöst werden. Der Weg ist umständlich, und die Ergebnisse können auf einfacheren Wegen gefunden werden. Zu diesem Zwecke bedient man sich Tabellen oder Tafeln, die bei gegebenen äußeren Kräften und Querschnittsabmessungen x direkt ablesen lassen. So erhält man mit Hilfe der Mörschschen[1] Tafeln $x = 44{,}2$ cm.

Nach Gleichung (40) wird dann:

$$\sigma_{bd} = \frac{24700}{\frac{40 \cdot 44}{2} + \frac{10 \cdot 19{,}0}{44}\left(59 - \frac{130}{2} + 44\right) - \frac{10 \cdot 30{,}4}{44}\left(59 + \frac{130}{2} - 44\right)} =$$

$$= 51 \text{ kg/cm}^2 \text{ oder}$$

[1] Siehe Probst: „Vorlesungen über Eisenbeton". Anwendungsbeispiele Bd. II. Berlin: Julius Springer; oder Mörsch: „Der Eisenbetonbau". Stuttgart: Wittwer.

$$\sigma_{bd} = \frac{4\,990\,000}{\frac{40\cdot 44}{2}\left(\frac{130}{2}-\frac{44}{3}\right)+\frac{10\cdot 19{,}0}{44}59\left(59-\frac{130}{2}+44\right)+\frac{10\cdot 30{,}4}{44}59\left(59+\frac{130}{2}-44\right)} =$$

$$= 58\ \mathrm{kg/cm^2},$$

$$\left.\begin{aligned}\sigma_e &= \frac{10\cdot 58}{44}\left(59+\frac{130}{2}-44\right) = 1060\ \mathrm{kg/cm^2},\\ \sigma_{bd} &= \frac{10\cdot 58}{44}\left(59-\frac{130}{2}+44\right) = 500\ \mathrm{kg/cm^2},\end{aligned}\right\}\quad \text{nach Gleichung (38)}$$

10. Beispiel: Der Querschnitt von der Kreuzform nach Abb. 205 werde durch eine außenmittige Kraft $N = 9{,}5$ t im Abstande $c = 45$ cm

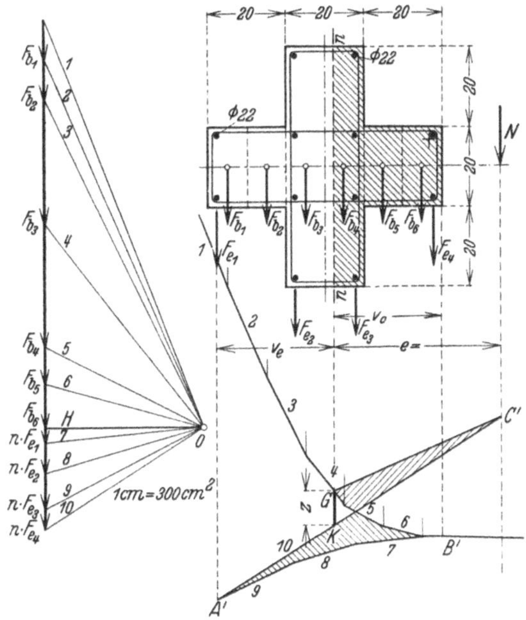

Abb. 205.

$F_{b_1} = F_{b_2} = F_{b_5} = F_{b_6} = 200\ \mathrm{cm^2}$, $nF_{e_1} = nF_{e_4} = 10\cdot 2\cdot 3{,}80 = 76\ \mathrm{cm^2}$,
$F_{b_4} = F_{b_3} = 400\ \mathrm{cm^2}$, $H = 800\ \mathrm{cm^2}$, $nF_{e_2} = nF_{e_3} = 10\cdot 4\cdot 3{,}80 = 152\ \mathrm{cm^2}$,
$v_0 = 27$ cm, $v_e = 31$ cm, $z = 8$, $S_n = Hz = 800\cdot 8 = 6400\ \mathrm{cm^3}$.

beansprucht. Unter Anwendung des graphischen Verfahrens sollen die Lage der Nullinie x und die Spannungen ermittelt werden.

Nach Gleichung (43) wird:

$$\sigma_{bd} = \frac{Nv_0}{S_n} = \frac{9500\cdot 27}{6400} = 40\ \mathrm{kg/cm^2},$$

$$\sigma_e = \frac{Nv_e}{S_n} = 10\,\frac{9500\cdot 31}{6400} = 460\ \mathrm{kg/cm^2}.$$

Querschnitte und Gewichte von Rundeisen.

Anzahl der Rundeisen und deren Querschnitte in cm² (Raumeinheitsgewicht: 7,85 kg/m³). (Nach Din 488.)

Durchmesser in mm	Gewicht für 1 m kg	1	2	3	4	5	6	7	8	9	10
5	0,15	0,20	0,39	0,59	0,78	0,98	1,18	1,37	1,57	1,76	1,96
6	0,22	0,28	0,57	0,85	1,13	1,41	1,70	1,98	2,26	2,55	2,83
7	0,30	0,38	0,77	1,16	1,54	1,93	2,31	2,70	3,08	3,47	3,85
8	0,39	0,50	1,01	1,51	2,01	2,52	3,02	3,52	4,02	4,53	5,03
10	0,62	0,79	1,57	2,36	3,14	3,93	4,71	5,50	6,28	7,06	7,85
12	0,89	1,13	2,26	3,39	4,52	5,65	6,78	7,91	9,04	10,17	11,30
14	1,21	1,54	3,08	4,62	6,16	7,70	9,24	10,78	12,32	13,86	15,40
16	1,58	2,01	4,02	6,03	8,04	10,05	12,06	14,07	16,08	18,09	20,10
18	2,00	2,54	5,08	7,62	10,16	12,70	15,24	17,78	20,32	22,66	25,40
20	2,46	3,14	6,28	9,42	12,56	15,70	18,84	21,98	25,12	28,26	31,40
22	2,98	3,80	7,60	11,40	15,20	19,00	22,80	26,60	30,40	34,20	38,00
25	3,85	4,91	9,82	14,73	19,64	24,55	29,46	34,37	39,28	44,19	49,10
28	4,83	6,16	12,32	18,48	24,64	30,80	36,96	43,12	49,28	55,44	61,60
32	6,31	8,04	16,08	24,12	32,16	40,20	48,24	56,28	64,32	72,36	80,42
36	7,99	10,18	20,36	30,54	40,72	50,90	61,08	71,26	81,44	91,62	101,8
40	9,87	12,57	25,14	37,71	50,28	62,85	75,42	87,99	100,6	113,1	125,7

Vierter Abschnitt.

Untersuchungen am Bauwerk.

Wenn man bei Entwürfen von Beton- oder Eisenbetonkonstruktionen die aus der Theorie und aus Laboratoriumsarbeiten gewonnenen Erkenntnisse anzuwenden Gelegenheit hat, so kann man durch Beobachtungen am ausgeführten Bauwerk feststellen, daß der Verwertung dieser Erkenntnisse gewisse Grenzen gesetzt sind. Die Erfahrungen an Beton- und Eisenbetonbauten aller Art bestätigen, daß die Wandlungsfähigkeit des Betons infolge der mannigfachen Einflüsse durch die Besonderheiten des Bauwerks bedingt sind. Insbesondere gilt dies von denjenigen Einflüssen, die sich nicht aus Einwirkung der äußeren Kräfte ergeben und sich meist schon vor Gebrauch des Bauwerks bemerkbar machen.

Ein nach der Fläche ausgedehntes Bauwerk, wie eine Straßendecke aus Beton, verhält sich anders als ein Massenbetonbauwerk (z. B. eine Talsperre), das aus großen Massen besteht. Im ersten Falle werden sich die klimatischen Einwirkungen — Außentemperatur und Luftfeuchtigkeit — stärker fühlbar machen als im zweiten Falle, wo die Vorgänge beim Erhärten — Abbindetemperaturen, Austrocknung und plastische Verformungen — stärker hervortreten.

Ein Eisenbetontragwerk mit verhältnismäßig schwachen Querschnittsabmessungen erhärtet unter anderen Bedingungen als bei sehr großen Querschnittsabmessungen, wie sie z. B. bei weitgespannten Balkenbrücken vorkommen.

Verschieden sind auch die Bedingungen beim Erhärten einer sehr starken Eisenbetonstütze in einem unteren Geschoß eines Hochbauwerks von einem Brückenträger, der stärkeren klimatischen Einwirkungen ausgesetzt ist.

Ganz beträchtliche Unterschiede bieten sich in dem Verhalten von Beton- oder Eisenbetonbauwerken, die vollständig im Wasser sind oder unter einseitigem Wasserdruck stehen, insbesondere wenn es sich um größere Betonmassen handelt, die mehr oder weniger wasserdurchlässig sind.

In jedem dieser Beispiele ergeben sich andere Voraussetzungen für die Art der Übertragung und der Verteilung der inneren Kräfte. Zieht man noch die Wirkung der Anschlüsse verschiedener Glieder oder Teile des Bauwerks untereinander in Betracht — z. B. freie Lagerung oder

Einspannung bei Eisenbetonträgern oder die Blockaufteilung bei Herstellung großer Betonmassen —, so wird man zu dem Schluß kommen:

Die in einem Beton- oder Eisenbetonbauwerk tatsächlich auftretenden ungünstigen Formänderungen und Spannungen unterscheiden sich in vielen Fällen recht erheblich von den unter gewissen Voraussetzungen mit Hilfe der Theorie berechneten. Selbst in denjenigen Fällen, wo die Voraussetzungen mit Hilfe von Modell- oder anderen Laboratoriumsuntersuchungen nachgeprüft werden, wird der Unterschied zwischen Wirklichkeit und Theorie um so größer sein, je mehr sich die theoretischen Grundlagen von den Verhältnissen im Bauwerk entfernen.

Das Streben, die Entwurfsbearbeitung und die Berechnung von Beton- und Eisenbetontragwerken mit den tatsächlichen Verhältnissen in Einklang zu bringen, führt zu Untersuchungen am und im Bauwerk. Diese haben den Zweck, mit Hilfe von geeigneten Meßinstrumenten an besonders ausgewählten Stellen im Bauwerk die dort auftretenden Formänderungen und Spannungen zu bestimmen. Die Beobachtung des durch Rißbildungen im Beton äußerlich sichtbaren Spannungsverlaufs bildet hierbei eine wertvolle Ergänzung bei der Nachprüfung der Entwurfsgrundlagen. Ein Beispiel von Bauwerksuntersuchungen soll im folgenden erläutert werden:

XII. Fernmessungen an Betonbauwerken.

Bei jeder Art von Massenbetonbauwerken, im besonderen bei Gewichtsstaumauern, wird für die Berechnung und den Entwurf die Annahme der monolithischen Wirkung eines Bauwerksblocks gemacht.

Die heute üblichen Berechnungsmethoden, auf die an dieser Stelle nicht eingegangen werden soll[1], setzen einen einheitlichen Mauerquerschnitt voraus, jene Eigenschaft von Betonbauwerken, daß sie bei der Kraftübertragung als Ganzes wirken.

Treten in dem Mauerkörper Risse ein, so wird die monolithische Wirkung aufgehoben, die gewisse Kraftübertragungen ausschaltet. Wenn z. B. in einer Gewichtsstaumauer Längsrisse parallel zur Achse der Mauer auftreten, so ist die Übertragung von vertikalen Schubspannungen gestört, wodurch letzten Endes eine Verminderung der Standsicherheit eintreten kann.

Gewisse Erfahrungen und Beobachtungen an höheren Staumauern haben erkennen lassen, daß die der Berechnung zugrunde gelegten Annahmen nicht zutreffen können. Eine Überprüfung der theoretischen Entwurfsgrundlagen durch Bauwerksuntersuchungen war daher naheliegend.

[1] Probst: Vorlesungen über Eisenbeton Bd. II. Berlin: Julius Springer 1929.

Die Störung der monolithischen Wirkung durch Rißbildungen ist unter anderem eine Folge der Volumenänderungen beim Erhärten des Betons, der ungleichmäßigen Verteilung der von den Zementen ausgehenden Abbindewärme im Inneren des Mauerkörpers und der Schwankungen der Außentemperatur bzw. der klimatischen Verhältnisse.

Die Abbindewärme des Betons nimmt etwa proportional mit der Zementmenge zu. Die Temperaturerhöhung beträgt bei 150 kg Zement pro Kubikmeter etwa 18° C, bei 250 kg Zement etwa 32° C. Bei der allmählichen Abgabe der Abbindewärme entstehen Volumenverringerungen, deren Charakter von den Konstruktionseinzelheiten und dem Material abhängig ist. An den Außenflächen verschwindet die Erwärmung verhältnismäßig schnell, während im Innern der Ausgleich erst nach Jahren beendet ist.

Das Austrocknen des Betons geht ebenfalls sehr langsam vor sich. Dicke Betonmauern sind erfahrungsgemäß im Innern noch nach Jahren feucht. Bei ungenügender Feuchthaltung trocknen die Randpartien sehr schnell aus, und es entstehen als Folge dieser ungleichmäßigen Volumenänderungen Oberflächenrisse, die oft statisch harmlos sind, aber Wasser und Frost willkommene Angriffsflächen bieten. Die Volumenänderung aus der Abbindewärmeabgabe und durch das Austrocknen werden in der Praxis zu dem Begriff des Schwindens zusammengefaßt. Schwindversuche an kleineren Meßkörpern, wie sie in großer Menge durchgeführt wurden, können daher unter den dargelegten Verhältnissen für das Verhalten von Talsperren keinen Vergleichsmaßstab liefern.

Die Schwankungen der Außentemperatur werden in ihrem Einfluß auf Massenbetonbauwerke meistens überschätzt, wie auf S. 146 dargelegt wurde. Aus verschiedenen bekanntgewordenen Messungen geht hervor, daß bei gutem Beton die Einwirkung der Außentemperatur bereits in $^1/_2$ m Tiefe nur noch zu einem kleinen Bruchteil spürbar ist, und das auch nur dann, wenn sie über längere Zeitperioden konstant auftritt.

Die Vorgänge im Innern großer Betonmassen können nach Ansicht des Verfassers nur mit Hilfe von Fernmessungen und mit Hilfe von Instrumenten aufgeklärt werden, die im Mauerkörper eingebaut sind, und daher von dem Wechsel der atmosphärischen Einwirkungen unabhängig sind.

Die ersten Bauwerksuntersuchungen dieser Art waren Messungen über die Temperaturvorgänge in Staumauern, die zuerst in der Schweiz ausgeführt wurden, angefangen von der älteren La-Jogne-Sperre (1918) bis zur Grimselstaumauer (1932). In erster Linie wurden hierzu Widerstandsthermometer verwendet.

Als Abbindetemperatur bezeichnet man den Unterschied zwischen der höchsten beobachteten Temperatur und der Ursprungstemperatur des Betons sogleich nach Einbauen des Thermometers. Diese hängt ab von der Temperatur des verwendeten Materials, von dessen spezifischer Wärme, von der Temperatur des Wassers und der Lufttemperatur während des Mischens und schließlich von der Zeit, die vom Mischen bis zur Verwendung des Betons verstreicht.

Bei dem Bau der 78,5 m hohen Barberine-Staumauer in der Schweiz wurden eine große Anzahl von Widerstandsthermometern eingebaut. Die vom Jahre 1923 bis 1929 durchgeführten Messungen ergaben die in die Querschnitte eingetragenen Linien gleicher Temperatur (s. Abb. 206a, b und c). Man sieht hier, daß selbst 4 Jahre nach Fertig-

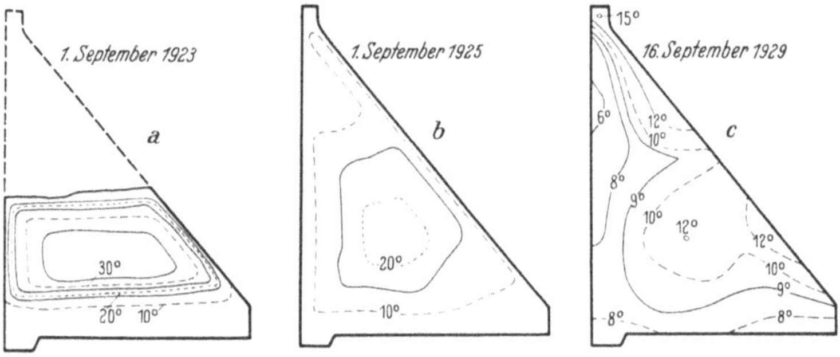

Abb. 206. Linien gleicher Temperaturen in einer 78,5 m hohen Staumauer (1923—1929).

stellung des untersten Blockes ein Temperaturausgleich im Querschnitt noch nicht eingetreten war.

Wie stark der Temperaturanstieg infolge der Abbindevorgänge im Innern von großen Betonmassen sein kann, lehren drei typische Beispiele:

Bei der Barberine-Sperre zeigte ein Thermometer beim Einbau am 26. Juli 1923 +12° C. Die Temperatur stieg in 27 Tagen auf 38,3° C. Die Abkühlung verlief sehr langsam, nach rd. 6 Jahren war der Ausgleich auf +10° C erreicht. (Für 1 m³ Beton wurden 230 kg Portlandzement und 20 kg Kalk zugegeben.)

Bei der Cignanasperre in Italien wurde beim Betonieren eines Blockes im Juli 1927 +13,6° C als Einbringetemperatur gemessen, der Anstieg erfolgte anfangs sehr schnell, erreichte aber erst nach 28 Tagen das Maximum mit +35,3° C. Die Abkühlung verlief energischer als bei den vorgenannten Sperren; der Ausgleich hatte sich bereits nach rd. 2 Jahren eingestellt. (Die Betonzusammensetzung war 207 kg Portlandzement auf 1 m³ Beton.)

Bei den vom Verfasser geleiteten Messungen[1] an der Bleilochsperre (Abb. 207) stieg bei der Herstellung eines Gußblockes bei einer

[1] Probst: Deformationen an Gewichtsstaumauern. Veröffentlicht in den Berichten des 1. Intern. Talsperrenkongresses, Stockholm 1933, und in der Dissertation von E. Hoffmann, auszugsweise veröffentlicht in der öst. Wasserwirtsch. 1934.

Temperatur der eingebrachten Betonmassen von +10,7° C gleich zu Beginn sehr stark (85% der Zunahme erfolgte im Laufe der ersten 6 Tage), erreichte aber erst nach 19 Tagen das Maximum mit 41,4° C. Die Abkühlung setzte sehr zögernd ein, nach 3 Jahren wurden noch +18° C gemessen. (Die Zusammensetzung war: 386 kg Bindemittel [Portlandzement + Thurament] je Kubimeter Beton.)

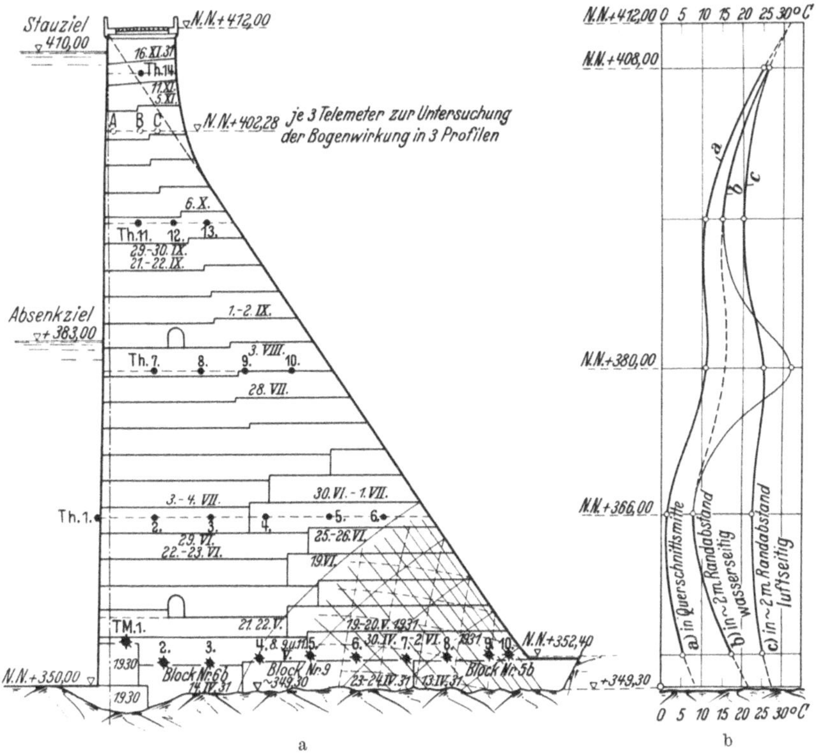

Abb. 207. Bauwerksuntersuchungen an der Bleilochsperre.
a) Mauerquerschnitt mit Meßstellen. b) Verteilung der Abkühlung über die Höhe der Mauer.

Will man sich daher unter den vorstehend dargelegten Verhältnissen ein Bild von den im Innern einer Talsperre vorhandenen Deformationen und Spannungen machen, so genügen Temperaturmessungen im Innern der Staumauer nicht. Es galt daher, nach Meßeinrichtungen zu suchen, mit deren Hilfe man alle anderen sich geltend machenden Einflüsse auf das Kräftespiel in der Mauer erfassen kann. Neben den Wirkungen der Außen- und Innentemperaturen sind bei den an irgendeiner Stelle der Staumauer vorhandenen Spannungen unter anderem folgende Einflüsse zu berücksichtigen:

Der Wechsel der inneren Feuchtigkeit, hervorgerufen durch das allmähliche Erhärten.

Die Änderung des Eigengewichts der erhärtenden und erhärteten Betonmassen entsprechend dem Baufortschritt.

Nach Beendigung des Baues kommen die Wirkungen der Wasserbelastung und im späteren Verlauf auch der Eismassen hinzu, die sich bei Staumauern in entsprechenden Höhenlagen im Winter bilden können.

Schließlich muß die Wirkung des Auftriebs bei dem mit Wasser belasteten fertigen Bauwerk und des bereits erwähnten Sohlenunterdrucks auf die Spannungen genannt werden.

Die aus diesen sämtlichen Einflüssen sich ergebenden ungünstigen Spannungen dürfen an keiner Stelle so groß werden, daß sie die Standsicherheit des Bauwerks in Frage stellen.

Die Durchführung von Fernmessungen wurde erst möglich, nachdem ein geeignetes Meßinstrument gefunden wurde.

Eine Einrichtung dieser Art, das amerikanische Patronentelemeter (s. Abb. 208a), wurde vom Verfasser nach verschiedenen kleinen Änderungen und nach vorangehender zweijähriger Erprobung im Laboratorium bei zwei deutschen Talsperren angewendet. Das Prinzip der Meßmethode beruht darauf, daß eine unter Vordruck gehaltene, aus einzelnen Scheiben zusammengesetzte Kohlensäule jede Deformation mit einer Änderung des elektrischen Widerstandes beantwortet. Einer Drucksteigerung entspricht ein Sichberühren der Kontaktflächen der einzelnen Scheiben der Kohlensäule, währenddem dem elektrischen Strom geringer Widerstand entgegengebracht wird. Der Widerstand wächst aber, wenn die einzelnen Kontaktflächen der Scheiben gelockert werden, wenn das Telemeter sich also ausdehnt. Jede Deformation des Betonkörpers, die sich in der Richtung der Telemeterachse infolge irgendwelcher Kräfte äußert, überträgt sich auf die Kohlensäule in Form einer Verkürzung oder Verlängerung. Eine Kabelverbindung mit dem entfernten Meßinstrument, einer Wheatestone-Brücke, ermöglicht die Ablesung des Widerstandes, dessen Größe die Formänderung des umgebenden Betons anzeigt, die die Umrechnung in die dadurch hervorgerufenen Spannungen ermöglicht. Auf diesem Wege lassen sich an jeder Maßstelle die Spannungen in der Richtung der Telemeterachse ermitteln.

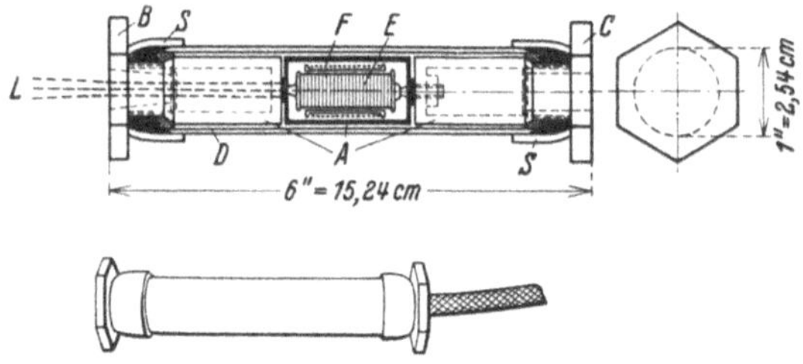

Abb. 208a. Schema eines Patronentelemeters.
A Stahlrahmen; *B-C* Flanschen, mit *A* starr verbunden; *D* Stahlhülle; *E* Kohlenscheibensäule; *F* Widerstandsthermometer; *S* Gummimanschetten; *L* 3 Leiter-Kabel.

Das Meßschema in Abb. 208b zeigt, daß jedes Telemeter im Bauwerk bei der Messung einen Arm bildet. Die Meßbrücke selbst wird an einem geeigneten Platze in der Nähe des Bauwerks in einem trockenen Raum aufgestellt, wo die Ablesungen unabhängig von klimatischen Einflüssen nach dem vorher aufgestellten Plane erfolgen.

Die Brauchbarkeit des Meßverfahrens ist von dem Kohlenmaterial abhängig und von der Art seiner Beanspruchung. Das Innere der Patronen muß vor dem Eindringen von Feuchtigkeit geschützt werden. Es ist daher eine vollständige Abdichtung notwendig, auch beim Austritt des Kabels. Damit die Patrone nicht wie eine Eiseneinlage in Eisenbeton wirkt, muß sie durch ein Isolierband isoliert werden.

Der Wert des Meßverfahrens besteht in der Verbindung mit den Temperaturmessungen, die durch besonders eingebaute Widerstandsthermometer vorgenommen werden. Letztere dienen zugleich zur Temperaturkorrektion des Meßinstruments, wobei wieder der Zunahme des Widerstandes eine Temperaturzunahme und der Abnahme des Widerstandes eine Temperaturabnahme entspricht. Dieses elektrische Fernmeßverfahren hat sich auch während der $3^1/_2$ Jahre der praktischen Anwendung gut bewährt.

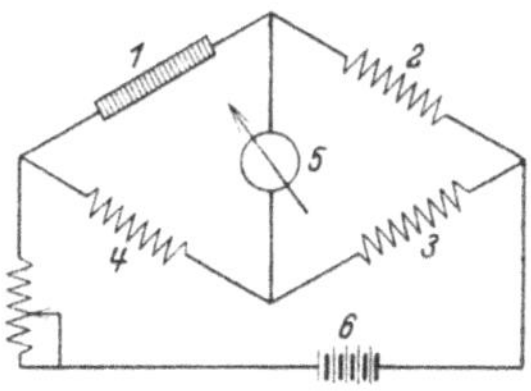

Abb. 208 b. Schaltschema der Meßvorrichtung (Wheatstone-Brücke).
1 zu messender Widerstand; *2*, *3* bekannte (gleiche) Festwiderstände; *4* veränderlicher Widerstand; *5* Milliampèremeter; *6* Stromquelle (4—6 V).

Es soll jedoch nicht unerwähnt bleiben, daß sich das Verfahren nur bei allmählich zunehmender Belastung, wie sie bei Gewichtsstaumauern auftritt, als brauchbar erwiesen hat. Es ist nicht mehr anwendbar, wenn das Bauwerk einem starken Belastungswechsel ausgesetzt ist, weil die Kohlenscheibensäule sich nur zögernd dem bei der Entlastung eintretenden Rückgang in den Formänderungen anpaßt.

Einen weiteren Fortschritt in der Ausbildung von Fernmeßmethoden bedeutet das in gemeinschaftlicher Arbeit der Firma Fuess in Berlin-Steglitz mit dem früheren Institut des Verfassers konstruierte elektromagnetische Instrument, das Dilathermeter. Der in Abb. 208c dargestellte Apparat besteht aus einem stählernen Holzzylinder A, der an beiden Enden mit etwas überstehenden Stirnscheiben B starr verbunden ist. Die eine Stirnseite trägt auf einem aufgesetzten Stab eine Magnetspitze C mit hufeisenartigem Weicheisenkern, der mit einem äußerst engen Spalt einem mit der anderen Stirnseite starr verbundenen Weicheisenplättchen gegenübersteht. Die Stirnscheibe macht zwangsläufig alle Bewegungen des Betons mit. Ihre Abstandsänderungen übertragen sich dabei ohne Zwischenübersetzung auf den Spalt zwischen Magnet und Plättchen, wodurch eine Änderung der Selbstinduktion der Spule hervorgerufen wird, deren Größe durch die Meßschaltung bestimmt wird. Diese gibt das Maß für die Deformationen des Betons.

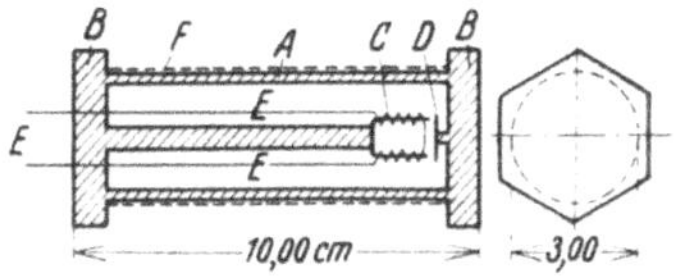

Abb. 208c. Elektromagnetisches Fernmeßinstrument.
A Stahlzylinder; *B* Stirnscheiben mit *A* starr verbunden; *C* Magnetspule mit Weicheisenkern; *D* Weicheisenplättchen; *E* Zweileiterkabel; *F* Isolierband.

Die Messung der induktiven Änderung der Meßstelle erfolgt hier auch durch eine Wheatestone-Brückenschaltung. Die Meßbrücke ist so eingerichtet, daß sie durch einige gekuppelte Umschaltungen auf die Temperaturmessungen verwendbar ist. Für die Temperaturmessungen ist Gleichstrom von etwa 4 Volt (Akkumulator), für die Messungen der Deformationen Wechselstrom von 220 oder 110 Volt und 50 Hz erforderlich.

Für die vom Verfasser seit dem Jahre 1930 vorbereiteten und zur Zeit noch in Durchführung begriffenen Messungen an der 63 m hohen

Bleilochsperre sind insgesamt 39 Telemeter eingebaut, davon 9 in einer Tiefe von rd. 10 m unterhalb der Krone zum Studium der Bogenwirkung der Staumauer. Die übrigen 30 Telemeter wurden in einer Tiefe von rd. 60 m unter der Krone über 10 Meßstellen, die in Abb. 207a gekennzeichnet sind, derart verteilt, daß die in der Nähe der Sohle auf-

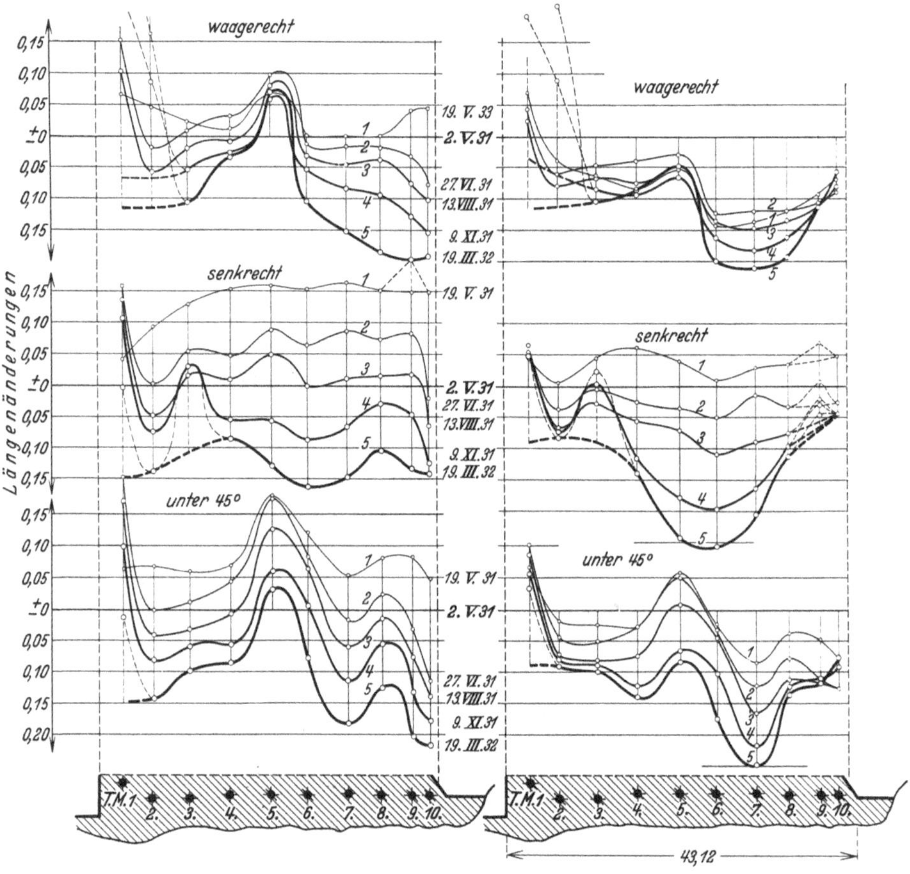

Abb. 209. Messungsergebnisse von der Bleilochsperre (60 m unter der Krone). Linie *1* Meßergebnisse vom 19. V. 31; Linie *5* Meßergebnisse vom 19. VII. 32.

tretenden Deformationen gemessen werden können. An den meisten Meßstellen wurden in horizontaler, vertikaler und unter 45° geneigter Richtung die Längenänderungen in der Achsrichtung der Telemeter, die vorher mit Betonprismen einbetoniert wurden, gemessen. Das weiche Betonmaterial war sorgfältig auf die Instrumente aufgebracht worden, damit sie nach dem Erhärten gut eingehüllt waren und der Beton an die äußeren Flanschen satt anliegen konnte.

Die Auswertung dieser Messungen, deren Einzelheiten in der auf Seite 330, Fußnote 1, genannten Veröffentlichung enthalten sind, führte zu folgenden wesentlichen Ergebnissen:

Die Gesamtlängenänderung an allen Meßstellen und nach allen drei Richtungen sind in der ersten Zeit wesentlich von den Temperaturen abhängig (s. Abb. 209). Bis zur Erreichung der Höchsttemperatur waren an allen Stellen Längenzunahmen gemessen worden.

An den Randmeßstellen sind schon 2 Monate nach Einbau, absolute Verkürzungen in Querschnittsmitte, in vertikaler und in schräger Rich-

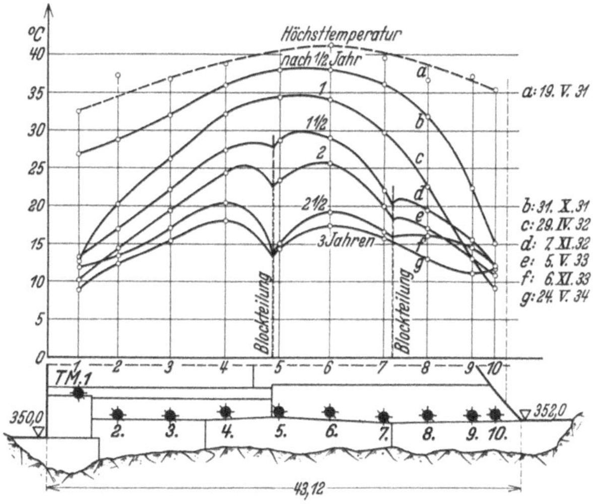

Abb. 210. Verteilung der gemessenen Temperaturen über den Querschnitt. Linie *a* Gew.-Höchsttemperatur 19. V. 31; Linie *g* Verlauf am 24. V. 34.

tung Verkürzungen erst nach 3 bis 6 Monaten eingetreten, die der Größe nach kleiner sind als an den Rändern.

Betrachtet man den Verlauf der aus den Messungen der Temperaturen in Abb. 210 sich ergebenden Temperaturlinien, so geht daraus einwandfrei hervor, daß die allmählich eintretende Abnahme der Abbindetemperaturen von der Lage der Meßstellen abhängig ist.

Der Verlauf der Abkühlung gegenüber der Höchsttemperatur über der Mauerhöhe wurde für drei charakteristische Punkte der Fuge konstruiert: in der Querschnittsmitte, an der Luftseite und an der Wasserseite. Aus den Abb. 210 und 207a ist zu entnehmen, daß die gemessene Abkühlung von der Lage der Meßstelle im Querschnitt und der Höhenlage der Meßfuge abhängig ist. In Querschnittsmitte wurde der geringste Wert gemessen. Nach oben nimmt die Abkühlung dauernd zu, an den Rändern rascher als in der Mitte.

Man unterscheidet demnach das 1. Stadium der Erwärmung während des Abbindens, die im Beton Druck erzeugt, und das 2. Stadium der darauffolgenden Abkühlung, die Zug erzeugt.

Der Einfluß der Spannungen infolge der Erwärmung hat sich als nicht nennenswert erwiesen. Hingegen wird die ungleichmäßige Abkühlung über dem Querschnitt zu schädlichen Spannungen führen, die sich letzten Endes in Form von Rissen offenbaren müssen. An der Sohle treten Schubspannungen auf, die von den Außenrändern nach der Mitte zu abnehmen. Nach oben hin nehmen die Schub- und Zugspannungen ab, am Rande mehr als in der Mitte; allerdings wirkt hier die Belastung durch Eigengewicht entgegen. Es ist außerdem dabei zu beachten, daß die Abkühlung infolge der schichtweisen Herstellung des Mauerkörpers nicht in allen Mauerteilen gleichzeitig zur Wirkung kommt.

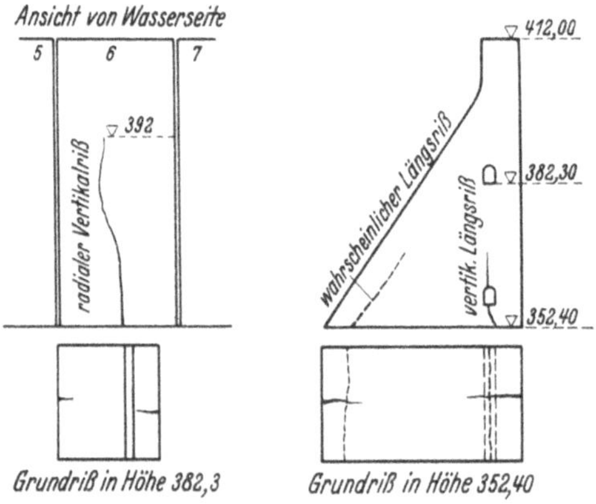

Abb. 211. Rissebildungen infolge von Temperaturspannungen.

Als eine Folge der ungleichmäßigen Verteilung der Temperaturspannungen haben sich Vertikalrisse an dem wasserseitigen und schräge Längsrisse an dem luftseitigen Rand eingestellt, insbesondere in Querschnittsschwächungen, wie sie z. B. durch Revisionsstollen gegeben sind (Abb. 211).

Die Untersuchungen haben auch gezeigt, daß die durch Schwellen und Schwinden hervorgerufenen Formänderungen sich erst in zweiter Linie nach den Temperatureinflüssen bemerkbar machen. Allerdings werden die durch die ungleichmäßige Temperaturabnahme auftretenden Zugspannungen durch die in dem gleichen Sinne wirkenden Einflüsse des Schwindens vergrößert.

Was folgt aus den bisherigen Ergebnissen der Untersuchungen für den Entwurf und die Berechnung von Massenbetonbauwerken?

Bei den allgemein üblichen Berechnungsverfahren verläßt man sich allzusehr darauf, daß die berechneten ungünstigen Spannungen niedrig sind und dadurch die nicht erfaßbaren Spannungen ausgleichen. Wie die Ergebnisse aus den Messungen beweisen, kann eine rechnerische Erfassung der Temperaturenänderungen und Schwindmasse nicht erwartet werden. Während die radialen Vertikalrisse durch entsprechend nahe gelegte Fugen (Entfernungen etwa 8 bis 15 m je nach der Größe des Bauwerks) eingeschränkt oder verhindert werden können, werden vertikale Längsrisse, die in der Regel unsichtbar bleiben, in statischer Hinsicht eine Störung der monolithischen Wirkung und des angenommenen Kräftespiels innerhalb eines Querschnittes herbeiführen.

Die Untersuchungen an Massenbetonbauwerken veranschaulichen die Grenzen des Wertes einer Berechnung und führen zu der Erkenntnis, daß im Beton- wie im Eisenbetonbau die Sicherheit eines Bauwerkes von mancherlei Bedingungen abhängt, die rechnerisch nicht erfaßbar sind. Man muß daher diese Bedingungen durch entsprechende Konstruktions- und Ausführungsmaßnahmen schaffen.

In vorliegendem Falle wird man Fugen vorsehen müssen, die den Baukörper so unterteilen, daß die entstehenden Formänderungen sich innerhalb kleiner Massen auswirken können. Man wird außerdem die Zusammensetzung des Baustoffs so wählen müssen, daß die Abbindetemperaturen eingedämmt und eine gleichmäßige Erhärtung von außen und innen möglich wird, die durch Naßhalten des Massives während längerer Zeit wirksamer gemacht werden kann.

Durch den Betonierungsvorgang wird man gleichfalls in der Lage sein, schädliche Temperaturerhöhungen in Grenzen zu halten. Es ist bekannt, daß beim Abbinden größerer Massen und bei geringem Wärmeschutz eine stärkere Reaktion vor sich geht. Daraus folgt, daß man möglichst niedrige Arbeitsschichten wählen soll, die über 1,5 m nicht hinausgehen sollen.

Wird ein Feld zwischen den Fugen in der Querrichtung unterteilt, so empfiehlt es sich, die Zeitspanne zwischen der Herstellung der Blöcke innerhalb eines Querschnitts möglichst kurz zu halten. Man wird dadurch auch dem Auftreten von Rissen parallel zur Längsachse entgegenarbeiten.

Bauteile, die vor Einbruch der Kälte fertiggestellt werden, sollen einen sicheren Schutz gegen eine zu jähe Abkühlung der Außenschicht erhalten.

Die Zeitspanne zwischen dem Betonieren der in der Höhe aufeinanderfolgenden Blöcke sollte mit Rücksicht auf die bessere Ausstrahlung der frei gewordenen Wärme verlängert werden. Eine Verlängerung der Herstellungszeit kann dadurch verhindert werden, daß verschiedene Blöcke gleichzeitig betoniert werden. Da bei der Wahl kleiner Fugenabstände sich auch die Zahl der Arbeitsfelder erhöht, kann an mehreren kleineren Arbeitsblöcken die Arbeit ausgeführt werden.

Anhang.

Zusammenstellung der Arbeiten in dem Institut des Verfassers.

1. Neue Methoden bei der Untersuchung von Beton und Eisenbeton, veröffentlicht von E. Probst im Bauing. 1920.
2. Die Prüfung der Wasserdichtigkeit von Beton und Eisenbeton, veröffentlicht von E. Probst im Bauing. 1921.
3. Der Einfluß der Kornzusammensetzung der Zuschlagstoffe von Eisenbetonmischungen auf die Druckfestigkeit und Elastizität, Dissertation von J. Kortlang, auszugsweise veröffentlicht im Bauing. 1921.
4. Die Entstehung des Porenvolumens im Beton und seine Beziehung zur Dichtigkeit und Festigkeit, Dissertation von F. Maier; auszugsweise veröffentlicht im Bauing. 1922.
5. Die Einwirkung von Magnesiumsulfatlösungen auf Mörtel und Beton. Untersuchungen für die Emscher Genossenschaft. Ergebnisse, vorgetragen von Dr. L. Zimmermann auf der Tagung des Vereins deutscher Portlandzementfabrikanten, Februar 1924, veröffentlicht in dem Protokoll des Vereins deutscher Portlandzementfabrikanten.
6. Über Volumenveränderungen, die Festigkeit und Wasserdichtigkeit von Beton bei Verwendung von Portlandzement und hochwertigem Tonerdezement, Dissertation von A. Hummel, auszugsweise veröffentlicht im Bauing. 1924.
7. Temperaturveränderungen in Betonkörpern infolge der Abbindewärme und unter dem Einfluß der Umgebungstemperatur und der Sonnenbestrahlung, Dissertation von W. Lydtin, auszugsweise veröffentlicht im Bauing. 1924.
8. Das Wesen des Gußbetons. Eine Studie mit Hilfe von Laboratoriumsuntersuchungen, Dissertation von G. Bethke, veröffentlicht im Verlag Julius Springer, Berlin 1924.
9. Einfluß wiederholter Belastungen auf Elastizität und Festigkeit von Beton und Eisenbeton, veröffentlicht von E. Probst in der Festschrift zur Hundertjahrfeier der Technischen Hochschule „Fridericiana“ zu Karlsruhe und im Bauing. 1925.
10. Hochwertige Portlandzemente, Untersuchungen im Laboratorium und ein Anwendungsbeispiel, veröffentlicht von E. Probst im Bauing. 1925.
11. Untersuchungen über den Einfluß häufig wiederholter Druckbeanspruchungen auf Druckelastizität und Druckfestigkeit von Beton, Dissertation von A. Mehmel, veröffentlicht im Verlag Julius Springer, Berlin 1926.
12. Wasserdurchlässigkeit von Beton in Abhängigkeit von seinem Aufbau und vom Druckgefälle, Dissertation von G. Merkle, veröffentlicht im Verlag Julius Springer, Berlin 1927.
13. Probleme des Betonstraßenbaues, veröffentlicht von E. Probst und H. Brandt im Zementverlag, Charlottenburg 1928.
14. Der Einfluß der Grobzuschläge auf die Güte von Beton, Dissertation von K. Pfletschinger, veröffentlicht im Zement 1929.
15. Die Einwirkung chemisch agressiver Lösungen auf Zement und Mörtel, veröffentlicht von E. Probst und K. E. Dorsch im Zement 1929.

16. Einfluß häufig wiederholter Belastungen auf die Rißbildung und Rißsicherheit von Eisenbetonbalken, Dissertation von K. E. Heim, veröffentlicht im Verlag Brehmer & Minuth, Breslau.
17. Über das elastische Verhalten von Beton mit besonderer Berücksichtigung der Querdehnung von Hirohiko Yoshida, veröffentlicht im Verlag Julius Springer, Berlin 1930.
18. Berechnungsgrundlagen und konstruktive Ausbildung von Einlaufspirale und Turbinensaugrohr bei Niederdruckanlagen, Dissertation von H. Rohde, veröffentlicht im Verlag Julius Springer, Berlin 1931.
19. Anteil der Konstruktion und des Materials an dem wirtschaftlichen Ausbau niederer Wasserkraftgefälle, Dissertation von O. Spetzler, veröffentlicht im Verlag Julius Springer, Berlin 1931.
20. Über die Güteeigenschaften von Beton in Abhängigkeit von den Einzelbestandteilen, Dissertation von W. v. Meng, veröffentlicht im Zement-Verlag G. m. b. H., Berlin-Charlottenburg 2 1931.
21. Untersuchungen über die Spannungen in Gewichtsstaumauern aus Beton, Dissertation von E. Hoffmann, auszugsweise veröffentlicht in der öst. Wasserwirtsch. 1934.
22. Wege zur Verbesserung und Verbilligung des Betons beim Talsperrenbau, Dissertation von W. Kesselheim, veröffentlicht im Verlag Konrad Triltsch, Würzburg 1934.
23. Das Verhalten unter dem Einfluß dauernd ruhender und häufig wiederholter Belastung, Dissertation von F. Treiber, auszugsweise veröffentlicht im Bauing. 1934.

Sachverzeichnis.

(Die Zahlen bedeuten die Seitenzahlen.)

GPSR Compliance

The European Union's (EU) General Product Safety Regulation (GPSR) is a set of rules that requires consumer products to be safe and our obligations to ensure this.

If you have any concerns about our products, you can contact us on ProductSafety@springernature.com

In case Publisher is established outside the EU, the EU authorized representative is:

Springer Nature Customer Service Center GmbH
Europaplatz 3
69115 Heidelberg, Germany

Batch number: 10682323

Printed by Printforce, the Netherlands